写真1 世界のトウガラシ

写真2　火　　鍋

地域：中国四川省　　辛味：☆☆☆☆

火鍋にはさまざまな漢方素材が使われている．辛味付けには，花山椒，トウガラシが使われる．沢山の素材を，肉スープや砂糖とともに芳しい香りが漂ってくるまで丁寧に煮込んで作られ，辛い料理の代表的なものの一つ．歴史的には，遼，宋の時代にすでに記録されていることから，4000年以上前から愛好されていたとされる．

写真3　タイ風赤トウガラシのレッドカレー

地域：タイ　　辛味：☆☆☆☆

代表的なタイカレーの一つで，このレッドカレーは赤トウガラシを使った刺激的な辛さと色が特徴である．トウガラシ以外にも多くの香辛料とココナッツミルクを合わせ，独特な風味に仕上げる．他にもタイカレーには，青トウガラシを使ったグリーンカレーなどがあり，色，味，辛味ともに広がりがある．

写真4 ナスの韓国風サラダ

地域：韓国　　辛味：☆☆☆

韓国では，キムチをはじめとしてトウガラシを用いた料理が多く，トウガラシとニンニクの風味をうまく調和させている．本品は，ナスとシュンギク，鶏肉を使い，ニンニクとトウガラシの風味のタレをかけて食べるもので，さっぱりとした風味が特徴のサラダ．散らした糸状に刻んだトウガラシが刺激的な辛さを示す．

写真5 魚介のペペロンチーノ・スパゲティ

地域：イタリア　　辛味：☆☆

ペペロンチーノはイタリアでは家庭で簡単に作るパスタ料理で，ニンニク，オリーブオイル，トウガラシを使用したピリリとした辛味をもつ．ペペロンチーノとはイタリア語で「トウガラシ」の意味．本品は，アサリ，イカ，エビ，ホタテなどを使い，魚介のうま味を加えたもの．　　　　　　　（写真1〜5はハウス食品(株)提供）

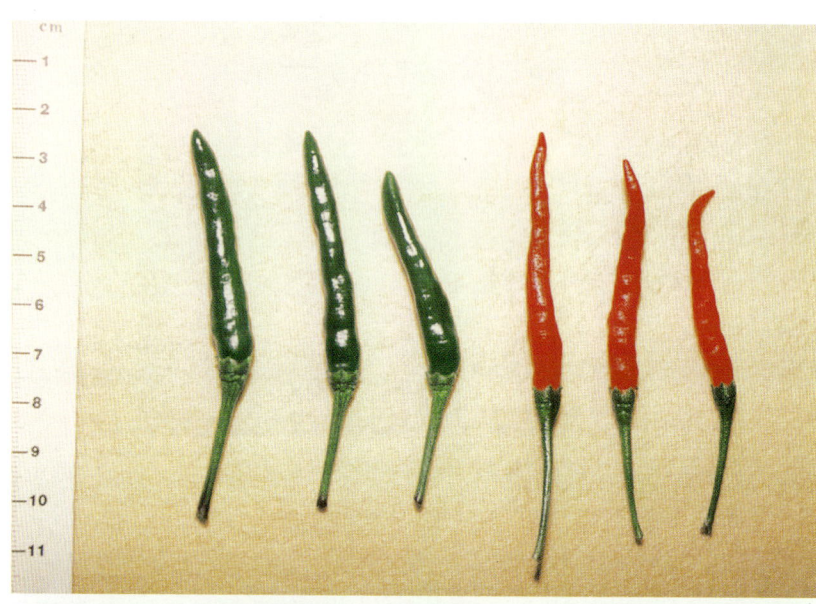

写真6 品種'CH-19甘'の果実(写真上)と着果(写真下)の状態
この品種の果実にはカプサイシノイドに類似した非辛味成分である新規物質カプシノイドが多量に含まれている．
(写真提供：矢澤進教授)

■ 改訂増補 ■

トウガラシ

辛味の科学

岩井和夫・渡辺達夫 編

Red Peppers
Science of pungency

■ 幸書房

●執筆者一覧　(執筆順)

岩井　和夫　(京都大学 名誉教授, 神戸女子大学名誉教授)
矢澤　　進　(京都大学大学院農学研究科 教授)
野﨑　倫生　(高砂香料工業(株)総合研究所 所長)
古旗　賢二　(城西大学薬学部 准教授)
渡辺　達夫　(静岡県立大学食品栄養科学部 教授)
山本　　進　(丸善製薬(株)研究開発本部 商品開発部 副部長)
高畑　京也　(山脇学園短期大学食物科 教授)
富永　真琴　(自然科学研究機構 岡崎統合バイオサイエンスセンター(生理学研究所)
　　　　　　　細胞生理研究部門 教授)
鈴木　鐡也　(光産業創成大学院大学 光バイオ分野 教授, 豪クイーンズランド大学健康
　　　　　　　科学部名誉教授)
田中　義行　(京都大学大学院農学研究科 博士課程)
河田　照雄　(京都大学大学院農学研究科 教授)
狩野百合子　(神戸女子大学家政学部 教授)
川﨑　博己　(岡山大学大学院医歯薬学総合研究科 臨床薬学分野 教授)
木村　修一　(東北大学名誉教授, 昭和女子大学大学院生活機構研究科 教授)
中谷　延二　(放送大学 教授, 大阪市立大学名誉教授)
伏木　　亨　(京都大学大学院農学研究科 教授)
倉田　忠男　(お茶の水大学名誉教授, 新潟薬科大学名誉教授)
柳　　梨娜　(韓国蔚山大学食品栄養学科 教授)
小野　　郁　(味の素(株)健康基盤研究所 研究員)
高橋　迪雄　(味の素(株)顧問, 東京大学名誉教授)
鳴神　寿彦　(ハウス食品(株)ソマテックセンター スパイス研究室長)
井上　泰至　(元 ブルドックソース(株)研究所 主席研究員)
時友裕紀子　(山梨大学教育人間科学部 教授)
君塚　明光　(元 ヤマモリ(株)常務, 元 味の素(株)食品開発研究所長)
前田　安彦　(宇都宮大学名誉教授)
吉岡　精一　(吉岡食品工業(株) 会長)

改訂増補版 まえがき

　本書が2000年1月に出版されてから既に8年半が経過した．この書物はトウガラシ，特にその辛味成分について，生物学的，化学的，生化学的，生理学的ならびに食品学的に系統的に纏（まと）められた世界でも初めての専門書であるが，専門書としては異例と云われるほど良く購読されたようで，初版はすでに完売し増刷が待たれていた．また，韓国では，いち早く，オットギ社（当時）の崔春彦博士と誠信女子大学の韓英淑教授とによって翻訳され，2001年7月には韓国語版が出版され，大きな反響を呼んだ．2002年4月，ソウルで開催された東アジア食生活学会大会（韓国食文化研究の第一人者で漢陽大学教授であった故・李盛雨博士10周忌追悼大会）では，編集者の一人（岩井）は「トウガラシの生理活性」と題する記念特別講演の演者として招かれ，講演後には韓国の大学教授によって本書がスライドで大きく映し出され，長く待望されていた書物として全会員に紹介された．また，2005年7月にはソウルで開催された韓国微生物・生物工学会（KMB）主催の国際シンポジウム（International Symposium on Functionalities of Hot Red Peppers and Hot Sauces）に米・英・中国・インドネシアの研究者らと共に演者として招聘（しょうへい）されたほどである．

　一方，この分野の研究は，ここ数年の間に飛躍的な進展を遂げ，レセプター（生体のシグナル受容体）の研究分野では痛覚・温覚と辛味との関係が分子レベルで解析されるようになった．そして，これまでトウガラシの辛味成分カプサイシンの受容体として知られていたバニロイド受容体（vanilloid receptor subtype 1, VR1）は，侵害的な熱や酸によっても活性化される痛み刺激受容に関与する分子であることが証明され，現在では，膜タンパク質である陽イオン輸送チャネルファミリー TRP（transient receptor potential）の一員として TRPV1 と呼称されるようになっている．また，低辛味のカプサイシ

ン類縁化合物として見出されたカプシエイトに関する研究も近年急速に進展し，その生理的有用性が明らかにされ，一昨年(2006年)，味の素(株)から新製品として発売されるに至った．このカプシエイト（およびその同族体）は日本の研究者によって発見，構造決定，命名され，生理機能の解析から製品化まですべて日本で完成された数少ない，全く新規の食品成分である．

このような状況に鑑み，本書を全面的に再検討し，最新のものに改訂増補して出版することが後学の諸氏には甚だ有用であり，裨益（ひえき）するところが大きいであろうと考えた次第である．

本書の改訂増補に当たっては，御多忙の時期にもかかわらず，快く御協力いただき，再検討・加筆の労を惜しまれなかった分担執筆者の各位に心から感謝するとともに，今回，新しく御執筆を賜った大学共同利用機関法人自然科学研究機構・岡崎統合バイオサイエンスセンターの富永真琴教授，ならびに味の素(株)顧問の高橋迪雄氏，同社健康基盤研究所の小野郁氏に深甚の謝意を表する．また，本書のために特別寄稿をいただいた吉岡食品工業(株)の吉岡精一会長に謝意を表する．なお，貴重な写真を多数ご提供いただき，口絵写真および巻尾の「トウガラシ小図鑑」として掲載することを御快諾賜ったハウス食品(株)ソマテックセンター・スパイス研究室ならびに京都大学大学院農学研究科農学専攻の矢澤進教授に感謝の意を表する．

本書が教育・研究者のみならず，学生諸君や諸企業の技術者・研究者および「食」に関係のある幅広い層の人々や医学・薬学の分野の方々にも活用され，社会に役立つことを期待したい．

終わりに，本書の改訂増補版の出版に当たり多大の御協力を賜った味の素(株)並びにハウス食品(株)に心からの感謝の意を表する．また，本書の改訂増補版の出版に快く御賛同いただき御尽力・御協力を賜った幸書房の夏野雅博氏に謝意を表する．

2008年7月25日

編集者　岩井和夫
　　　　渡辺達夫

まえがき

　トウガラシ(唐辛子)と云えば多くの日本人は薬味として僅かに用いる一味唐辛子や七味唐辛子を連想するであろうし，また，中華料理の好きな人は麻婆豆腐などの四川料理の辛さを思い浮かべるであろう．最近では日本にも普及してきた韓国の漬物キムチや辛子明太子を連想する人もあるかも知れない．しかし，トウガラシはこう云った特定の食物のみならず日本人の70％が好むというカレーライスやソース，タレなどの辛味の主体となっているのであって，最近では我が国で年間5 000トン以上も輸入され消費されているのである．これほど我々日本人の日常の食生活に密着し定着しているトウガラシであるが，実は，僅か500年程前までは日本人の誰一人として口にしたことのなかった食品素材であったのである．

　トウガラシはナス科の植物で15世紀末にコロンブスがアメリカ大陸発見の後，はじめてヨーロッパに持ち帰って紹介したものであって，日本には16世紀後期に既に伝えられていたようである．稲が数千年以上も前から，麦が千数百年～二千年前から利用されてきたのに比べるとかなり新しい植物なのである．

　このトウガラシの果実の色・形・大きさも面白いが，最も顕著な特徴はその果実の有する強烈な辛味であって，その本体はカプサイシンと呼ばれる脂溶性の無色結晶性のアルカロイドである．天然の果実中ではこのカプサイシンの外に数種の同族体が共存していてカプサイシノイドと総称されている．

　1973年(昭和48年)1月，当時京都大学食糧科学研究所の食糧化学研究部門を担当していた筆者(岩井)の研究室では，韓国嶺南大学校家政大学からの文部省国費留学生の李甲郎講師(当時)(現，嶺南大学校教授)を迎えたのを契機として「トウガラシの辛味成分カプサイシンの生合成の研究」を開始することとし，鈴木鐵也助手(当時)(現，北海道大学水産学部教授)を中心とする研究

チームがスタートした．それ以来，今日まで27年間，辛味成分カプサイシンに関する研究を続けて来た．その間，編集者の一人岩井は1979年(昭和54年)4月から1988年(昭和63年)3月まで京都大学農学部栄養化学研究室においてさらに研究・教育を行い，1988年4月以降は神戸女子大学家政学部において第二の教育・研究生活に入っている．また，1986年(昭和61年)には日本香辛料研究会を創設し，爾来14年間，会長として我が国における香辛料研究の発展のために努力を続けてきた．

ところで，トウガラシの魅力はその強烈な辛味と顕著な種々の生理作用であるが，この辛味はこれまで生理学の分野では「味覚」としては取り扱われていないのである．その理由は，辛味というものは辛味物質が痛覚・温覚などの味覚以外の感覚を刺激することによって惹起されると考えられているからである．一方，医学，薬学の分野において「痛み」は重大な問題であって，痛みのコントロールは人類に多大の恩恵をもたらすことから「痛み」すなわち「痛覚」に関する多彩な研究が世界的にも展開されてきている．その中にはカプサイシンを用いた研究も少なくなく痛みペプチド(サブスタンスPなど)に関する優れた研究なども含まれている．しかしながら，これらの神経生理学的な研究成果と食品の「辛味」との間は学問的に大きく乖離(かいり)した状態のままである．そこで編者らは，これまで行って来た研究成果を集大成するとともに，トウガラシの辛味成分であるカプサイシン及び関連化合物を中心として「辛味」に関する生物学的，化学的，生化学的並びに生理学的に明らかにされてきているあらゆる自然科学分野の根拠のある情報を出来るだけ系統的に整理編集し，"辛味の科学"として後学の諸氏に提供することは極めて意義のあることであろうと考えた次第である．

本書は上述のような趣旨に沿って纏められたものであって，この分野のものとしては国内・国外を通じて初めての成書であろう．

また，執筆に当たっては，それぞれの分野で直接研究に携わられた第一線の研究者にお願いすることとし，カバーし得ない部分に関してはその専門分野に近い研究者，または編集者が責任をもって担当執筆したものであって，現在の日本における最高のレベルの内容となっている．ご多忙の中にもかかわらず，編集者の企画にご賛同いただき，快く御分担，御執筆賜りました諸

まえがき

　先生方に厚くお礼を申し上げる．

　本書は，食品に関係する研究者・技術者・業界関係者は勿論のこと，医学・薬学・理学・農学・家政学及び調理科学の研究者，教育者，技術者並びに学生諸君ら幅広い分野の方々の座右の書として有用なものとなることを期待するものである．また，本書が，たかがトウガラシ一つの中にも専門の学問分野の奥行きの深さと，「学ぶこと」の魅力と楽しさとを味わっていただく縁となれば幸いである．なお，本書が若い諸君らに香辛料に関する興味を喚起し，この分野を研究される緒になれば編集者並びに執筆者らの大きな望外の喜びとなるであろうと信じている．

　終わりに，本書の出版に当たり御尽力・御協力を賜った幸書房の夏野雅博氏に感謝する．

　1999 年 12 月 5 日

編集者　岩井 和夫
渡辺 達夫

目　　次

緒　言　トウガラシの歴史と辛味 …………………………………………1
第1章　トウガラシの生物学 …………………………………………………6
　1.1　トウガラシの植物学的特性ならび伝播 ………………………………6
　　1.1.1　トウガラシの名称について ………………………………………7
　　1.1.2　トウガラシの伝播 …………………………………………………9
　1.2　トウガラシの栽培・生理―辛味品種を中心として― ………………12
　　1.2.1　品種について ………………………………………………………12
　　1.2.2　栽培・生理について ………………………………………………14

第2章　トウガラシの辛味成分の化学 ………………………………………20
　2.1　トウガラシの辛味物質および類縁体の化学 …………………………20
　　2.1.1　カプサイシン類 ……………………………………………………22
　　2.1.2　ピペリン類 …………………………………………………………26
　　2.1.3　その他のアミド系辛味物質 ………………………………………26
　　2.1.4　ジンゲロール類 ……………………………………………………28
　2.2　研究レベルでの抽出・分離・定量 ……………………………………31
　　2.2.1　抽　出 ………………………………………………………………32
　　2.2.2　分　離 ………………………………………………………………33
　　　(1)　液-液抽出法を用いた粗カプサイシン画分の分離 ………………34
　　　(2)　液体クロマトグラフィーによる各種カプサイシノ
　　　　　イドの単離精製 ……………………………………………………35

2.2.3　定　　　量 ……………………………………………35
　　　　　(1)　比色法，UV 法 ………………………………37
　　　　　(2)　PC 法，TLC 法，HPTLC 法 …………………37
　　　　　(3)　GC 法 …………………………………………38
　　　　　(4)　HPLC 法 ………………………………………43
　　　　　(5)　ELISA 法 ………………………………………46
　2.3　工業的レベルでの抽出・精製法および定量法 ……………49
　　2.3.1　トウガラシ抽出物の工業的利用について ……………49
　　2.3.2　工業的に利用されるトウガラシ抽出物について ……51
　　　　　(1)　トウガラシエキストラクト(トウガラシチンキを含む) ……51
　　　　　(2)　トウガラシオレオレジン ……………………52
　　　　　(3)　トウガラシアブソリュート …………………53
　　2.3.3　トウガラシ抽出物の原料について ……………………54
　　2.3.4　トウガラシ抽出物の定量について ……………………55

第 3 章　辛味の化学構造とレセプター ……………………………58

　3.1　辛味の化学構造 ……………………………………………58
　3.2　レセプター(受容体) ………………………………………62
　　3.2.1　レセプターの概念の確立 ………………………………62
　　3.2.2　レセプターの分類 ………………………………………63
　　3.2.3　バニロイド(カプサイシン)レセプターの発見 ………64
　　3.2.4　バニロイドレセプターの同定 …………………………68
　　3.2.5　もう一つの辛味レセプター TRPA1 …………………80

第 4 章　植物体における辛味成分―カプサイシンおよび
　　　　同族体の生合成と代謝― ……………………………83

　4.1　植物体における辛味成分の分布と生合成の部位 …………83
　　4.1.1　トウガラシ果実の構造と辛味成分の分泌部位の研究 …83

4.1.2　辛味成分は何処で生成されるのか？—Neumannの接ぎ木
　　　　　実験 ··· 84
　　4.1.3　岩井らの実験で明らかになったこと ····················· 85
　　4.1.4　トウガラシ果実の中で辛味成分含量はいつ最大になるか？····89
　4.2　カプサイシンおよび同族体の生合成経路 ····························· 90
　　4.2.1　揺籃期（～1950年代）··· 90
　　4.2.2　カプサイシノイドの生合成経路と生合成に関与する酵素
　　　　　—発展期の生合成経路研究（～1960年代）··············· 91
　　4.2.3　カプサイシノイドの生合成経路と生合成に関与する酵素
　　　　　—完成期(1970年代後半～1982年) ······················ 92
　　4.2.4　カプサイシノイド生合成経路研究への新技術—遊離細胞
　　　　　の利用 ··· 97
　　4.2.5　カプサイシノイド分枝鎖脂肪酸残基の生合成経路 ············ 99
　4.3　トウガラシの辛味を制御する遺伝子について ····················· 102
　　4.3.1　辛味成分カプサイシノイドの生合成経路と遺伝子 ·········· 102
　　4.3.2　辛味発現を制御する遺伝子 ······································· 104
　4.4　植物体におけるカプサイシンの代謝 ································ 107

第5章　動物体におけるカプサイシンおよび同族体の
　　　　吸収と代謝 ·· 112

　5.1　カプサイシンおよびその同族体の体内吸収 ······················· 112
　5.2　カプサイシンおよびその同族体の体内代謝 ······················· 113
　　5.2.1　体内代謝経路 ·· 113
　　5.2.2　カプサイシン分解酵素 ··· 116
　　　(1)　ラット肝臓中のカプサイシン分解酵素の酵素活性
　　　　　の測定 ··· 117
　　　(2)　カプサイシン摂取ラットにおける肝臓中のカプサ
　　　　　イシン分解酵素の誘導 ·· 118
　　　(3)　カプサイシン分解酵素による反応生成物 ················ 119

　　　　(4) 異なった動物種におけるカプサイシン分解酵素の
　　　　　　分布 ……………………………………………………… 122
　　　　(5) カプサイシン分解酵素：新しい酵素の可能性 ………… 123
　　5.2.3 カプサイシンのクリアランス ………………………………… 124

第6章　辛味成分の生理作用 …………………………………………… 128

6.1 カプサイシンと神経機能 ……………………………………………… 128
　6.1.1 カプサイシンと知覚神経 ………………………………………… 128
　　　　(1) カプサイシンの急性効果 ………………………………… 130
　　　　(2) カプサイシンによる知覚神経の感受性亢進と脱感作
　　　　　　（亜急性効果）…………………………………………… 132
　6.1.2 作用機序 …………………………………………………………… 134
　　　　(1) 神経興奮作用 ……………………………………………… 134
　　　　(2) 神経毒作用 ………………………………………………… 135
　　　　(3) カプサイシンレセプター ………………………………… 136
6.2 カプサイシンの体熱産生作用 ………………………………………… 138
　6.2.1 辛味成分の脂質代謝への影響 …………………………………… 138
　6.2.2 辛味成分のエネルギー代謝像に及ぼす影響 …………………… 139
　6.2.3 辛味成分の副腎からのアドレナリン分泌に及ぼす影響 ……… 142
　6.2.4 辛味成分摂取による体熱産生器官（褐色脂肪組織）の
　　　　機能増強 …………………………………………………………… 143
　6.2.5 ヒトでのエネルギー消費効果 …………………………………… 147
6.3 カプサイシンの減塩効果ならびにダイエット効果 ………………… 151
　6.3.1 研究の発端─食塩摂取量の地域差 ……………………………… 151
　6.3.2 カプサイシンの減塩効果 ………………………………………… 152
　6.3.3 カプサイシンの白色脂肪組織低減作用 ………………………… 156
　6.3.4 カプサイシンの減塩効果のメカニズム ………………………… 158
　6.3.5 カプサイシンのダイエット効果のメカニズム ………………… 161
6.4 カプサイシンの抗酸化作用・抗菌作用 ……………………………… 165

	6.4.1	抗酸化作用 ································· 165
		(1) トウガラシの抗酸化性 ························ 165
		(2) トウガラシの抗酸化成分 ······················ 166
	6.4.2	抗 菌 作 用 ································· 170
6.5	カプサイシンおよび類縁化合物の持久力増強作用 ··················· 172
	6.5.1	体力・持久力とは―実験動物の持久力の測定方法 ············ 172
	6.5.2	カプサイシンの体力増強作用の検討 ···················· 173
		(1) カプサイシンの持久力増強作用 ···················· 173
		(2) カプサイシンの受容体拮抗物質を用いた検討 ············ 174
		(3) 副腎髄質摘出マウスを用いた検討 ···················· 175
	6.5.3	辛くないカプサイシン同族体および類縁体の効果 ··········· 176
		(1) 辛くないカプサイシン C_{18}-VA の持久力増強作用 ········ 176
		(2) カプシエイトの持久力増強作用 ···················· 176
6.6	カプサイシンの免疫細胞の応答制御と抗炎症作用 ··················· 178
	6.6.1	カプサイシンと免疫反応性神経ペプチド ················ 178
	6.6.2	カプサイシンの体内投与による免疫応答の制御 ············ 180
	6.6.3	食餌由来カプサイシンによる選択的免疫応答制御 ··········· 182
	6.6.4	辛味食品を摂取する食習慣と免疫状態および発ガンの 制御 ··· 184
	6.6.5	カプサイシンとガン原遺伝子発現 ······················ 186
	6.6.6	免疫細胞の応答制御と災症に及ぼすカプサイシンの影響 ····· 187
		(1) マクロファージの災症応答に対するカプサイシンの 阻止効果とその作用機構 ························ 187
		(2) カプサイシンによる肥満誘導性災症応答の改善 ·········· 188
		(3) カプサイシンの抗災症作用と抗ガン作用 ··············· 189
6.7	カプサイシンの腫瘍細胞増殖抑制作用 ························ 192
6.8	カプサイシンの鎮痛作用 ································· 198
6.9	カプサイシンの抗ストレス作用―エンドルフィン ··············· 201
	6.9.1	トウガラシに対する嗜好の形成 ······················ 201
	6.9.2	カプサイシンによる脳内からの β-エンドルフィンの放出 ···· 204

- 6.10 カプサイシンの消化管への影響···206
  - 6.10.1 実験動物での検討···206
    - (1) 胃　潰　瘍···206
    - (2) 胃 酸 分 泌···207
    - (3) 消化管の運動···208
  - 6.10.2 ヒトへの影響···209
- 6.11 その他の生理作用···212
  - 6.11.1 発 汗 作 用···212
  - 6.11.2 眠りへの影響···213
  - 6.11.3 かゆみの治療···214
  - 6.11.4 血小板凝集の抑制···215
  - 6.11.5 変異原性と発ガン性···216
  - 6.11.6 嚥下反射の亢進··216
  - 6.11.7 コクゾウ忌避活性···217

第7章　カプサイシンおよび同族体の生理活性研究の展望···219

- 7.1 辛味と生理作用···219
  - 7.1.1 辛味と脱感作···219
  - 7.1.2 辛味と鎮痛作用···220
  - 7.1.3 辛味とアドレナリン分泌··226
- 7.2 辛味を持たないカプサイシン類縁体·····································228
  - 7.2.1 鎮痛・抗災症作用を持つカプサイシン類縁体の探索·········228
  - 7.2.2 辛味を持たないトウガラシに含まれる天然カプサイシン類縁体；カプシエイトの発見··229
  - 7.2.3 カプシエイトの抗肥満作用の研究·····························231
  - 7.2.4 カプサイシン受容体賦活活性····································236
  - 7.2.5 カプサイシン配糖体···237
  - 7.2.6 酵素法による無辛味成分の合成································238

第8章　食生活と辛味 …………………………………………… 243

8.1　調味料とカプサイシン ……………………………………… 243
8.1.1　カレー用混合スパイス（カレー粉） ………………… 243
（1）カレー粉の構成および特徴 ……………………… 243
（2）各地域におけるカレーの特色 …………………… 246
（3）カレーにおけるトウガラシ ……………………… 247
（4）カレーに見る辛味嗜好の変化 …………………… 249
8.1.2　ソース用混合スパイス ………………………………… 250
（1）ウスターソースの発祥 …………………………… 250
（2）日本におけるウスターソースの変遷 …………… 251
（3）ウスターソース類の製造方法 …………………… 251
（4）スパイスの使い方 ………………………………… 253
（5）トウガラシの効果 ………………………………… 256

8.2　トウガラシと調理 …………………………………………… 256
8.2.1　辛味を特徴とする香辛料の調理 ……………………… 256
8.2.2　トウガラシ類の種類と利用形態 ……………………… 258
8.2.3　トウガラシ類の栄養成分 ……………………………… 258
8.2.4　トウガラシ類の嗜好性成分 …………………………… 260
8.2.5　トウガラシの調理性 …………………………………… 261
8.2.6　調理における辛味の調節 ……………………………… 262
8.2.7　各国におけるトウガラシの調理 ……………………… 262
（1）日本料理におけるトウガラシ …………………… 263
（2）中国料理におけるトウガラシ …………………… 263
（3）韓国料理におけるトウガラシ …………………… 264
（4）エスニック料理におけるトウガラシ …………… 265

8.3　トウガラシの一般的呈味成分と調理への影響 …………… 269
8.3.1　遊離アミノ酸 …………………………………………… 269
8.3.2　有　機　酸 ……………………………………………… 270
8.3.3　単糖・二糖類 …………………………………………… 271

8.3.4　関西風うどんつゆと添加トウガラシの呈味の関係 …………… 271
8.4　漬物類と辛味 ……………………………………………………………… 274
　　8.4.1　漬物における辛味漬物類の増加 …………………………………… 274
　　　　（1）「低塩味ボケ」の対策として …………………………………… 275
　　　　（2）スパイス・ハーブの日本人への普及 ………………………… 275
　　　　（3）浅漬・新漬類の台頭と調味料の味主体の漬物との
　　　　　　味の濃厚度のバランス ……………………………………………276
　　8.4.2　調味漬（古漬）とトウガラシ ……………………………………… 276
　　　　（1）トウガラシを使う古漬 ………………………………………… 276
　　　　（2）葉トウガラシ・青トウガラシを使う古漬 ………………… 277
　　8.4.3　キムチの種類とトウガラシ ………………………………………… 279
　　　　（1）材料と副材料 …………………………………………………… 280
　　　　（2）ペチュキムチ系 ………………………………………………… 282
　　　　（3）カクトキ（カクトゥギ）系 …………………………………… 283
　　　　（4）トンチミー・ムルキムチ系 …………………………………… 284
　　　　（5）日本のキムチ …………………………………………………… 286
　　8.4.4　その他の辛味の漬物 ………………………………………………… 288
8.5　辛味を持たないカプサイシン類縁体の活用 ……………………………… 289
　　8.5.1　カプシノイドの辛味閾値 …………………………………………… 290
　　8.5.2　カプシノイドの抗肥満作用 ………………………………………… 291
　　8.5.3　カプシノイドとカプサイシンの相違 ……………………………… 294

特別寄稿　日本産トウガラシの生産事情 ……………………………………… 299

索　　引 ……………………………………………………………………………… 307

　　　巻末付録　トウガラシ小図鑑

緒言　トウガラシの歴史と辛味

　トウガラシ(唐辛子，蕃椒(ばんしょう)，赤トウガラシ，カプシカムペッパー；Red pepper, chili (chile, chilli) pepper, capsicum pepper)は，ジャガイモやトマト，ホオズキなどと同じナス科(*Solanaceae*)に属する植物であって，1492年のコロンブス(Christopher Columbus, 1446?～1506)のアメリカ大陸発見によってはじめてヨーロッパに伝えられたものである．当時は地球が丸いということがまだ一般には信じられていない時代であったが，コロンブスはジパングの黄金とインドのコショウを手に入れる目的で1492年8月，スペインのイザベル女王の援助によって3隻の船団を組みスペインの港を出航して西へ西へと航行し，ついに西インド諸島を発見した．彼はここをインドと信じ，原住民をインディアンと呼び，また現地で目にした小粒の赤い色の辛い果実が原住民たちの利用の方法から，これがコショウであると思いこんでしまったようである．コロンブスは6か月の航海ののち，1493年3月ポルトガルのリスボン港に帰還したが，当時，辛いスパイスとして知られていたのはコショウ(Pepper)のみであったため，この新しい辛いスパイスは赤トウガラシ(Red pepper)あるいはチリペッパー[*1](Chili pepper)と呼ばれたが，当初は香りが乏しく，しかもあまりにも辛味が強すぎたために，ただその鮮やかな赤色の果実が観賞用として栽培されたに過ぎなかった．しかしながら，スペインやポルトガルでは，当時のヨーロッパの人々が好んだ風味と辛味のあるコショウは栽培できなかったけれども，辛いトウガラシは容易に栽培することが可能であったため次第にスパイスとして利用されるようになっていった．

　コロンブスのアメリカ大陸発見の5年後(1497年)，ポルトガルのバスコ・ダ・ガマ(Vasco da Gama, 1469?～1524)はアフリカの南端，喜望峰を回るイン

　＊1　チリ(Chili)という語は南米の国の名とは関係なく，メキシコのアステカ人が使っていた言葉チリ(Chili)がそのまま用いられたものといわれている．

ド洋航路を発見し，ポルトガルがコショウを主体とするスパイス貿易の主導権を掌握するとともに，トウガラシの種子をインドへ伝え，ついでアフリカ，さらに東洋の中国へも伝えて，トウガラシはわずか100年余の間に世界中に伝播され，現在では世界の人々にとって欠かすことのできないほどに利用されるようになって，人類の食生活や嗜好に大きな影響を及ぼすに至った．また，その生産量も世界の香辛料の中では最も多いものとなったのである．

　トウガラシの原産地は中南米と考えられており，紀元前8000～7000年にはペルーの中部山岳地帯で，紀元前7000年頃にはメキシコで栽培され，アヒイ(Aji)と呼ばれていたことが考古学的に明らかにされている．すなわち，トウガラシはアメリカ大陸において最も古くから栽培利用されてきた作物の一つと見なされているものであった．

　現在のところ，トウガラシの栽培種は5種類が知られており(第1章参照)，このうち，メキシコなどの中米で栽培化され，学名が *Capsicum annuum*[*2]と呼ばれるトウガラシが現在，東洋ならびにヨーロッパなどで最も多く栽培されているものである．他の種類のトウガラシの栽培は，現在もほとんど中南米地域に限られているようである．また，*Capsicum annuum* は本来，熱帯性の植物であるが，その中で冷涼地でも生育し辛味をもたない形の大きいトウガラシがヨーロッパで育成され，野菜として広く利用された．ハンガリーのパプリカ，スペインのピメントなどである．

　トウガラシ[*3]の日本への伝来については大きく二つの説がある．一つは16世紀の中後期に南蛮(ポルトガル)船によって鉄砲やタバコとともに伝えられたとする南蛮伝来説であり，もう一つは1592～98年の豊臣秀吉の朝鮮半島出兵の際に持ち帰ったとする朝鮮半島伝来説であるが，最近の考え方では南蛮渡来説が主流であり，また，朝鮮半島へは日本から伝えられたとする説が有力のようである．

　　*2　*Capsicum* というトウガラシ属の名称は，果実の形が袋に似ているため，ラテン語のカプサ(Capsa，袋の意)に由来するとされている．
　　*3　トウガラシ(唐辛子)の名称は唐(中国)から伝来したと考えられて「唐の芥子」の意で名付けられたが，実際は中国のものではなく，南蛮船が中国の港に寄港しながら伝えたものである．したがって南蛮コショウとも呼ばれた．

いずれにしても，トウガラシが上記のように短期間の間に世界中に伝えられ栽培されるようになったのは，トウガラシの栽培植物としての適応性が極めて高く栽培が容易であり，また生産性も優れていたことにもよるが，最も大きな理由はトウガラシの持つ刺激的な"辛味"が安価に入手でき，しかも日常の食物にアクセントを与えて食物をよりおいしいものとする不思議な魅力であったと思われる．

ところで，トウガラシの辛味の本体はトウガラシ果実の中で生合成される無色の脂溶性アルカロイドのカプサイシン (capsaicin) およびその同族体であって，カプサイシノイド (capsaicinoid) と総称される一群の化合物である．そして，トウガラシを摂取した場合の種々の生理的効果はこのカプサイシノイドの呈する辛味の作用と理解されている．

現在，味覚による"味"は甘味，酸味，塩味（鹹味），苦味の 4 基本味にうま味（旨味）を加えた五つの基本味に，さらに辛味と渋味を加えた 7 味が関係していると考えられている．その 5 基本味のうち，特に甘味，苦味，うま味に関しては，それらの口腔内味覚器での受容機構に関する分子生物学的な研究が近年飛躍的に進展し，味細胞における味情報を電気信号へ変換する分子機構の解明がなされつつある．しかしながら，辛味に関する味の受容機構に関しては，これまでほとんど解析が進んでいなかった．辛味は痛覚であり，これに一部温覚が複合したものと考えられている．しかしながら，筆者らが種々の合成カプサイシン同族体を用いて行った研究の結果によれば，カプサイシン同族体の呈する生理活性（この場合はカテコールアミン分泌促進作用）と辛味度とは必ずしも一致しないことが明らかとなった[1]．

1997 年，米国カリフォルニア大学サンフランシスコ校の Julius 博士のグループは，カプサイシンが侵害受容神経細胞内のカルシウムイオン (Ca^{2+}) 濃度を特異的に増大させる現象を指標として，それまで未発見であったカプサイシンレセプターのクローニングに成功したことを *Nature* 誌上に発表し[2]，世界的に大いに注目された．このレセプターは，カプサイシンがバニリル基を有するバニロイドの一種であることから，バニロイドレセプター 1 (VR1; vanilloid receptor subtype 1) と名付けられた[2]．この VR1 は，電気生理学的解析から，カプサイシンによって直接活性化される膜タンパク質の非選択的

陽イオンチャネルであることが明らかとなり，侵害的な熱や酸によっても活性化されることが分かってきた[3]．また，VR1 は，ショウジョウバエの目の光受容に関与する分子である TRP (transient receptor potential) と約 20% の相同性をもつ 6 回膜貫通型陽イオンチャネルで，TRP サブファミリーを形成し，TRPV1 と呼ばれるようになった[4]．最近，この TRPV1 以外に特定の温度領域で活性化されるイオンチャネルが相次いで発見されており，また，痛覚との分子レベルでの関係の解析も著しく進展してきている（第 3 章 3.2 節参照）．

　一方，1989 年，京都大学農学部の矢澤進教授のグループは，タイ国産の辛味種トウガラシを自殖選抜し，辛味をほとんど発現しないトウガラシの固定に成功し，'CH-19 甘' と命名した[5]．そして，このトウガラシの果実には TLC 分析においてカプサイシンとは R_f 値[*4]を異にし，フェノール類のみに発色する試薬に陽性の未知の化合物が多量に含まれていることを見出し，しかも，この辛くないトウガラシにはヒトの発汗促進活性のあるらしいことを経験的に認めていた．この化合物は，編著者の一人でもある静岡県立大学の渡辺達夫教授らによって単離・構造決定され，カプシエイトと命名された（第 7 章参照）．この新規の化合物はカプサイシンの類縁化合物で，カプサイシン分子中の酸アミド結合がエステルになった構造の化合物であった．このカプシエイト（およびその同族体，カプシノイドと総称される）は辛くないのにカプサイシンと同様な脂質の代謝回転やエネルギー代謝の亢進などの種々の生理作用を活性化することが明らかにされ[6-8]，2006 年には味の素(株)によって製品化され新しい局面を迎えることとなった．新規の機能性食品成分として今後の新しい活用の展開が期待されている．

　トウガラシの辛味成分カプサイシンを中心とした辛味の科学は，今後の有用な新分野への展開に大いに貢献するものとなるであろう．

引用文献
1) T. Watanabe, T. Kawada, T. Kato, T. Harada, K. Iwai, *Life Sci.*, **54**, 369 (1994)

[*4] R_f 値：38 頁脚注参照．

2) M. J. Caterina, M. A. Schumacher, M. Tominaga, T. A. Rosen, J. D. Leveine, D. Julius, *Nature*, **389**, 816 (1997)
3) 飯田陶子，富永真琴，細胞工学，**21**, 1420 (2002)
4) D. E. Clapham, L.W. Runnels, C. Strubring, *Nat. Rev. Neurosci.*, **2**, 387 (2001)
5) 矢澤　進，末留　昇，岡本佳奈，並木隆和，園学雑，**58**, 601 (1989)
6) K. Ohnuki, S. Hashizume, K. Oki, T. Watanabe, S. Yazawa, T. Fushiki, *Biosci. Biotechnol. Biochem.*, **65**, 2735 (2001)
7) K. Iwai, A. Yazawa, T. Watanabe, *Proc. Japan Acad.*, **79B**, 207 (2003)
8) 川端二功，伏木　亨，化学と生物，**43**, 160 (2005)

参考図書

1. F. ローゼンガーデン, Jr., 斎藤　浩訳，"スパイスの本"，柴田書店(1976)
2. 星川清親，"料理・菓子の材料図説 I. スパイス"，柴田書店(1976)
3. 山崎峯次郎，"香辛料 VI"，エスビー食品(株)(1978)
4. 李　盛雨(石毛直道編)，"東アジアの食の文化"，平凡社(1981)
5. 武政三男，"スパイス百科事典"，三琇書房(1981)
6. 山崎春栄，"スパイス入門"，改訂版，日本食糧新聞社(1986)
7. 小俣　靖，"美味しさと味覚の科学"，日本工業新聞社(1986)
8. ハウス食品工業(株)，"ハウスポケットライブラリー 2. 唐辛子遍路"(1988)
9. 日本農芸化学会編，"くらしの中の化学と生物 4. 世界を制覇した植物たち"，学会出版センター(1997)
10. A. ナージ，林　真理，奥田祐子，山本紀夫訳，"トウガラシの文化誌"，晶文社(1997)
11. 日本化学会編，"味とにおいの分子認識"，学会出版センター(1999)

〔岩井和夫〕

第1章　トウガラシの生物学

1.1　トウガラシの植物学的特性ならびに伝播

　トウガラシは植物分類上は，ナス科に属している．この科の仲間にはジャガイモ，トマト，ペチュニアなど我々に身近な野菜や花が含まれている．ナス科の植物は，マツやスギのような大木になるものはなく，草本性のものばかりである．葉は茎の各節に1枚ずつ互いちがいにつき，托葉を持たないので葉柄がはっきりと区別できる．花は基部で花弁が癒合した合弁花で，同じ花の中に雄しべと雌しべが共存する両性花で，雄しべは5本，雌しべは1本である．癒合した花弁（花冠）は先端で五つに分かれている．萼は果実が大きくなっても落ちることはない．このような萼を宿存萼と呼んでいる．ナス科の植物の中には，ホオズキのように萼が果実を包みこんでしまうものもある．ナス科は主に熱帯アメリカに分布している．分類学では科の次に属が，属の次に種がそれぞれ設けられている．

　トウガラシはトウガラシ（カプシクム）（*Capsicum*）属の中のいくつかの種を含む総称である．日本では栽培されているトウガラシのほとんどが *Capsicum annuum* であるが，沖縄地方では果実が小さく辛味の大へん強い *Capsicum frutescens* が一部で栽培されている．また，実の着いている枝物として利用されているトウガラシの中には *Capsicum baccatum* に属するものがある．これら三つの種を識別するポイントは花の色で，*Capsicum annuum* は白色，*Capsicum frutescens* はアイボリー色にやや緑色がかった花色をもち，*Capsicum baccatum* は花の中心部にかなり目立つ褐色の斑点がある．これらの他に，日本では栽培されていない *Capsicum chinense*, *Capsicum pubescens*（果実の辛味は非常に強い．種子は黒色．巻末「トウガラシ小図鑑」16頁参照）がある．*Capsicum* 属の主な種の特徴をまとめると表1.1のようになる[1]．染色

1.1 トウガラシの植物学的特性ならびに伝播

表 1.1 栽培トウガラシの種の検索表[1]

1. 黒色の種子，紫の花冠	*C. pubescens*
1. 黄色の種子，花冠は白または緑がかった白色（極めてまれに紫色）	
2. 花冠の筒の基部に黄色の斑点がある	*C. baccatum*
2. 花冠に黄色の斑点がない	
3. 花冠が紫	
4. 1節当たりに花が一つ	*C. annuum*
4. 1節当たりに花が二つ以上	*C. chinense*
3. 花冠は白または緑がかった白色	
5. 完熟果の萼の基部にくびれがあり，花梗につく	*C. chinense*
5. 完熟果の萼の基部にくびれがない	
6. 1節当たりに花が一つ	
7. 花冠は乳白色，花冠の裂片は直線的，開花時の花梗は上ないし下向き	*C. annuum*
7. 花冠は緑がかった白色，花冠の裂片はやや反転する．花梗は上向き	*C. frutescens*
6. 花は1節当たりに二つずつ	
8. 花冠は乳白色	*C. annuum*
8. 花冠は緑がかった白色	
9. 花梗は上向き，花冠の裂片はやや反転する	*C. frutescens*
9. 花梗は上向きからやや下向き，花冠の裂片は直線的	*C. chinense*

体数はいずれの種も $2n=24$ である．なお，やや専門的になるが図1.1に *Capsicum* 属の種間の交雑親和性をまとめた．*Capsicum pubescens* は低温耐性がある有用な遺伝資源の一つであるが，他の栽培種との交雑が非常に難しい．

1.1.1 トウガラシの名称について

日本では *Capsicum* 属の作物を辛味の有無や果実の形から「トウガラシ」あるいは「ピーマン」と呼んでいる．「トウガラシ」と「ピーマン」のはっきりした区別はないが，「トウガラシ」は果実が小さく辛味があるものを，「ピーマン」は果実が大きく辛味がないものという一般的な認識がある．「ピーマン」はフランス語の Piment に由来する．ヨーロッパでは辛味のない大きい果実のトウガラシを特に「ピメント」と呼んでいるのではなく，「ピメント」はトウガラシの総称である．「ピメント」はラテン語の Pigmentum（染色に用いる物質の意味）に由来し，ピメントという語は12世紀に作ら

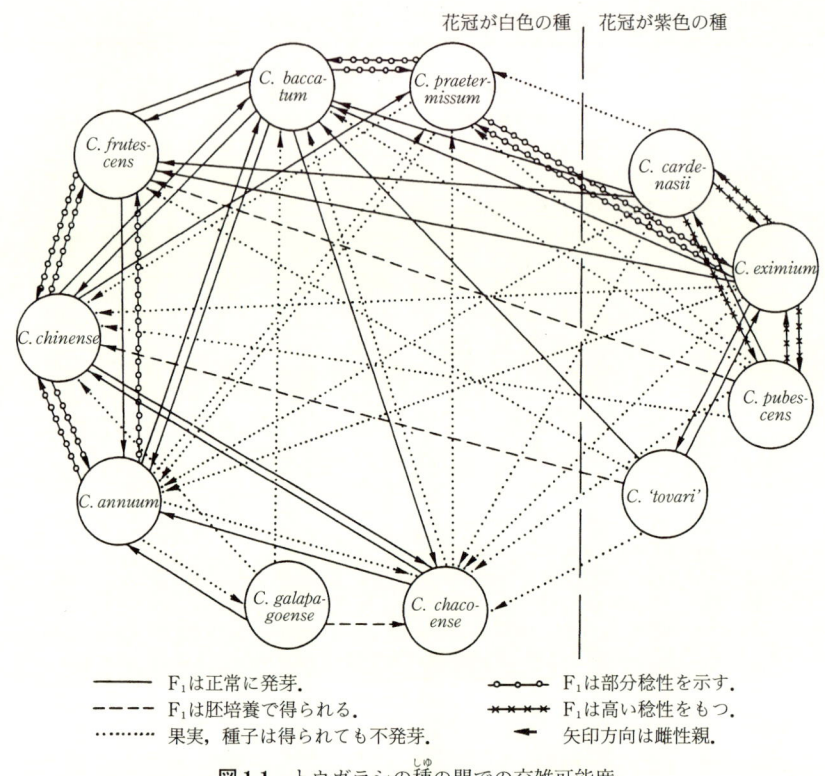

図1.1 トウガラシの種の間での交雑可能度(しゅ)
(IBPGR-Genetic Resources of Capsicum, 1983)

れた「ロランの歌」の中にはじめて顔を出している．当時は香料酒をピメントと呼んでいた．トウガラシをピメントと呼ぶようになったのは17世紀になってからである[2]．この時代にスペイン語のPimiento，英語のPimentoが生まれた．最近「パプリカ」と称するトウガラシを我が国の市場で見かけるが，本来パプリカ(PaprikaまたはPaprica)はトウガラシを主な成分とする調味料に付けられた名称で，もとは商取引上の用語，および調理用のものであった．しかし時代を経るにつれ，ポーランド，ハンガリーで，トウガラシをパプリカと呼ぶようになった．

我が国におけるトウガラシの分類をまとめると表1.2のようになる．中型しし群とベル群に属するトウガラシが一般にピーマンと呼ばれている．

表 1.2　我が国におけるトウガラシの品種分類

品種群	代表品種	類似品種
1. 伏見群	伏見甘 伏見辛 日光 札幌太	万願寺 剣崎, 牛角 羊角, 札幌早生, 青森在来
2. 八房群	熊鷹 小八房 長八房 八房 大八房	信鷹 愛知三鷹, 静岡三鷹 細八房, 静岡鷹の爪, 栃木三鷹 磐田八房
3. 鷹の爪群	鷹の爪 本鷹 だるま	香川本鷹, 佐賀本鷹, 佐賀鷹の爪
4. 榎実群	榎実	
5. 五色群	五色	
6. 在来小じし群 7. 中型しし群 8. ベル群	ししとう 三重みどり カリフォルニア・ワンダー	田中, 和歌山在来 昌介, 石井みどり, 明石, ニューエース みな月, にしき, エース, 新さきがけ, ちぐさ, 大じし, ヨロ・ワンダー, 埼玉

1.1.2　トウガラシの伝播

　トウガラシは新大陸原産で，旧大陸にはコロンブスがはじめて持ち帰ったことになっている．1492年11月4日（日曜日）付のコロンブス航海誌には，クルミのような形をした赤い果実を見てコショウと思い大へん喜んだ様子が記述されている．旧大陸へのトウガラシの伝播がコロンブスによるものかどうかについては疑問が残されている．もっと以前にポリネシアを中心にトウガラシが利用されていたのではないかという論文も発表されている．新大陸でのトウガラシの歴史は古く，紀元前8000年の遺跡から多量の種子が出土しており，当時すでに栽培されていたことが明らかになっている．ヨーロッパに渡ったトウガラシは，スペインを中心にその分布を広げ，16世紀にはイギリス，ドイツをはじめとしたヨーロッパの各国で栽培されていた[3]．当時は，それほど多く栽培されてはいなかった．その後，ヨーロッパでもよく生育する辛味の少ない品種が導入あるいは育成され，徐々に栽培面積が広が

っていった．それとともにトウガラシの研究も盛んに行われるようになった．1937年トウガラシの果実に大量のビタミンCが含まれていることが発見され，これを機にヨーロッパでの青果用トウガラシの栽培が急増した．ヨーロッパから世界に広がったトウガラシは，特にインド大陸で多く栽培，消費され，ガンドウ，マドラス・ミチ，ポール・ミチなどの多数の品種が育成された．アフリカ大陸にはポルトガルやアラブの商人が伝え，今日ではトウガラシの主要な生産地となっている．図1.2は，コロンブスがヨーロッパにトウガラシを持ち帰った後の，ヨーロッパから世界各地への伝播経路をまとめたものである[1]．

　日本へのトウガラシの伝播については諸説がある．江戸時代の『本朝食鑑』(1705年)をはじめとして，『和漢三才図会』(1712年)，『草木六部耕種法』(1833年)ではいずれもトウガラシはポルトガル人によって伝えられたとしている．一方，『大和本草』(1709年)，『物類称呼』(1775年)では朝鮮半島から日本にトウガラシが伝えられたと書かれている．また，チョン・デ・ソン[4]は，韓国の古文書『芝峰類説』(1613年)に「トウガラシは日本からもたらされたもので，倭芥子と呼ばれている」という記載をもとに，朝鮮半島のトウガラシは日本から伝えられたとしている．最近，筆者ら[5]は座止遺伝子(生育が途中で止まってしまう働きをもつ遺伝子)によって発現する遺伝形質を，世界の多数のトウガラシ品種について解析した結果，中国，韓国，日本で古くから栽培されている品種群が遺伝的に類似していることを明らかにした．伝播の方向がどうであれ，これらの結果から日本と朝鮮半島の古いトウガラシは深いつながりがあることが確かめられた．明治時代のはじめに出版された『蕃椒図説』では，いわゆるピーマンに属する大果群を含めて52品種が紹介されている．日本にトウガラシが伝わった16世紀には，もっぱら観賞用として利用されていた．江戸時代の初めに江戸で七味唐辛子が売り出されたのを契機として，そばやうどんなどの薬味として広く利用されるようになった．青果用の甘味トウガラシは関西地方を中心に'伏見甘'などの品種が江戸時代から栽培，販売されていた．今日，ピーマンと呼ばれている果実の大きい，辛味のないトウガラシは，1774年アメリカで'ベル'，'ベルノーズ'という品種が発表されて以来世界に広く普及した．日本では第二次世界大戦

1.1 トウガラシの植物学的特性ならびに伝播　　　　　　　11

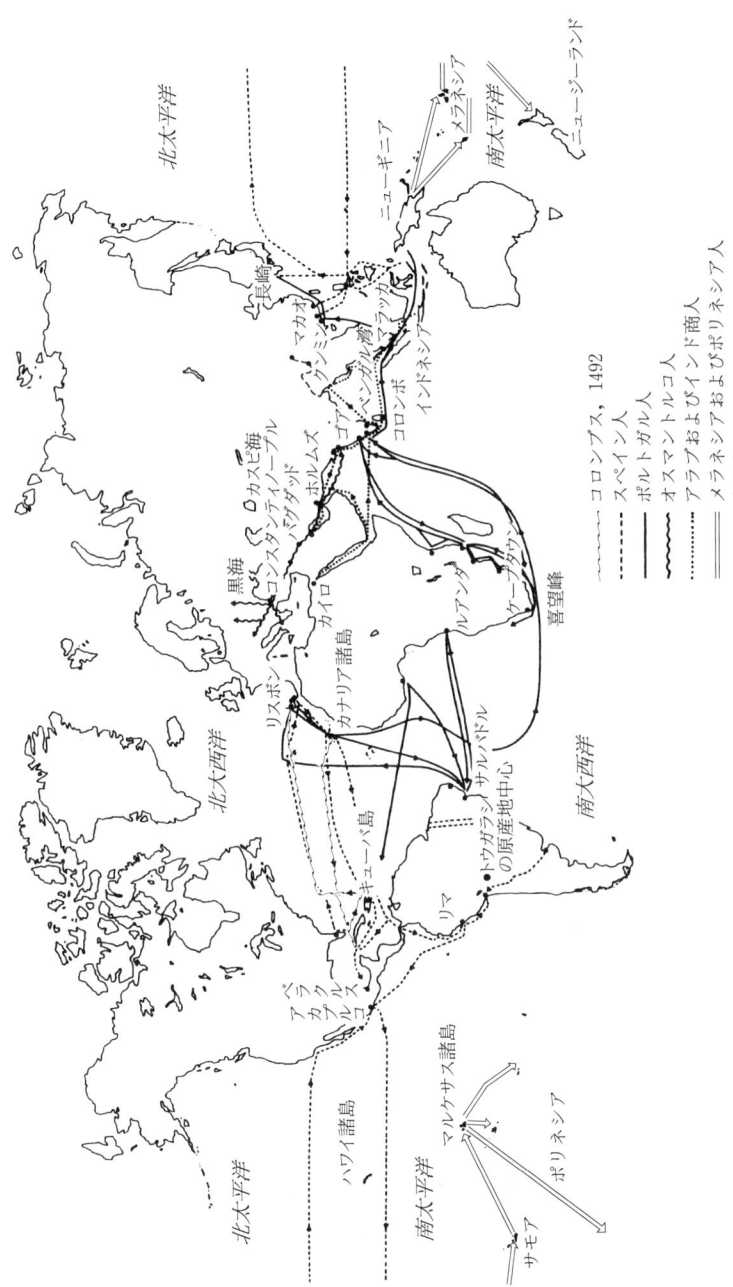

図 1.2　トウガラシの世界への伝播経路[1]

前は，大果群の利用はごく限られたものであったが，戦後食生活の変化とともに急激に消費が拡大した．

1.2 トウガラシの栽培・生理―辛味品種を中心として―

1.2.1 品種について

　トウガラシの品種分類は日本，アメリカ，ヨーロッパ諸国で異なり現在混乱がみられる．すでに日本の品種の分類については表1.2に示したが，辛味トウガラシの栽培が今日激減したため多くの品種が失われている．現在，アメリカの品種分類が世界的にも用いられるようになってきたので，以下にその分類をくわしく記載する[6]．

I. 果実が大きく，果皮に溝やしわがなく，果肉が厚い
　　A. ベル(Bell)グループ
　　　1. 辛味のない品種群(我が国ではピーマンと呼ばれている)
　　　　a. 未熟果は緑色，完熟果は赤色(黄色のものもある)となる品種．California Wonder(多くの系統がある), Yolo Wonder(多くの系統がある), Keystone Giant(多くの系統がある), Early Calwonder, Tambel-2, Golden California Wonder(完熟果は黄色)
　　　　b. 未熟果は黄色で完熟果は赤色となる品種．Golden Bell, Roumanian
　　　2. 辛味のある品種群
　　　　a. 未熟果は緑色で完熟果は赤色となる品種．Bull Nose Hot
　　　　b. 未熟果は黄色で完熟果は赤色となる品種．Roumanian Hot
　　B. ピメント(Pimento)グループ：果実の形はハート形で先端が尖っている．果実の長さは3.8〜12.5cmで，果皮にしわがなく，果肉は厚く，辛味がない．Pimento Perfection, Pimento L.

II. 果実が幅広で，果皮に溝やしわがなく，果肉が薄い
　　A. アンチョ(Ancho)(品種名)グループ：果実の長さは10〜15cm，果形はハート形で先端が尖っている．果肉は薄い．果柄が果実に深く食い込んでおり，カップ状になっている．

1. 未熟果は濃緑色で完熟果は赤色となる品種群. Mexican Chili, Ancho, Ancho Ventura F_1, Poblano, Cyklon
2. 完熟果が褐色となる品種群. Mulato

III. 果実が細くて長いグループ

A. アナヘイム (Anaheim Chili) (品種名) グループ (Long Green あるいは Long Red Chili グループともいわれる)：果実は, 緑色から濃緑色まである. 果実の表面にはしわがない. 果実の長さは 12.5〜20cm, 幅 3.2〜5cm で, 先端は細くなっているものから尖っているものまである. 果肉の厚さは中程度で, 辛味は中程度から辛味のないものまである.
 1. 中程度の辛味の品種群. Sandia, New Mexico #9
 2. 辛味の弱い品種群. Anaheim Chili (カリフォルニア州で栽培されているもの)
 3. 辛味がごくわずかある品種群. Mild California, New Mexico #6, Tam Mild Chili-2
 4. 辛味のない品種群. Paprika (Paprika という品種名は普通認められておらず, 商品名である)

B. ケイエン (カイエン) (Cayenne) (品種名) グループ：果実が細く, かなり長い (長さ 12.5〜25cm, 幅 1.9〜2.5cm). 果色は中程度の緑色, 果実の表面は滑らかで果肉は薄い. 辛味は強い.
 1. 完熟果が赤色となる品種群. Cayenne Long Thin, Cayenne Large Thick, 熱風(ヨンプル), Portugal, Purple Cayenne, スピノーザ, 湖北3号塔尖

C. キュバン (Cuban) (品種名) グループ：果色は緑黄色で, 果実の長さは 10〜15cm, 幅は 2.5〜7.8cm である. 果肉は薄く, 果形は多様で, 果実の先端は尖っていない. Cuban, Cubanelle, Aconcagua, Italian El, Pepperoncini

IV. 果実の長さが 7.5cm までで, 未熟果が緑色

A. ハラペーニョ (Jalapeno) (品種名) グループ：果実の長さは 5〜7.5cm, 幅 3.8〜5cm. 丸味のある筒状の果形で, 果色は濃緑色で, 完熟果にはコルク質の縞模様が発現するものもある. 辛味は強いが, 最近は中程度

の辛味のものが好まれる．Jalapeno, Mild Jalapeno
  B． セラノ (Serrano) (品種名) グループ：果実は細長い筒状で，先端は細く
  なるものから尖るものまである．辛味は強い．Red Chili, Chile de
  Arbol, 鷹の爪，八房，栃木三鷹
V． 果実が小さく (長さ5cmまで) て，果形は球形あるいは扁球形で果肉は厚
  い．
  A． チェリー (Cherry) グループ
    1． 辛味のない品種群．Sweet Cherry
    2． 辛味のある品種群．Large Red Cherry, Small Red Cherry, Black
    Hungarian, Cherry Bomb F_1
VI． 未熟果が黄色
  A． 小果で，果実の表面がろう状で光っているグループ：果実の長さが
  7.5cm程度かそれ以下
    1． 辛味のある品種群．Floral Gem, Cascabella, Caloro, White Bullet
    2． 辛味のない品種群．Petite Yellow Sweet, Tam Rio Grande Gold
  B． 果実が長く，果実の表面がろう状で光っているグループ：果実が
  8.8cm以上で，果実の先端が尖っている
    1． 辛味のある品種群．Hungarian Yellow Wax
    2． 辛味のない品種群．Hungarian Sweet Wax, Long Yellow Sweet
VII． 果実が細長く，未熟果は黄色で完熟果は赤色．果実の長さは2.5～
  3.8cmで辛味が強い．*Capsicum frutescens* に属している．
  A． タバスコ (Tabasco) (品種名) グループ：Tabasco, Greenleaf Tabasco

1.2.2 栽培・生理について

　トウガラシの土壌に対する適応性は高いが，連作 (同じ畑に続けて栽培すること) を避けて，同じ畑には3～4年に一度を目やすに栽培する．連作を行うと青枯病，疫病，ウイルス病の発生が著しく増加する．ただし，クロルピクリンや蒸気で土壌消毒を行うと連作も可能である．種子の発芽適温は20～30℃で，日本の平坦地では3月上旬 (加温が必要) に播種する．播種後5～7日目に発芽する．本葉が3～4枚になった時，3号鉢に移植する．晩霜の恐

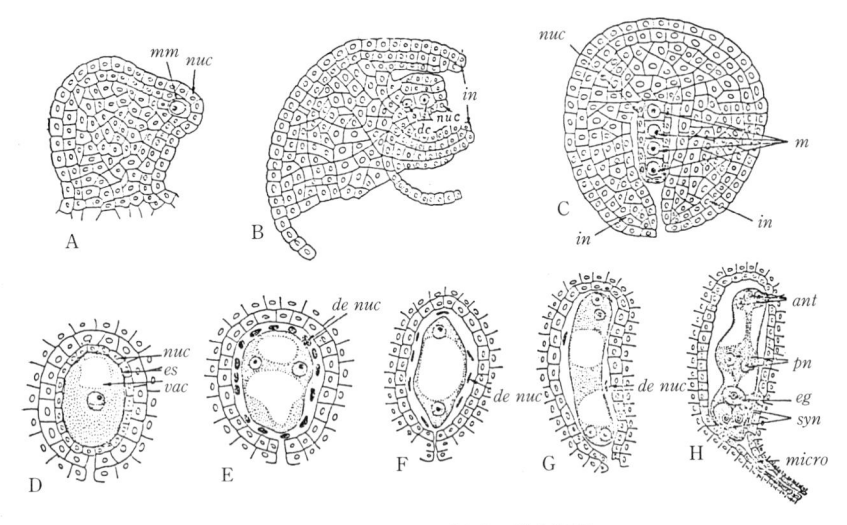

図1.3 トウガラシの胚珠の発育過程

A：大芽胞母細胞の分裂を示す胚珠
B：母細胞の分裂の結果，胚珠と娘核の発育を示す胚珠
C：母細胞の2回分裂によって形成された四芽胞
D：1核の胚のう，E：2核の胚のう，F：2核の移動，他の核の崩壊
G：4核の胚のう，H：8核の胚のう（成熟胚のう）

m：大芽胞，mm：大芽胞母細胞，nuc：胚珠心，in：珠皮，dc：娘細胞，es：胚のう，vac：液胞，$de\ muc$：崩壊胞，ant：反足細胞，pn：極核，eg：卵細胞，syn：助細胞，$micro$：珠孔

れがなくなった5月上～中旬に鉢で育苗した苗を畑に定植する．株間は品種によって異なるが，'鷹の爪'では40cm程度とする．定植時には開花が始まっている．施肥は，10a当たり窒素を15kg，リン酸12kg，カリ13kgを目やすに基肥として与える．カリ肥料の多用は辛味が増すという結果がある．酸性土壌では生育が不良となるため，苦土石灰を10a当たり100～120kg施し，土壌のpHを矯正する．乾果用辛味トウガラシでは，完熟果を長く植物体につけたままでは，果実が変色して商品価値を失うことになるので，栽培中に3～5回果実を摘みとり，最後に株を抜きとって株ごと乾燥後，最後についている果実を収穫する．

開花後30～40日で果実は完熟する．受粉後胚珠は

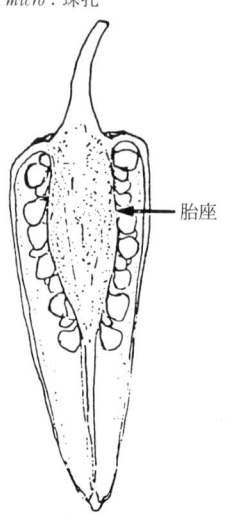

図1.4 トウガラシ果実の縦断面[7]

胎座

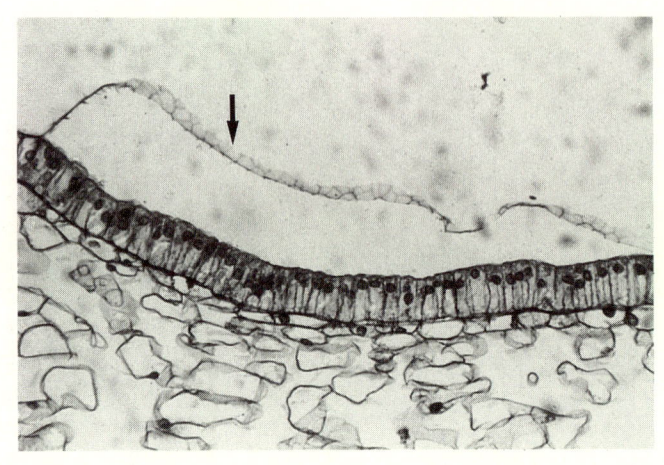

図 1.5 細胞とクチクラ層の間にカプサイシノイドが放出され，崩壊直前のクチクラ層(矢印)
カプサイシノイドはクチクラ層直下の1層(表皮)の細胞で合成される．

図1.3に示すような経過をたどって完成し，種子となる．果実に種子が着生している部位は胎座と呼ばれている(図1.4)[7]．胎座組織の表皮細胞で辛味成分であるカプサイシノイドが合成される(第4章参照)．表皮細胞で合成されたカプサイシノイドは，水にほとんど溶けないため細胞外に放出されて，表皮細胞とクチクラ層の間に蓄積する．さらに，表皮細胞からカプサイシノイドが放出されるとクチクラ層は崩壊し，カプサイシノイドが果実内に分散して果実全体が辛味を呈することとなる．図1.5は，クチクラ層の崩壊直前の様子である．カプサイシノイドは受粉後14日後から生成されはじめ，20日目以降あたりから急激に増加する．そして30～35日目に最もカプサイシノイド含量が高くなり，その後減少しはじめる(4.1.4項参照)．図1.6は，受粉後の果実内カプサイシノイド含量を調べた結果である[8]．果実に含まれるカプサイシノイドは主に次の五つの同族体からなっている．これらは，カプサイシン，ジヒドロカプサイシン，ノルジヒドロカプサイシン，ホモジヒドロカプサイシン，ホモカプサイシンである．*Capsicum annuum*の品種では普通，カプサイシンが60～70％，ジヒドロカプサイシンが30～40％，ノルジヒドロカプサイシンが5～10％，その他はごく少量含まれている．タバスコをはじめとした*Capsicum frutescens*では，*Capsicum annuum*の品種にく

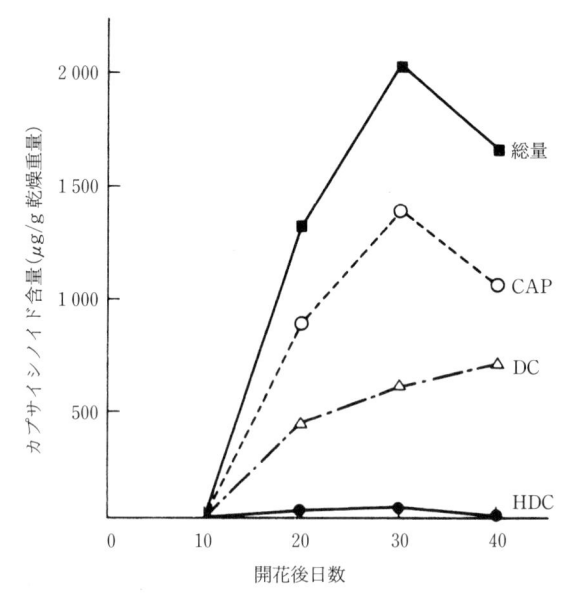

1.2 トウガラシの栽培・生理—辛味品種を中心として—

図 1.6 辛味品種'試交 101'の果実の発育に伴うカプサイシノイド含量の経時変化[8]
CAP：カプサイシン，DC：ジヒドロカプサイシン，HDC：ホモジヒドロカプサイシン．CAP にはノルジヒドロカプサイシンを含む．

らべ，ジヒドロカプサイシンの含量が高くなる．これら同族体の含量比率は辛味トウガラシの品質上重要な問題であり，ジヒドロカプサイシン含量があまり高くなるとシャープな辛味がなく口の中で後まで残り，トウガラシ果実の品質が悪くなる．果実の辛味の発現は，遺伝的な要因のほかに環境条件が影響し，辛味発現の機構は複雑である．辛味の遺伝については，今のところ1対の優性単一遺伝子説が支配的であるが，ポリジーン[*1]の関与なども考慮される必要がある[9]．筆者ら[8]は，辛味発現に超優性遺伝の存在を指摘している．最近，カプサイシノイドに化学構造が類似し辛味がなく，動物に対してカプサイシノイドと同じような作用をする新規物質(カプシエイト，capsiate[10]；7.2.2項参照)が発見され，現在サプリメントとして販売されている[11]．

---

*1 ポリジーン：多くの遺伝子が補足しあって形質の発現に関与する遺伝子群の中の一つの遺伝子．

果実が大きくなってくるとトウガラシ特有の香りが強く感じられるようになる．果実の香りの主成分は，数種の芳香族物質である．このなかで最も多いものは，2-イソブチル-3-メトキシピラジンであり，この物質は2pptという大へん低い濃度でもヒトは感知できる[12]．ベル型トウガラシでのこの物質の含量は ppb の単位であると報告されている[12,13]．外果皮が最も濃度が高く，隔壁や胎座での濃度は低い．種子には含まれていない．

果実の色は品種によって赤色，黄色などさまざまであるが，未熟果が緑色でも完熟果では赤色となる品種や，幼果は淡黄色で完熟果では赤色となるものがある．赤色果実種は黄色果実種に対して優性である．黄色果は，クロロフィルが分解されると発現し，赤色とクロロフィルが共存すると果色は褐色となる．果実の色素には，30種類以上のカロテノイド(carotenoid；カロチノイドともいう)系の物質が知られている．赤色系で最も多い色素はカプサンチンで，ついでカプソルビンが多く含まれる．このほかに，β-カロテン，ゼアキサンチン，ビオラキサンチン，ネオキサンチン，ルテインなどがある．完熟果の色と遺伝子構成は次のように考えられている．赤色果実：$y^+ c_1 c_2^+$，淡赤色果実：$y^+ c_1 c_2^+$，オレンジ色果実：$y^+ c_1^+ c_2$，淡黄色果実：$y^+ c_1 c_2$，オレンジイエローの薄い色の果実：$y c_1^+ c_2^+$，レモンイエロー色果実：$y c_1 c_2^+$，白色果実：$y c_1 c_2$ [*2]．

果実の形は多数の遺伝子により支配されており，関与する遺伝子はおよそ30個とされている．小さい果実を発現する遺伝子は大きい果実のそれに対して優性である[14]．

ここでは，トウガラシの栽培と文化との関連について述べることはできなかったが，1997年に翻訳出版された『トウガラシの文化誌』は大へん参考になる文献の一つである[15]．

引用文献

1) J. Andrews, "Peppers the Domesticated Capsicums", University of Texas

---

[*2] $y c_1 c_2$：y は黄色から赤色までの発色に関与する遺伝子を表し，c はカロテノイド系の合成インヒビターを表す．+は優性を表し，y^+ はカプサンチン，リコペン生合成について優性，c_1^+，c_2^+ はカロテノイド生合成抑制について優性であることを示す．c_2^+ は c_1^+ よりも強い抑制作用がある．

引用文献

Press, Austin(1984), p. 6, p. 45.
2) L. ギュイヨ, 池崎一郎, 平山弓月, 八木尚子訳, "香辛料の世界史", 白水社(1987), p.122.
3) C. B. Heiser(N. W. Simmonds ed.), "Evolution of Crop Plants", Longman, New York(1976), p.265.
4) チョン・デ・ソン, "食文化の中の日本と朝鮮", 講談社(1992), p.147.
5) 矢澤 進, 佐藤隆徳, 並木隆和, 園学雑, **58**, 609(1989)
6) P. G. Smith, B. Villalon, P. L. Villa, *HortScience*, **22**, 11(1987)
7) 加藤 徹(農山漁村文化協会編), "農業技術体系―野菜編", vol. 5, 農山漁村文化協会(1974), p. 基 35.
8) 矢澤 進, 上田昌弘, 末留 昇, 並木隆和, 園学雑, **58**, 353(1989)
9) 太田泰雄, 育学雑, **12**, 179(1969)
10) K. Kobata, T. Todo, S. Yazawa, K. Iwai, T. Watanabe, *J. Agric. Food Chem.*, **46**, 1695(1998)
11) 矢澤 進, 末留 昇, 岡本佳奈, 並木隆和, 園学雑, **58**, 601(1989)
12) R. G. Butery, R. M. Seifer, R. G. Ludin, D. G. Guadgni, L. C. Ling, *Chem. Ind.(London)*, **15**, 490(1969)
13) V. L. Huffman, E. R. Schadle, B. Villalon, E. E. Burns, *J. Food Sci.*, **43**, 1809(1978)
14) W. H. Greenleaf(M. J. Bassett ed.), "Breeding Vegetable Crops", AVI Pub. Co., New York(1986), p.67.
15) A. ナージ, 林 真理, 奥田祐子, 山本紀夫訳, "トウガラシの文化誌", 晶文社(1997)

〔矢澤 進〕

第2章　トウガラシの辛味成分の化学

2.1　トウガラシの辛味物質および類縁体の化学

　食品の味には，甘，塩，酸，苦の4基本味以外にも，うま味，辛味といった風味に関与するものが知られており，食生活をいっそう豊かなものにしている．辛味を構成する香味物質は，辛さという本来の特性（食品の二次機能）以外に生体調節機能（食品の三次機能）をも有し注目を集めるようになった．なかでもトウガラシの辛味成分であるカプサイシンはその筆頭であろう．近年における微量機器分析法の進歩にともない，今まで発見されていなかった辛味関連物質が続々と単離同定され，一連の化合物群としてとらえられるようになった．こうした香辛料の辛味成分の研究の発展にともない，辛味を呈さない辛味物質とよく似た構造の化合物も多数単離同定されてきている．

　本節では，トウガラシの辛味成分であるカプサイシン類について詳述し，さらにカプサイシン類の化学的特徴をいっそう際だたせるために，構造的に近いコショウの辛味成分であるピペリン類，サンショウ，キバナオランダセンニチの辛味成分であるアミド類についても取り上げた．さらに，辛味物質でもアミド結合を持たないがカプサイシンと近似した構造を有するショウガの辛味成分であるジンゲロール類についても取り上げた．

　個々の辛味成分を考える前に，フレーバーを構成する成分（香り成分，辛味成分，色素成分，呈味成分，テクスチャー関連成分）の中で上記辛味成分の位置づけを物性の面から考察することにする．

　表2.1からもわかるように，上記辛味物質は脂溶性で不揮発性という物性を有する．そのため香りの成分である植物精油やカラシ，ワサビの辛味成分であるアリルイソチオシアネート（allylisothiocyanate；アリルイソチオシアナートともいう）のように水蒸気蒸留では得ることができず，溶剤抽出で初めて

2.1 トウガラシの辛味物質および類縁体の化学　　21

表 2.1 辛味およびフレーバー関連物質の物性[1]

	化合物	物　性	分離方法	分析法
香り成分	植物精油	揮発性，脂溶性	水蒸気蒸留，溶剤抽出，SFE	GC, SFC
辛味成分	イソチオシアネート類	揮発性，脂溶性	水蒸気蒸留，溶剤抽出，SFE	GC, SFC, HPLC
	カプサイシン類	不揮発性，脂溶性	溶剤抽出，SFE	HPLC, SFC
	ピペリン類	〃	〃	〃
	アミド類	〃	〃	〃
	セスキテルペン類	〃	〃	〃
	ジンゲロール類	〃	〃	〃
色　素	カロテノイド	不揮発性，脂溶性	溶剤抽出，SFE	HPLC, SFC
	クロロフィル	〃	溶剤抽出	HPLC
	アントシアニン類	不揮発性，水溶性	溶剤抽出，膜分離	〃
呈　味	甘，塩，酸，苦味物質	不揮発性，水溶性	膜分離，樹脂吸着	HPLC
テクスチャー	ペクチン	不揮発性，水溶性	膜分離，樹脂吸着	HPLC

注）　SFE：超臨界流体抽出，GC：ガスクロマトグラフィー，SFC：超臨界流体クロマトグラフィー，HPLC：高速液体クロマトグラフィー．

得ることができる．上記辛味物質を工業目的に利用する場合は，香辛料をそのまま利用するか，その抽出物を使用することになる．トウガラシの場合はチンキおよびオレオレジンと称される溶剤抽出物(2.3.2項参照)を，コショウやショウガの場合はオレオレジンを使う．トウガラシの場合，辛さを植物油脂などで調整したオレオレジン調整物を使うことが一般的である．辛さを評価する場合，通常スコービル単位(スコービル値)[*1]を用いる．この方法はASTA (American Spice Trade Association)，AOAC (Association of Official Analytical Chemists of U. S. A.)，EOA (Essential Oil Association of U. S. A.)に採用されている．最近ではカプサイシン量を高速液体クロマトグラフィー(HPLC)で定量することが多い．オレオレジンの場合は製造上で溶剤留去という工程を経るので，ある程度の品質の劣化は避けられない．しかしながら超臨界二酸化炭素[*2]を用いた抽出法による抽出物は，低温，短時間という抽出特性のため極めて劣化が少なく，官能特性に優れたものである．また抽出温度，圧力，吸着剤などの抽出パラメーターを変化させることによりショウ

[*1]　スコービル単位：31頁の脚注参照．
[*2]　超臨界二酸化炭素：33頁の脚注参照．

ガやコショウの辛味成分の選択的抽出を可能とした[2]．

また上記辛味成分の分析方法としては，これらの辛味成分が不揮発性であるためそのままではガスクロマトグラフィー（GC）は使えず，HPLC，超臨界流体クロマトグラフィー（SFC）を使うことになる．ただし，揮発性の化合物に誘導した後にはGCでも利用可能であり，分析に用いられている．

近年におけるクロマトグラフィー技術の飛躍的な進歩により，従来の技術では不可能であった超微量成分も単離同定できるようになった．このような分析技術の向上が辛味物質および辛味関連物質の化学の進展に大きな貢献をした．また辛味物質のもつ多機能性が解明されてきており，食事における辛味物質の役割はますます重要なものとなってきている．さらに辛味物質の化学の発展により，化学構造と生理活性あるいは官能特性との関係も将来的に解明されてくるであろう．

2.1.1 カプサイシン類

カプサイシン類はトウガラシの辛味成分の総称である．香辛料の辛味成分としては最も辛いものである．岩井，河田らの研究[3]によって，カプサイシン類にはエネルギー代謝亢進作用があるなど，生体機能における多機能性が解明されてきた．そのためトウガラシは食品のもつ機能性研究の花形となってきている．カプサイシン類の化学構造上の特徴は，バニリルアミンと各種脂肪酸がアミド結合を形成していることである．

カプサイシンは無色の単斜晶系板状結晶で，石油エーテルから結晶化すると鱗片晶（りんぺんしょう）となる．融点は65℃，沸点は0.01mmHgで210〜220℃である．冷水には実際上不溶で，エタノール，ジエチルエーテル，ベンゼン，クロロホルムには自由に溶ける[4]．

カプサイシンの半数致死量（LD_{50}）は，マウスでは静脈投与で0.6mg/kg，腹腔投与で7mg/kg，皮下投与で9mg/kg，胃内投与で190mg/kg[5]，ラットでは，腹腔投与で6〜10mg/kg[6,5]，皮下投与で100mg/kgないしはそれ以上[6]である．腹腔投与でモルモットでは1mg/kg，ハムスターでは120mg/kg以上，ウサギで50mg/kg以上である[5]．

天然のカプサイシン類としては，従来からカプサイシン（capsaicin），ジヒ

2.1 トウガラシの辛味物質および類縁体の化学

表 2.2 トウガラシ品種間のカプサイシン量[1]

品　種　名	カプサイシン量(%)	辛さ(スコービル単位*)
Cayenne red pepper	0.2360	40 000
Red pepper	0.0588	10 000
Chilli	0.0058	900
Mombasa (アフリカ)	0.800	120 000
Uganda (アフリカ)	0.850	127 000
Mexican pequinos	0.260	40 000
Abyssinian	0.075	11 000
Bahamian (バハマ諸島)	0.510	75 000
Santaka (日本)	0.300	55 000
Sannam (インド)	0.330	49 000
Bird chilli (インド)	0.360	42 000

＊ スコービル単位：官能検査によって求めた，辛みを感じる最大希釈度 (ISO 3513)．カプサイシン自身の辛さは $15 \sim 17 \times 10^6$ スコービル単位．

表 2.3 トウガラシ中の天然カプサイシン類の含有量と辛味相対強度[1]

化　合　物	含　有 (%)	辛味強度
カプサイシン	46～77(平均70)	100
ジヒドロカプサイシン	21～40	100
ノルジヒドロカプサイシン	2～12	57
ホモカプサイシン	1～2	43
ホモジヒドロカプサイシン	0.6～2	50
ノルカプサイシン	0.5	—
ノルノルカプサイシン	0.3	—

ドロカプサイシン(dihydrocapsaicin)，ノルジヒドロカプサイシン(nordihydrocapsaicin)，ホモカプサイシン(homocapsaicin)，ホモジヒドロカプサイシン(homodihydrocapsaicin)の5成分が知られていた．トウガラシの品種によっても異なるが，カプサイシン，ジヒドロカプサイシンが辛味成分の約80～90％を占め，ノルジヒドロカプサイシンがこれらに続いている．表2.2に品種によるカプサイシン類の含有量と辛さの違い，表2.3にさらに微量に存在するノルカプサイシン(norcapsaicin)，ノルノルカプサイシン(nornorcapsaicin)を含む7成分の存在比を示した．

表2.4には今までにトウガラシから単離されたカプサイシン類を示したが，古くから単離されていた上記5種のカプサイシン類以外は，近年の超微量分析技術の進歩によって単離同定もしくは化学構造が推定されたものであ

表 2.4 トウガラシから単離されたカプサイシン類[1]

一般式	カルボン酸部（CO—R）	辛味化合物の通称名
CH_3O―〈benzene〉―$CH_2NHCO-R$ HO―	1. 8-methylnon-*trans*-6-enoic acid*	カプサイシン
	2. 8-methylnonanoic acid	ジヒドロカプサイシン
	3. 7-methyloctanoic acid	ノルジヒドロカプサイシン
	4. 9-methyldecanoic acid	ホモジヒドロカプサイシン
	5. 9-methyldec-*trans*-7-enoic acid	ホモカプサイシン
	6. 9-methyldec-*trans*-6-enoic acid	ホモカプサイシンI
	7. 10-methylundec-*trans*-8-enoic acid	ビスホモカプサイシン
	8. 11-methyldodec-*trans*-9-enoic acid	トリスホモカプサイシン
	9. 6-methylhept-*trans*-4-enoic acid	ノルノルカプサイシン
	10. 7-methyloct-*trans*-5-enoic acid	ノルカプサイシン
	11. 8-methyldecanoic acid	ホモジヒドロカプサイシンII
	12. 8-methyldec-*trans*-6-enoic acid	ホモカプサイシンII
	13. octanoic acid	―
	14. nonanoic acid	―
	15. decanoic acid	―
	16. undecanoic acid	―
	17. dodecanoic acid	―
	18. 6-methyloctanoic acid	ノルジヒドロカプサイシンII
	19. tridecanoic acid	―
	20. 7-hydroxy-8-methylnon-*trans*-5-enoic acid	カプサイシノール

* 8-methyl-*trans*-6-nonenoic acid と表記しても良い．ただし，これは旧来の表記法である．IUPAC の 1993 年勧告では，位置を示す番号は官能基の直前につけることが望ましいとされた．

表 2.5 合成カプサイシン類の辛味相対強度[1]

構造	R	化合物名	辛味強度
R-CONHCH₂-〈benzene: OCH₃, OH〉	$CH_3-(CH_2)_6-$	バニリルオクタンアミド	50
	$CH_3-(CH_2)_7-$	バニリルノナンアミド	57
	$CH_3-(CH_2)_8-$	バニリルデカンアミド	28
	$CH_3-(CH_2)_9-$	バニリルウンデカンアミド	21

る．これらを総称してカプサイシノイドという．

このうちカプサイシノールは，中谷ら[7]がトウガラシから抗酸化性物質として単離同定したものであるが，化学構造的には脂肪酸側鎖部分に水酸基がついているだけの違いで辛さが発現しないというのも大変興味深い事実である．

辛さの程度と化学構造の関係については，バニリルアミンと炭素数の異な

表 2.6 バニリルエーテル類[8]

(I) 構造:
- OH
- OCH₃
- CH₂-O-R

(I) 式中 R	メチル	エチル	n-プロピル	n-ブチル	n-アミル	イソアミル	n-ヘキシル
辛 味 度	0〜1	1	3	5	4	4	3

る飽和直鎖脂肪酸からなるアミド類を合成して検討されたが,バニリルノナンアミドに辛さの極大があることが知られている[1](表2.5).

さらに香料化学の分野で新たな知見がもたらされた.バニラ香気については古くから研究され,バニリルメチルエーテル,バニリルエチルエーテルが香気成分として存在することが知られている.このような背景の中でバニリルエーテル誘導体が研究された[8].驚いたことに,バニリルアルコールと炭素数3から6の脂肪族アルコールとのエーテルがカプサイシンに似た辛味を有することがわかった.幾つかのバニリルエーテルを合成し官能評価したところ,これらエーテル類の中でもバニリルブチルエーテルが辛さの極大を示すことがわかった.この物質はカプサイシンの20分の1の辛さを示した.

カプサイシンは数多くの生理活性を有するが,その辛味のため食物として受け入れるには限界がある.渡辺ら[9]は辛味を呈さないカプサイシノイドの中にカテコールアミンの分泌を促進するものがあることを見出した.辛味のない生理活性を有するカプサイシノイド類の開発は,食品としての受容性の見地からきわめて意義があることと思われる.矢澤らによって選抜固定された甘味品種トウガラシ'CH-19甘'にはカプサイシノイドはほとんど含まれず,主成分としてカプサイシンに類似した構造を有する物質が単離された.古旗ら[10]はその構造解析を行い,この物質がカプサイシンのバニリルアミンの代わりにバニリルアルコールがエステル結合したものであることを見出し,カプシエイト(capsiate)と命名した.さらに2種のカプシエイト類,ジヒドロカプシエイト(dihydrocapsiate),ノルジヒドロカプシエイト(nordihydrocapsiate)を単離した.古旗ら[11]は,この3種のカプシエイト類をカプシノイド(capsinoid)と命名した.カプシエイトを官能評価したところほとんど辛

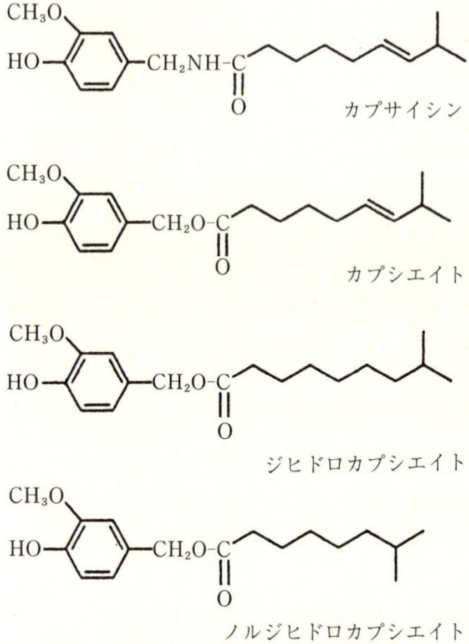

カプサイシン

カプシエイト

ジヒドロカプシエイト

ノルジヒドロカプシエイト

図2.1 カプシノイド類

味を呈さなかった(7.2.2項参照).

アミド基がエステル基に,言い換えれば窒素原子が酸素原子に変わっただけで辛味を失う事実は構造活性相関からも大変興味深い(3.1節参照).

同様な構造のアミド類,エーテル類に辛味が存在し,一方エステル類には辛味が存在しないという事実は辛味の受容メカニズム解明の点からも注目される.

2.1.2 ピペリン類

ピペリンはコショウの辛味成分であり,化学構造上の特徴としてアミド結合を有している点でカプサイシンと近いものがある.ピペリンは古くから知られた辛味物質であるが,近年香辛料の機能性物質としての研究が進むにつれ,コショウからも多数のピペリン類縁体が単離同定された.津田,木内ら[12]はピペリン類縁体を多数単離したが,名称の混乱を防ぐためメチレンジオキシフェニル基を持ったアミド類に系統的命名法を与えた.すなわちピペラミド類と称されるアミド類で大変わかりやすい命名法といえよう.

2.1.3 その他のアミド系辛味物質

アミド結合を有する辛味成分としてスピラントールとサンショオールが知られている.スピラントールはキバナオランダセンニチ(*Spilanthes oleracea*)の収斂味(しゅうれんみ)を有する辛味成分として知られていたが,近年になって中谷ら[13]が新規収斂性物質をキバナオランダセンニチから単離している.

久保田ら[14]は食品素材であるいわゆるサンショウ(*Zanthoxylum piperitum* DC.),中国花椒(*Zanthoxylum bungeanum* MAXIM)の辛味成分は α, β, γ, δ のサンショオールおよびヒドロキシ-α-サンショオール,ヒドロキシ-β-

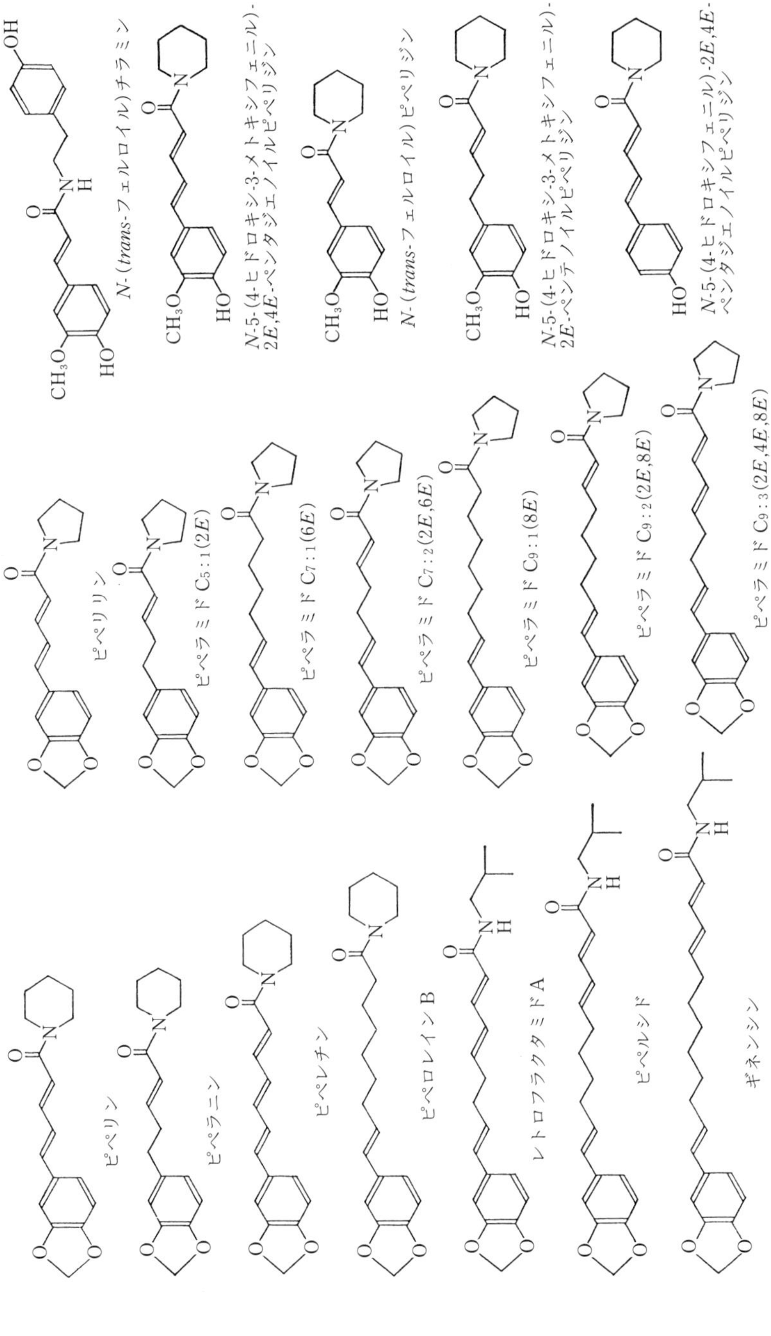

2.1 トウガラシの辛味物質および類縁体の化学

図 2.2 コショウより単離されたピペリンおよびその類縁体[1]

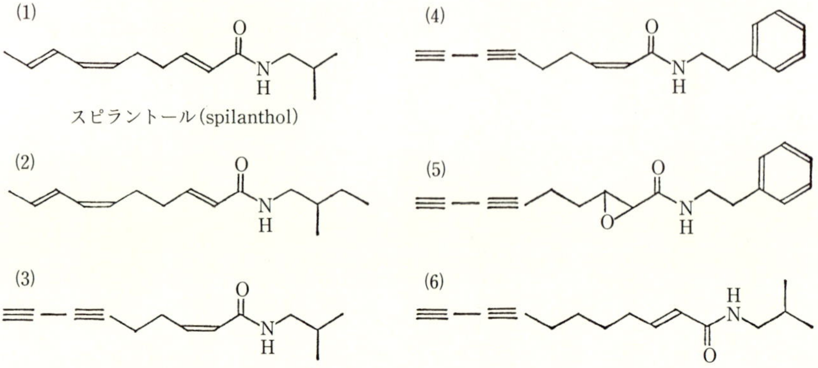

図 2.3 キバナオランダセンニチより単離されたアミド類[13]

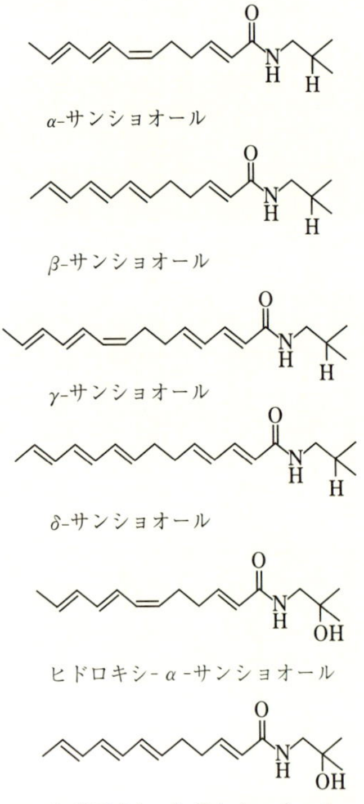

図 2.4 サンショオール (sanshool)

α-サンショオール
β-サンショオール
γ-サンショオール
δ-サンショオール
ヒドロキシ-α-サンショオール
ヒドロキシ-β-サンショオール

サンショオールであることを明らかにした．辛さの質はキバナオランダセンニチの辛味成分のそれと類似している．

2.1.4 ジンゲロール類

アミド結合は持たないが，カプサイシノイドの部分構造であるバニリルアミンに近い構造のバニリルケトンを基本骨格とする辛味物質としてジンゲロールがある．ジンゲロールは新鮮なショウガの辛味成分であり，官能的にまさにショウガそのものである．構造上の特徴はバニリルケトン（ジンゲロン）と直鎖アルデヒドのアルドール縮合物であるということである．

図 2.5 の (1) がジンゲロールの一般構造式であるが，アルキル鎖 (R) の炭素数 (n) は 1, 2, 3, 4, 6, 8, 10, 12 のものが現在まで知られている．この中で n

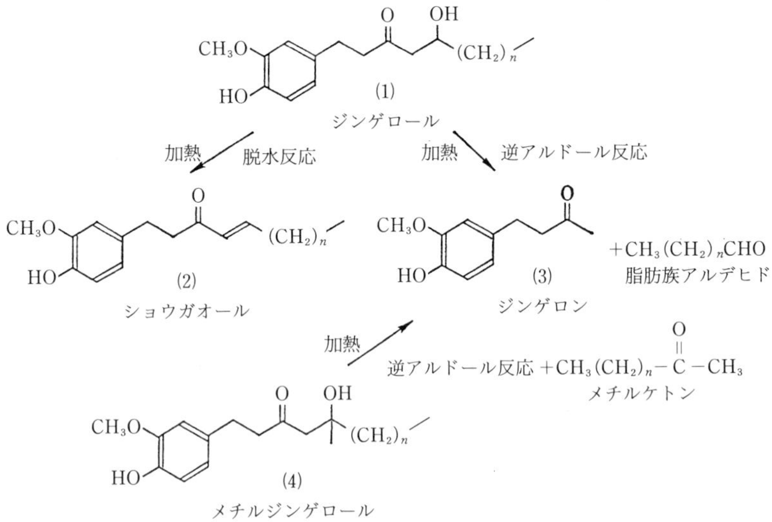

図 2.5 ショウガ抽出物中におけるジンゲロールの変換の様式[1]

が 4, 6, 8 のものが主成分をなしている．ショウガオール(2)もショウガの辛味成分として知られているが，ジンゲロールの乾燥などによる二次的産物と考えられる．そのためジンゲロールの抽出には超臨界二酸化炭素を用いた方法が最も効率的である．

図 2.6 にジンゲロール類の構造式を示した[1]．辛さの程度についてはショウガオールはジンゲロールの 2 倍の辛味を有し，(6)-ショウガオールが最も辛い．

以上カプサイシノイドを中心に各種の不揮発性辛味物質の化学について述べてきたが，いずれも化学構造的には近縁であることが理解できよう．化学構造に基づく官能特性，あるいは生理活性との関係の研究は今後の課題となるであろう．

引用文献

1) 野崎倫生，印藤元一(小林彰夫，福場博保編)，"調味料・香辛料の事典"，朝倉書店(1991)，p.431.
2) 野崎倫生，月刊フードケミカル，No. 11, 59(1991)

図 2.6 ジンゲロール類と化学構造[1]

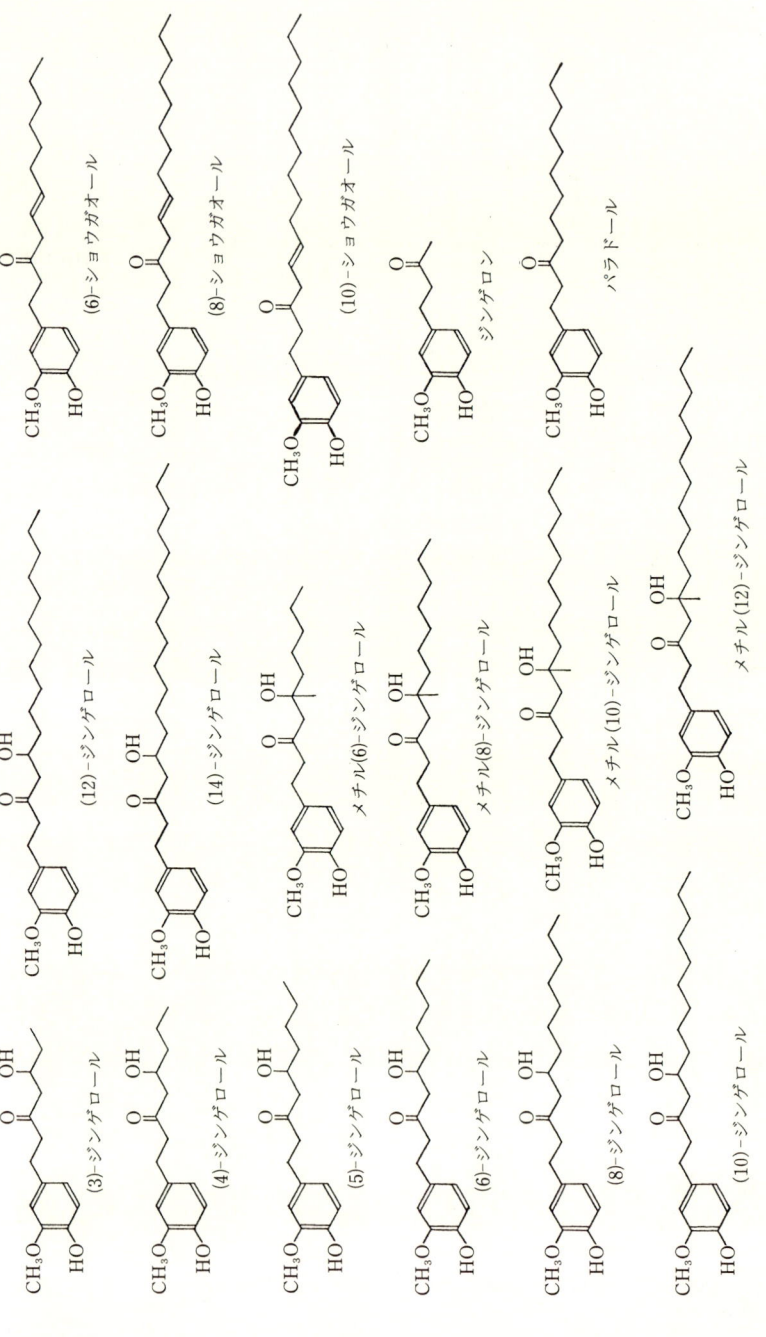

3) 岩井和夫,河田照雄(岩井和夫,中谷延二編),"香辛料成分の食品機能",光生館(1989),p.97.
4) "The Merck Index", 12th Ed., Merck Co., Whitehouse Station(1996), p.287.
5) T. Glinsukon, V. Stitmunnaithum, C. Toskulkao, T. Buranawuti, V. Tangkrisanavinont, *Toxicon*, **18**, 215(1980)
6) J. I. Nagy(L. L. Iverson, S. D. Iverson, S. H. Snyder eds.), "Handbook of Psycopharmacology", vol.15, Plenum Press, New York(1982), p.185.
7) T. Masuda, N. Nakatani, *Agric. Biol. Chem.*, **55**, 2337(1989)
8) 天野 章,吉田利男,特許公報,昭 61-9293.
9) T. Watanabe, T. Kawada, T. Kato, T. Harada, K. Iwai, *Life Sci.*, **54**, 369(1994)
10) K. Kobata, T. Todo, S. Yazawa, K. Iwai, T. Watanabe, *J. Agric. Food Chem.*, **45**, 1695(1998)
11) K. Kobata, K. Sutoh, T. Todo, S. Yazawa, K. Iwai, T. Watanabe, *J. Nat. Prod.*, **62**, 335(1999)
12) F. Kiuchi, N. Nakamura, Y. Tsuda, K. Koudo, H. Yoshimura, *Chem. Pharm. Bull.*, **36**, 2452(1988)
13) 中谷延二,農化誌,**64**, 631(1990)
14) 久保田紀久枝,菅井恵津子,香料,No. 229, 129(2006)

(野﨑倫生)

2.2 研究レベルでの抽出・分離・定量

トウガラシの品質において辛味度は重要な要素であり,古くからその測定法が検討されてきた.最も古典的で現在でも使用されているスコービル単位(Scoville unit, SU)[*1]は,Scoville が 1912 年に報告したもので[1),]トウガラシ抽出物を甘味水で希釈したときの辛味を感じる閾値(いきち)を希釈倍率で示したものである.これは主観的な官能検査法で求めるため,パネル間の個人差などの不確定な要因により正確性や再現性に乏しい.一方,1931 年にトウガラシ辛味物質であるカプサイシノイドと発色試薬との化学反応を利用した比色定

[*1] スコービル単位(Scoville unit):スコービル辛味単位(Scoville heat unit),スコービル値(Scoville value),スコービル辛味値(Scoville heat value, Scoville pungency),スコービルインデックス(Scoville index)ともいう.被検物のエタノール抽出液を 5%ショ糖水で希釈し,辛味を感ずる最小濃度を希釈倍率で表したもの.

量法が報告されて以来,カプサイシノイドの物理化学的特性を利用した様々な測定法が考案された.さらには近年のクロマトグラフィー技術のめざましい発展により,現在では14種を越えるといわれる同族体を容易に分離・定量できるようになった.また,マススペクトロメトリーとの併用により,物質の定量だけでなく未知物質の構造推定までも同時に行うことができる.本節では,カプサイシノイドの原料からの抽出法,単離精製にまで至る分離法,そして定量法についてはガスクロマトグラフ(GC)法,高速液体クロマトグラフ(HPLC)法を中心に,研究レベルでの分析法について解説する.なお,カプサイシノイド分析法に関する詳細については,他に優れた総説[2-4]があるのでそれを参考にされたい.

2.2.1 抽　　出

　カプサイシノイドはそのほとんどがトウガラシ果実の果皮と胎座(たいざ)に存在するので,へた(および種子)を取り除いた部分が原料となる.「五訂増補日本食品標準成分表」(表8.4,259頁)によれば,トウガラシ果実に含まれる水分は生の果実で75.0%,乾物で8.8%であるが,原料中の水分が脂溶性物質であるカプサイシノイドの抽出効率を低下させるので,天日乾燥,温風乾燥,凍結乾燥などで原料をできるだけ乾燥させる必要がある.また,ミキサーなどで試料をできるだけ細かく粉砕することによりさらに抽出効率が良くなる.乾燥粉末からのカプサイシノイドの抽出には,メタノール,エタノールなどのアルコール類,アセトン,アセトニトリル,ジエチルエーテル,酢酸エチル,クロロホルム,ジクロロメタンなどの中極性の有機溶媒が用いられる.抽出法にはソックスレー抽出法,還流法,高速ブレンダーによる撹拌抽出法,浸漬法がある.ソックスレー抽出法や還流法の場合,抽出溶媒としてはアセトンが最も抽出効率が良く約3〜24時間で完全にカプサイシノイドが抽出され,しかも色素類の抽出量は少ない[5-7].また,メタノールやアセトニトリルもよく使用される[8-11].高速ブレンダーでは短時間で抽出ができ,アセトン,アセトニトリル,メタノール/0.1N塩酸(80:20,v/v)での抽出効率が良い[12].特にアセトニトリルでは色素類や,クロマトグラフィー分析で妨害となる物質の抽出量が少ない.浸漬法は抽出に時間がかかるが,酢酸

エチル中にトウガラシ粉末を 24 時間浸漬すればカプサイシノイドのほとんどが抽出されることが報告されている[13]．また，アセトン，ジクロロエタンなども浸漬法に使用される[14]．

生のトウガラシ，トウガラシソース，カレールウ，バーベキューソースのような水分の多い試料ではアセトン抽出を行うか，油脂の抽出に一般的に用いられているクロロホルム-メタノール(2:1, v/v)混合液での抽出が適している[2,15]．

超臨界二酸化炭素[*2]は毒性や残留性がないため食品フレーバーの抽出溶剤として利用される．50°C，400〜600 気圧下の超臨界状態で効率良くカプサイシノイドが抽出される[16]．また，40°C，90 気圧ではカプサイシノイドが選択的に抽出され，カロテノイドとの分離ができる[17]．

カプサイシノイドに関する生理学的な研究も行われており，動物の組織細胞や血中，尿中などのカプサイシノイド含量を測定する場合がある．組織細胞や血液は冷アセトンと共にホモジナイズし遠心分離の後，上清を取り出し溶媒を留去する．得られた抽出物にメタノール，70%過塩素酸を加えてタンパク質成分を沈殿させた後に遠心分離して得られた溶液がカプサイシノイド含有画分である[18-20]．尿，汚水はジクロロメタンで直接抽出する[21]．

2.2.2 分　　離

市販品で入手可能なカプサイシノイドにはカプサイシン(純度 98%)，ジヒドロカプサイシン(純度 90%)，合成カプサイシンとも呼ばれるバニリルノナンアミド(*N*-vanillylnonanamide，純度 97%)がある(いずれも Sigma 社，Fluka 社，ICN 社)[*3]．一時，軍事目的に利用される恐れがあるということでアメリカからの輸出規制があったが，現在では入手可能である．Aldrich 社[*3]，和光純薬社，東京化成工業社の「カプサイシン」は約 60% の純度であり，

[*2] 超臨界二酸化炭素：物質に固有の臨界温度と臨界圧力の両者を超えると，超臨界流体となる．密度は液体，粘度は気体に近く，拡散係数は液体と気体の中間の性質を示す．二酸化炭素は，臨界温度が 31.1°C，臨界圧力が 74 気圧程度と比較的穏和な条件で超臨界流体となり，無毒で，安価，高純度ガスの入手が容易などの特徴のため，有機溶媒に代わる抽出媒体などとして食品への応用が進められている．

[*3] Sigma, Fluka, Aldrich は Sigma-Aldrich 社のそれぞれブランド名となっている．

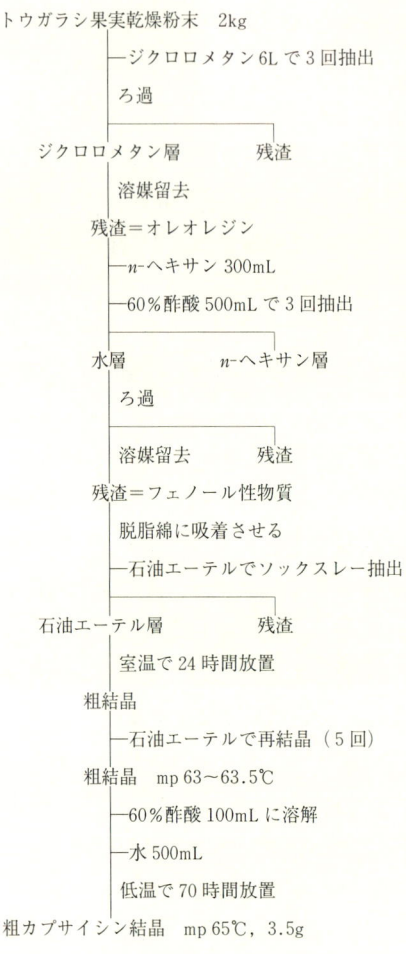

第2章 トウガラシの辛味成分の化学

```
トウガラシ果実乾燥粉末 2kg
   ├─ジクロロメタン 6L で 3 回抽出
   └ろ過
ジクロロメタン層        残渣
   │溶媒留去
残渣＝オレオレジン
   ├─n-ヘキサン 300mL
   └─60%酢酸 500mL で 3 回抽出
水層         n-ヘキサン層
   │ろ過
   │溶媒留去        残渣
残渣＝フェノール性物質
   │脱脂綿に吸着させる
   └─石油エーテルでソックスレー抽出
石油エーテル層        残渣
   │室温で 24 時間放置
粗結晶
   └─石油エーテルで再結晶（5 回）
粗結晶 mp 63～63.5℃
   ├─60%酢酸 100mL に溶解
   └─水 500mL
   │低温で 70 時間放置
粗カプサイシン結晶 mp 65℃, 3.5g
```

図 2.7 トウガラシ果実からの粗カプサイシン結晶の分離方法の一例[5]

約 40%のジヒドロカプサイシンを含む．その他のカプサイシノイドは市販されていない[*4]ので，化学的[22-24]あるいは酵素的[25]に合成するか，トウガラシから単離精製することになる．ここでは単離精製法について述べる．

(1) 液-液抽出法を用いた粗カプサイシン画分の分離

カプサイシンをはじめ種々のカプサイシノイドは融点 65℃付近の結晶体であるが，トウガラシの抽出物には多くの色素類や脂質類が含まれるため結晶化しにくい．しかし，液-液抽出法によりこれらの妨害物質を取り除くことで，カプサイシンとその他のカプサイシノイドを含む粗カプサイシン画分を結晶として得ることができる．森ら[5]は，n-ヘキサン-含水酢酸系での液-液抽出によってカプサイシノイド結晶化妨害物質の大部分を除去し，さらに結晶中に含まれる微量の不純物を含水酢酸による再結晶により除去して，粗カプサイシン結晶を得ている．この方法の概略をフローチャートとして図 2.7 に示した．このほかにも幾つかの方法が報告されている[26-28]．

---

*4 2008 年現在，ノルジヒドロカプサイシン，バニリルデカンアミド（N-vanillyl-decanamide）が長良サイエンス社から，オレイン酸，アラキドン酸を側鎖に持つ合成カプサイシノイド（オルバニル，アラバニル）が Sigma-Aldrich 社などから市販されている．

(2) 液体クロマトグラフィーによる各種カプサイシノイドの単離精製

　市販の試薬,粗カプサイシン結晶には,カプサイシンの他にジヒドロカプサイシン,ノルジヒドロカプサイシンなど数種のカプサイシノイドが含まれている.これらの単離精製には活性アルミナ,ケイ酸,ポリアミドを担体とした液体クロマトグラフィー(LC)によるものが報告されているが,逆相系担体(主に ODS[*5])を用いた精製が有効である.Yao ら[16]は,Aldrich 社の「カプサイシン」190.4mg を,ODS のガラスカラムに供し,アセトニトリル/水(1:1, v/v)で溶出させることにより高純度のカプサイシン(29.5mg)とジヒドロカプサイシン(4.9mg)を得ている.Krajewska ら[29]は,同じく低圧 LC でメタノール/水の組成を段階的に変えることにより,Pfaltz & Bauer 社の「天然カプサイシン」からカプサイシン,ジヒドロカプサイシン,ノルジヒドロカプサイシン,ホモジヒドロカプサイシンの高純度品を得ている.

　HPLC 法と多岐にわたる逆相系カラムの開発は,種々のカプサイシノイドの分離能をさらに向上させている.Maillard ら[30]は,分取 ODS カラムを用いて HPLC を行い,硝酸銀水溶液とメタノールの混合比を段階的に変えた溶出液により,10 種の既知カプサイシノイドと 1 種の新規カプサイシノイドを一度に単離している.側鎖部分に二重結合を持つカプサイシノイドは,Ag^+イオンと錯体を形成してわずかに極性が高くなることで,保持時間が接近していた同族体との分離が容易になる.分取した溶離液に塩化ナトリウムを飽和させて Ag^+ イオンを塩化銀の沈殿物として取り除いたのち,エーテルなどの有機溶媒で液-液抽出を行うことでカプサイシノイドを得ることができる.

2.2.3 定　　量

　カプサイシノイドの定量法として現在までに報告されているものを表2.8にまとめた.

　簡便に総カプサイシノイド量を測定するには比色法,UV 法,ペーパーク

[*5] ODS:表面の OH 基をオクタデシルシリル化したシリカゲルで,疎水性物質に対する吸着性が高い.

表2.8 カプサイシノイドの分析法とその特徴

分析法	感度	特徴
比色法, UV法	0.1 μg	簡便, 夾雑物の影響を受けやすく, 同族体分析は不可能
PC	1 μg	簡便, 同族体分析は不可能
TLC	0.1 μg	簡便, 同族体分析が不可能な場合がある
HPTLC	10 ng	同族体分析が可能
GCパックドカラム法	0.1 μg	同族体分析は不十分
GCキャピラリーカラム法	0.1 ng	同族体分離が良好
GC-MS	5 ng	装置が高価, 未知物質の構造推定ができる
HPLC-UV	60 ng	簡便, 汎用性が高い
HPLC-蛍光	3 ng	簡便, 特異性が高い
HPLC-EC	10 pg	簡便, 高感度, 特異性が高い
HPLC-MS	1 ng	装置が高価, 未知物質の構造推定ができる

PC：ペーパークロマトグラフィー, TLC：薄層クロマトグラフィー, HPTLC：高性能薄層クロマトグラフィー, GC-MS：ガスクロマトグラフィー・マススペクトロメトリー, HPLC-EC：高速液体クロマトグラフィー・電気化学検出.
(岩井和夫, 中谷延二編, 香辛料成分の食品機能, 光生館(1989)の表を一部変更)

ロマトグラフ(PC)法, 薄層クロマトグラフ(TLC)法が向いている. 官能検査によって得られたトウガラシの辛味度, すなわちスコービル単位(SU)とこれらの分析法で求めた定量値には相関がみられる[31,32]. その他に蛍光法, 赤外(IR)法, 核磁気共鳴(NMR)法, 質量分析(MS)法なども報告されているが[2], IR法は定量精度が低く, NMRはむしろカプサイシノイドの構造解析に用いられる. 蛍光法やMS法も現在ではGC法やHPLC法と併用して用いられる. 最近, ELISAでの定量キットが市販されるようになった.

各々のカプサイシノイドを定量するには, 高性能薄層クロマトグラフ(HPTLC)法, GC法, HPLC法が用いられる. 近年のGC, HPLC関連技術のめざましい発展は, より微量でより精度の高い定量法を実現させた. カプサイシン, ジヒドロカプサイシン, ノルジヒドロカプサイシン, ホモカプサイシン, ホモジヒドロカプサイシン, バニリルノナンアミドなどの各種カプサイシノイドは固有のSUを有し, それぞれ 16.1×10^6, 16.1×10^6, 9.3×10^6, 6.9×10^6, 8.1×10^6, 9.2×10^6 である[11]. 各種カプサイシノイドのSUにGC, HPLCで定量した濃度を乗じたものの総和と, 官能検査で求めたトウガラシのSUはほぼ一致している[11,33]. すなわち, これらの分析法を用いればトウガラシの辛味度を客観的に評価することができる.

(1) 比色法，UV法

古典的な化学的定量法である比色法とUV法により非常に簡便にカプサイシノイドの総量を測定できる．比色法は，カプサイシノイドのフェノール性水酸基と発色試薬との化学反応による発色を比色する方法である．発色試薬としてジアゾベンゼンスルホン酸，三塩化オキシバナジウム，リンモリブデン酸・リンタングステン酸(Folin-Denis試薬)などがあるが，Gibbs試薬と呼ばれる2,6-ジクロロキノン-4-クロロイミドが高感度であるためによく用いられている．この試薬はアルカリ条件下でフェノール化合物と酸化還元反応し595nmに吸収極大をもつ青色を呈する．亜硝酸ナトリウム-モリブデン酸ナトリウム試薬は，カプサイシノイドに特有の接近した水酸基-メトキシ基構造に特異的に作用して黄色を呈する[31]．

カプサイシンはアルコール溶液中では230nm付近と280nm付近の紫外領域に吸収極大を持つ．水酸化ナトリウム水溶液中では吸収極大は248nmと294nmにそれぞれシフトする．UV法はこの紫外領域の吸収を利用して定量する方法である．しかし現在では，UV分光器は主にHPLCでの検出器として利用されるのがほとんどである．

比色法，UV法は抽出物に含まれる夾雑物の影響を受けやすく選択性が低い場合があるので，適切な前処理をしてできるだけ純粋なカプサイシノイド画分を得る必要がある．また，厳密な定量には向かない．詳しくはGovindarajanらの総説[3]を参考にされたい．

(2) PC法，TLC法，HPTLC法

PC法は，クロマトグラフィー用の紙が安価に入手でき，脂質類や色素類からのカプサイシノイドの分離が良いという利点がある．また，TLCに比べて扱いやすく，任意の部分をハサミで切り取ることができる．展開溶媒はメタノール/0.05Mホウ酸緩衝液(pH 9.6)(60：40, v/v)や0.1M水酸化ナトリウム/0.05M炭酸ナトリウム(60：40, v/v)などを用いる[32,34]．Gibbs試薬などで発色させて直接定量するか，発色部分を切り取りメタノールで抽出して比色する．また，初期展開溶媒でわずかに展開させてカプサイシノイドと他成分を分離し，他成分をハサミで切り取ることで除去した後，二次展開溶媒で展開することもできる．

TLC法に用いられる担体にはシリカゲル,けいそう土,ポリアミド,逆相シリカゲルなどがあるが[2,3],最も一般的に用いられているのはシリカゲルである.展開溶媒は非極性溶媒と極性溶媒の混合液を用いるが,その種類,組成は様々である.いずれの場合も同族体を完全に分離するのは困難である.筆者らの研究室では,Silica gel 60 プレート(Merck 社製,層厚 0.2mm)を用いて n-ヘキサン/酢酸エチル(1:1, v/v)やトルエン/クロロホルム/アセトン(55:26:19, by vol)で展開しているが,カプサイシノイドの R_f 値[*6]はどちらも 0.42 である.逆相シリカゲルプレートを用いる場合,展開溶媒や担体に Ag^+ イオンを添加することにより同族体分離が可能となる.これは側鎖部分に二重結合を持つカプサイシノイドが Ag^+ イオンと錯体を形成してわずかに極性が高くなり,R_f 値が接近していた同族体との分離が容易になるからである.展開溶媒にはメタノールと硝酸銀水溶液の混合液が用いられる.また,二重結合部の臭素化による分離もできる.検出はUVや発色試薬により行うが,直接 TLC 上のスポットの大きさや発色強度を測定する方法,展開後に担体をかき取り有機溶媒で抽出して比色する方法がある.Folin-Denis 試薬や,より高感度な Gibbs 試薬が発色試薬として用いられる.

HPTLC法は,従来のTLC法よりもシリカゲルの粒径をかなり小さく,より均一にしたものを塗布した薄層板を用いる方法で,高い分離能とナノグラム単位という微量での定量性があり,分析検体の処理数も 10×10cm プレート1枚で一度に15検体の分析が可能である.また,プレートもさほど高価ではないので経済的であり,ルーチン分析に適用できる.Suzuki ら[35]は,逆相系のプレート(RP-HPTLC)を用いて5種類のカプサイシノイドを分離定量している(図2.8).

(3) GC法

GC法によるカプサイシノイドの分析には,カプサイシノイドをけん化し

[*6] R_f 値:元来は Rate of flow(移動度)を意味し,TLC や PC において溶質を特徴づけるパラメーターとして用いられる.R_f は次式のように定義される.

$$R_f = \frac{\text{原点から物質のスポットの中心までの距離}}{\text{原点から流質の浸透先端までの距離}}$$

HPTLC

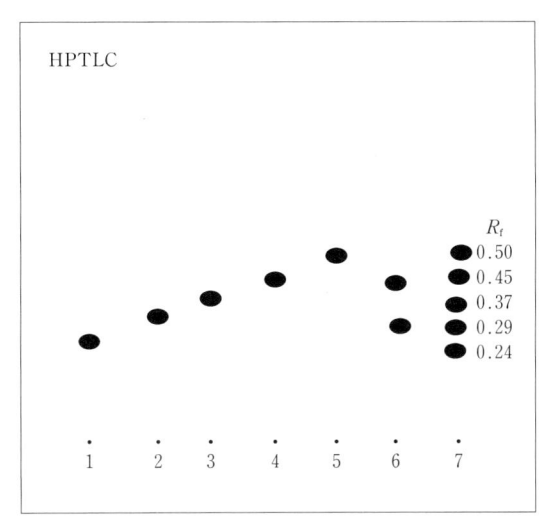

R_f
0.50
0.45
0.37
0.29
0.24

1 2 3 4 5 6 7

図 2.8 HPTLC 法によるカプサイシノイドのクロマトグラムの一例[35]
プレート：RP-8(Merck 社製), 展開溶媒：0.05M $AgNO_3$ と 0.05M H_3BO_3 を含む 85%
メタノール, 発色：2,6-ジクロロキノン-4-クロロイミドを噴霧後アンモニア蒸気にさら
した. 1=ホモジヒドロカプサイシン；2=ジヒドロカプサイシン；3=ノルジヒドロカプ
サイシン；4=*cis*-ホモカプサイシン；5=*cis*-カプサイシン；6=Sigma 社製「カプサイシ
ン」[*7]；7=1 から 5 の混合物.

て得られる脂肪酸を測定する方法, カプサイシノイドを誘導体化する方法, 直接カプサイシノイドを測定する方法がある. カラムは非極性〜中極性のもので, パックドカラムの場合, 液相にシリコン系の SE-30, SE-52, ポリエチレングリコール系の Carbowax 20M, 担体には Chromosorb W がよく用いられる. パックドカラムでは同族体の良好な分離は困難であるが, キャピラリーカラムを用いることにより改善される. カラムオーブンや注入部の温度, 昇温プログラムなどは様々であるが, 一般的に直接カプサイシノイドを分析する場合は, 注入部やカラムを高温にする必要がある. 検出は主に水素炎イオン化検出器(Flame ionization detector, FID)が用いられる. 内部標準物質としては, バニリルオクタンアミド(*N*-vanillyloctanamide)を用いている報告があるが[11,36], この物質はトウガラシ中にわずかに存在する. その他に 5-α-コレスタン[37-39], スクアレン[40], テトラコサン[41]が用いられている.

*7　Sigma 社製「カプサイシン」：(*trans*-)カプサイシンとジヒドロカプサイシンとの混合物.

(a) 試料の前処理

　GC法やHPLC法においては，通常，カラムの劣化，検出器の汚染，妨害物質による分離能の低下を防ぐために，試料中の色素類や脂質類を取り除く操作，すなわちクリーンアップを行う．クリーンアップには液-液抽出法と固相抽出法がある．

　液-液抽出法の例として次の方法がある．トウガラシのアセトン抽出物をメタノールと石油エーテルあるいはメタノールと n-ヘキサンで液-液抽出を行い，得られたメタノール画分の溶媒をいったん留去し，次にジエチルエーテルと水あるいはジクロロメタンと水で液-液抽出する．この有機溶媒画分がカプサイシノイド測定試料となる[40,41]．また，オレオレジンをヘキサンに溶かした後アセトニトリルで抽出するとカプサイシノイドは完全にアセトニトリルに分配される[12]．

　固相抽出の担体にはアルミナ，シリカゲル，逆相シリカゲルなどが用いられる．アルミナは高極性物質を強固に吸着するので，特にGC法でのクリーンアップに向いている．カプサイシノイドはアセトンあるいは酢酸エチル洗浄後のアセトン/メタノール/水(75：25：2，by vol)あるいはメタノール/水/酢酸(5：1：0.05，by vol)で溶出される[15,42]．HPLC法ではほとんどが逆相系の分析カラムを使用するので，カートリッジ式の逆相カラムであらかじめ非極性物質を取り除く方法がよい[12]．また，TLC展開した後カプサイシノイドのバンドをかき取る方法もある[37,38]．

　分析用カラムの前に適当なガードカラムを備えることにより，クリーンアップを省略することができる．オレオレジンにメタノールあるいはメタノール/水(60：40，v/v)を加え，超音波処理後，孔径 $0.2\,\mu$m のメンブランフィルターを通した溶液を直接HPLCに注入している例がある[30,43]．トウガラシ粉末のエタノール抽出液を直接HPLC測定している例もある[23]．

(b) カプサイシノイドの脂肪酸部の分析

　カプサイシノイドを含む試料を水酸化ナトリウム水溶液中で加熱加水分解し炭酸ガスで中和後，有機溶媒で抽出して得られた脂肪酸をジアゾメタンでメチルエステル化して測定する[24,44]．この方法の場合，脂肪酸メチルを測定する一般的な条件で行うことができる．Jurenitschら[44]は，キャピラリーカ

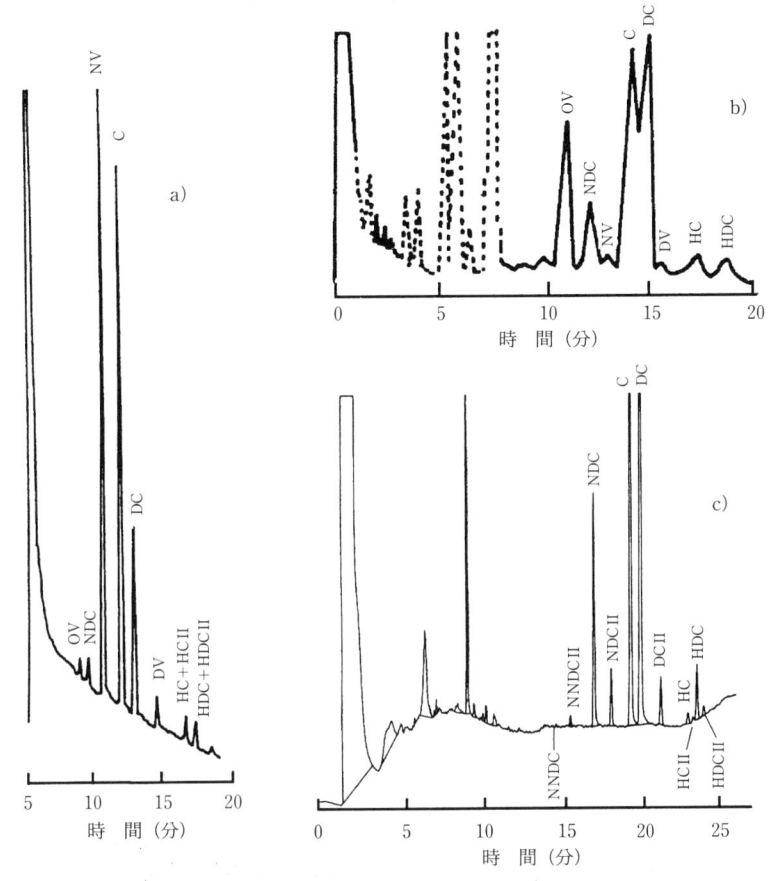

図 2.9 カプサイシノイドの各種条件におけるガスクロマトグラム
C=カプサイシン；DC=ジヒドロカプサイシン；NDC=ノルジヒドロカプサイシン；HC=ホモカプサイシン；HDC=ホモジヒドロカプサイシン；NNDC=ノルノルジヒドロカプサイシン；OV=バニリルオクタンアミド；NV=バニリルノナンアミド；DV=バニリルデカンアミド；II は各々のカプサイシノイドの異性体. a) カプサイシノイドから得られた脂肪酸メチル：ガラスキャピラリーカラム, 25m, OV-210；注入部 150°C；オーブン 120°C；N_2 0.65mL/min；FID 検出 150°C [44]，b) TMS 化したカプサイシノイド：ステンレススチールカラム, 2m×2.1mm (i.d.), 3% SE-30 on Chromosorb GHP (100~200 mesh)；注入部 200°C；オーブン 170~215°C 昇温 4°C/min；N_2 20mL/min；FID 検出 250°C [11]，c) カプサイシノイドの直接測定：キャピラリーカラム；30m×0.25mm (i.d.), AT-1701；注入部 50~280°C 昇温；オーブン 160~270°C 昇温；He 1.8mL/min；TSD 検出 290°C [33].

ラムを用いて，8 種のカプサイシノイドを分離定量している (図 2.9a)．

(c) 誘導体化カプサイシノイドの分析

トリメチルシリル (TMS) 化

一般に，GC分析は揮発性，熱安定性に乏しい化合物はそのままでは適用できないので，カプサイシノイドのフェノール性水酸基を誘導体化して揮発性を高める必要がある．誘導体化で最も広く用いられているのがトリメチルシリル(TMS)化であり，ヘキサメチルジシラザン(hexamethyldisilazan, HMDS)あるいはトリメチルクロロシラン(trimethylchlorosilane, TMCS)をピリジンあるいはテトラヒドロフラン(THF)などの溶媒中で反応させる．より反応性の高い TMS 化試薬の N,O-ビス(トリメチルシリル)アセトアミド(N,O-bis(trimethylsilyl)acetamide, BSA)は直接試料に溶解するだけで極めて容易に TMS 化が進行する．Iwai ら[37,38]は試料に過剰の BSA-アセトニトリル溶液を加えて，室温で3時間～一晩放置した後，窒素気流下で溶媒を留去し，酢酸エチルを加えたものを GC サンプルとしている．しかし，BSA の場合，反応副生成物の N-トリメチルシリルアセトアミドが難揮発性のため分析上の障害になることがある．N,O-ビス(トリメチルシリル)トリフルオロアセトアミド(N,O-bis(trimethylsilyl)trifluoroacetamide, BSTFA)は BSA よりも反応性が高く，しかも反応副生成物が揮発性に富み除去しやすい．カプサイシノイドは5分以内で定量的に反応し，48 時間たっても分解しない[11]．このクロマトグラムを図 2.9b に示した．

　TMS 化したカプサイシノイドの側鎖の炭素数と保持時間の対数値の間には正の相関がみられる[45]．

メチル化

　カプサイシノイドのメチル化試薬として水酸化トリメチルアニリニウム(trimethylanilinium hydroxide, TMAH)がある．TMAH は反応性が高いので測定試料に加えてすぐにメチル化できる．Krajewska ら[36,41]は，0.1M TMAH液 1μL と試料液 2μL をマイクロシリンジで吸い取り，GC に注入している．試料液中のカプサイシノイドはカラム上で速やかにメチル化される．

(d)　カプサイシノイドの直接分析

　カプサイシノイドを誘導体化せずに GC で測定する際は，シアノプロピルフェニル基などを結合させた中極性カラムを用いる．これはカプサイシノイドとの親和性が高く良好な分離を示す[33,40]．Thomas ら[33]は 14% シアノプ

ロピルフェニル化-86%メチル化シリコン系のキャピラリーカラムを用いている．また，窒素化合物に高い選択性を示す熱イオン化検出器(Thermoionic selective detector, TSD)を用いることにより測定試料の前処理を簡略化し，生のトウガラシや乾燥粉末をアセトンと共にホモジナイズしたのちにろ過したものを直接測定して，良好なクロマトグラムを得ている(図2.9c)．

(e) GC-MS法

GC法では物質の分離はできるがその構造を決定することはできない．一方，マススペクトロメトリー(MS)法は構造決定の有用な方法であるが試料が単一物質である必要がある．この互いの欠点を補うのがGCとMSを組み合わせたGC-MS法である．基本的にはGC法での分離条件をそのまま用いることができ，分離された物質はオンラインでMS装置に送られる．カプサイシンのマススペクトルはm/z 305に分子イオンピーク[M$^+$]を与え，その他のカプサイシノイドも各々の分子量に相当する分子イオンピークを与える[22,33]．TMS化されたカプサイシノイドでは［質量+72］の分子イオンピークが得られる[26,37,38,46]．イオンを選択的に検出できるマスクロマトグラフィー(MC)やマスフラグメントグラフィー(MF)を用いることにより，ナノグラムスケールでの高感度測定ができ，さらにクロマト的に分離が困難な場合でも特定のイオンのみを検出することにより定量ができる[37-39]．

(4) HPLC法

HPLC法はGC法のように試料の誘導体化や加熱の必要がなく，また高い分離能と検出能，短い分析時間と操作の容易さから，最近のカプサイシノイド分析の報告ではHPLC法によるものが多い．カプサイシノイド分析用のカラムには汎用性の高い逆相系のものが使われる．移動相にはメタノールと水あるいはアセトニトリルと水の混合溶媒が用いられるが，硝酸銀を加えることで同族体の分離がさらに向上する．内部標準物質としては，ベンゼン[47]，1,3-ジニトロベンゼン[48]，プロピオフェノン[49]がある．バニリルオクタンアミド[42]やバニリルノナンアミド[23]が内部標準または外部標準として報告されているが，これらはトウガラシ中にもわずかに含まれており[50,51]，しかも後者はカプサイシンと保持時間が非常に近いという欠点がある．ジメトキシベンジル-4-メチルオクタンアミド(dimethoxybenzyl-4-methyloctanamide,

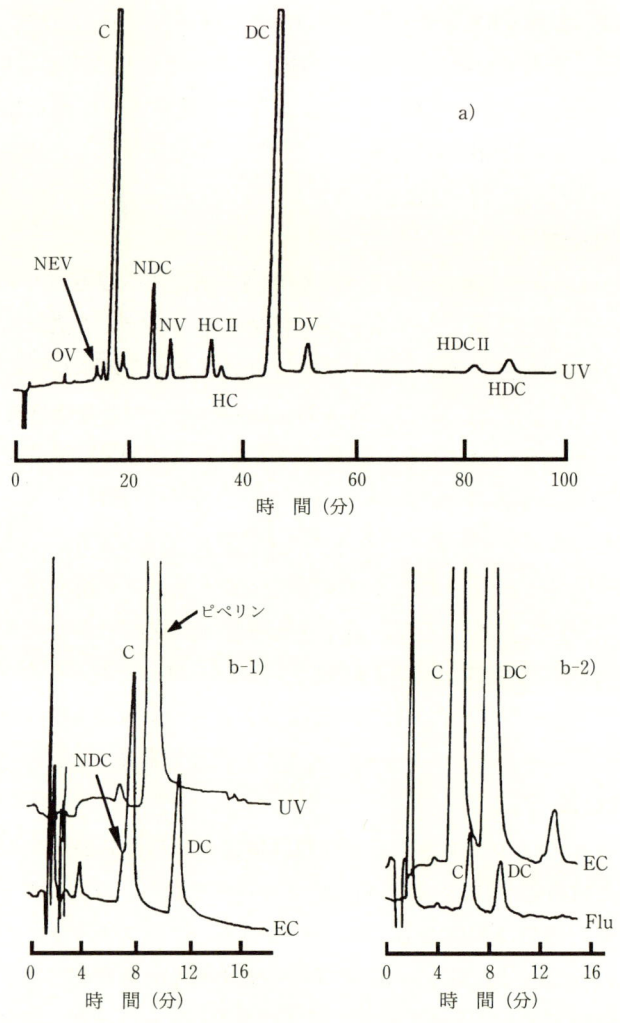

図 2.10 カプサイシノイドの各種条件における HPLC のクロマトグラム
UV：紫外検出，Flu：蛍光検出，EC：電気化学検出，C＝カプサイシン；DC＝ジヒドロカプサイシン；NDC＝ノルジヒドロカプサイシン；HC＝ホモカプサイシン；HDC＝ホモジヒドロカプサイシン；OV＝バニリルオクタンアミド；NV＝バニリルノナンアミド；NEV＝バニリル-3-ノネンアミド；II は各々のカプサイシノイドの異性体．a) Hypersil C18 5μm, 250×4.6mm (i.d.)；メタノール/水/酢酸 (60:39:1, by vol), 37.9mM AgNO$_3$, 1mL/min；UV 281nm；Fluka 社製のトウガラシ抽出物[30], b) Altex Ultrasphere ODS 5μm, 150×4.6mm (i.d.)；0.3% リン酸含有 45% アセトニトリル, pH 4.0, 1.5mL/min；UV 340nm；Flu：励起波長 288nm, 蛍光波長 370nm；ECD：0.4V, b-1) 0.64ppm Pfaltz & Bauer 社「カプサイシン」(主に C, DC, NDC の混合物) ＋110ppm ピペリン, b-2) 8.03ppm カプサイシノイド (C と DC の混合物)[43]．

DMBMO)は天然には存在せず,HPLCにおける保持時間がカプサイシンとジヒドロカプサイシンのほぼ中間であるので,内部標準物質として優れている.また,辛味がないので扱いやすい[52].検出にはUV法,蛍光法,電気化学(EC)法がある.試料の前処理法についてはGC法の項(2.2.3項(3)(a))に記載した.

(a) HPLC-UV 法

カプサイシノイドの分析方法としてはHPLC-UV法が最も一般的で汎用性が高く,多くの報告がなされている.Maillardらの報告[30]では,硝酸銀含有の溶離液を用いて10種の既知カプサイシノイドと1種の新規カプサイシノイドの分離を一度に行っている.そのクロマトグラムを図2.10aに示した.

(b) HPLC-蛍光法

カプサイシノイドは280nm付近の励起波長により強い蛍光発色を320nm付近に示す.HPLC-蛍光法の感度はHPLC-UV法よりも高く,また,トウガラシ抽出物中にはカプサイシノイド以外にこのような蛍光発色を示すものがほとんどないのでカプサイシノイドのみを選択的に検出することができ,良好なクロマトグラムが得られる[10,42,43,52].Collinsら[10]は蛍光波長を338nmで測定することにより,より高感度にカプサイシノイド分析を行っている.

(c) HPLC-EC 法

EC法は,酸化や還元を受けやすい化合物を高感度に検出することができる.カプサイシノイドは正電荷を加えると酸化され,カプサイシノイド1分子当たり2個の電子が発生し電流が流れる.これを検出するわけであるが,カプサイシノイドの検出限界は10pgと非常に高感度である.Kawadaら[20]は,カプサイシン投与ラットの血漿中に含まれる極微量のカプサイシンの経時的な変化を本法で測定している.また,混合スパイスに含まれるカプサイシノイドは,HPLC-UV法ではコショウ由来のピペリンの影響を受けるために定量が困難であるが,ピペリンは低電圧下では電気化学的に不活性なのでHPLC-EC法を用いるとカプサイシノイドの高感度定量ができる(図2.10b)[43].スパイス中のクミンやオレガノ由来のフェノール性物質は電気化学的に活性であるが,クロマト的にカプサイシノイドと分離できるので問題はない.

(d) LC-MS 法 (HPLC-MS 法)

　LC-MS 法に用いる装置は，基本的には HPLC 装置の出口に専用の MS 検出器があるだけなので，HPLC 条件が決まっていれば特別な操作は必要ない．しかし，HPLC から多量に排出される溶媒のために従来の MS 装置とのオンライン化は困難であった．カプサイシノイド分析においても，HPLC 法で分離した画分を，いったん溶媒留去した後に MS 分析するオフラインによる方法が報告されている[51]．現在では，エレクトロスプレーイオン化法(ESI)や大気圧化学イオン化法(APCI)などが開発されており，オンラインでの LC-MS が可能となっている．Wolf ら[53]は ESI で，陽イオン検出においてカプサイシンとジヒドロカプサイシンを [M+H]$^+$ イオン (m/z 306.2 および 308.6) と [M+Na]$^+$ イオン (m/z 328.6 および 330.5) として検出している．筆者らの研究室では陰イオン検出においてカプサイシンやジヒドロカプサイシンを [M−H]$^-$ イオン (m/z 304 および 306) として検出しており，1ng 以下でも検出が可能である．

　さらにカプサイシノイドを選択的に測定する方法として LC-MS/MS 法がある．これは，MS 検出部を複数並列させた装置を用い，[M+H]$^+$ などのプリカーサー(前駆化合物)イオンに窒素ガスなどの中性ガスを衝突させて分解生成するプロダクトイオンを測定する方法である．陽イオン検出においてカプサイシノイドは，バニリル基に由来する共通のプロダクトイオン m/z 137 を生成することから，カプサイシンの場合 m/z 306→137，ジヒドロカプサイシンの場合 m/z 308→137 のプリカーサーイオン→プロダクトイオンの組み合わせが観測される．この組み合わせを選択的に測定することで，カプサイシノイド検出の精度が向上する．Reilly ら[54]は，LC-ESI-MS/MS 法を用いて，ラットに鼻腔吸引させたカプサイシノイドを，血中や肺，肝臓などの組織中から高感度に検出している．

(5) ELISA 法

　カプサイシンに対する特異抗体を用いた ELISA キットが，米国 Beacon Analytical Systems Inc. (メイン州ポートランド) より出されている (Capsaicin Plate Kit)[55]．このキットは，競合法 (図 2.11) によるもので，ウサギ抗カプサイシン抗体を付着させたマイクロプレートに，標識酵素として

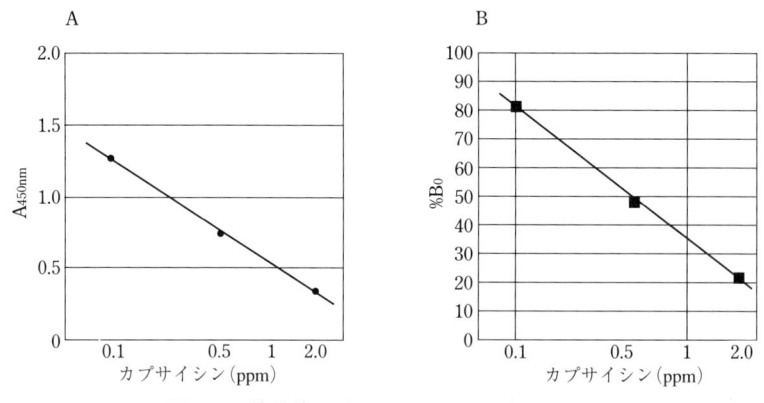

図 2.11 検量線の例（引用文献中の値[55]から作成）
A：濃度対吸光度，B：濃度対%B_0．%B_0＝(試料の吸光度)÷(0 ppm 試料の吸光度)×100

　西洋ワサビペルオキシダーゼ（HRP）を結合させたカプサイシンと，遊離のカプサイシンとの競合の割合から溶液中のカプサイシンの濃度を測定することができる．Beacon 社のデータによると，生のトウガラシ，サルサ（トウガラシを含むソース），局所鎮痛薬中のカプサイシンの定量に使用でき，濃度 0.1～2.0 ppm（μg/mL），絶対量で 10～200 ng が検出可能である．ELISA の場合には，抗体の特異性の高さが重要であるが，残念ながら，このキットの抗体については，限られた数のカプサイシン同族体に対して特異的であるとの記載しかなく，ピペリンなどの構造が似た化合物に対する交差率の情報は示されていない．

引用文献

1) W. L. Scoville, *J. Am. Pharm. Assoc.*, **1**, 453 (1912)
2) T. Suzuki, K. Iwai (A. Brossi ed.), "The Alkaloids : Chemistry and Pharmacology", vol. 23, Academic Press, Inc. (1984), p.228.
3) V. S. Govindarajan, D. Rajalakshmi, N. Chand, *CRC Crit. Rev. Food Sci. Nutr.*, **25**, 185 (1987)
4) V. S. Govindarajan, *CRC Crit. Rev. Food Sci. Nutr.*, **24**, 245 (1986)
5) 森　一雄，澤田玄道，西浦康雄，食品工誌，**23**, 25 (1976)
6) B. Sankarikutty, M. A. Sumathikutty, C. S. Narayanan, *J. Food Sci. Technol.*, **15**, 126 (1978)
7) U.-J. Salzer, *CRC Crit. Rev. Food Sci. Nutr.*, **9**, 345 (1977)

8) O. Sticher, F. Soldati, R. K. Joshi, *J. Chromatogr.*, **166**, 221 (1978)
9) V. L. Huffman, E. R. Schadle, B. Villalon, E. E. Burns, *J. Food Sci.*, **43**, 1809 (1978)
10) M. D. Collins, L. M. Wasmund, P. W. Bosland, *HortScience*, **30**, 137 (1995)
11) P. H. Todd, Jr., M. G. Bensinger, T. Biftu, *J. Food Sci.*, **42**, 660 (1977)
12) V. K. Attuquayefio, K. A. Buckle, *J. Agric. Food Chem.*, **35**, 777 (1987)
13) J. J. R. Palacio, *J. Assoc. Off. Anal. Chem.*, **60**, 970 (1977)
14) K. Rajaraman, C. S. Narayanan, M. A. Sumathykutty, B. Sankarikutty, A. G. Mathew, *J. Food Sci. Technol.*, **18**, 101 (1981)
15) J. J. DiCecco, *J. Assoc. Off. Anal. Chem.*, **59**, 1 (1976)
16) J. Yao, M. G. Nair, A. Chandra, *J. Agric. Food Chem.*, **42**, 1303 (1994)
17) M. Skerget, Z. Knez, *J. Agric. Food Chem.*, **45**, 2066 (1997)
18) A. Saria, F. Lembeck, G. Skofitsch, *J. Chromatogr.*, **208**, 41 (1981)
19) A. Saria, G. Skofitsch, F. Lembeck, *J. Pharm. Pharmacol.*, **34**, 273 (1982)
20) T. Kawada, T. Watanabe, K. Katsura, H. Takami, K. Iwai, *J. Chromatogr.*, **329**, 99 (1985)
21) E. K. Johnson, H. C. Thompson, Jr., M. C. Bowman, *J. Agric. Food Chem.*, **30**, 324 (1982)
22) P. M. Gannett, D. L. Nagel, P. J. Reilly, T. Lawson, J. Sharpe, B. Toth, *J. Org. Chem.*, **53**, 1064 (1988)
23) P. G. Hoffman, M. C. Lego, W. G. Galetto, *J. Agric. Food Chem.*, **31**, 1326 (1983)
24) S. Kosuge, M. Furuta, *Agric. Biol. Chem.*, **34**, 248 (1970)
25) K. Kobata, M. Toyoshima, M. Kawamura, T. Watanabe, *Biotechnol. Lett.*, **20**, 781 (1998)
26) Y. Masada, K. Hashimoto, T. Inoue, M. Suzuki, *J. Food Sci.*, **36**, 858 (1971)
27) K. T. Hartman, *J. Food Sci.*, **35**, 543 (1970)
28) N. L. Sass, M. Rounsavill, H. Combs, *J. Agric. Food Chem.*, **25**, 1419 (1977)
29) A. M. Krajewska, J. J. Powers, *J. Chromatogr.*, **367**, 267 (1986)
30) M.-N. Maillard, P. Giampaoli, H. M. J. Richard, *Flavour Fragr. J.*, **12**, 409 (1997)
31) K. L. Bajaj, *J. Assoc. Off. Anal. Chem.*, **63**, 1314 (1980)
32) N. C. Rajpoot, V. S. Govindarajan, *J. Assoc. Off. Anal. Chem.*, **64**, 311 (1981)
33) B. V. Thomas, A. A. Schreiber, C. P. Weisskopf, *J. Agric. Food Chem.*, **46**, 2655 (1998)
34) 小菅貞良, 稲垣幸男, 西邨美智雄, 農化誌, **33**, 915 (1959)
35) T. Suzuki, T. Kawada, K. Iwai, *J. Chromatogr.*, **198**, 217 (1980)

36) A. M. Krajewska, J. J. Powers, *J. Chromatogr.*, **409**, 223 (1987)
37) K. Iwai, K.-R. Lee, M. Kobashi, T. Suzuki, *Agric. Biol. Chem.*, **41**, 1873 (1977)
38) K.-R. Lee, T. Suzuki, M. Kobashi, K. Hasegawa, K. Iwai, *J. Chromatogr.*, **123**, 119 (1976)
39) K. Iwai, T. Suzuki, H. Fujiwake, S. Oka, *J. Chromatogr.*, **172**, 303 (1979)
40) W. S. Hawer, J. Ha, J. Hwang, Y. Nam, *Food Chem.*, **49**, 99 (1994)
41) A. M. Krajewska, J. J. Powers, *J. Assoc. Off. Anal. Chem.*, **70**, 926 (1987)
42) M. Peusch, E. Müller-Seitz, M. Petz, *Z. Lebensm. Unters. Forsch.*, **202**, 334 (1996)
43) G. H. Chiang, *J. Food Sci.*, **51**, 499 (1986)
44) J. Jurenitsch, R. Leinmüller, *J. Chromatogr.*, **189**, 389 (1980)
45) J. Jurenitsch, W. Kubelka, K. Jentzsch, *Sci. Pharm.*, **46**, 307 (1978)
46) K. Iwai, T. Suzuki, H. Fujiwake, *Agric. Biol. Chem.*, **43**, 2493 (1979)
47) J. Jurenitsch, I. Kampelmühler, *J. Chromatogr.*, **193**, 101 (1980)
48) J. Jurenitsch, E. Bingler, H. Becker, W. Kubelka, *Planta Medica*, **36**, 54 (1979)
49) M. W. Law, *J. Assoc. Off. Anal. Chem.*, **66**, 1304 (1983)
50) H. L. Constant, G. A. Cordell, D. P. West, *J. Nat. Prod.*, **59**, 425 (1996)
51) F. Heresch, J. Jurenitsch, *Chromatographia*, **12**, 647 (1979)
52) T. H. Cooper, J. A. Guzinski, C. Fisher, *J. Agric. Food Chem.*, **39**, 2253 (1991)
53) R. Wolf, C. Huschka, K. Raith, W. Wohlrab, R. H. H. Neubert, *J. Liq. Chrom. Rel. Technol.*, **22**, 531 (1999)
54) C. A. Reilly, D. J. Crouch, G. S. Yost, A. A. Fatah, *J. Anal. Toxicol.*, **26**, 313 (2002)
55) Beacon 社 Capsaicin Plate Kit カタログ (Cat. # CPP-026) http://www.beaconkits.com/

（古旗賢二・渡辺達夫）

2.3 工業的レベルでの抽出・精製法および定量法

2.3.1 トウガラシ抽出物の工業的利用について

　トウガラシ抽出物は，トウガラシの持つ強い辛味と刺激性という特性により，広く食品・化粧品および医薬部外品（以下「化粧品」と略す）・医薬品産業の分野で利用されている．

まず，食品向けとしては，トウガラシ抽出物は漬物（キムチ，キュウリ・ナス・ダイコンなどの醤油漬，ダイコン刻み漬など），タレ（焼肉，焼鳥など），スープ（ラーメンスープ，レトルトスープなど），米菓（柿の種，おかき，せんべいなどの醤油タレ），珍味（裂きいか，おしゃぶり昆布など），スナック菓子などの辛味付けとして利用されたり，また，飲んだときのほてり感を期待してのドリンクなどに利用されている．加工食品の利用においては，トウガラシの粗砕物や細切物あるいは粉体も用いられる．しかし，原料トウガラシの辛味度のバラツキを嫌って，最近では辛味成分含量の規定されているトウガラシ抽出物が好まれる傾向にある．

化粧品向けとしては，医薬部外品原料規格2006[1]〔以下「外原規」と略す〕に「トウガラシチンキ」が収載され，化粧品分野における原料として重要な素材となっている．その利用は，主に毛根刺激剤，頭皮刺激剤，止痒剤としてヘアローションに配合されたり，温浴効果，血行促進効果を期待して浴用剤，その他，脂肪の分解促進効果を期待したボディー化粧品への配合が行われている．しかし，トウガラシチンキは皮膚刺激性が強いため，厚生労働省の化粧品基準により，その配合量は1%以下（カンタリスチンキ，ショウキョウチンキを併用の場合はその合計量）と規制されている．

医薬品向け用途としては，局所刺激薬として，筋肉痛などにプラスタまたは外用の液剤，軟膏などに配合して用いられる他，凍瘡，凍傷，育毛の用途に用いられている．また，健胃薬として食欲不振にも利用される．第十五改正日本薬局方[2]〔以下「日局」と略す〕には「トウガラシチンキ」，「トウガラシチンキ・サリチル酸精」が収載され，医薬品原料として利用されている．

またトウガラシ抽出物には，以下に述べる種々の形態の抽出物があり，食品，化粧品，医薬品の各分野において，その使用目的に応じた利用が行われており，それぞれの分野で重要な素材となっている．

上記のトウガラシ抽出物の利用は，トウガラシの持つ辛味を利用したものである．その他のトウガラシ抽出物の工業的利用としては，トウガラシに含まれるカプサンチンなどのカロテノイド系色素が赤色色素などとして，食品，化粧品産業分野に利用されているが，本節においては，主に辛味を利用するトウガラシ抽出物について解説する．

2.3.2 工業的に利用されるトウガラシ抽出物について

工業的に利用されるトウガラシ抽出物は大きく分けて以下の3種類がある.

(1) トウガラシエキストラクト(トウガラシチンキを含む)
(2) トウガラシオレオレジン
(3) トウガラシアブソリュート

これらのトウガラシ抽出物は,利用目的により,その特性を生かして使い分けられている.

以下に,各トウガラシ抽出物の特徴と製法について述べる.

(1) トウガラシエキストラクト(トウガラシチンキを含む)

これは,トウガラシの原料をエタノールまたは含水エタノールで抽出したものが主である.また,これを濃縮したり,精製処理を施して,辛味成分含量を高めることも可能である.エタノールまたは含水アルコール抽出のみでは,その抽出液中の辛味成分含量はそれほど高いものではないが,抽出液を濃縮したり,さらに精製処理を行うことにより,抽出物中の糖分,色素,油分を除去し,辛味成分含量を高めることも可能である.

また,トウガラシ原料を熱を加えずに抽出し,濃縮工程あるいは精製工程のないチンキ剤の製法に従って調製された浸出液は,特に「トウガラシチンキ」と称し,エタノールで浸出して得られたチンキについては,日局と外原規に「トウガラシチンキ」として収載されている.その製造法は,日局「トウガラシチンキ」では冷浸法,あるいはパーコレーション法*により抽出されるものと規定され,外原規「トウガラシチンキ」では冷浸法で抽出する方法が規定されている.製品の出来高は日局および外原規「トウガラシチンキ」ともに原料1重量に対して製品10容量となっている.この日局および外原規「トウガラシチンキ」中には,カプサイシン,ジヒドロカプサイシンなどの辛味成分の他,カロテノイド色素,油分などが含まれる.エキス分は

---

* パーコレーション法:生薬の浸出製剤調製法の一種で,エキス剤や流エキス剤の調製に応用されている.すなわち一定時間,浸出剤で浸潤させた一定の大きさの粒子の生薬をパーコレーターに充填し,浸出剤を一定の速度でその生薬の層を徐々に通過させ,なるべく少量の浸出剤で濃厚な浸出液を得る方法である.

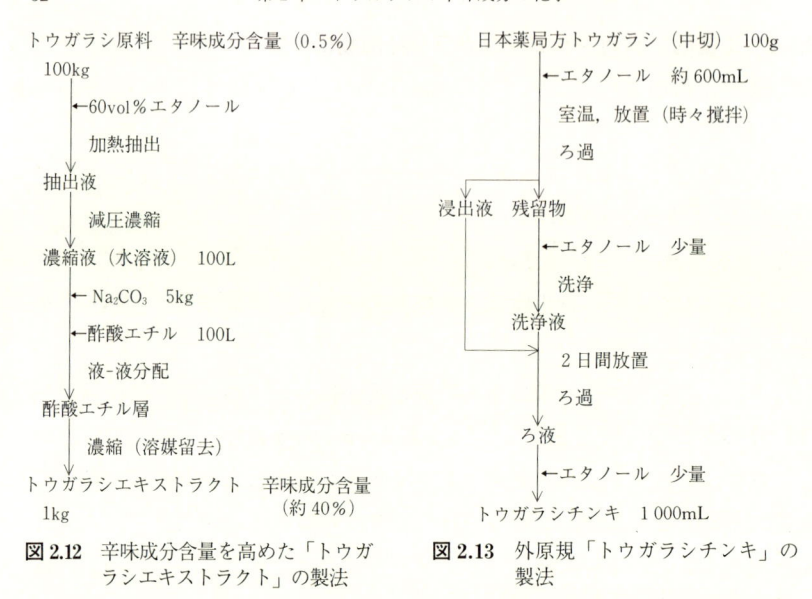

```
トウガラシ原料  辛味成分含量 (0.5%)
100kg
   │←60vol%エタノール
   │ 加熱抽出
抽出液
   │ 減圧濃縮
濃縮液（水溶液） 100L
   │←Na₂CO₃  5kg
   │←酢酸エチル  100L
   │ 液-液分配
酢酸エチル層
   │ 濃縮（溶媒留去）
トウガラシエキストラクト  辛味成分含量
1kg                        （約40%）
```

図2.12 辛味成分含量を高めた「トウガラシエキストラクト」の製法

```
日本薬局方トウガラシ（中切） 100g
   │←エタノール 約600mL
   │ 室温，放置（時々撹拌）
   │ ろ過
 ┌─┴─┐
浸出液 残留物
 │    │←エタノール 少量
 │    │ 洗浄
 │   洗浄液
 │←──┘
 │ 2日間放置
 │ ろ過
ろ液
 │←エタノール 少量
トウガラシチンキ 1 000mL
```

図2.13 外原規「トウガラシチンキ」の製法

通常0.5〜0.7%であり，辛味成分含量(カプサイシン含量とジヒドロカプサイシン含量の合計)について，日局では0.01w/v%以上を含むと規定されている．

図2.12および図2.13に，辛味成分含量を高めた「トウガラシエキストラクト」および外原規「トウガラシチンキ」の製法について例示する．

(2) トウガラシオレオレジン

　これは，トウガラシの原料を溶剤(主として非極性〜中間極性有機溶剤；ヘキサン，エーテル，酢酸エチル，アセトンなど)で抽出し，その抽出液について溶剤を減圧留去したものである．トウガラシオレオレジン中には，トウガラシチンキ同様に辛味成分，カロテノイド色素，油分などが含有されるが，その辛味成分などの含有量は3〜10%程度のものが多いようである．また，上記のようなトウガラシ原料を溶剤抽出して，その抽出液から溶剤を留去したタイプのトウガラシオレオレジンは保存中にスラッジを生じ，使用上支障が生じる場合があるため，さらに精製を行って，不純物を除いたタイプのトウガラシオレオレジン精製物もある．

　図2.14および図2.15に抽出操作のみにて調製されるタイプの「トウガラ

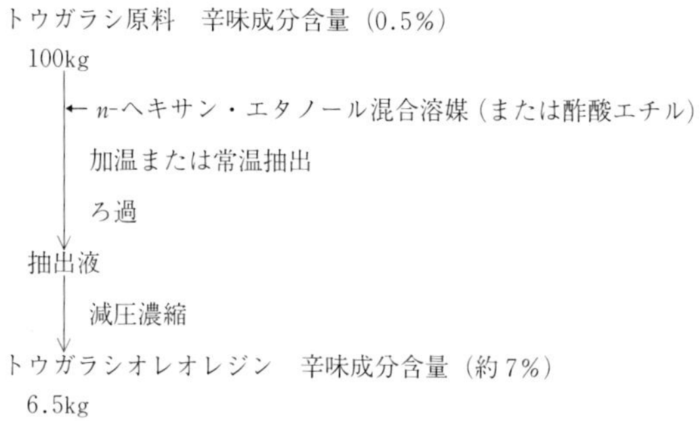

2.3 工業レベルでの抽出・精製法および定量法

```
トウガラシ原料　辛味成分含量（0.5%）
  100kg
    ←n-ヘキサン・エタノール混合溶媒（または酢酸エチル）
    加温または常温抽出
    ↓
    ろ過
    ↓
  抽出液
    ↓
    減圧濃縮
トウガラシオレオレジン　辛味成分含量（約7%）
  6.5kg
```

図2.14 「トウガラシオレオレジン」の製法

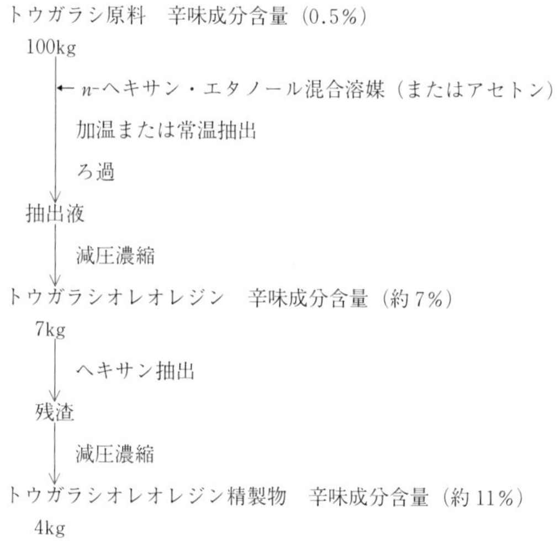

```
トウガラシ原料　辛味成分含量（0.5%）
  100kg
    ←n-ヘキサン・エタノール混合溶媒（またはアセトン）
    加温または常温抽出
    ↓
    ろ過
    ↓
  抽出液
    ↓
    減圧濃縮
トウガラシオレオレジン　辛味成分含量（約7%）
  7kg
    ↓
    ヘキサン抽出
    ↓
  残渣
    ↓
    減圧濃縮
トウガラシオレオレジン精製物　辛味成分含量（約11%）
  4kg
```

図2.15 「トウガラシオレオレジン精製物」の製法

シオレオレジン」と精製処理を施したタイプの「トウガラシオレオレジン精製物」の製法について例示する．

(3) トウガラシアブソリュート

　これは，上記トウガラシオレオレジンをエタノールで再抽出し，不溶物をろ別した後，エタノールを減圧留去して得られるものである．

　トウガラシアブソリュートの成分は，トウガラシオレオレジンより，油分，カロテノイド色素などの不純物をある程度除去しており，辛味成分含量を高めたタイプのものである．

```
トウガラシ原料  辛味成分含量（0.5%）
100kg
    ←n-ヘキサン・エタノール混合溶媒（または酢酸エチル）
    加温または常温抽出
    ろ過
抽出液
    ↓減圧濃縮
トウガラシオレオレジン  辛味成分含量（約7%）
6.5kg
    ←60vol%エタノール
    室温抽出
    ろ過
抽出液
    ↓減圧濃縮
トウガラシアブソリュート  辛味成分含量（約40%）
1kg
```

図 2.16 「トウガラシアブソリュート」の製法

図 2.16 に 60% エタノールでトウガラシオレオレジンを抽出したタイプの「トウガラシアブソリュート」の製法について例示する．

2.3.3 トウガラシ抽出物の原料について

トウガラシ属 (*Capsicum*) は極めて変異性に富み，本品には 100 種に及ぶ多くの品種があり，その分類法は，学者によっていくつかの説があるのが現状である．

トウガラシ属植物の果実の特徴的成分としては，赤色を示すカロテノイド色素と激しい辛味を有するカプサイシン類が挙げられ，現在この 2 種の成分が主に工業的に利用されている．

トウガラシ属植物の果実にはほとんど辛味を有さないものから激しい辛味を有するものまであるが，これはトウガラシ属植物の品種により，その果実中に含まれるカプサイシン類の含有度合いが異なるためである．工業的には，カロテノイド色素を利用するトウガラシ抽出物の抽出原料として，辛味がないか，あるいは辛味のほとんどないトウガラシが主に用いられる．辛味

を利用するトウガラシ抽出物の抽出原料としては，辛味の強いカプサイシン類を多く含有するトウガラシが主に使用されている．

日局「トウガラシチンキ」および外原規「トウガラシチンキ」の原料としては，日局「トウガラシ」の使用が規定されている．

日局「トウガラシ」については，日局に「本品は，トウガラシ Capsicum annuum Linné (Solanaceae) の果実である」と規定され，その変種および品種は日局「トウガラシ」性状記載に適合するものが対象とされている．変種としては以下のものがあげられる．

〈変種〉トウガラシタカノツメ Capsicum annuum L. var. acuminatum Fingerb., テンジョウマモリ，ヤツブサ Capsicum annuum L. var. fasciculatum Irish f. erectum Makino, シシトウガラシ Capsicum annuum L. var. grossum, ナガミトウガラシ Capsicum annuum L. var. longum Sendtner, タカノツメ Capsicum annuum L. var. parvo-acuminatum Makino など．

その他，トウガラシ抽出物の原料としては，Capsicum frutescens なども使用される．

含有成分としては，辛味成分のカプサイシン，ジヒドロカプサイシン，ホモカプサイシン，ホモジヒドロカプサイシン，ノルカプサイシン，ノルジヒドロカプサイシンなどが知られているが，含有量の高い辛味成分は，その内，カプサイシンおよびジヒドロカプサイシンの2成分である．色素成分としてカプサンチン，ゼアキサンチン，β-カロテン，ルテイン，クリプトキサンチンが含まれるほか，アデニン，ベタイン，コリンなどの植物塩基，脂肪油，樹脂，ビタミンC，糖分などが挙げられる．

2.3.4 トウガラシ抽出物の定量について

トウガラシ抽出物の定量としては，その効果成分の本体である辛味成分の定量を行うのが通常である．

その定量方法としてはUV法，薄層クロマトグラフィー，ガスクロマトグラフィー，液体クロマトグラフィーなどが知られているが，現状では操作法の簡便性，精度の高さより液体クロマトグラフィーによる辛味成分の定量が広く用いられている．以下に，液体クロマトグラフィーによる辛味成分の

定量方法について述べる．

　トウガラシ中に含まれる辛味成分としては上記のように，カプサイシン，ジヒドロカプサイシン，ホモカプサイシン，ホモジヒドロカプサイシン，ノルカプサイシン，ノルジヒドロカプサイシンなどのカプサイシン同族体が知られている．しかし，これらカプサイシン同族体の含有量はカプサイシンとジヒドロカプサイシンの2成分でほぼ80〜90％を占めており，これはトウガラシの種々品種においてもほぼ同様な傾向が認められている．

　辛味成分含量の評価としては，抽出物中に含まれる辛味成分すべての含量を測定することが求められるところであるが，標準品の確保，操作性の煩雑さから，カプサイシン，ジヒドロカプサイシンの含量を液体クロマトグラフィーにより測定し，その和によって辛味成分含量として評価することが合理的であると判断され，現在この方法が，工業的品質評価法としてよく用いられている．

　その辛味成分含量測定の液体クロマトグラフ条件と，そのクロマトグラムの一例を以下に示す．

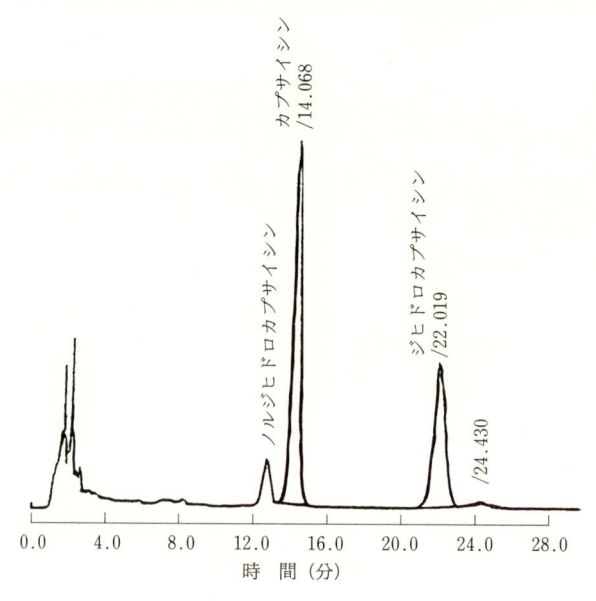

図2.17 辛味成分の液体クロマトグラム

〈液体クロマトグラフ条件〉
　　カラム；μ-Bondapak C_{18}（ウォーターズ社製，ϕ4mm×300mm）
　　移動相；アセトニトリル：2％酢酸（12：20）
　　検　出；UV 280nm
　　流　量；2mL/min
　　温　度；40℃
〈クロマトグラム〉
　　図 2.17 に辛味成分の液体クロマトグラムを示す．

引用文献
1) 医薬部外品原料規格 2006，薬事日報社（2006）
2) "第十五改正 日本薬局方解説書"，廣川書店（2006）

参考図書
1. 農林省熱帯農業研究センター，"熱帯の有用作物"，（財）農林統計協会（1975）
2. 奥田拓男編，"天然薬物事典"，廣川書店（1986）
3. P. G. Hoffman, M. C. Galetto, *J. Agric. Food Chem.*, **31**, 1326（1983）
4. 化学大辞典編集委員会編，"化学大辞典"，共立出版（1993）

〈山本　進〉

第3章　辛味の化学構造とレセプター

3.1　辛味の化学構造

　トウガラシ辛味化合物カプサイシンの構造決定の歴史は，Govindarajanの総説[1]に詳しく紹介されている．これによると，1816年にBucholzは，有機溶媒浸漬により辛味刺激物質が抽出されることを報告し，1846年にThreshは辛味物質を結晶化してカプサイシンと名付けた．1898年にMickoは水酸基(ヒドロキシ基)とメトキシ基の存在を示し，バニリンとの構造の類似性を指摘した．1919年にNelsonは，カプサイシンを加水分解し，分解物の片方がバニリルアミンで，もう一方がデセン酸の異性体であることを見出した．1923年にNelsonとDawsonはデセン酸異性体の二重結合の位置を決定し，8-メチル-6-ノネノイルバニリルアミドというカプサイシンの化学構造(図3.1)が確立された．

　カプサイシンの構造決定に前後して，カプサイシン同族体が多数合成され，辛味と構造の関係についての興味深い報告がいくつかなされた．

　Nelson[2]は，図3.1のC部分に着目し，脂肪酸部分の鎖長と不飽和結合(二重結合)の有無が辛味に与える影響を調べた．相対辛味度は，被検物のアルコール溶液をカバーグラスに1滴おとし，アルコールを蒸発させてから舌

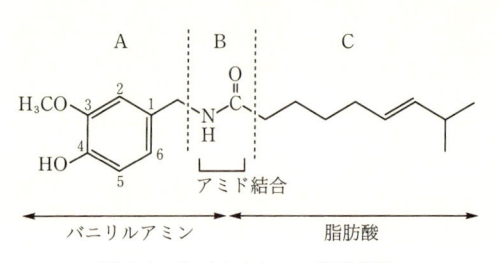

図3.1　カプサイシンの化学構造

3.1 辛味の化学構造

で検知できる最小量から求めた．表3.1は，カプサイシン（トウガラシからの抽出物でジヒドロカプサイシンとの混合物であったと推測される）の辛味度を100として，鎖長と辛味度の関係を示したものである．アシル基が直鎖の飽和の化合物の場合，炭素数9のノナノイルバニリルアミド（バニリルノナンアミド，C_9-VA）で最も辛味が強く，鎖長がこれより長くても短くても辛味が弱まる．また，二重結合の有無は，辛味に大きく影響せず，C部分に芳香環を導入しても辛味は発現されなかった．

表3.1 カプサイシンのアシル基の鎖長，不飽和度と，相対辛味度

アシル基	相対辛味度
$COCH_3 (C_2)$	0
$COCH_2CH_3 (C_3)$	ごくわずか
$CO(CH_2)_2CH_3 (C_4)$	いくぶん
$COCH_2(CH_3)_2 (iso-C_4)$	ごくわずか
$COCH=CHCH_3 (C_{4:1})$	ごくわずか
$CO(CH_2)_4CH_3 (C_6)$	5
$CO(CH_2)_5CH_3 (C_7)$	25
$CO(CH_2)_6CH_3 (C_8)$	75
$CO(CH_2)_7CH_3 (C_9)$	100
$CO(CH_2)_8CH_3 (C_{10})$	50
$CO(CH_2)_9CH_3 (C_{11})$	25
$CO(CH_2)_{10}CH_3 (C_{12})$	25
COC_6H_5	わずか

（文献2）を改変）

JohnsとPyman[3]は，図3.1のA部分とC部分の構造を変え，辛味との関係を調べた．辛味は，被検物の含水アルコール溶液を水で希釈し，数滴の辛味を調べ，辛味が検知できる最小濃度から求めた．彼らの方法では，カプサイシンはC_9-VAよりも高い辛味を示した．C部分では，α-イソプロピルヘキサノイル基（C_9ではあるが，カルボニル基の隣で枝分かれしている基）を導入すると辛味はC_9-VAの5％に落ち，ベンゼンを導入するとNelsonの結果と同様に辛味は0.5％と低い値であったが，鎖長を長くした5-フェニルペンタノイル基の導入では40％以上の辛味を示したことなどから，分子形状が辛味に影響することが推測された．また，炭素数11の直鎖アルキルの末端に二重結合を導入すると，C_9-VAよりも辛味が強くなった．

Kobayashi[4]はA，B，C部分の構造について，化合物のアルコール溶液に紙片を浸し，アルコールを蒸発させた後に官能検査を行って閾値を求め，辛味との関係を検討した．辛味は，直鎖飽和型のウンデカノイルバニリルアミド（バニリルウンデカンアミド，C_{11}-VA）を基準とした．A部分では，カプサイシンの芳香環上の3-メトキシ-4-ヒドロキシ構造をジオキシメチレン構造（-O-CH_2-O-）に変換すると辛味は消失した．このことと，JohnsとPymanの3,4-ジヒドロキシ体の辛味がC_9-VAの25％，4-ヒドロキシ体で10％であ

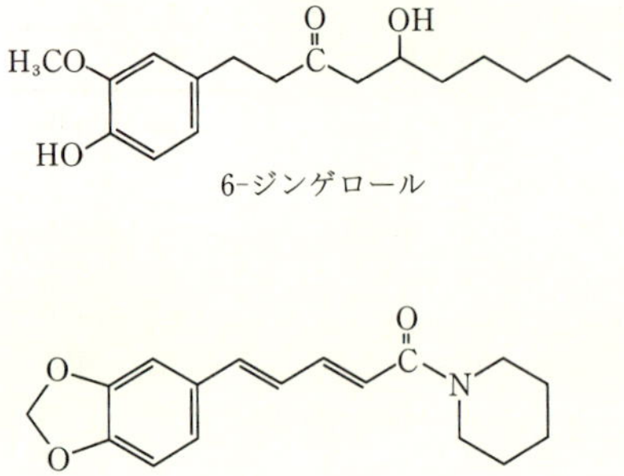

図3.2 ショウガ，コショウの辛味成分の化学構造

ったこととを考え合わせると，辛味の発現には芳香環上のヒドロキシ基が必要であることがわかる．B部分では，酸アミド(-NH-CO-)と芳香環との間にさらに一つまたは二つのメチレン基(-CH$_2$)を導入すると，辛味は完全に消失した．C部分では，辛味の基準としたウンデカノイルバニリルアミドの末端に二重結合を導入しても，辛味は変化しなかった．

カプサイシンに構造の似た香辛料の辛味成分としては，図3.2に示すようにショウガやコショウの辛味成分であるジンゲロールやピペリンなどが知られている．辛味と化学構造との関係については，カプサイシン，ジンゲロール，ピペリンの三つの化合物を基本骨格として数多くの研究がなされている．それぞれの化合物の辛味度をスコービル単位[*1]で表すと，カプサイシンは160×10^5，6-ジンゲロールは0.8×10^5，ピペリンは1.0×10^5SUである[5]．これらの研究をまとめて，カプサイシンの辛味と構造についてGovindarajan[6]は，次のように整理している．

1. A，B，Cの3部分の構造が一つ以上変化すると辛味は低下するか消失する．
2. バニリルアミン以外の他の塩基，グアイアシルアミン，エタノールアミン，ピロリジンからなるアナログは辛味が弱い．
3. 芳香環の3-メトキシ-4-ヒドロキシ構造を他のもの，例えばジメトキシやジオキシメチレンにしたり，置換位置を2，3位にしたりすると辛味が妨げられる．
4. 酸アミド結合のところのカルボキシル基は辛味の発現に必須である．
5. 酸アミド結合が優れている．ピペリンにアミド結合を導入すると非常に辛くなる．
6. アルキル鎖の長さは，C$_7$〜C$_{11}$程度が辛味の発現に適当である．

[*1] スコービル単位(Scoville unit, SU)：31頁の脚注参照．

3.1 辛味の化学構造

表 3.2 代表的辛味物質の化学構造と辛味強度[6]

化合物名	構　造	起　源	辛味度（スコービル単位）
カプサイシン		トウガラシ	160×10^5
ジヒドロカプサイシン		トウガラシ	160×10^5
ノルジヒドロカプサイシン		トウガラシ	91×10^5
ホモカプサイシン		トウガラシ	86×10^5
ホモジヒドロカプサイシン		トウガラシ	86×10^5
バニリルノナンアミド		合　成	92×10^5
(6)-ジンゲロール		ショウガの超臨界流体抽出物	0.8×10^5
(6)-ショウガオール		ショウガオレオレジン	1.5×10^5
ジンゲロン		ショウガの精油	0.3×10^5
(8),(10)-ショウガオール		ショウガオレオレジン	0.1×10^5
ピペリン		コショウ	1.0×10^5
ピペラニン		コショウ	0.6×10^5

代表的辛味物質とその辛味強度を一覧表にして表3.2に示す.

引用文献
1) V. S. Govindarajan, *CRC Crit. Rev. Food Sci. Nutr.*, **24**, 245 (1986)
2) E. K. Nelson, *J. Am. Chem. Soc.*, **41**, 2121 (1919)
3) E. C. S. Johns, F. L. Pyman, *J. Am. Chem. Soc.*, **127**, 2588 (1925)
4) S. Kobayashi, *Sci. Paper Inst. Phys. Chem. Res.*, **6**, 166 (1927)
5) V. S. Govindarajan (J. C. Boudreau ed.), "Food Taste Chemistry", ACS Symposium Series 115, ACS, Washington (1979), p.53.
6) V. S. Govindarajan, M. N. Sathyanarayana, *CRC Crit. Rev. Food Sci. Nutr.*, **29**, 435 (1991)

〈渡辺達夫・岩井和夫〉

3.2 レセプター(受容体)

3.2.1 レセプターの概念の確立

1900年にエールリッヒ(Ehrlich)は,細胞原形質には種々の物質と結合する側鎖(side-chain)があると提唱し,生体は結合がなければ不活性である(corpora non agunt nisi fixala)という有名な言葉を残した.これがレセプターなる概念を示した最初のものである.

続いてラングレイ(Langlay, 1905)[1]は,自律神経節や骨格筋に対するニコチンやクラーレの生理的反応を説明するために特殊な作用部位を想定し,これを受容性物質(receptive substance)と名付けた.すなわちラングレイにより提唱されたレセプターの概念は,
(1) レセプターはリガンドの特異的構造を認識し,これを結合する.
(2) レセプター・リガンド複合体はその情報を伝達し,その細胞の特異反応を誘導する.

というものであったが,生化学的実体は全く不明のままであった.

クラーク(Clark, 1933)[2]はエールリッヒ,ラングレイの古典的レセプターの概念に,質量作用の法則,ラングミュア(Langmuir)の吸着等温式を導入して,生理活性物質の作用発現の理論的根拠を確立した.すなわち,クラークの提唱により,レセプターは生体の細胞膜に存在する特殊な化学構造を識別

できる部分という考えが,発展していくことになった.

また,ガッダム(Guddum, 1937)はアトロピンのアセチルコリンに対する拮抗作用を数学的手法により解明した.

1950年代になると,薬理学の分野で一連の化合物についての合成と薬理作用の関係の研究が分子レベルで展開されるようになり,薬理論の基本的概念が確立された.

レセプターは,以上のような性質を持つものとして,タンパク質が想定され,1970年代の種々の細胞膜レセプターの精製,1980年代の各種のレセプターのアミノ酸配列の決定,それに続く遺伝子のクローニングがなされてきており,現在はレセプターの構造と機能の関連が総合的に検討されている.なお,レセプターの基本的概念を満たすならば,DNA[3],脂質や糖鎖もレセプターとなりうると考えられる.

3.2.2 レセプターの分類

一般的にレセプターは結合するリガンドの種類により分類されている.すなわち,神経伝達物質レセプター,オータコイド[*1]レセプター,ペプチドホルモンレセプターおよび細胞成長因子レセプターなどに便宜的に大別されてきた.しかし,1970年代の各種レセプターの生化学的解析データの蓄積や,1980年代の遺伝子工学的手法によるレセプターの解析によって,各グループに分別されているレセプターの構造や特徴に相同性が認められる例の多いことが判明してきた.例えば,細胞膜レセプターは幾つかの情報伝達様式を共有することが判明している.

その情報伝達の様式から,細胞膜レセプターは現在まで少なくとも3種類の機能的レセプター群に分類されている.

(1) イオンチャネル型レセプター(ニコチン性アセチルコリンレセプター,GABA$_A$[*2]レセプターなど)
(2) GTP結合タンパク質共役型レセプター(アドレナリンレセプター,ム

[*1] オータコイド(autacoid):ある臓器の細胞によってつくられ,循環液によって標的臓器に運ばれる有機物のこと.
[*2] GABA:γ-アミノ酪酸(γ-aminobutylic acid),一般にGABA(ギャバ)と略称される.

スカリン性アセチルコリンレセプター，オピオイドレセプター，5-HT_{1A}*3 レセプター，サブスタンスK*4レセプターなど）

(3) チロシンキナーゼ型レセプター（細胞成長因子レセプター，サイトカイン*5レセプター，リポタンパク質レセプターなど）

一方，核内にレセプターが存在するステロイドホルモンレセプター群では，一連の共通構造（DNA結合ドメイン，ステロイド結合ドメイン）が判明している[4]．同様に核内に存在する甲状腺ホルモンレセプターもステロイドホルモンレセプターと同一の基本構造を有する[5]．

このように，これらのレセプターの機能的分類にはレセプター間の一次構造，遺伝子構造の相同性の裏付けがなされてきている．また，これらのレセプター群は同一祖先遺伝子から進化したものであり，スーパーファミリー（superfamily）を形成し，細胞間情報システムの系統進化の観点からも興味深い．

〔高畑京也〕

3.2.3 バニロイド（カプサイシン）レセプターの発見

カプサイシンは化学物質が引き起こす痛覚における受容体や，末梢や中枢の熱受容器，大動脈や頸動脈の圧受容器に作用して知覚神経を刺激すると考えられる．そこで，SzolcsányiとJancsó-Gábor[6]は，47のカプサイシン関連化合物を用い，ラットの目に化合物溶液を滴下したときに生じる動作，すなわち前肢で目をひっかいたり，ぬぐったりする動作（ワイピングテスト，wiping test）から発痛作用を測定し，図3.1に示したカプサイシン分子のA，B，Cの各部分の影響を調べた．B部分のアミド結合を逆にした化合物（ホモバニリルオクチルアミド）や，エステルに置換した化合物（ホモバニリルオクチ

---

*3 5-HT：5-ヒドロキシトリプタミン（5-hydroxytryptamine）．セロトニン（serotonin）のこと．
*4 サブスタンスK：ニューロキニンAあるいはニューロメジンLとも呼ばれ，血圧降下や腸管収縮作用を有するタキキニン系ペプチドの一つ．
*5 サイトカイン：細胞間の情報伝達を調節しているタンパク性の化学物質の総称．細胞から放出され，免疫応答の制御，抗腫瘍作用，抗ウイルス作用，細胞増殖・分化の調節作用などを示す．

3.2 レセプター(受容体)　　65

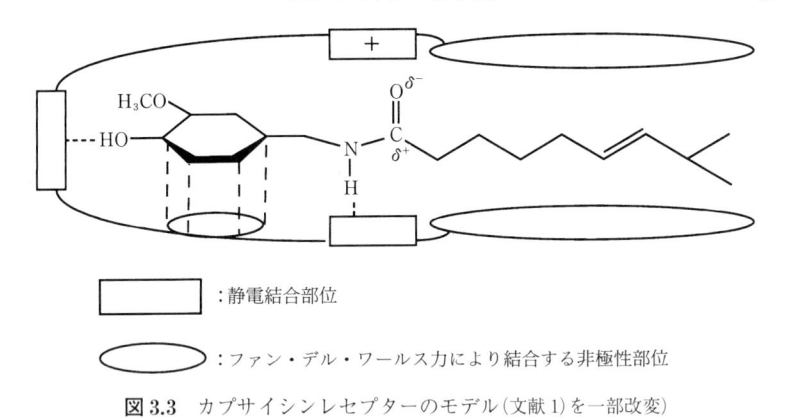

```
□ :静電結合部位
○ :ファン・デル・ワールス力により結合する非極性部位
```

図3.3 カプサイシンレセプターのモデル(文献1)を一部改変)

ルエステル)で強い活性が認められた．これらの化合物やジンゲロン，ピペリンの辛味度をカプサイシンとともに官能検査で調べたところ，ワイピングテストと同様の傾向が得られた．さらに，-NH-基のHをアルキル基やシクロアルキル基に置換すると辛味度が減少することから，辛味の発現にB部分の水素結合可能な部分の必要性が示唆された．C部分については，B部分で活性の高かった4種の化合物，アルキルバニリルアミド，ホモバニリルアルキルアミド，ホモバニリルアルキルエステル，アルキルホモバニリルアミドについて鎖長と辛味度(ワイピングテスト)の関係を調べたところ，4種の化合物で鎖長 $C_8 \sim C_{10}$ 付近に辛味のピークが認められた．また，アルキル鎖を環状化合物であるシクロアルキル基に置換しても辛味はさほど影響されなかった．芳香環であるA部分については，4-ヒドロキシ基をメトキシ基に置換したり，置換基をなくすと辛味は消失した．これらの結果から，カプサイシンレセプターとして，図3.3のようなモデルが提唱された．

　カプサイシンに特異的な受容体が想定されることから，過去20年にわたって放射性ジヒドロカプサイシンなどを用いたカプサイシンレセプターの検索が続けられたが，脂溶性の高さと相対活性の低さ(*in vitro* でカプサイシンは数百 μM～数mM程度の比較的高い濃度で有効)が相まって，カプサイシンでは特異的受容体の存在を示すことには成功しなかった[7]．しかし，1989年にトウダイグサ科トウダイグサ属のサボテンタイゲキ(*Euphorbia resinifera*)から得られるラテックス中の薬効成分として同定されていたレシニフェラトキ

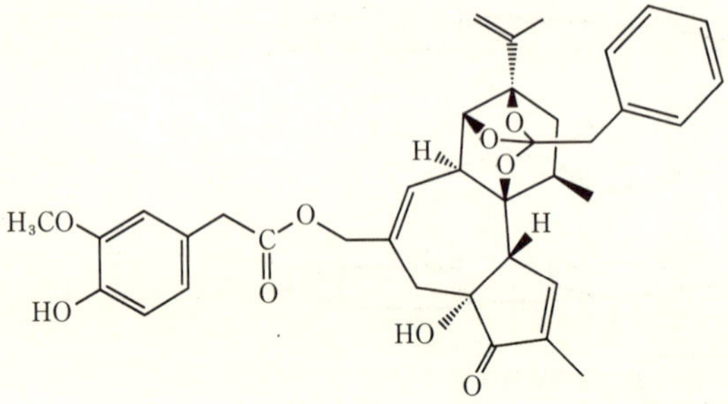

第3章 辛味の化学構造とレセプター

レシニフェラトキシン

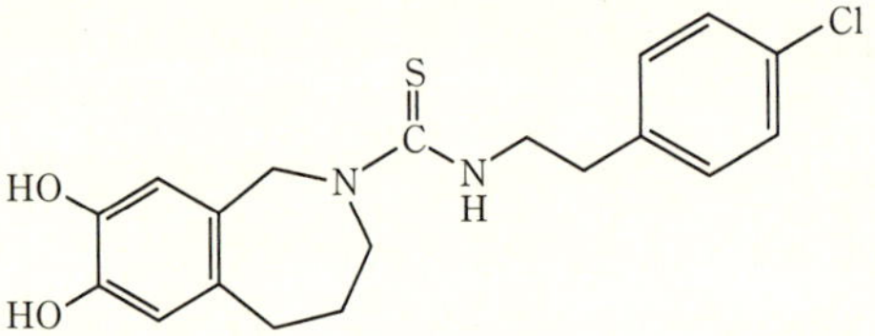

カプサゼピン

図3.4 レシニフェラトキシンとカプサゼピンの化学構造

シン(resiniferatoxin；図3.4)が，カプサイシンと類似の作用をもち，カプサイシンにくらべ二桁から三桁低い濃度で作用する非常に強力な作動薬であることが発見されて以来，カプサイシンの受容体に関する研究が著しく進展した[8]．ラットの目でのワイピングテストでは，カプサイシンの10倍程度の活性の強さではあるが，体温低下，神経性炎症誘発が認められ，逆に前処理後の神経性炎症の抑制では，それぞれカプサイシンの7 000，1 000，20 000倍強い活性を示した[7]．また，レシニフェラトキシンはカプサイシンの作用部位の一つと考えられている脊髄後根神経節や，脳内のいくつかの部位に特異的に結合することもいろいろの動物やヒトで明らかとなった．さらに，カプサイシンとレシニフェラトキシンに対する特異的拮抗阻害剤であるカプサゼピン(図3.4)が発見され[9]，カプサイシンレセプターの存在は疑いようのないものとなった．従来は，カプサイシンが作用する受容体ということでカプサイシンレセプターと名付けられていたが，レシニフェラトキシンがより強力なアゴニストであることが見出されたことから，この受容体をカプサイシンとレシニフェラトキシンとの共通部分であるバニリル基部分に因んでバニ

ロイドレセプター (vanilloid receptor) と呼ぶことを Szallasi と Blumberg は提唱した[10].

バニロイドレセプターの特異的阻害剤であるカプサゼピンは，膨大な数の化合物を合成して，ラット新生仔脊髄後根神経節培養細胞へのカルシウムの取り込みを指標として構造活性相関を調べた研究から生まれた[9]．カプサイシンが受容体に結合すると，ナトリウムイオンが細胞内に流入して活動電位を生じ (痛みとして認識され)，またカルシウムが細胞内に蓄積されることが知られていた[11]．そこで培養神経細胞でのカルシウムの取り込みを利用して構造活性相関を調べたところ，カプサイシンよりも低濃度で有効なアゴニスト (作動薬) と，カプサゼピンなどのアンタゴニスト (阻害剤) がいくつか見つかった．X線回折，NMR，コンピュータを用いた分子モデリングからアゴニストとアンタゴニストの立体構造を測定したところ，アゴニストでは図3.1のA環とB部分が同一平面上であったのに対し，アンタゴニストではA環とB部分がほぼ垂直な立体構造をとっていると予測され (図3.5)，この

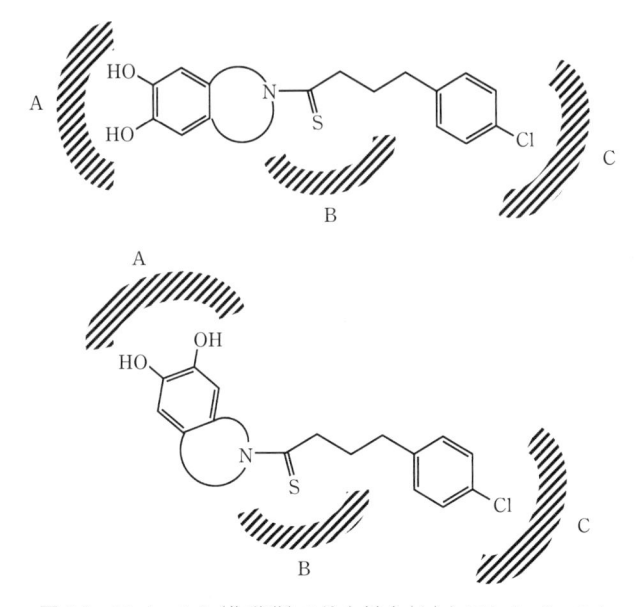

図3.5 アゴニスト (作動薬) の結合様式 (上) とアンタゴニスト (阻害剤) の結合様式 (下)[12]

部分がアゴニスト活性にとって決定的であると考えられた[9]．

（渡辺達夫・岩井和夫）

3.2.4 バニロイドレセプターの同定

米国カリフォルニア大学サンフランシスコ校のジュリアス（Julius）博士のグループは，1997年に世界で初めてバニロイドレセプター（カプサイシンレセプター）の遺伝子クローニングに成功した[13]．彼らは，カプサイシン投与によって細胞内カルシウムイオン濃度が上昇することを指標とした発現クローニング法を用いて，ラット後根神経節細胞[*6]のcDNAライブラリーから遺伝子を単離した．他のグループがアフリカツメガエルの卵母細胞にcRNAを注入して膜電流測定から遺伝子の単離を目指していたのと異なり，バニロイドレセプターがカルシウム透過性の非常に大きいイオンチャネル型受容体であろうとの推定からヒト由来培養細胞（HEK293細胞）でのカルシウムイメージング法を用いたのが成功の秘訣であった．遺伝子クローニングされたバニロイドレセプターは，当初，バニロイドレセプタータイプ1（vanilloid receptor type 1）としてVR1と命名された．ラットVR1は，2 514塩基対，838アミノ酸からなり，アミノ酸一次構造から6回の膜貫通ドメインを有す

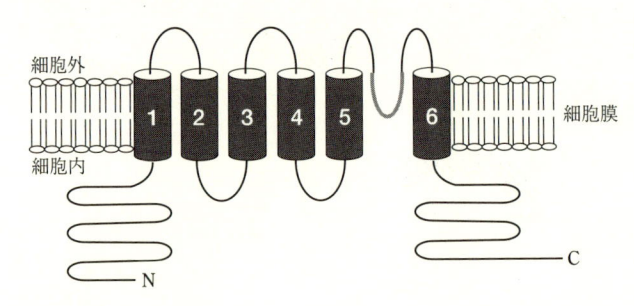

図3.6 VR1（TRPV1）の膜トポロジーモデル（文献13）を改変）
数字（1～6）のついたシリンダーは6回の細胞膜貫通ドメインを示す．
N：アミノ末端，C：カルボキシル末端．

[*6] 後根神経節細胞：頭部から下の一次感覚神経は後根を通って脊髄に進入して，二次神経に情報を伝達する．その一次感覚神経の細胞体（核があってタンパク質を合成するところ）は後根近くに集まって節を作っており，後根神経節と呼ばれている．

るイオンチャネルであろうと推定された．また，アミノ末端，カルボキシル末端ともに細胞質内にあり，第 5，第 6 膜貫通ドメインの間にある短い疎水性領域がイオンを通すポアを形成するものと推定された(図 3.6)．未だ結晶構造解析は成功していないが，感覚神経細胞では 6 回膜貫通のサブユニットが四つ集まったホモ 4 量体で機能的なチャネルを形成していると考えられている．VR1 のこの構造は，1989 年にショウジョウバエの眼の光受容変異体の原因遺伝子としてクローニングされたタンパク質[14]と類似していた．現在では，同じような構造を有するイオンチャネルタンパク質は TRP スーパーファミリーを形成して，大きく TRPC, TRPV, TRPM, TRPN, TRPP, TRPA, TRPML の七つのサブファミリーに分けられている[15]．その結果，VR1 は TRPV (TRP vanilloid) サブファミリーの最初の分子として TRPV1 と呼ばれることになった．TRPV サブファミリーには六つの TRPV チャネル(TRPV1～TRPV6)が属している．

TRP スーパーファミリー

TRPC サブファミリー：最初に遺伝子クローニングされたショウジョウバエの TRP チャネルに最も構造的に近いサブファミリーで canonical（標準的な）の頭文字をとって TRPC サブファミリーと呼ばれている．哺乳類では TRPC1～TRPC7 の七つから成り，ヒトでは TRPC2 は偽遺伝子である．

TRPV サブファミリー：最初の分子カプサイシン受容体のリガンドがバニロイド(vanilloid)と総称されており，その頭文字をとって TRPV サブファミリーと呼ばれ，哺乳類では TRPV1～TRPV6 の六つから成っている．

TRPM サブファミリー：最初の分子 melastatin の頭文字をとって TRPM サブファミリーと呼ばれ，哺乳類では TRPM1～TRPM8 の八つから成っている．

TRPP サブファミリー：ヒトの遺伝疾患である多嚢胞腎の原因タンパク質である polycystin の頭文字をとって TRPP サブファミリーと呼ばれ，哺乳類では TRPP1～TRPP3 の三つから成っている．

TRPML サブファミリー：ムコ脂質症 IV 型に関連したタンパク質ムコリピン(mucolipin)の M と L をとって TRPML サブファミリーと呼ばれ，哺乳類では TRPML1～TRPML3 の三つから成っている．

TRPA サブファミリー：アミノ末端に多くのアンキリン(ankyrin)ドメイン

があることから，その頭文字をとって TRPA サブファミリーと呼ばれ，TRPA1 だけが存在する．

表 TRP スーパーファミリー

TRPC	TRPC1, TRPC2, TRPC3, TRPC4, TRPC5, TRPC6, TRPC7
TRPV	TRPV1, TRPV2, TRPV3, TRPV4, TRPV5, TRPV6
TRPM	TRPM1, TRPM2, TRPM3, TRPM4, TRPM5, TRPM6, TRPM7, TRPM8
TRPP	TRPP1, TRPP2, TRPP3
TRPML	TRPML1, TRPCML2, TRPML3
TRPA	TRPA1

　バニロイドレセプターは1種類ではなく，何種類か存在することが推定されてきた[11]．神経細胞レベルでは，カプサイシンとレシニフェラトキシンで応答が異なること，細胞内へのカルシウム流入とアゴニストの親和性が必ずしも一致しないことによる．また，ラット個体を用いた実験では，カプサイシン投与に対する応答が二相性を呈することが報告されていた．しかし，TRPV1 の遺伝子クローニング後のレセプター分子を用いた実験によって，カプサイシンとレシニフェラトキシンによる応答・結合は TRPV1 で説明されることが明らかになっている[16]．TRPV1 のスプライスバリアント*7が脳での浸透圧受容[17]や味蕾での塩味受容に関わることが報告されているが，それぞれの塩基配列は判明していない．ラット TRPV1 にアミノ末端のほとんどすべてを欠失したフォーム，マウス TRPV1 にアミノ末端の一部を欠失したフォームのあることが報告されているが，それら単独ではカプサイシン感受性はないという．後者は長い正常なフォームの機能を阻害することが報告されている．

　TRPV1 遺伝子は，ノザンブロット法*8では感覚神経(後根神経節細胞および三叉神経節細胞)にのみ発現していた．また，in situ ハイブリダイゼーショ

---

*7　スプライスバリアント：一つの遺伝子が複数のエキソン(ゲノム中の意味をもつ配列)から構成されるとき，2種以上の発現物，例えばタンパク質が生成し得ることを言う．

*8　ノザンブロット法：試料中の RNA を電気泳動した後に，特定の mRNA に結合する相補的な塩基配列プローブを用いて目的とする mRNA を検出する方法．

ン法[*9]を用いた解析から，TRPV1遺伝子は後根神経節細胞や三叉神経節[*10]細胞の中の軸索径の小さな細胞（恐らく無髄のC線維の細胞体）のみに発現していることが明らかとなった[18]．この結果は，侵害刺激が無髄のC線維で受容され伝達されるという概念と合致する．特異的抗体を用いてTRPV1タンパク質の発現を解析した結果，後根神経節細胞および三叉神経節細胞に加えて一次求心性線維が投射される脊髄後角の表層（第I, II層）と尾側三叉神経核において発現が観察された．迷走神経が投射される孤束核にもTRPV1は発現していた．TRPV1は体性感覚神経のみならず，内臓感覚神経にも発現して種々の生理機能に関与すると考えられている．消化管での免疫組織化学的手法による検討によって，TRPV1様免疫反応が胃体部切片において神経線維状に観察されると報告された．PGP 9.5 (protein gene product 9.5)との共局在から，TRPV1が神経に発現することが確認され，その発現は胃粘膜層・平滑筋層・神経叢など全ての層で認められた．しかし，TRPV1様免疫反応が観察されたのは神経線維のみで神経細胞体には観察されなかったことから，TRPV1は外来性感覚神経（多くは脊髄由来であり，迷走神経に由来するものは一部）に発現しているものと推察されている．気管支の感覚神経終末にも発現しており，カプサイシン投与による咳応答は神経原性炎症による気管支狭窄（きょうさく）が引き起こすと考えられている．感覚神経に加えて，中枢神経や上皮細胞などの非神経細胞でのTRPV1の発現も報告されているが，感覚神経に比べて発現量は著しく小さく，その機能に関してはさらに詳細な解析が必要である．

アフリカツメガエルの卵母細胞とHEK293細胞[*11]にTRPV1を発現させ

[*9] *in situ* ハイブリダイゼーション法：組織標本中の特定のmRNAに結合する相補的な塩基配列プローブを用いて検出し，レポーター分子で標識して可視化する方法を言う．

[*10] 三叉神経節：第V脳神経とも呼ばれる三叉神経は体性運動神経と感覚神経の混合神経であり，知覚性の神経線維は頭部の大部分の皮膚感覚を担う．三叉神経主知覚核，三叉神経脊髄路核，三叉神経中脳路核から出て知覚根を作り，側頭骨錐体部の三叉神経圧根上で三叉神経節を作る．

[*11] HEK293細胞：ヒト胎児腎臓 (human embryonic kidney) 由来の培養細胞で，種々の外来性遺伝子を発現させてアッセイ系に用いられる．

てパッチクランプ法*12などを用いて電気生理学的な機能解析が行われた[13,18]．TRPV1を発現させた細胞ではカプサイシンの投与により陰性電位で内向き電流が観察され，EC$_{50}$*13(half effective concentration)は約100 nMであった．この電流は前述のカプサゼピンやブロードなTRPチャネル阻害薬ルテニウムレッド(ruthenium red)によって可逆的，濃度依存的に抑制された．パッチ膜だけのexcised patch (切取りパッチ)で単一チャネル電流が観察されたことから，TRPV1は細胞内セカンドメッセンジャーを介さずにカプサイシンによって直接活性化されることが推測された．さらに詳細な解析により，TRPV1が外向き整流性を有するカルシウム透過性の高い非選択性陽イオンチャネルであり，カルシウムの透過性はナトリウムの約10倍であることもわかった．種々のトウガラシのアルコール抽出液をTRPV1を発現させたアフリカツメガエルの卵母細胞に投与して電流の大きさを比較することによって，我々が感じる辛味とTRPV1を活性化する能力がよく相関することが明らかとなり，TRPV1活性化が辛味受容の本体であることが確かめられた (図3.7)．

　カプサイシンと同じく熱や酸も痛みを惹起し，カプサイシン感受性の侵害受容神経は複数の刺激に応答する (ポリモーダル受容器*14) ことが知られている．また，トウガラシを食べて我々は辛味と同時に熱さ，痛み (burning pain) を感じる．TRPV1はカプサイシンだけでなく43℃以上の熱刺激によっても活性化されることが判明した．43℃という温度はヒトや動物に痛みを引き起こす温度閾値(いきち)とほぼ一致しており，TRPV1が侵害性熱刺激受容に関与することを示唆する．さらに，単一チャネル電流測定から，熱は直接この受容体を活性化するであろうことも明らかとなった．熱がどのようにTRPV1チャネルを開口させるか，また，その作用部位がどこかは未だ不明

＊12　パッチクランプ法：細胞膜にガラス管微小ピペット (パッチ電極) をギガオーム (GΩ) 以上の高抵抗で密着させ，その先端開口部の微小膜領域 (パッチ膜) を電気的に他の領域と隔絶したうえで電位固定し，そこに含まれるイオンチャネルを通るイオン電流 (pA〜nAオーダー) を計測する方法を言う．

＊13　EC$_{50}$：最大活性あるいは結合の50％をもたらす濃度．

＊14　ポリモーダル受容器：複数の侵害刺激に応答する感覚神経を言い，主に無髄のC線維である．重く持続性で識別性の低い二次痛に関連している．

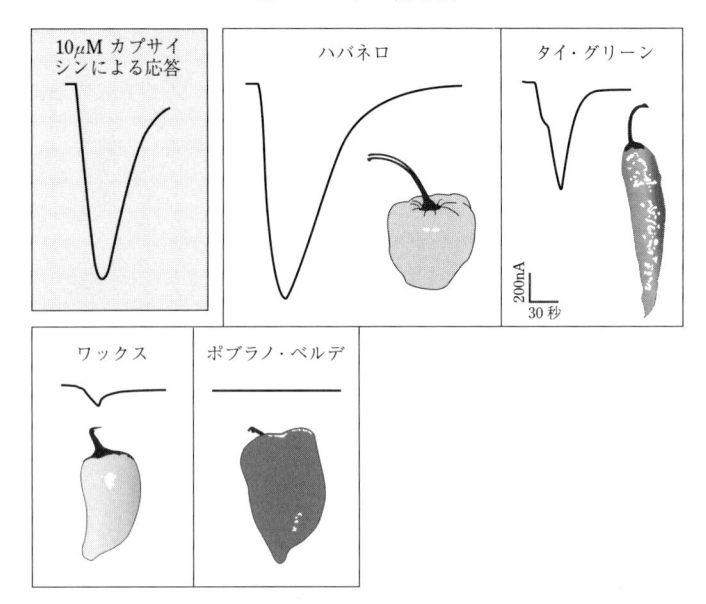

図 3.7 各種トウガラシのアルコール抽出液で活性化するアフリカツメガエル卵母細胞に発現させた TRPV1 の電流 (文献 13) を改変)
辛さの順番は, ハバネロ>タイ・グリーン>ワックス>ポブラノ・ベルデ.

であるが, TRPV1 のカルボキシル末端遠位部が熱感受性に関わることが報告されている. 熱は細胞膜の流動性などにも影響を与えると予想されるが, TRPV1 の点変異体の活性化温度閾値が約 30°C に低下すること, 後述の PKC によるリン酸化が活性化温度閾値を低下させることや, 他の八つの温度感受性 TRP チャネルが存在することはチャネルタンパク質内に温度感受部位が存在することを示唆している. TRPV1 に電位依存性があることは以前から報告されていたが, 温度上昇がその電位依存性を過分極側にシフトさせ, 静止膜電位付近でもチャネルが開口することで熱による活性化を説明できるという[19]. TRPV1 は初めて分子実体の明らかになった温度受容体であるが, TRPV1 以外に TRP スーパーファミリーに属する八つのチャネル (TRPV2, TRPV3, TRPV4, TRPM2, TRPM4, TRPM5, TRPM8, TRPA1) が温度受容体として機能することが明らかになっている[20,21] (表 3.3).

炎症や虚血の際に起こる組織の酸性化は痛みを惹起したり増強したりする

表3.3 温度受容体として機能するTRPチャネルの比較

受容体	活性化温度閾値	発現部位	他の活性化刺激
TRPV1	43°C<	感覚神経・脳・膀胱上皮	カプサイシン・酸・カンフル アリシン・脂質・2-APB バニロトキシン・機械刺激?
TRPV2	52°C<	感覚神経・脳・脊髄・肺・肝臓・脾臓・大腸	機械刺激・2-APB
TRPV3	32〜39°C	皮膚・感覚神経・脳・脊髄・胃・大腸	2-APB・チモール・メントール カンフル・カルバクロール・不飽和脂肪酸
TRPV4	27〜35°C<	皮膚・感覚神経・脳・腎臓・肺・内耳	低浸透圧刺激・脂質・機械刺激?
TRPM4 TRPM5	常温	心臓・肝臓など 味細胞・膵臓	カルシウム
TRPM2	36°C<	脳・膵臓など	サイクリックADP-リボース β-NAD$^+$・ADP-リボース
TRPM8	<25〜28°C	感覚神経・膀胱上皮・前立腺	メントール・イシリン 膜リン脂質
TRPA1	<17°C	感覚神経・内耳	アリルイソチオシアネート シンナムアルデヒド・機械刺激? カルバクロール・アリシン・カルシウム

アリシン(ニンニクの辛味成分),アリルイソチオシアネート(ワサビの辛味成分),シンナムアルデヒド(シナモンの辛味成分),カルバクロール(オレガノの主成分),チモール(タイムの主成分),2-APB (2-aminoethoxydiphenyl borate)

ことが知られている.細胞外pHの低下(pH 6.4以下)はTRPV1の刺激強度依存曲線をより低刺激側にシフトさせることによって,カプサイシン活性化電流,熱活性化電流を増大させ,熱活性化温度閾値を低下させた.さらに,pHを低下させると酸性化(プロトン)単独でTRPV1を直接活性化し得ることがわかった.その活性化閾値は室温で約pH 6.0,EC_{50}は約pH 5.4であり,組織障害で起こる酸性化の範囲内であった.単一チャネル電流測定から細胞外側からのプロトンにのみ反応すること,また,TRPV1を直接活性化するであろうことが示された[24].

脂溶性のカプサイシンの作用部位は細胞内側であろうと予測されていたが,鳥類の感覚神経がカプサイシン感受性を持たないことから,ラットとニワトリのTRPV1アミノ酸配列の比較検討が行われ,第3膜貫通ドメインの511番目のチロシンを中心とした領域がカプサイシン感受性に重要であるこ

とが発見された[22]．カプサイシンは外来性の物質である．内因性の TRPV1 活性化刺激は何であろうか？　もちろん，酸(プロトン)や熱も内因性活性化刺激の候補であるが，精力的な研究によって内因性リガンドの候補として幾つかの物質が報告されている．内因性カンナビノイド(cannabinoid)のアナンダミド[*15](anandamide)やリポキシゲナーゼ (lipoxygenase, LOX) 産物である 12-ヒドロキシエイコサテトラエン酸 (12-(S)-hydroxyeicosatetraenoic acids, 12-HETE)，N-アラキドノイルドーパミン (N-arachidonoyl-dopamine, NADA)，オレオイルエタノールアミド (oleoylethanolamide) などである[23]．コンピュータによる解析から推定されるアナンダミドやLOX産物の三次元構造がカプサイシンと類似していることから，それらはTRPV1のカプサイシン結合部位に作用するものと推測されている．また，ナトリウムなどの1価の陽イオンや不飽和脂肪酸もTRPV1を活性化しうることが明らかになっている．さらに，TRPV1は一酸化窒素(NO)によるニトロシル化を介して活性化されることが報告されて注目を浴びている．クモ毒のバニロトキシン，カンフル(camphor)，2-アミノエトキシジフェニルホウ酸 (2-aminoethoxydiphenyl borate, 2-APB) もTRPV1を活性化するという．辛味を惹起する物質の幾つかもTRPV1を活性化することが知られている．ニンニクの辛味成分アリシン，黒コショウの辛味成分ピペリン，ショウガの辛味成分ジンゲロールなどである．

　TRPV1を発現した細胞を用いた電気生理学的解析に加え，TRPV1欠損マウスの解析によって個体レベルでもTRPV1が多刺激侵害受容体として機能していることが確認された[24]．TRPV1欠損マウスでは，カプサイシンによる侵害刺激反応や熱刺激感受性の低下，さらには炎症性痛覚過敏の減少も観察されたのである．最も特徴的なTRPV1欠損マウスの表現型は熱性痛覚過敏の減弱であり，温度感受性の変化がそのメカニズムと考えられている．

　急性炎症性疼痛発生のメカニズムの一つとして，炎症関連メディエーターがTRPV1の活性を調節することが報告されている[25]．細胞外 ATP は

---

*15　アナンダミド：カンナビノイド（大麻 cannabis が含む多数の生理活性物質の総称）受容体の内因性リガンドとして脳から単離同定された物質 N-アラキドノイルエタノールアミン (AEA) で，カンナビノイド (CB) 受容体に結合する．

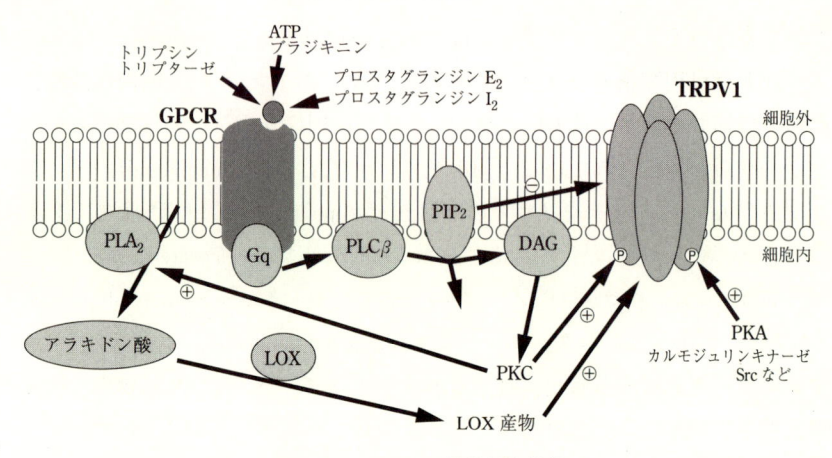

図 3.8 TRPV1 の機能制御機構

Gq タンパク質共役型受容体（GPCR：G protein-coupled receptor）にリガンドが結合するとホスホリパーゼ Cβ（phospholipase Cβ：PLCβ）が活性化される．PLCβ はホスファチジルイノシトール二リン酸（PIP$_2$）をジアシルグリセロール（DAG）とイノシトール三リン酸（IP$_3$）に分解する．DAG は PKC を活性化する．PKC はホスホリパーゼ A$_2$（PLA$_2$）を活性化し，PLA$_2$ によって膜脂質からアラキドン酸が産生され，リポキシゲナーゼ（LOX）によって種々の LOX 産物が生成される．LOX 産物は直接 TRPV1 を活性化する．PKC はリン酸化によって TRPV1 活性を増大させる．TRPV1 はまた，PKA，カルモジュリンキナーゼ，Src などによる制御も受ける．PIP$_2$ は TRPV1 活性を抑制する．
＋：活性化もしくは活性増強，－：抑制．

TRPV1 のカプサイシン活性化電流やプロトン活性化電流を増大させた．また，ATP 存在下では TRPV1 活性化温度閾値が約 42°C から約 35°C に低下することから，炎症時には TRPV1 が体温によって活性化し痛みを惹起し得ることを示唆している．この現象は，ATP が代謝型 P2Y$_2$ 受容体[*16]を介してタンパク質リン酸化酵素 C（protein kinase C, PKC）を活性化し，TRPV1 をリン酸化することによって生じることが示された（図 3.8）．ATP と同様にブラジキニン[*17]も PKC 依存的に TRPV1 の活性を増大させ，活性化温度閾値を 32°C にまで低下させた．プロテイナーゼ活性化受容体 2（proteinase-activated receptor 2, PAR2）は炎症に関与することが知られているが，炎症時

[*16] 代謝型 P2Y$_2$ 受容体：G タンパク質共役型の ATP 受容体（P2Y 受容体）の一つ．
[*17] ブラジキニン：アミノ酸 9 個からなるペプチドで，血管拡張などの平滑筋に対する作用のほか疼痛作用がある．急性炎症時に産生され，ポリモーダル受容器に発現する B1 もしくは B2 受容体に結合して作用する．

に放出されるトリプシンやトリプターゼも PAR2 に作用し，PKC によるリン酸化を介して TRPV1 機能を増強させることが判明した．多くの消炎鎮痛剤の作用標的とされるシクロオキシゲナーゼによって産生され，炎症時放出されるプロスタグランジン E_2 (prostaglandin E_2, PGE_2) やプロスタグランジン I_2 (PGI_2) も同様に，それぞれ EP_1, IP 受容体に作用して PKC によって TRPV1 をリン酸化して機能増強を起こすことが明らかとなった．生化学的な解析によって PKC によるリン酸化の基質となる TRPV1 の二つのセリン残基が同定された．このように，末梢神経終末で Gq 共役型受容体[*18]に作用する物質は同様のメカニズムによって TRPV1 機能増強から疼痛発生をもたらすことが考えられ，この経路を遮断することが炎症性疼痛制御につながるものと期待される．一方，ホスホリパーゼ C (phospholipase C) 活性化を介したホスファチジルイノシトール二リン酸 (phosphatidylinositol 4,5-bisphosphate, PIP_2) による抑制の解除が TRPV1 活性の増大に重要であるという報告もあり，PIP_2 の TRPV1 への結合部位が同定されている．また，リポキシゲナーゼ産物は上述のように直接 TRPV1 を活性化させると報告されているが，ブラジキニンなどの代謝型受容体活性化の下流でホスホリパーゼ A_2 を介してアラキドン酸から産生されるため，炎症性疼痛の発生経路の一つとして働くことが示唆されている．ATP, PGE_2, PGI_2 や PAR2 刺激物質と TRPV1 の機能関連は，マウスの行動薬理学的解析によっても証明された．ATP, PGE_2, PGI_2 や PAR2 刺激物質を野生型マウスの足底皮下に投与した後，熱性痛覚過敏反応が観察される．この痛覚過敏反応は TRPV1 欠損マウスや EP_1, IP 欠損マウスにおいては観察されず，個体レベルで Gq 共役型受容体と TRPV1 との間に機能関連があることを示している．TRPV1 はタンパク質リン酸化酵素 A (PKA) による制御も受けている．サイクリック AMP (cAMP) の活性化物質によって TRPV1 の熱活性化電流は増大し，PKA 阻害薬や PKA によるリン酸化部位の点変異体でその増大効果は消失

[*18] Gq 共役型受容体：Gq タイプの 3 量体型 G タンパク質と共役して細胞内に外界情報を伝達する受容体で，アゴニスト刺激された受容体は G タンパク質と複合体を形成し，G タンパク質 α サブユニットに結合している GDP を解離させて GTP との交換反応を促進する．

したとする報告がある．また，PKA による直接の TRPV1 のリン酸化，TRPV1 電流の脱感作時の TRPV1 の脱リン酸化が観察され，基質アミノ酸が同定されている．PKA による TRPV1 制御機構も炎症性疼痛発生に関与しているものと推定される．さらに，カルモジュリンキナーゼII[*19]（CaMKII）による制御，Src（チロシンキナーゼ活性）やホスファチジルイノシトール 3-キナーゼ（phosphatidylinositol 3-kinase, PI3K），細胞外シグナル制御プロテインキナーゼ[*20]（extracellular signal-regulated protein kinase, ERK）による制御も報告されており，TRPV1 には複雑な制御機構が存在するようである．加えて，TRPV1 のタンパク質量は炎症後 2 日で増加することが報告されており，TRPV1 の質的・量的変化が炎症に関連した疼痛や熱性痛覚過敏に関与することは間違いない．

　様々な炎症関連メディエーターの最終的なターゲットが TRPV1 であることは，TRPV1 に作用する薬剤が炎症性疼痛に有効であることを示唆し，非ステロイド抗炎症薬（nonsteroidal anti-inflammatory drug, NSAID）に代わる鎮痛薬の開発という視点からも興味深い．遺伝子クローニング以降，このレセプターを標的とした鎮痛薬開発が世界中で進められているが，まだ市場には出てきておらず，ヒトを用いた臨床治験の段階である．TRPV1 阻害薬は，興味深いことに神経因性疼痛モデル動物において機械刺激による痛覚過敏や異痛症（アロディニア）[*21]を抑制することが報告されている．細胞を用いた実験では TRPV1 は機械刺激感受性を示さないことから，動物モデルでの TRPV1 阻害薬の機械刺激感受性抑制のメカニズムの解明が待たれる．カプサイシンの投与が体温低下をもたらす（6.3.5 項参照）ことから予想されたことではあるが，TRPV1 阻害薬は体温を上昇させることが明らかになっている．これは鎮痛薬として用いた時に大きな障害となりうる．また，上述のよ

[*19] カルモジュリンキナーゼII：カルシウム/カルモジュリン依存性のタンパク質リン酸化酵素の 1 サブタイプで，ほとんど全ての組織に存在するが，特に脳に多く分布している．基質特異性が広くいろいろなタンパク質をリン酸化する．

[*20] 細胞外シグナル制御プロテインキナーゼ：哺乳類の MAP キナーゼ（マイトジェン活性化タンパク質リン酸化酵素）で，セリン/スレオニンをリン酸化する．

[*21] 異痛症（アロディニア）：通常では痛みを起こさない刺激によって起こる痛みを言う．

うに，TRPV1は消化管を含む内臓の感覚神経終末に発現することが明らかになっており，それらのTRPV1の生理学的意義の解明はTRPV1阻害薬の臨床応用において急務と言える．

カプサイシンは発痛物質であるが，逆説的に鎮痛薬として糖尿病性神経症やリウマチ性神経症の痛みを軽減する目的で使われている．これはカプサイシンに暴露された感覚神経終末が他の痛み刺激に対して応答しなくなること，つまり脱感作によると理解されている．カプサイシン投与に反応して放出されるサブスタンスPやカルシトニン遺伝子関連ペプチド[*22](calcitonin gene-related peptide, CGRP)が枯渇することに加えて，TRPV1電流自体が減少することがその細胞レベルでのメカニズムと考えられている．それに合致して異所性発現系において細胞外カルシウム存在下でカプサイシンの長時間あるいは繰り返し投与に対してTRPV1電流の減少（脱感作）が観察されてきた．同様の現象は後根神経節細胞でも観察され，カルシウムキレーターやカルシニューリン (calcineurin) 阻害薬[*23]で脱感作が抑制されることが報告されており，流入するカルシウムによるリン酸化・脱リン酸化が脱感作に関係すると考えられている．この報告を支持するように，CaMKIIによるTRPV1のリン酸化によって脱感作が抑制されると報告された．また，PKAによるリン酸化も脱感作の slow component を抑制することが明らかとなった．さらに，カルシウム結合タンパク質であるカルモジュリン (CaM) がTRPV1に直接結合して脱感作に関与することが報告された．CaMは他のTRPチャネル，電位作動性カルシウムチャネルを含むカルシウム透過性の高いチャネルの不活性化機構に関与することが，これまで数多く報告されている．CaMの結合部位については，TRPV1のカルボキシル末端とアミノ末端の二つの部分が報告されている．TRPV1カルボキシル末端のCaMの結合部位を欠失した変異体では，細胞外カルシウム依存性の脱感作の fast

---

*22 カルシトニン遺伝子関連ペプチド：アミノ酸37個からなる塩基性ポリペプチドで，侵害刺激受容神経の興奮によって脊髄内終末や末梢終末から放出される．末梢では，血管拡張作用によって神経原性炎症を生じさせる．

*23 カルシニューリン (calcineurin) 阻害薬：すべての真核生物において非常によく保存されているカルシウム/カルモジュリン依存性のタンパク質脱リン酸化酵素（カルシニューリン）の機能阻害物質．

componentがほぼ完全に抑制されることが明らかになっている．

3.2.5 もう一つの辛味レセプター TRPA1

　TRPA1 は TRP チャネルスーパーファミリーの TRPA サブファミリーに属する[20]．他の TRP チャネルと異なり，アミノ末端側に非常に多くのアンキリンリピート*24（ankyrin repeat）配列を持つ．TRPA1 は最初，17°C 以下の冷刺激により活性化される冷刺激受容体として報告された．TRPA1 はワサビやマスタードの辛味成分アリルイソチオシアネートやシナモンの主成分シンナムアルデヒドによっても活性化するが，これらの物質は冷感ではなく灼熱感を引き起こすことが知られている．異所性発現系での TRPA1 の冷刺激感受性は結論が出ていない．TRPA1 欠損マウスの行動解析結果が二つのグループにより報告された．両グループとも TRPA1 が痛み受容に関わることを明らかにしているが，冷刺激受容に関しては，一方のグループが TRPA1 欠損マウスにおいて野生型と比較して全く変化がない（TRPA1 は冷刺激受容には関与しない）ことを報告した[26]，もう一方のグループは逆に TRPA1 が冷刺激受容に関わると報告しており[27]，意見の一致をみていない．

　パッチクランプ法を用いた解析により，TRPA1 は外向き整流性を有する非選択性陽イオンチャネルで，カルシウム透過性はそれほど大きくないことが明らかになっている．また，細胞外カルシウム依存性の脱感作現象など，TRPV1 と似た性質を有する．感覚神経特異的に発現しており，TRPA1 発現細胞はほとんどすべて TRPV1 を発現することも分かっている．アリルイソチオシアネートやシンナムアルデヒドに加えて，TRPA1 はハーブの一種オレガノの主成分カルバクロール，イシリン，テトラヒドロカンナビノール（tetrahydrocannabinol），アリシン，気道刺激性をもつ催涙ガス成分アクロレイン（acrolein, 2-propenal）やその構造類似物質 2-ペンテナール（2-pentenal）などによっても活性化することが報告されており，辛味受容にも関与することが明らかである．これらの TRPA1 刺激物質には構造的な共通性がなく，このことは TRPA1 の活性化機構における大きな謎であった．最近，

＊24　アンキリンリピート：多種多様なタンパク質中に存在し，分子間（または分子内）相互作用により機能制御に関与する約 33 アミノ酸残基の繰り返し配列．

TRPA1 のアミノ末端の細胞内領域に含まれる複数のシステイン残基が共有結合的な修飾を受けることによってこのチャネルが活性化されることが報告された[28]. この報告では，TRPA1 のリガンドが化学反応性に富み強力な修飾物質となり得ることに着目し，まず，クリックケミストリー[*25]とよばれる方法により，TRPA1 がリガンドによって共有結合的な修飾を受け得ることが示された. 続いて，質量分析装置を用いた解析によって修飾を受けるシステイン残基が同定され，さらに，変異導入実験によってチャネル活性化に関与するシステイン残基が同定された. TRPA1 は細胞内カルシウムによっても直接活性化される. しかし，システイン残基修飾，細胞内カルシウム以外の刺激でも TRPA1 は活性化され得ることが明らかになっており，TRPV1 同様，TRPA1 には多彩な活性化メカニズムがあるようである. TRPA1 の活性は冷刺激受容体 TRPM8 を活性化するメントールや TRPV1, TRPV3 を活性化するカンフルで阻害されることが知られており，これがメントールやカンフルの鎮痛効果のメカニズムと考えられている.

　二つの TRP チャネル，TRPV1 と TRPA1 の遺伝子クローニングによって，辛味受容を分子から解析することが可能になった. この二つの TRP チャネルによって全ての辛味受容が説明されるのかどうかは分からない. 受容体が明らかでない辛味成分が TRPV1 や TRPA1 に作用するかもしれない. この二つの辛味受容体については，それぞれを欠損するマウスでも解析が可能であり，今後，分子レベル，個体レベルから辛味受容がより一層解析されるものと期待される.

（富永真琴）

引 用 文 献

1) J. N. Langley, *J. Physiol.*, **33**, 374 (1905)
2) A. J. Clark, "The mode of action of drugs on cells", Edward Arnold, London (1933)
3) L. H. Hurley, F. L. Boyd, *TIPS*, **9**, 402 (1988)

---

*25　クリックケミストリー：シートベルトで「カチッ」と音のした瞬間にベルトが結合するように，簡単かつ短時間で複数の化合物を結合させることのできるシンプルな化学のことを言う.

4) V. Kumar, S. Green, A. Staub, P. Chambon, *EMBO J.*, **5**, 2231 (1986)
5) R. M. Evans, *Science*, **240**, 889 (1988)
6) J. Szolcsányi, A. Jancsó-Gábor, *Arzneim.-Forsch.*, **25**, 1877 (1975)
7) A. Szallasi, *Gen. Pharmacol.*, **25**, 223 (1994)
8) G. Appendino, A. Szallasi, *Life Sci.*, **60**, 681 (1997)
9) C. J. Walpole, S. Bevan, G. Bovermann, J. J. Boelsterli, R. Breckenridge, J. W. Davies, G. A. Hughes, I. James, L. Oberer, J. Winter, R. Wrigglesworth, *J. Med. Chem.*, **37**, 1942 (1994)
10) A. Szallasi, P. M. Blumberg, *Life Sci.*, **47**, 1399 (1990)
11) A. Szallasi, P. M. Blumberg, *Pain*, **68** (2-3), 195 (1996)
12) C. S. J. Walpole, S. Bevan, G. Bloomfield, R. Breckenridge, I. F. James, T. Ritchie, A. Szallasi, J. Winter, R. Wrigglesworth, *J. Med. Chem.*, **39**, 2939 (1996)
13) M. J. Caterina, M. A. Shumacher, M. Tominaga, T. A. Rosen, J. D. Levine, D. Julius, *Nature*, **389**, 816 (1997)
14) C. Montell, G. M. Rubin, *Neuron*, **2**, 1313 (1989)
15) C. Montell, *Sci. STKE*, **2005** (272), re3 (2005)
16) A. Szallasi, P. M. Blumberg, L. L. Annicelli *et al.*, *Mol. Pharmacol.*, **56**, 581 (1999)
17) R. Sharif Naeini, M. F. Witty, P. Seguela *et al.*, *Nat. Neurosci.*, **9**, 93 (2006)
18) M. Tominaga, M. J. Caterina, A. B. Malmberg *et al.*, *Neuron*, **21**, 531 (1998)
19) T. Voets, G. Droogmans, U. Wissenbach *et al.*, *Nature*, **430**, 748 (2004)
20) A. Dhaka, V. Viswanath, A. Patapoutian, *Annu. Rev. Neurosci.*, **29**, 135 (2006)
21) K. Togashi, Y. Hara, T. Tominaga *et al.*, *EMBO J.*, **25**, 1804 (2006)
22) S. E. Jordt, D. Julius, *Cell*, **108**, 421 (2002)
23) M. Van Der Stelt, V. Di Marzo, *Eur. J. Biochem.*, **271**, 1827 (2004)
24) M. J. Caterina, A. Leffler, A. B. Malmberg *et al.*, *Science*, **288**, 306 (2000)
25) M. Tominaga, M. J. Caterina, *J. Neurobiol.*, **61**, 3 (2004)
26) D. M. Bautista, S. E. Jordt, T. Nikai *et al.*, *Cell*, **124**, 1269 (2006)
27) K. Y. Kwan, A. J. Allchorne, M. A. Vollrath *et al.*, *Neuron*, **50**, 277 (2006)
28) L. J. Macpherson, A. E. Dubin, M. J. Evans *et al.*, *Nature*, **445**, 541 (2007)

第4章 植物体における辛味成分
―カプサイシンおよび同族体の生合成と代謝―

4.1 植物体における辛味成分の分布と生合成の部位

4.1.1 トウガラシ果実の構造と辛味成分の分泌部位の研究

　図4.1は，成熟したトウガラシの果実の外観と断面を模式的に描いたものである．ピーマン，ナガトウガラシ，ロコットなど形態が鷹の爪などとは著しく異なる品種でも，基本的には果皮，その内部に胎座(placenta)と呼ばれる種子が結合する組織，種子に栄養を与える隔壁(dissepiment)が存在する点では同じである．では辛味成分，カプサイシンおよびその同族体が植物体の

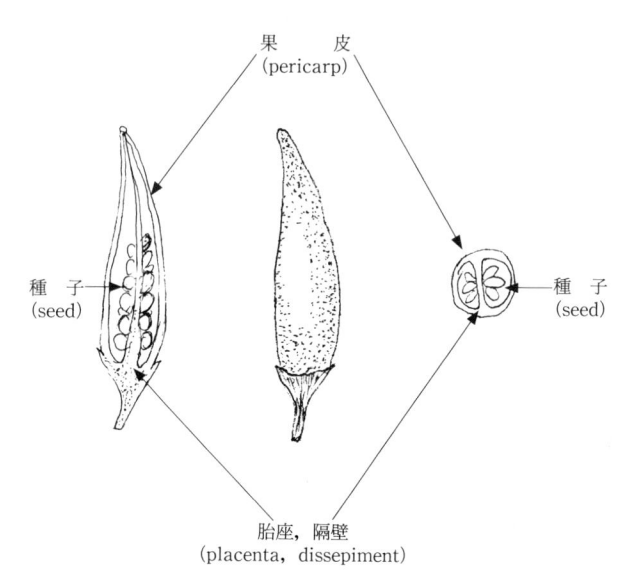

図4.1 辛八房(*Capcicum annuum* var. *annuum* cv. Karayatsubusa)の外観と断面図

何処で生合成，蓄積，分泌されるのか？　この疑問に対して以前はさまざまな説が提示されていた．ロシアの Prokhorova と Prozorovskaya[1] は，辛味成分が一番多いのはトウガラシ果実の胎座と隔壁で，果皮 (pericarp) にも種子にも辛味成分はほとんど含まれないことを 1939 年に報告している．果実における辛味成分の分泌器官の分布を顕微鏡レベルで最初に報告したのは，我が国の古谷と橋本[2]である．彼らは開花後の日数を追って辛味成分が果実の何処に蓄積するのか，辛味成分分泌細胞が何処に観察されるのかについて，顕微鏡を用いて入念に形態学的変化を調べ，果実の隔壁組織の表皮細胞の肥厚と，乾燥果実の分泌器官と思われる部位に辛味成分の結晶が存在することを観察している．彼らは，辛味成分は隔壁の表皮細胞から脂質との複合体の形で受容体と呼ばれる部位に分泌されるものと推論した．古谷と橋本の報告では，隔壁以外の部位での辛味成分の生成などに関しては何も触れられていない．古谷と橋本の報告を確認し，さらに詳しい実験を行ったのは太田である．太田は組織学，組織化学の手法を用いて辛味成分の分泌器官の構造を詳しく調べ，古谷と橋本の報告が正しいことを証明した．さらに，果皮，種子，胎座 (隔壁) での辛味成分の生成蓄積を開花後，果実の上部，中央部，下部に分けて比較し，胎座部に辛味成分の含量が最も高いことを明らかにしている．少量の辛味成分が果皮と種子から見出されているが，それは果実が成熟後，隔壁が壊れて種子と果皮の内側に付着したためだろうと推論している[3]．辛味成分は，登熟期に生成蓄積されるものと考えられていたが，太田は開花後 10 日で受容器が発達を始めていることをも報告している．

これら日本人学者の貴重な研究論文は，残念ながら日本語で書かれたものであったため，すぐには世界の目に触れることはなく，相変わらず果皮や種子が辛味成分の蓄積部位であるとの説がまかり通っていたのである．

4.1.2　辛味成分は何処で生成されるのか？—Neumann の接ぎ木実験

辛味成分が何処で生成されるのかを接ぎ木の手法と放射性同位元素標識した炭酸ガスを用いて最初に明らかにしたのは Neumann である[4]．彼が行った実験は極めて興味深いものである．トウガラシは，ナス科植物であるので，同じナス科植物のトマトと接ぎ木ができる．一般にアルカロイド化合物

は根で合成され地上部に運ばれる．あるいは，地上部で前駆体，最終産物が合成されて根に輸送される．辛味成分をアルカロイドの一つと考えた彼は，次のような作業仮説を立てた．「もしトウガラシの辛味成分あるいはその前駆物質が根で生成されて運ばれるのなら，地下部にトウガラシ，地上部にトマトを接ぎ木したトマトには辛いトマトの実がなり，逆に地下部にトマト，地上部にトウガラシを接ぎ木したトウガラシの果実には辛味成分は蓄積しないはずである．逆に地上部で合成されて他の器官に運ばれるのなら，地上部にトウガラシを接ぎ木したトマトの根には辛味成分が移行するはずである．」彼は放射性炭素で標識した炭酸ガスをトウガラシ(*Capsicum annuum*)とトマトの接ぎ木植物に吸収させ，辛味成分の存否を調べた．結果は，接ぎ木したトマトの実からはカプサイシンは見つからず，トウガラシの果実から見つかったのである．そこで Neumann のくだした結論は，「カプサイシンの作られる場所は果実である」というものであった．

4.1.3 岩井らの実験で明らかになったこと

京都大学の岩井教授(当時)とその研究グループ[5]は，Neumann の実験よりさらに詳細な実験を行い Neumann の結論が正しいことを再確認するとともに，新たな知見を見出した．彼らは，農林水産省久留米園芸試験場で新たに育種された当時としては，最も辛味成分含量の高い辛八房(からやつぶさ)(学名：*C. annuum* var. *annuum* cv. Karayatsubusa)を用い，DL-[3-^{14}C]フェニルアラニン(Phe)の辛味成分への取り込みを，根，茎，葉，果実の果皮，胎座について比較した．30°C，40時間保温培養後，Phe の放射活性の辛味成分への取り込みを調べたところ，果実の胎座に最も高い放射性炭素標識辛味成分が見出された(図4.2)．すなわち，胎座の辛味成分に組織重量1g当たり54 800cpm の放射活性，また，根にも4 000cpm の取り込みがあったのに，果皮への取り込み量はわずかに1 800cpm に過ぎなかった．根からも活性が検出されたという結果は，根でも辛味成分の合成がある程度は起きることを意味するのかも知れない．

一方，カプサイシンの脂肪酸部位の前駆体であるバリンの取り込みも，胎座で光照射下で脂肪酸残基に高い取り込みを認めている(図4.3)[6]．

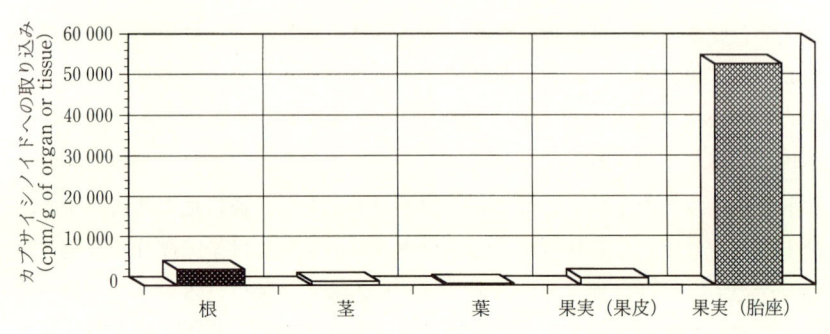

図 4.2 DL-[3-^{14}C]フェニルアラニンのトウガラシ器官におけるカプサイシノイドへの取り込み量の比較(文献 6)を改変)

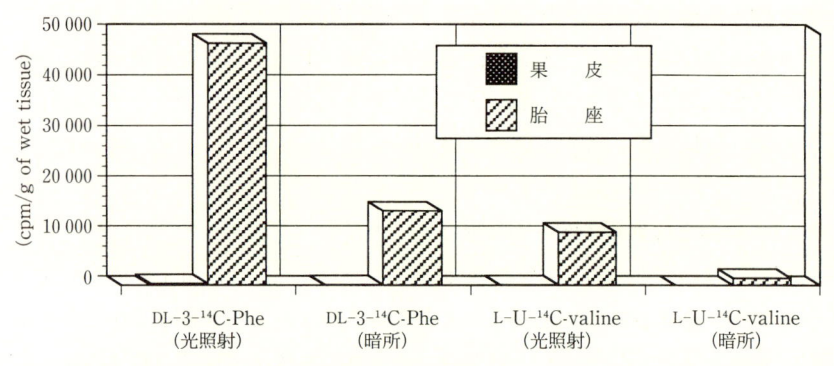

図 4.3 放射性同位元素標識したフェニルアラニンとバリンの取り込み比較[6]

　岩井らの研究グループ[6,7]は，古谷と橋本，太田の実験結果の正しさを証明するとともに，さらに光学顕微鏡，電子顕微鏡を用いて辛味成分の細胞内局在性を調べ，胎座の柵状（さくじょう）組織を構成する表皮細胞内の液胞の内部にオスミウムに染色される特異的な顆粒を観察した．顕微鏡分光法により顆粒がカプサイシノイドの持つ 280 nm の吸収を示すことなどから，辛味成分の生合成が胎座の柵状組織を構成する巨大表皮細胞で行われることを明らかにした（図 4.4）．岩井ら[8]は，この胎座の表皮細胞中に見出された辛味成分の生合成酵素を結合しカプサイシノイドを蓄積する細胞内液胞を「カプシソーム」(capsisome) と呼ぶことを提案している．このカプシソームは果実中で開花後 10 日目頃から明瞭に発達分化しカプサイシノイドを生成蓄積することが観察されている[6]．

4.1 植物体における辛味成分の分布と生合成の部位

電子顕微鏡画像で電子密度が高い，つまりグルタルアルデヒドと四酸化オスミウムで濃く染まって見える顆粒がカプサイシノイドならば，細胞内の特定の部位に隔離された状態で存在するはずであると岩井らは考えた．なぜならカプサイシノイドは細胞機能に対して阻害的に作用するからである．そこで辛味成分の細胞内局在性を明らかにするために，胎座細胞から調製したプロトプラストを材料にパーコール(Percoll)密度勾配法を用いて細胞内画分を分離調製しカプサイシノイドの局在性を調べた．細胞内画分中のカプサイシノイドの分布を比較し，さらに各画分を電子顕微鏡で観察したところ，プロトプラストはパーコール密度勾配の最上部に分布していた．その最上

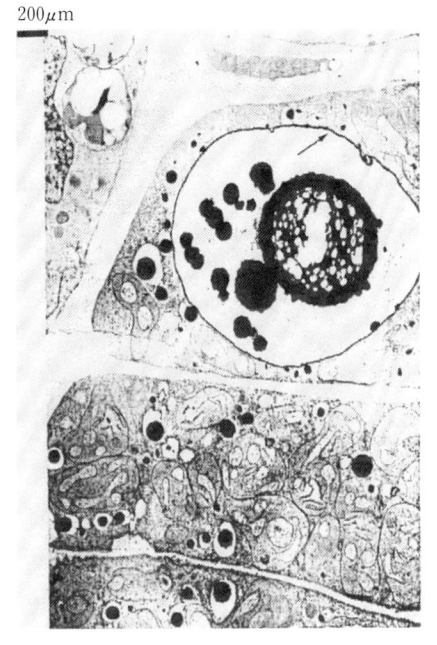

200μm

図4.4 辛八房開花後30日目の胎座組織の電子顕微鏡像[6]

矢印の部分が液胞膜；液胞内の黒い顆粒がカプサイシノイド；左上の細胞は柔組織細胞(デンプン顆粒が観察される)

部を光学顕微鏡と電子顕微鏡で観察したところ，カプサイシノイドは液胞に局在していることが確認できた(図4.5)．電子顕微鏡によりトウガラシの胎座の表皮細胞の液胞中で観察されたのと同様電子密度の高い顆粒が観察された．こうして，辛味成分の蓄積部位はトウガラシ果実の胎座表皮細胞中の液胞(カプシソーム)であると結論したのである．

胎座の表皮細胞で見つかった特異的な液胞は，この細胞以外の何処からも見つけることはできなかった．表皮細胞から一つ内側に入った組織は図4.4の写真からわかるように柔組織であり，他の植物細胞と同様ごく普通のデンプン顆粒を含む細胞からなっている．

カプサイシノイドは，哺乳動物ではミトコンドリアの重要な役割の一つである酸化的リン酸化反応を阻害する[9]．植物細胞でも同様の阻害がミトコン

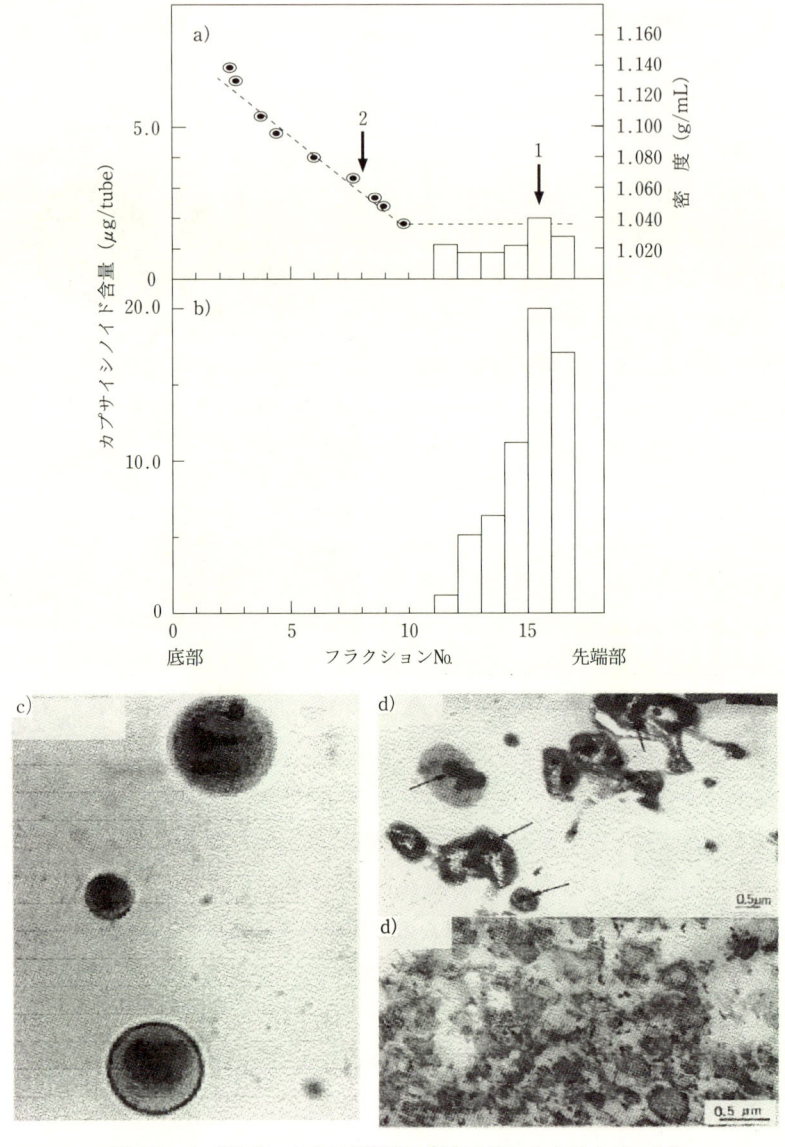

図 4.5 カプサイシノイドが液胞に存在することを示すデータ[7]

a) 液胞のプロトプラスト破砕物を 0.25% ショ糖-パーコール密度勾配で分画したパターン．矢印 1 に液胞(c)が観察され，b)のようにカプサイシノイド含量も高い．また電子顕微鏡で d)の上のようなオスミウムで濃く染まる画像が観察される．矢印 2 にはカプサイシノイドは検出されず，電子顕微鏡画像も d)の下のように液胞画像とは異なる．

ドリアで起こるとすれば,その存在は植物細胞にとっては決して好ましいものではないはずである.特定の閉鎖された細胞内小器官内に局在するのは,それ相応の必然性があってのことかも知れない.

4.1.4　トウガラシ果実の中で辛味成分含量はいつ最大になるか？

　トウガラシ果実中の辛味成分含量は成熟時に最大になると考えられがちだが,これは正しくない.いつ辛味成分含量が最大になるのかについての系統的な研究はいくつか見られる[10,11].太田はトウガラシの開花後の果実の成熟過程を追って,果実中の辛味成分含量を *C. annuum* L., *C. frutescens* L., *C. pendulum* Willd., *C. chacoens* Hunz., *C. pubescens* Ruis et Pavón 種について調べ,辛味成分の生成蓄積が開花後のかなり早い時期から始まることを明らかにした.すなわち,*C. chacoens* では開花後7日目から,他の品種でも14日目から辛味成分の生成蓄積が始まっていることを明らかにした.太田は,さらに *C. chacoens, C. annuum, C. pendulum, C. frutescens* では開花後2～4週間で,乾燥重量当たりで換算した場合のカプサイシノイド含量が最大になることを明らかにした.岩井らの研究グループ[6]が辛八房を用いて行った研究でも,カプサイシノイド蓄積は開花後30日目頃に最大に達している(図

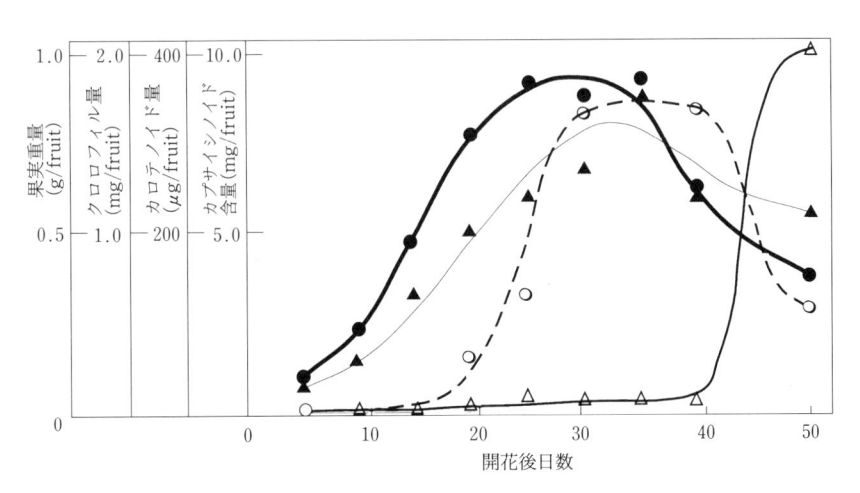

図 4.6　辛八房果実での開花後の重量(●),クロロフィル量(▲),カロテノイド量(△),ならびにカプサイシノイド含量(○)の消長[6]

4.6）．興味深いことに，ロコットと呼ばれるピーマンによく似た *C. pubescens* では辛味含量が最大に達するのに10週間も要している．ちなみに，この品種は辛味含量が絶対量にして最大であり，虫除けのために中南米では庭に1本植えているという，多年生の草本である．ロコット以外の品種では，ほとんどの場合開花後4週間ほどで最大値に達する．

引用文献

1) N. T. Prokhorova, L. L. Prozorovskaya, *Dokl. Vses. Akad. S'kh. Naukim. V. I. Lenina*, 41 (1939)
2) 古谷 力，橋本かず，薬学雑誌，**74**, 771 (1954)
3) 太田泰雄，育学雑，**12**, 43 (1963)
4) D. Neumann, *Naturwissenschaften*, **53**, 131 (1966)
5) K. Iwai, T. Suzuki, H. Fujiwake, *Agric. Biol. Chem.*, **43**, 2493 (1979)
6) T. Suzuki, H. Fujiwake, K. Iwai, *Plant Cell Physiol.*, **21**, 839 (1980)
7) H. Fujiwake, T. Suzuki, K. Iwai, *Plant Cell Physiol.*, **21**, 1023 (1980)
8) H. Fujiwake, T. Suzuki, K. Iwai, *Agric. Biol. Chem.*, **46**, 2685 (1982)
9) P. Chudapongse, W. Janthasoot, *Toxicol. Appl. Pharmacol.*, **37**, 263 (1976)
10) 小菅貞良，稲垣幸男，農化誌，**36**, 251 (1962)
11) 太田泰雄，日本遺伝学雑誌，**37**, 86 (1962)

（鈴木鐵也）

4.2　カプサイシンおよび同族体の生合成経路

4.2.1　揺籃期（～1950年代）

カプサイシンとカプサイシンの同族体であるジヒドロカプサイシンの量比が果実の成熟に伴ってどのように変化するのかについての情報は，カプサイシンおよび同族体の生合成経路研究に有力な手がかりとなる．岐阜大学農学部の小菅と稲垣[1]は，果実に含まれるカプサイシンとジヒドロカプサイシンの量的関係をトウガラシの開花日から日を追って調べ，辛味成分は開花後10～20日目頃から果実への蓄積が始まり，40日目前後で最大値に達するが，その間カプサイシン：ジヒドロカプサイシンの比は1.0：0.4～0.5と一定で変わることはないことを観察報告している．比率が一定であるという結果は，両化合物が初めから同一比率で合成されていることを意味している．彼

らの実験で辛味成分の蓄積量が最大値に達したのは，鷹の爪(*Capsicum annuum* var. *annuum* cv. Takanotsume)，八房(*C. annuum* var. *annuum* cv. Yatsubusa)のいずれでも開花後30～40日目前後であり，40日目を過ぎると減少傾向を示している．京都大学の岩井教授(当時)の研究グループ[2]も小菅と稲垣の報告と同様の結果を辛八房(*C. annuum* var. *annuum* cv. Karayatsubusa)を用いた分析で報告している．Neumann[3]は開花後日数を異にする果実に放射性同位元素標識した炭酸ガス($^{14}CO_2$)を吸収させ，カプサイシン分子への放射能の取り込みを調べ，$^{14}CO_2$がカプサイシン分子に取り込まれるのは，開花後間もない果実にのみ観察されたと報告し，カプサイシン分子に取り込まれた^{14}Cは代謝を受けることなく果実が成熟するまで，そのままカプサイシン分子に留まっていたとの興味深い事実を見出した．

4.2.2 カプサイシノイドの生合成経路と生合成に関与する酵素—発展期の生合成経路研究(～1960年代)

カプサイシンおよびその同族体の生合成に関する研究の先鞭をつけたのは，イギリスの研究者BennettとKirby[4]ならびにアメリカの研究者LeeteとLouden[5]の両グループである．放射性同位元素を駆使したBennettとKirbyの実験で，芳香環をトリチウム標識したフェニルアラニン(Phe)，*p*-クマル酸(*p*-coumaric acid)，フェルラ酸(ferulic acid)，カフェ酸(caffeic acid，コーヒー酸ともいう)，バニリルアミン(vanillylamine)をトウガラシ果実に7時間ほど取り込ませると，カプサイシン分子の芳香環がトリチウムで標識されることを明らかにした．Pheからカプサイシン分子への放射能の高い取り込みに比べ，チロシン(Tyr)からの取り込みは極めて低いものであり，Tyrがカプサイシン合成経路上にはないこともわかった．

BennettとKirby[6]は，Pheのカプサイシン分子への取り込みは，フェニルプロパノイド経路として知られている生合成経路により複数のケイ皮酸の誘導体を経て起きると推測した．

BennettとKirbyの発表から間もなく，LeeteとLouden[5]もD,L-[3-^{14}C]Phe，DL-[3-^{14}C]TyrおよびL-[メチル-^{14}C]メチオニンを *in vivo* で別個に *C. frutescens* に与え，2週間後にカプサイシノイドの放射活性を調べている．

その結果，D,L-[3-^{14}C]Phe だけがバニリルアミンのメチレン基に取り込まれ，それに反し D,L-[3-^{14}C]Tyr からの取り込みはほとんど観察されなかった．また，メチル基を放射性炭素で標識したメチオニンはバニリルアミン残基のメトキシ基に取り込まれた．カプサイシノイドのアシル基の生合成については，詳細は後述するが，Leete と Louden はロイシンとメバロン酸のどちらか，あるいはその両方が3-イソプロピルアクリル酸を経て炭素数10個から成る8-メチル-6-ノネン酸に取り込まれることを報告している．L-[U-^{14}C]バリンはカプサイシンのアシル残基に取り込まれたが，D,L-[2-^{14}C]メバロン酸と D,L-[1-^{14}C]ロイシンの投与実験ではカプサイシノイド分子への放射活性の取り込みは認められなかった．彼らは L-[U-^{14}C]バリンのカプサイシンのアシル基への取り込みは，酢酸に由来する炭素2個ずつがイソブチリル-CoA を経由して連続的に伸長する反応によって進行するのであろうと，かなり早い時期に推定していた．

Rangoonwala[7]も1969年に，[3-^{14}C]Phe のカプサイシンの芳香環への取り込みに関して Bennett と Kirby のデータを支持する結果を発表している．Rangoonwala は[2-^{14}C]メバロン酸の方が[2-^{14}C]酢酸よりもカプサイシンのアシル基への取り込み量は高いという結果を報告している．Rangoonwalaは^{15}N 標識したアミノ酸による取り込み実験で，カプサイシンの窒素はグルタミンやグルタミン酸からではなく Phe に由来することを明らかにした．

4.2.3 カプサイシノイドの生合成経路と生合成に関与する酵素—完成期
　　　(1970 年代後半～1982 年)

　1960年代の後半に Bennett と Kirby，Leete と Louden，Rangoonwala らによって相次いで独立して行われた生合成経路に関する研究の後，トウガラシ辛味成分の生合成に関する目立った研究は，その後1970年代後半までなかった．

　1970年代の後半から1980年代の前半にカプサイシノイド生合成の研究は再び目覚ましい進展を見る．Jurenitsch ら[8-10]と京都大学の岩井らの研究グループ[11-13]が別々に行った研究がそれである．彼らの研究の進展の原動力となったのは，優れた実験材料の選定とその使い方である．カプサイシノイド

研究に材料の選定がいかに重要かについて述べる.

トウガラシ果実の辛味成分の生成と代謝に関する研究で，岩井ら[14]はバニリルアミンと脂肪酸からカプサイシノイドを合成する縮合反応を触媒する酵素の存在をシシトウガラシ(*C. annuum* var. *grossum*)果実の顆粒画分中に見つけている．しかし，カプサイシノイドをほとんど生成蓄積しないシシトウガラシ果実ではカプサイシン合成酵素活性はあまりにも弱く，酵素化学的性質までは明らかにできなかった．岩井らは大量のシシトウガラシ果実を用いて合成酵素の単離調製を試みたが満足のゆく結果を得ることはできなかった．

この苦い経験を教訓に岩井らは，カプサイシノイド生合成研究には合成能力が高く，しかも大量の試料の入手が可能な品種を探すことが研究成功の鍵であると考え，辛味成分含量が高く，自分たちでも栽培が可能な品種を探したのである．幸い，農林水産省久留米園芸試験場で鷹の爪(*C. annuum* var. *annuum* cv. Takanotsume)と黄色種(*C. annuum* var. *annuum* cv. Ohshokusyu)との交配種'辛八房'(*C. annuum* var. *annuum* cv. Karayatsubusa)の育種に成功し，世界でも最高度の辛味含量で栽培も容易との情報を入手した．岩井教授は直ちに品種改良を担当した興津技官の勤める久留米の園芸試験場に出向き，詳細な情報と栽培のノウハウを京都大学食糧科学研究所に持ち帰り，研究材料に導入した．また，栽培試験が行われていた西那須野の試験場からほぼ完熟した大量の辛八房果実も送られてきた．合成酵素の調製に用いるためである．しかし，完熟した果実にはカプサイシン合成酵素活性はほとんど見つからなかったのである．

そこで，岩井らの研究グループは自分たちの農場でトウガラシを栽培し，前節に述べた開花後日数に伴うカプサイシノイドの果実内蓄積，細胞内局在性，GC-MS，HPLCによる新規分析技術の開発など貴重な情報に繋がる道を拓くことになった．

岩井教授を先頭に助手，技官，大学院学生達が一丸となって鍬をふるい実験農場の土を耕し，辛八房を種の段階から育て，花が咲くとすかさずラベルを付け，開花後の果実におけるカプサイシノイドの消長，局在性，合成酵素活性測定の材料とした．トウガラシ栽培のノウハウは京都大学熱帯植物栽培施設と近郊の栽培農家から提供された．

生合成実験には放射性同位元素標識した前駆体が用いられた．実験は京都大学放射性同位元素総合センターで行われ，センターの栗原助教授(当時；現京都大学名誉教授)，斉藤助手(当時；現京都府立大学名誉教授)が取り込み実験，ラジオガスクロマトグラフィー，オートラジオグラフィー実験に協力した．放射性同位元素実験には，標識化合物の選択の重要性と並んで，予想される前駆体と生成物のキャリヤーを持っているかどうかが極めて重要である．市販されていない各種分枝鎖脂肪酸，重水素標識アミノ酸，フェニルプロパノイドの重水素標識化合物，^{14}C標識バニリルアミンの化学合成は，京都大学化学研究所岡教授(当時)が受け持った．

前節に述べた顕微鏡によるカプサイシノイドの細胞内局在性の研究には，京都大学農学部林産工学科木材構造学講座の藤田博士(当時；現京都大学農学研究科教授)の協力があった．このような多方面からの協力によりカプサイシノイドの生合成メカニズムが明らかにされていったのである．

カプサイシノイド分子中のバニリルアミンと酸アミド結合している中鎖脂肪酸は炭素数7~12個で自然界には10数種類の存在が知られている(2.1節，表2.4参照)．その中で量的に最も多いのが，炭素10個よりなる分枝鎖脂肪酸8-メチルノナ-*trans*-6-エン酸(8-メチル-*trans*-6-ノネン酸)が結合しカプサイシンを構成するもので，次いで炭素10個で飽和型の分枝鎖脂肪酸8-メチルノナン酸が結合しているジヒドロカプサイシンが続く．量的には前二者に比べてはるかに少なくなるが，ノルジヒドロカプサイシンは7-メチルオクタン酸が結合する辛味成分である．他に炭素数11個の9-メチルデカ-*trans*-7-エン酸との酸アミドであるホモカプサイシンと，飽和型の9-メチルデカン酸が結合するホモジヒドロカプサイシンが一般的な辛味成分として検出される．

これらカプサイシンとその同族体の生合成部位については，前節で述べたように岩井らの研究グループが顕微鏡学的手法により解明した．しかし，表皮細胞における脂肪酸部分の生合成経路とその詳細は，BennettとKirby，LeeteとLouden，Rangoonwalaらの報告以上の知見は得られていなかった．多くの研究者がカプサイシノイド生合成経路の解明に挑んだが満足の行く結果を得ることはできなかった．何故か？　その理由の一つは材料選定と

並んで，どの生育時期の果実を実験に用いるかにあった．多くの場合，カプサイシノイドが蓄積された段階の果実を用いて実験が試みられていた．この時点ではカプサイシノイド含量の定性，定量的分析データは得られるが，果実内部で実際に起きているカプサイシノイド生合成の動的状態，すなわち生合成反応経路，酵素反応などに関する情報の獲得は難しい．それはカプサイシノイド分子それ自体の強力な生理活性のために細胞構造，酵素などへの影響が不可避だからである．

岩井らの研究グループは，それまでの方法とは全く異なる発想と手法によって困難を克服した．彼らは無細胞系での実験を行うに当たって，成熟期に入った果実ではなく開花後比較的若い時期の果実を材料に選び，炭素数7〜12の直鎖および分枝鎖の遊離脂肪酸と，そのCoAチオエステルとバニリルアミンからカプサイシンとその同族体の生成を調べた．その結果，彼らが用いた in vitro 系ではアシル残基とバニリルアミンとの酸アミド縮合反応は，2段階で進むことを明らかにした．すなわち，遊離脂肪酸はまず活性化されてアシル-CoAとなり，脱水縮合して酸アミド結合のカプサイシノイドを生成する．第一段階(RCOOH→RCO-CoA)ではCoA，ATP，Mg^{2+}を必要とす

表 4.1 カプサイシノイド合成酵素のコンポーネントスタディ[12]

	カプサイシノイド生成量 [nmol/4.2mg protein/2h]	相対活性 (％)
完全反応系[a]	0.77	100
-iso-$C_{10:0}$	0.41	53
-CoA	0.39	51
-ATP	0.29	38
-Mg^{2+}	0.49	64
-CoA, ATP	0.36	47
-CoA, ATP, Mg^{2+}	0.34	44
失活酵素[b]	0	—
iso-$C_{10:0}$-CoA[c]	4.9	636

a：酵素活性は生成したカプサイシノイド中の放射活性で調べている．完全反応系には40mM Tris-HCl (pH 8.0)，1.0mM iso-$C_{10:0}$，2.0mM [^{14}C-メトキシ]バニリルアミン-HCl，0.1mM ATP，0.1mM CoA，0.1mM $MgCl_2$，酵素調製物(4.2mgタンパク質量)を1mL中に含む．反応は38℃，2時間振とうさせた後，0.5mLの12N HClを添加して反応を止めた．b：酵素の失活にも0.5mLの12N HClを添加した．c：反応系には45mM Tris-HCl (pH 8.0)，95μM iso-$C_{10:0}$-CoA，2.0mM [^{14}C-メトキシ]バニリルアミン-HCl，酵素調製物(4.2mgタンパク質量)を含む．

表 4.2 カプサイシノイド合成酵素の基質特異性[12]

アシル-CoA	カプサイシノイド生成量 [nmol/4.2mg protein/2h]
iso-$C_{7:0}$-CoA	0
iso-$C_{8:0}$-CoA	0
iso-$C_{9:0}$-CoA	23.0
iso-$C_{10:0}$-CoA	4.9
n-$C_{10:0}$-CoA	0
iso-$C_{10:1}$-CoA	12.0
iso-$C_{11:0}$-CoA	6.2
iso-$C_{12:0}$-CoA	0

本反応系には最終容量 1mL 中に 45mM Tris-HCl (pH 8.0), 95 μM アシル-CoA, 2.0mM [^{14}C-メトキシ]バニリルアミン-HCl, 酵素調製物(4.2mg タンパク質量)を含む. 他の実験条件は表 4.1 と同じ.

る(表 4.1). 無細胞系を用いてアシル-CoA のカプサイシノイド分子への取り込みが最も効率的に起きる脂肪酸はどれかを比較検討し, 天然での分布とは異なりノルジヒドロカプサイシンの構成脂肪酸である 7-メチルオクタノイル-CoA, すなわち炭素数 9 個のイソ型分枝鎖脂肪酸-CoA が最も高いという結果を得た(表 4.2). この結果は, *in vitro* では iso-$C_{9:0}$ 脂肪酸が最も効果的なアシル供与体として利用されることを意味する. 一方, 5-メチルヘキサノイル-CoA (iso-$C_{7:0}$), 6-メチルヘプタノイル-CoA (iso-$C_{8:0}$)および 10-メチルウンデカノイル-CoA (iso-$C_{12:0}$)はいずれも *in vitro* の実験ではアシル供与体としての取り込みは認められなかった(表 4.2). さらに等量の 7-メチルオクタノイル-CoA, 8-メチルノナノイル-CoA, 9-メチルデカノイル-CoA の混合物を用い, 無細胞系でカプサイシノイドへの取り込み効率を比較したところ, ノルジヒドロカプサイシンの構成成分となる 7-メチルオクタノイル-CoA がアシル供与体として最も取り込み効率が高かった(表 4.3). 自然界ではノルジヒドロカプサイシン含量はごくわずかにすぎない. *In vitro* の系では主成分であったノルジヒドロカプサイシンがトウガラシ果実細胞中ではカプサイシンとジヒドロカプサイシンにとって替わられるという事実から, *in vivo* ではノルジヒドロカプサイシンよりもむしろカプサイシン, ジヒドロカプサイシンへの合成経路の方が太いと考えられる.

4.2 カプサイシンおよび同族体の生合成経路   97

表4.3 無細胞系でのアシル-CoA 混合物からのカプサイシン同族体合成の選択性[12]

カプサイシン同族体	カプサイシン同族体生成量 [nmol/4.2mg protein/2h]
ノルジヒドロカプサイシン	10.6
ジヒドロカプサイシン	1.9
カプサイシン	1.6
ホモジヒドロカプサイシン	1.6
ホモカプサイシン	0

反応系は 78μM ずつの iso-$C_{9:0}$-CoA, iso-$C_{10:0}$-CoA, iso-$C_{10:1}$-CoA, iso-$C_{11:0}$-CoA, [^{14}C-メトキシ] バニリルアミン-HCl (2mM), Tris-HCl, pH 8.0 (45mM), 酵素調製物(タンパク質として 4.2mg)を含む. 反応条件は表 4.1 と同じ.

4.2.4 カプサイシノイド生合成経路研究への新技術—遊離細胞の利用

トウガラシ果実中で辛味成分が生合成されるメカニズムを，従来から用いられている酵素化学的研究手法，すなわち重力遠心法で細胞内小器官と無細胞系での両方あるいはいずれかにより解明しようとの試みは，十分満足のゆく結果を与えうるものではなかった．なぜならカプサイシノイド生合成と蓄積の場である細胞内小器官，特に液胞は重力遠心法による通常の方法では，酵素活性を保持した形で実験に使えるだけの試料量を調製するのはほとんど不可能だからである．仮に運良く無細胞系が利用できる場合でも，*in vivo* 実験での結果を説明しうるものとはならない場合が多かったことは前述の例からも明らかである．

岩井らは，この *in vitro* と *in vivo* のギャップを埋めるべく，カプサイシンの合成が行われている細胞そのものを統合された反応系として用いることにしたのである．すなわち，当時としては新しい考え方であった，遊離細胞（スフェロプラスト，プロトプラスト）*1 を材料にカプサイシノイド生合成反応経路の解明を試み見事に成功したのである[11,13]．スフェロプラストもプロトプラストもバラバラに遊離している細胞とはいえ無傷の細胞であり，細胞内の生物機能を司る諸々のシステムは無細胞系を用いる従来の方法に比べれば

---

*1 スフェロプラスト(spheroplast)，プロトプラスト(protoplast)：細菌あるいは植物細胞の細胞壁を酵素処理によって部分的に取り除いた球形の原形質体をスフェロプラスト，細胞壁を完全に取り除いたものをプロトプラストという．

はるかに正常に機能していて，かなり正確に細胞内での反応を我々に伝えてくれるものと考えた．さらにカプサイシノイド前駆体の細胞への取り込みも果実そのものや，組織切片，組織調製物を材料とする場合よりもはるかに優れている[13]．

遊離細胞は細胞壁分解酵素である macerozyme, cellulase, driselase などを用いて，開花後 10～20 日目の辛八房果実から効率良く調製することができた．しかし，カプサイシノイド含量が最高値に達した開花後 30 日目以降の果実を用いたのでは遊離細胞の調製効率は極端に悪く，実験への利用は不可能であった．

若い細胞から調製した遊離細胞を用いた実験では，予想どおりの結果が得られた．5×10^5 個のプロトプラストを含む培養系で L-$[U-^{14}C]$Phe と L-$[3,4-^3H]$Val を細胞に取り込ませた後 HPLC で分離した反応中間体の放射活性を調べたところ，放射能で標識されたカプサイシノイドとその前駆体が回収された．カプサイシノイドのバニリルアミン残基の前駆体と考えられる trans-ケイ皮酸，trans-p-クマル酸，trans-カフェ酸，trans-フェルラ酸への放射性同位元素標識した Phe からの放射活性の取り込み，分布から，L-Phe からカプサイシノイドのバニリルアミン部位への生合成経路が岩井らによってほぼ解明された．彼らは，さらにカプサイシノイド生合成に関与する酵素と中間生成物の細胞内分布を，トウガラシ果実の胎座から調製したプロトプラストの細胞内小器官を用いて解明に成功したのである．プロトプラストから単離した液胞に trans-ケイ皮酸から trans-p-クマル酸への反応を触媒する trans-ケイ皮酸 4-モノオキシゲナーゼ活性，アシル-CoA とバニリルアミンとの縮合反応を触媒するカプサイシノイド合成酵素が存在することを世界で初めて見つけたのも岩井らの研究グループである．同じ実験系を用いて Phe から trans-ケイ皮酸への変換を触媒するフェニルアラニンアンモニアリアーゼ活性は細胞質画分中に見出された．プロトプラストに L-$[U-^{14}C]$Phe を取り込ませると液胞中に新たに放射性同位元素で標識された trans-p-クマル酸とカプサイシノイドが検出されたが，trans-ケイ皮酸には放射活性は見出されなかった．この結果は，trans-ケイ皮酸から trans-p-クマル酸への変換が極めて速いことを意味している．

4.2.5 カプサイシノイド分枝鎖脂肪酸残基の生合成経路

分枝鎖脂肪酸残基の生合成経路は，Jurenitschらのグループ[8,9]と岩井らの研究グループ[11]によって，それぞれ別々にしかもほとんど同時に明らかにされた．偶数鎖の分枝鎖脂肪酸残基はバリンから，奇数鎖のそれはロイシンからそれぞれ生合成される．トウガラシ果実中のカプサイシノイドを構成するアシル残基の生合成経路は，Kaneda[16]によって明らかにされている動物細胞，バクテリアのそれと基本的には同じであることも明らかにされた．すなわち，L-バリンはα-ケトイソ吉草酸(α-ケトイソバレル酸)に変換され，さらに脱炭酸してイソブチリル-CoAとなり，鎖長伸長反応により偶数分枝鎖脂肪酸が合成される．L-ロイシンとL-イソロイシンも同様にα-ケトイソカプロン酸に変換され，続いてα-ケト-β-メチル吉草酸，さらにイソバレリル-CoAとα-メチルブチリル-CoAを経て，L-ロイシンからは奇数鎖のイソ型分枝鎖脂肪酸，L-イソロイシンからはアンテイソ型分枝鎖脂肪酸[*2]が合成される．

岩井らの明快な結論に対し，Jurenitschらはバリンが偶数鎖だけでなく，奇数鎖脂肪酸の生合成にも関与していると述べている．岩井らとの矛盾とも思える結果は，岩井らの実験が3日間の取り込み実験から得た結果であるのに対し，Jurenitschらのそれは14日間もの長きにわたって取り込み実験を続けており，その間に標識アミノ酸とその代謝産物が相互変換したためにデータの読み間違いを招いたものと考えられる．これも材料選択の重要性を再認識させる例である．ちなみに岩井らは，カプサイシノイド組成が果実での蓄積開始期から成熟期までほとんど一定であることから，ジヒドロカプサイシンからカプサイシンへの合成終了後は，同族体相互のアシル残基変換も不飽和化反応も起きないと推論しているが，彼らの推論は後に^{14}Cで標識したジヒドロカプサイシンを未熟のトウガラシ果実に与えてカプサイシンへの変換が起きるかどうかを調べる実験を行ったKoppとJurenitsch[10]によっても証明されている．カプサイシノイドのアシル残基を構成する飽和脂肪酸から不飽和脂肪酸への脱水素反応は，カプサイシノイドが合成されてから起きるのではなく，遊離脂肪酸あるいはそのチオエステルの段階で起きる．

＊2　アンテイソ型分枝鎖脂肪酸：n-3位にメチル基をもつ分枝鎖脂肪酸．

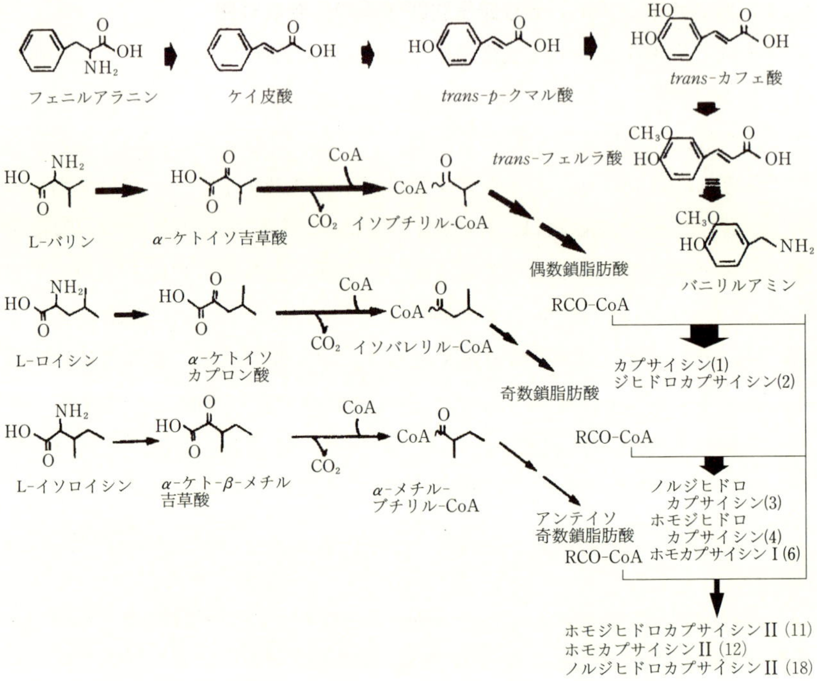

図 4.7 カプサイシノイドの生合成経路[20]

カプサイシン(1), ジヒドロカプサイシン(2), ノルジヒドロカプサイシン(3), ホモジヒドロカプサイシン(4), ホモカプサイシンⅠ(6), ホモジヒドロカプサイシンⅡ(11), ホモカプサイシンⅡ(12), ノルジヒドロカプサイシンⅡ(18)の構造式は 2.1 節, 表 2.4 参照. カッコ内の数字は表 2.4 中の番号を示す.

　以上カプサイシノイドの生合成経路について述べてきたが，図 4.7 にカプサイシンとその同族体の生合成経路をまとめて示した．その後イギリスの Yeoman らが *C. frutescens* での実験からカプサイシノイドの生合成中にバニリンができることを見出し[18], 図 4.12(109 頁)のようにバニリンを含む生合成系を推察している[19].

　細胞内におけるカプサイシノイドの生成蓄積について岩井らの研究グループ[13]は次のような説を提唱している．すなわち，カプサイシノイドはフェニルアラニンからフェニルプロパノイド経路を経て合成されたバニリルアミンと，バリン，ロイシン，イソロイシンから生成された分枝鎖脂肪酸および数種類のイソ型脂肪酸からアシル-CoA の形となったものが液胞(カプシソー

ム)の外側の膜表面の液胞膜(tonoplast)上で脱水縮合反応することにより生成する．生成したカプサイシノイドは細胞内の他の小器官と接触しないように直ちに隔離され，膜を貫通して液胞内部に蓄えられる．液胞はカプサイシノイドの生合成酵素が膜結合した状態のカプサイシノイドの一時貯蔵所であり，液胞中に蓄えられたカプサイシノイドが貯蔵許容量に達すると，脂質に溶解した形で細胞外に分散し蓄積される．成熟に至って，果実の水分含量が減少するとカプサイシンが結晶として蓄積された状態になる場合もある．

引用文献
1) 小菅貞良，稲垣幸男，農化誌, **36**, 251(1962)
2) K. Iwai, T. Suzuki, H. Fujiwake, *Agric. Biol. Chem.*, **43**, 2493(1979)
3) D. Neumann, *Naturwissenschaften*, **53**, 131(1966)
4) D. J. Bennett, G. W. Kirby, *J. Chem. Soc. C*, 442(1968)
5) E. Leete, C. L. Louden, *J. Am. Chem. Soc.*, **90**, 6837(1968)
6) D. R. McCalla, A. C. Neish, *Can. J. Biochem. Physiol.*, **37**, 537(1959)
7) R. Rangoonwala, *Pharmazie*, **24**, 177(1969)
8) B. Kopp, J. Jurenitsch, *Planta Med.*, **43**, 272(1981)
9) B. Kopp, J. Jurenitsch, W. Kubelka, *Planta Med.*, **39**, 289(1980)
10) B. Kopp, J. Jurenitsch, *Sci. Pharm.*, **50**, 150(1982)
11) T. Suzuki, T. Kawada, K. Iwai, *Plant Cell Physiol.*, **22**, 23(1981)
12) H. Fujiwake, T. Suzuki, K. Iwai, *Agric. Biol. Chem.*, **46**, 2591(1982)
13) H. Fujiwake, T. Suzuki, K. Iwai, *Agric. Biol. Chem.*, **46**, 2685(1982)
14) K. Iwai, K. R. Lee, M. Kobashi, T. Suzuki, S. Oka, *Agric. Biol. Chem.*, **42**, 201(1978)
15) H. Fujiwake, T. Suzuki, S. Oka, K. Iwai, *Agric. Biol. Chem.*, **44**, 2907(1980)
16) T. Kaneda, *Bacteriol. Rev.*, **41**, 391(1979)
17) K. Iwai, T. Suzuki, H. Fujiwake, *Agric. Biol. Chem.*, **43**, 2493(1979)
18) R. D. Hall, M. A. Holden, M. M. Yeoman, *Plant Cell Tissue Organ Cult.*, **8**, 163(1987)
19) N. Sukrasno, M. M. Yeoman, *Phytochemistry*, **32**, 839(1993)
20) T. Suzuki, K. Iwai(A. Brossi ed.), "The Alkaloids : Chemistry and Pharmacology", vol. 23, Academic Press, Inc., Orlando(1984), p.227.

〈鈴木鐵也〉

4.3 トウガラシの辛味を制御する遺伝子について

4.3.1 辛味成分カプサイシノイドの生合成経路と遺伝子

近年,分子生物学的手法によりカプサイシノイド合成経路に関わる遺伝子がクローニングされている(図4.8).Curryら[1]は,辛味品種'ハバネロ'の胎座組織のcDNAライブラリーから *PAL* (phenylalanine ammonia-lyase), *Ca4H* (cinnamic acid 4-hydroxylase), *COMT* (caffeic acid *O*-methyltransferase) を単離した.これらの遺伝子の転写量はカプサイシノイド含量と相関があった.さらにCurryらは,ディファレンシャル・スクリーニング[*1]法により辛味品種'ハバネロ'と非辛味品種の遺伝子発現を比較し,辛味品種の胎座でより強く発現している遺伝子をスクリーニングした.その結果,バニリンからバニリルアミンの合成に関わると推測される *p-AMT* (putative aminotransferase),分枝鎖脂肪酸の伸長に関わると推測される *Kas* (β-ketoacyl ACP synthase) を単離した.さらに脂肪酸の合成に関わる遺伝子として *Acl* (acyl carrier protein), *Fat* (acyl-ACP thioesterase) が単離されている[2].また,Kimら[3]はサプレッション・サブトラクティブ・ハイブリダイゼーション[*2]法により辛味品種と非辛味品種の遺伝子発現を比較し,辛味品種で特異的に発現する遺伝子を単離した.得られたクローンの中に *p-AMT*, *Kas* に加えて他の植物のアシルトランスフェラーゼ遺伝子と相同性の高い遺伝子断片を得た.この遺伝子の全長を決定し *Pun1* 遺伝子と名付けた[4].*Pun1* はBAHD (多機能性植物アシルトランスフェラーゼ) ファミリー

[*1] ディファレンシャル・スクリーニング:ある組織や特定条件下の細胞で特異的に発現している遺伝子をクローニングする方法.特異的遺伝子の単離を目的とする組織または細胞(以下A)と対照の細胞または組織(以下B)から調製したmRNAを用いて,それぞれのcDNAプローブを合成する.Aから作製したcDNAライブラリーについてAB両方のプローブを用いてハイブリダイゼーションを行い,Aのみに陽性なクローンを単離,選択する.

[*2] サプレッション・サブトラクティブ・ハイブリダイゼーション:ある組織や細胞に特異的に発現している遺伝子を濃縮,単離する方法.目的の遺伝子を発現している組織または細胞と発現していない組織または細胞からmRNAを調製し,一方からcDNAを合成後,両者をハイブリダイゼーションさせる.双方に共通の遺伝子はハイブリッドを形成するので,これを適当な方法で分離することにより特異的な遺伝子を濃縮できる.

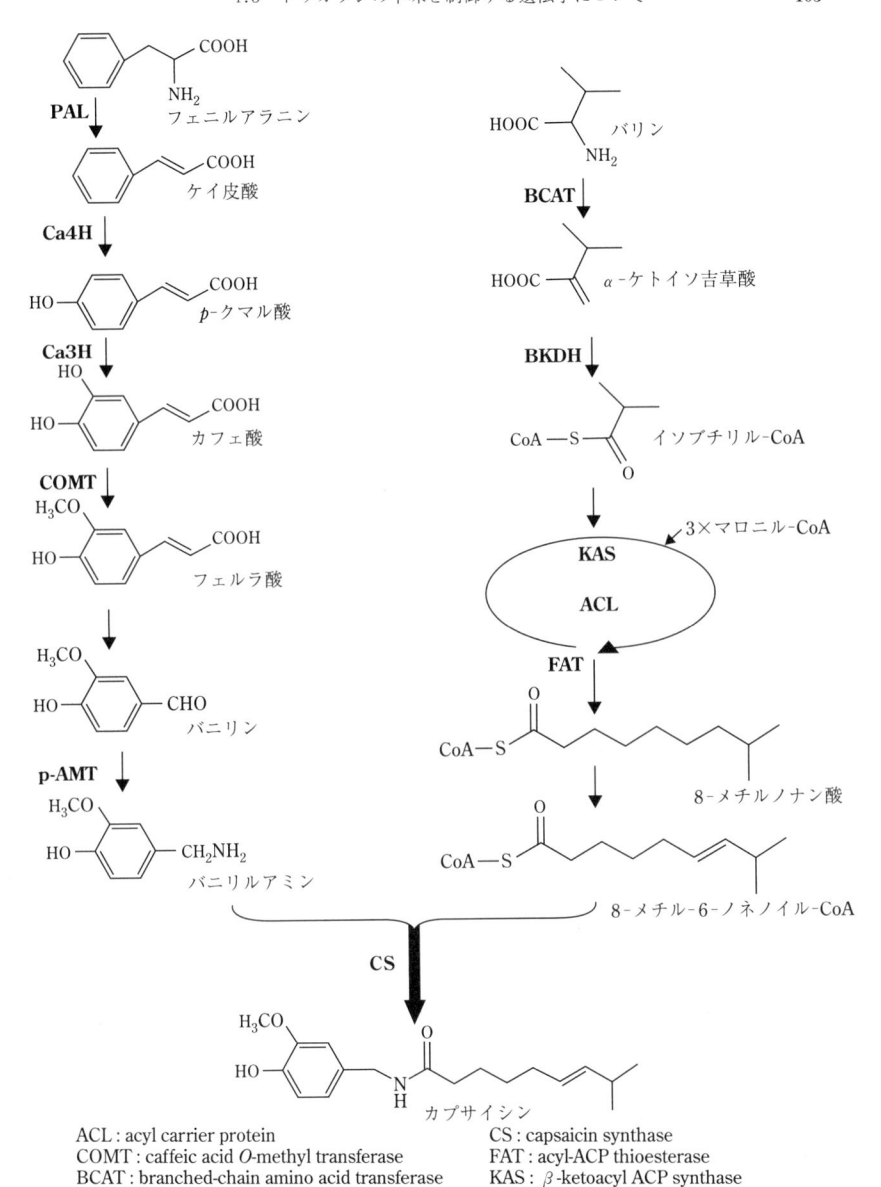

4.3 トウガラシの辛味を制御する遺伝子について

ACL : acyl carrier protein
COMT : caffeic acid O-methyl transferase
BCAT : branched-chain amino acid transferase
BKDH : 3-methyl-2-oxobutanoate dehydrogenase
Ca3H : coumaric acid 3-hydroxylase
Ca4H : cinnamic acid 4-hydroxylase
CS : capsaicin synthase
FAT : acyl-ACP thioesterase
KAS : β-ketoacyl ACP synthase
PAL : phenylalanine ammonia-lyase
p-AMT : putative aminotransferase

図 4.8 辛味成分カプサイシンの推定生合成経路
(第 4 章 4.2.1〜4.2.5 項まで参照)

に属するアシルトランスフェラーゼと高い相同性がある酵素をコードしており，この酵素の働きによりバニリルアミンと脂肪酸が縮合し，カプサイシノイドが合成されると考察している．

4.3.2 辛味発現を制御する遺伝子

古くからの遺伝学研究により，トウガラシ果実の辛味発現は，単一の優性遺伝子 *C* によって質的に支配されている[5, 6]が，その辛味発現は他の遺伝要因や環境要因で量的に修正されうると考えられている．Blum ら[7]は，*Capsicum frutescens* の辛味品種と *C. annuum* の非辛味品種の交雑後代を用いて，*C* 遺伝子の染色体へのマッピングを行った結果，*C* 遺伝子座は第2染色体にマッピングされた．さらに Kim らが報告したアシルトランスフェラーゼ遺伝子（*Pun1* 遺伝子）が *C* 遺伝子座に座乗することが明らかになった[4, 8]．*Pun1* 遺伝子は，二つのエキソンと一つのイントロンから構成されている．劣性遺伝子 *pun1* を解析すると，プロモーター領域から第1エキソンにかけて約 2.5kb の欠損領域が発見された．劣性遺伝子 *pun1* をホモに持つと，バ

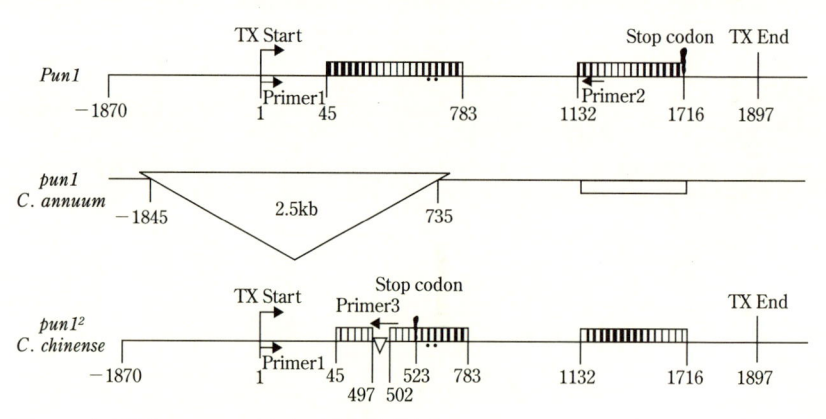

図 4.9 辛味型（*Pun1/Pun1*）および非辛味型（*pun1/pun1*, *pun1²/pun1²*）の *Pun1* 遺伝子座構造の比較[10]

pun1 および *pun1²* には欠損領域（▽で示した部分）が存在するためカプサイシノイドが合成されない．

TX Start：転写開始点
TX End：転写終結点
▯▯▯▯：エキソン
●●：アシルトランスフェラーゼの推定活性部位を示す．

4.3 トウガラシの辛味を制御する遺伝子について 105

ニトリルアミンと脂肪酸を縮合する酵素であるアシルトランスフェラーゼが生産されずカプサイシノイドを合成することができない(図4.9). 近年 *C. chinense* の非辛味系統において，辛味発現を質的に制御する単一の劣性遺伝子として *lov* (loss of vesicle) が報告された[9]が，この *lov* 遺伝子も *Pun1* の対立劣性遺伝子であることが示され *pun1²* と名付けられた[10]. *pun1²* を解析すると，第1エキソンに4bpの欠損が発見された(図4.9). この欠損のためフレームシフト変異[*3]が起こり，正常なアシルトランスフェラーゼが合成されなくなる. 現在のところ，辛味発現に質的な影響を及ぼす遺伝子はこの *Pun1* 遺伝子のみである.

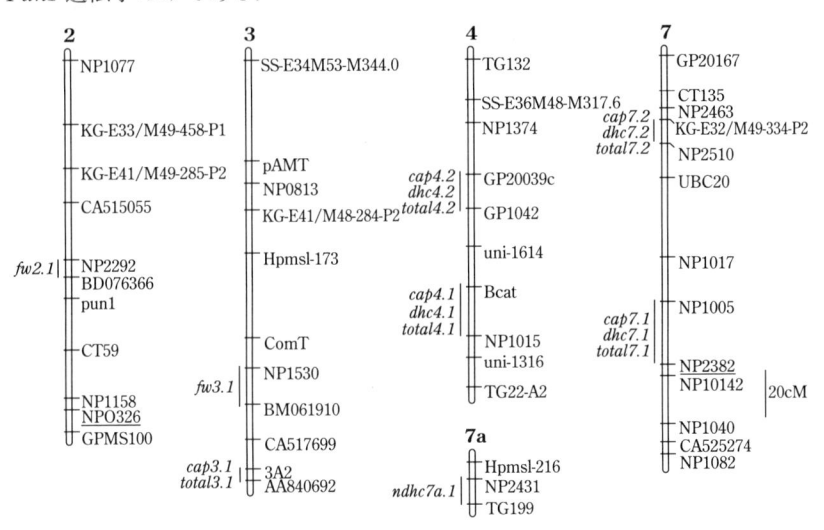

図4.10 カプサイシノイド含量に関わるQTLの連鎖地図[11]

左から第2, 3, 4, 7染色体の連鎖地図を示す. カプサイシノイド合成経路上の遺伝子である pun1 は第2染色体, pAMT および ComT は第3染色体, Bcat は第4染色体に座乗する.
カプサイシン含量に関わるQTL：*cap3.1, cap4.1, cap4.2, cap7.1, cap7.2*
ジヒドロカプサイシン含量に関わるQTL：*dhc4.1, dhc4.2, dhc7.1, dhc7.2*
ノルジヒドロカプサイシン含量に関わるQTL：*ndhc7a.1*
カプサイシノイド含量に関わるQTL：*total3.1, total4.1, total4.2, total7.1, total7.2*
果実重に関わるQTL：*fw2.1, fw3.1*

---

*3　フレームシフト変異：タンパク質をコードするDNA上の突然変異の一種で，$3n+1$ あるいは $3n+2$ 個 (n は整数) の塩基の欠失あるいは挿入が起こった突然変異. 突然変異部位までは正常なタンパク質が合成されるが，突然変異部位以降は正常とは全く異なるアミノ酸配列をもつタンパク質が合成される. 多くの場合タンパク質機能の失活, 低下を起こし, 突然変異体として検出される.

カプサイシノイドの合成量やその組成は，*pun1* 以外の量的遺伝子によって決定されていると考えられている．これまでにカプサイシノイド合成量やその組成に関わる量的遺伝子座（QTL, quantitative trait loci）の同定を試みた研究がいくつかなされている．Ben-Chaim ら[11]は，強辛味系統 BG 2814-6 と低辛味品種 'NuMex RNaky' の交雑後代を用いて QTL 解析を行った．その結果，カプサイシン含量，ジヒドロカプサイシン含量，ノルジヒドロカプサイシン含量および総カプサイシノイド含量（カプサイシン含量＋ジヒドロカプサイシン含量＋ノルジヒドロカプサイシン含量）に関わる QTL を発見している（図4.10）．総カプサイシノイド含量に関わる QTL の一つは，カプサイシノイド生合成経路上の遺伝子である *Bcat*（branched-chain amino acid transferase）遺伝子と同一の遺伝子座に座乗していた．これら QTL を分子マーカーとして利用することによって，辛味品種の育種の効率化が可能であると考えられる．

引用文献

1) J. Curry, M. Aluru, M. Mendoza, J. Nevarez, M. Melendrez, M. A. O'Connell, *Plant Sci.*, **148**, 47 (1999)
2) M. R. Aluru, M. Mazourek, L. G. Landry, J. Curry, M. Jahn, M. A. O'Connell, *J. Exp. Bota.*, **54**, 1655 (2003)
3) M. Kim, S. Kim, S. Kim, B.-D. Kim, *Mol. Cells*, **11**, 213 (2001)
4) C. Stewart, Jr., B.-C. Kang, K. Liu, M. Mazourek, S. L. Moore, E.Y. Yoo, B.D. Kim, I. Paran, M. M. Jahn, *The Plant Journal*, **42**, 675 (2005)
5) R. B. Deshpande, *Indian J. Agr. Sci.*, **5**, 513 (1935)
6) W. H. Greenleaf, *Proc. Assoc. Soush. Agr. Workers*, **49**, 110 (1952)
7) E. Blum, K. Liu, M. Mazourek, E. Y. Yoo, M. Jahn, I. Paran, *Genome*, **45**, 702 (2002)
8) D. Wang, P. W. Bosland, *HortScience*, **41**, 1169 (2006)
9) E. J. Votava, P. W. Bosland, *Capsicum Eggplant Newslett.*, **21**, 66 (2002)
10) C. Stewart, Jr., M. Mazourek, G. M. Stellari, M. A. O'Connell, M. M. Jahn, *J. Exp. Bota.*, **58**, 979 (2007)
11) A. Ben-Chaim, Y. Borovsky, M. Falise, M. Mazourek, B.-C. Kang, I. Paran, M. Jahn, *Theor. Appl. Genet.*, **113**, 1481 (2006)

〔田中義行・矢澤　進〕

4.4 植物体におけるカプサイシンの代謝

4.2節に述べられているように,カプサイシンの生合成過程でケイ皮酸,クマル酸,カフェ酸などのフェニルプロパノイド(ベンゼン骨格にプロパン誘導体が結合した化合物群)が生成される.高等植物ではこれらの化合物は共通的フェニルプロパノイド代謝を受け,フラボノイド,タンニン,リグニン様化合物などを形成する[1].しかし,フェルラ酸からバニリン,バニリルアミンを経由してカプサイシンの生成に至るまでの経路は,トウガラシに特有のものである.

そこで,Sukrasno と Yeoman[2] は,*Capsicum frutescens* でトウガラシ果実の生育に伴うフェニルプロパノイドの代謝を詳細に調べた.カプサイシノイド,遊離のカプサイシン前駆体(ケイ皮酸,*p*-クマル酸,カフェ酸,フェルラ酸,バニリン,バニリルアミン),カプサイシン前駆体の配糖体,フラボノイド,リグニン様化合物の含有量の変化が開花後から測定された.図4.11a に示すようにカプサイシノイドの蓄積量は,岩井らの *C. annuum* の結果とは異なり,*C. frutescens* ではやや蓄積開始が遅く,また開花50日以降でも高い値のままであった.遊離のカプサイシン前駆体はどの段階でも全く検出されなかったが,前駆体の配糖体は検出され,カプサイシンの生合成が盛んになると共に量は減少した.フラボノイドも4種類見出され,カプサイシンが蓄積されるとフラボノイド量は4種類とも増大し,カプサイシンの蓄積が終わると急激に減少する傾向のもの,量のあまり変わらないもの,含有量は少ないが増大傾向のものが見られた.リグニン様化合物は,一般的に代謝の最終産物と考えられ,臭化アセチルの酢酸溶液で試料を可溶化して 280nm の吸光度から試料中の量を求めたが,かなりの量の蓄積が見られ,カプサイシノイドの蓄積と同様のパターンで量が増えた(図4.11b).これらのことから,フェニルプロパノイドの配糖体はカプサイシノイド前駆体の供給源として作用していること,フェニルプロパノイドからリグニンやフラボノイドが生成されること,リグニン様化合物の生成はカプサイシン合成と平行して起こり,リグニンは成長中の種子の主要成分であることから生成したリグニンは種子に輸送されることなどが考察されている.

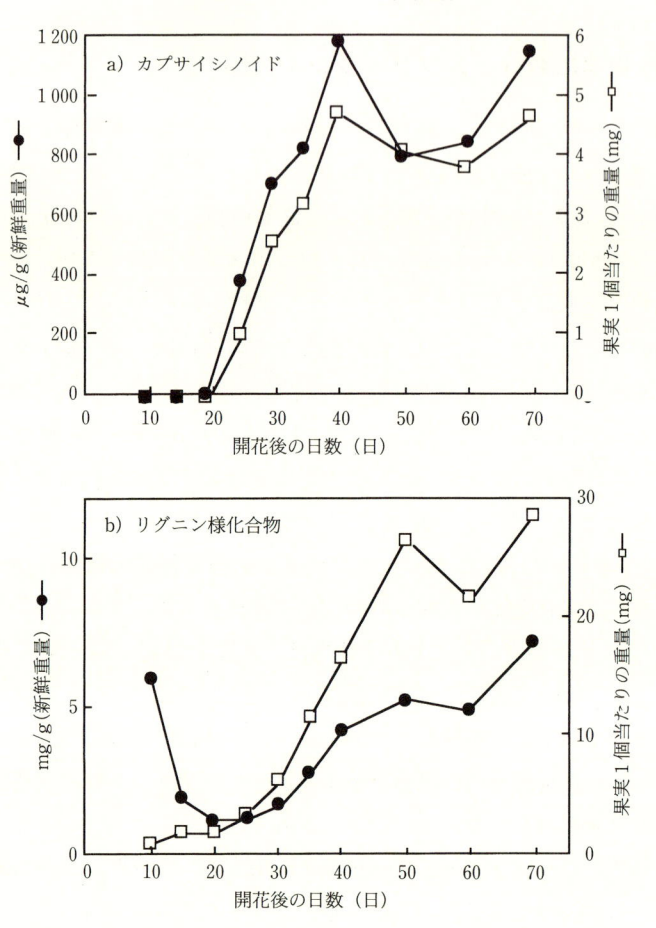

図 4.11 *Capsicum frutescens* でのカプサイシノイドとリグニン様化合物の蓄積[2]

　Bernal ら[3]は，カプサイシンの植物での代謝に興味を持った．バニリル骨格はペルオキシダーゼにより容易に酸化されることおよび，カプサイシンは胎座表皮細胞で合成された後液胞に蓄えられるが，アルカロイドを酸化するペルオキシダーゼも液胞に局在することから，ペルオキシダーゼによりカプサイシンが代謝されると考えた．そこでまず，トウガラシ果実から粗ペルオキシダーゼを調製し，カプサイシンと反応させた．トウガラシを冷アセトンで脱脂し，タンパク質をトリス緩衝液 pH 7.5 に懸濁させて，$3\,000 \times g$ で 10

4.4 植物体におけるカプサイシンの代謝　　　　　　　　　　　**109**

分間遠心分離し，得られた上清を粗酵素とした．この画分はペルオキシダーゼ活性を含んでいた．カプサイシンと過酸化水素を含む溶液に粗酵素液を加えたところ，カプサイシンが時間と共に減少し，262 nm での吸光度の変化

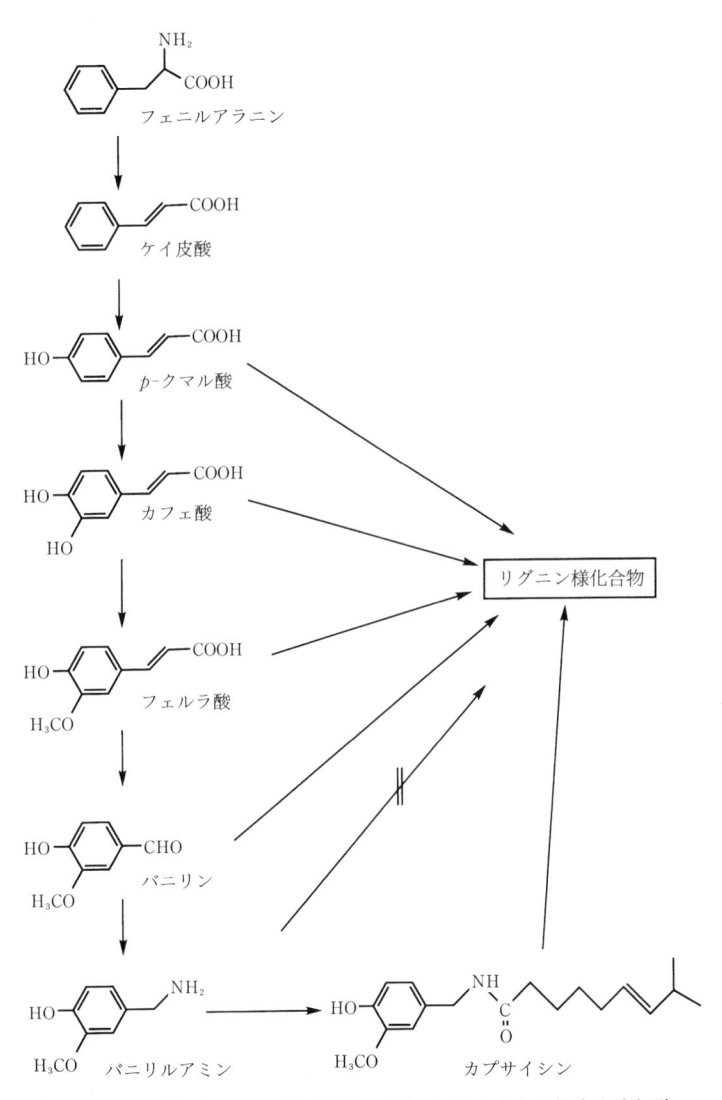

図 4.12　カプサイシンの生合成系とリグニン様化合物の推定生成経路
（文献 4)を一部改変)

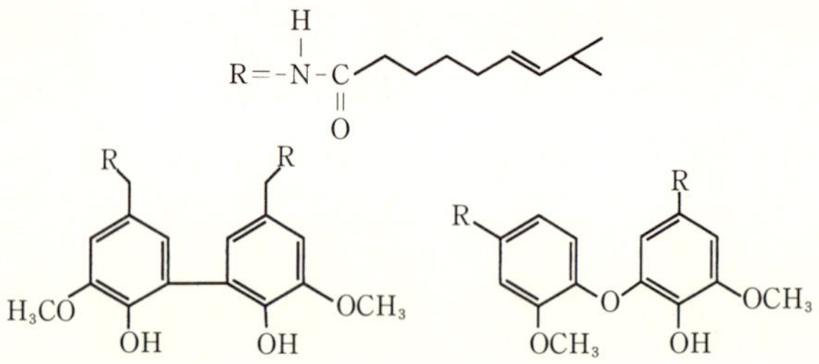

図 4.13 5,5′-ジカプサイシン(左)と 4′-O-5-ジカプサイシンエーテル(右)[5]

が最も大きい化合物が生成した．この変化は，反応液に過酸化水素を加えないと起こらなかった．また，この反応の至適 pH は 6 であった．これらのことから，カプサイシンはトウガラシ中に存在するペルオキシダーゼで酸化されることが推定された．通常，液胞の中は酸性であり，この酸化反応も酸性に至適 pH があったことからも，この可能性が支持されると考えた．

次に，カプサイシンの前駆体やカプサイシンとペルオキシダーゼとの反応が調べられた[4]．前駆体として p-クマル酸，カフェ酸，フェルラ酸，バニリン，バニリルアミンが検討されたが，ペルオキシダーゼと反応しなかったのはバニリルアミンだけで，他の化合物はカプサイシンも含めてすべてペルオキシダーゼによる酸化反応を受けた．このことから，図 4.12 のように，カプサイシン前駆体やカプサイシンがペルオキシダーゼにより酸化され，リグニン様化合物を生成することが推定された．

さらに，トウガラシからペルオキシダーゼを抽出・精製し，カプサイシンと過酸化水素を基質として加えて反応させ，生成物をゲル浸透クロマトグラフィー分析にかけた[5]．その結果，カプサイシン 2 量体と思われる分子量 603 程度のピーク，15 量体程度の分子量 4500 のピーク，およびカプサイシンとタンパク質との共重合体と思われる三つのピークが生成していた．一方，過酸化水素を添加しなかった系では，カプサイシンと思われるピークが見られたのみであった．次にカプサイシン 2 量体画分を集め，TMS 誘導体にした後，GC-MS 分析を行った．その結果，2 種類のリグニン，すなわち 5,5′-ジカプサイシンと 4′-O-5-ジカプサイシンエーテル(図 4.13)が生成していることが見出された．これらの化合物を核としてさらなる重合生成物を

形成することができるため，カプサイシンとペルオキシダーゼとの反応で出来てきたポリマーもこれらのカプサイシン2量体に由来するものと考えられる．

Contreras-Padilla と Yahia[6]は，メキシコで代表的な3種のトウガラシ(2種類の C. annuum と 1 種類の C. chinense)でカプサイシノイド量とペルオキシダーゼ活性との関係を調べ，カプサイシノイド量が減少し始めるときにペルオキシダーゼ活性が増大することから，ペルオキシダーゼがカプサイシンの代謝に関係していると報告している．

以上の結果から，カプサイシンはペルオキシダーゼにより酸化され，リグニンへと代謝されるものと考えられる[7]．

引用文献

1) H. A. Stafford, *Ann. Rev. Plant Physiol.*, **25**, 459 (1974)
2) N. Sukrasno, M. M. Yeoman, *Phytochemistry*, **32**, 839 (1993)
3) M. A. Bernal, A. A. Calderón, M. A. Pedreno, R. Munoz, A. Ros Barceló, F. Merino de Cáceres, *J. Agric. Food Chem.*, **41**, 1041 (1993)
4) M. Bernal, A. A. Calderón, M. A. Ferrer, F. Merino de Cáceres, A. Ros Barceló, *J. Agric. Food Chem.*, **43**, 352 (1995)
5) M. Bernal, A. Ros Barceló, *J. Agric. Food Chem.*, **44**, 3085 (1996)
6) M. Contreras-Padilla, E. M. Yahia, *J. Agric. Food Chem.*, **46**, 2075 (1998)
7) J. Díaz, F. Pomar, Á. Bernal, F. Merino, *Phytochm. Rev.*, **3**, 141 (2004)

（渡辺達夫・岩井和夫）

第5章　動物体におけるカプサイシンおよび同族体の吸収と代謝

5.1　カプサイシンおよびその同族体の体内吸収

　トウガラシを含めて香辛料辛味成分を食品として経口的に摂取した場合に，どの程度が吸収され，さらにどのような代謝経路を経て体外へ排泄されるのかについては，従来，ほとんど知られていなかった[1]．そこで京都大学農学部栄養化学研究室の岩井教授(当時)のグループ[2]は代表的な香辛料辛味成分であるカプサイシンに焦点を当て，その消化管吸収や代謝経路についてラットを用いた動物実験により系統的に検討を行った．一晩絶食したウィスター系雄ラット(体重約220g)に，流動食に懸濁したカプサイシン(ジヒドロカプサイシンを20%含有)3mgをチューブで胃内に経口投与し，一定時間後ごとの消化管内の残存量から，カプサイシンの吸収量を求めた(図5.1)．その結果，従来ほとんど体内では吸収されないと考えられていたカプサイシンは，胃および小腸でよく吸収され，投与後3時間で投与量の約80%が吸収されることが明らかとなった．また，麻酔下ラットを用いた *in situ* の実験系(図5.2)においても投与後約1時間の胃，空腸および回腸で，それぞれ投与量の約50%，80%，70%が吸収されることが認められた(図5.3)．さらに，[^{3}H]ジヒドロカプサイシンを用いて吸収動態を詳細に検討した．その結果，カプサイシンは非能動的に吸収されて，腸管から腸管静脈血中(門脈血中)へと移行し(図5.4)，さらに血液中のアルブミンと結合して全身へ運ばれることが明らかとなった(図5.5)．

　また，カプサイシン以外の辛味成分のうち，代表的なコショウの辛味成分ピペリンと，ショウガの辛味成分ジンゲロンについてもカプサイシンの場合と同様なラット *in situ* 実験系によって調べた．その結果，ピペリンとジン

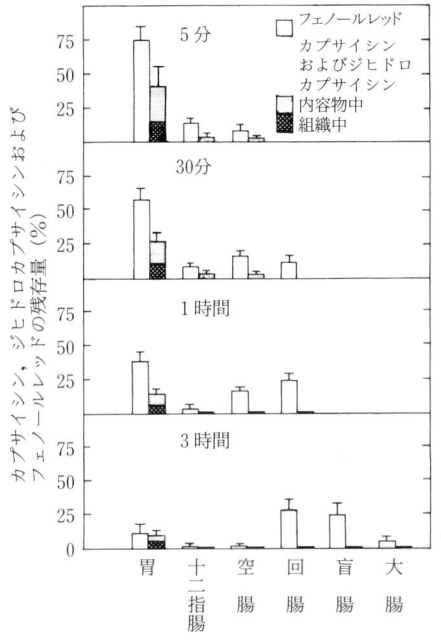

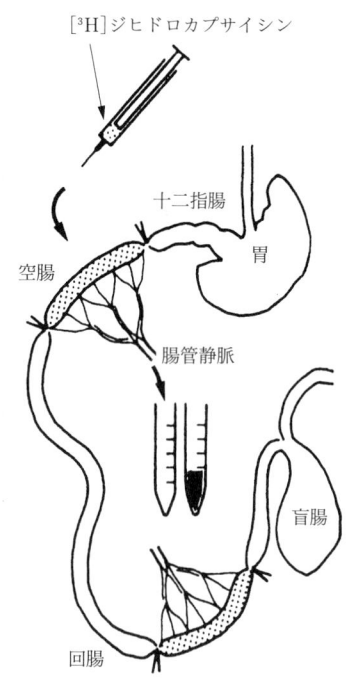

図 5.1 カプサイシン(メルク社製,ジヒドロカプサイシンを 20%含有)を 3mg 経口投与した後の,カプサイシン,ジヒドロカプサイシンおよびフェノールレッド(非吸収マーカー)の消化管内残存量の経時的変化[2]
各値は平均値±標準偏差.

図 5.2 麻酔下ラット *in situ* 実験系

ゲロンは,それぞれ投与量の $86.7\pm5.0\%$ ($n=4$), $96.5\pm2.5\%$ ($n=4$)が投与後 1 時間で吸収され,カプサイシンと同様に消化管でほとんどが吸収されることが明らかとなった[3].

5.2 カプサイシンおよびその同族体の体内代謝

5.2.1 体内代謝経路

ウィスター系雄ラット(体重約 300g)にオリーブ油に懸濁したジヒドロカプサイシン(合成品)20mg/kg をチューブで胃内に投与し,24 時間および 48 時間までの尿を採取した.尿中の代謝物のうち遊離型のものはそのまま,抱合

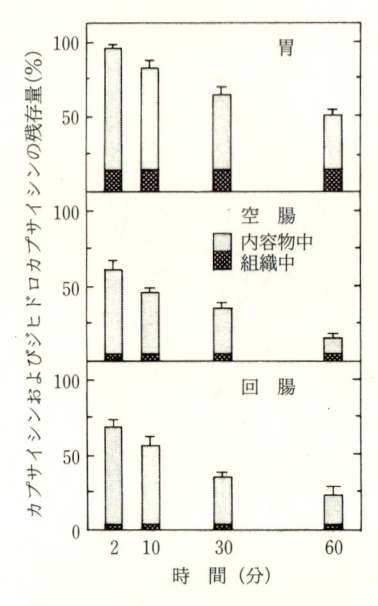

図 5.3 カプサイシンおよびジヒドロカプサイシンの in situ 胃，空腸および回腸結紮ループにおける吸収[2]

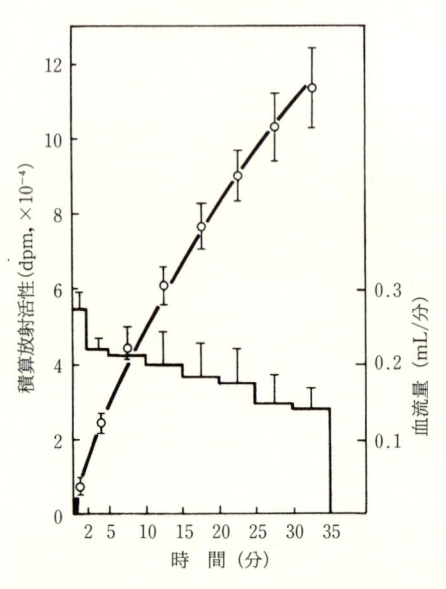

図 5.4 [³H]ジヒドロカプサイシンとその代謝物の空腸結紮ループから腸管静脈血中への出現[2]

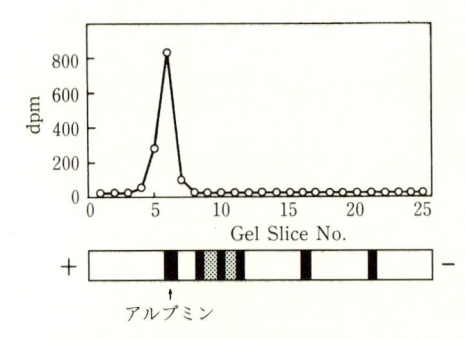

図 5.5 [³H]ジヒドロカプサイシン投与（空腸内）のラット腸管静脈血中に存在する放射活性物質のアルブミンへの結合[2]

血漿は，ディスク電気泳動で分離し，スライス後，放射活性を測定した．

体のものはグルクロニダーゼによって酵素的に脱抱合したのち，酢酸エチルおよびクロロホルム：メタノール（2：1）でジヒドロカプサイシンおよびその代謝物を抽出した．さらに，各代謝物は，TLCまたはHPLCで分離・精製したのち，GC-MSによって同定した[4]．HPLCによる代謝物分析のクロマトグラムの一例を図5.6に示した．その結果，ラット尿中にはジヒドロカプサイシン，バニリルアミン，バニリン，バニリン酸，およびバニリルアルコールが同定され，48時間尿中では，それぞれ8.7%，4.7%，4.6%，19.2%および37.6%で

5.2 カプサイシンおよびその同族体の体内代謝

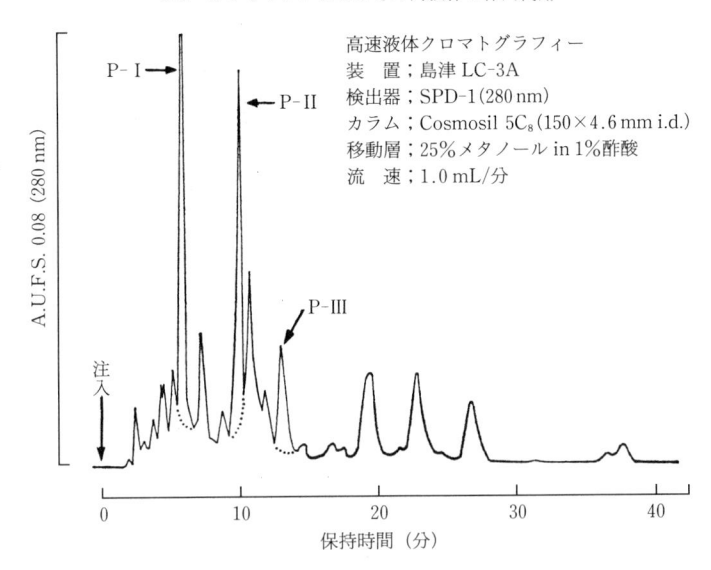

高速液体クロマトグラフィー
装　置；島津 LC-3A
検出器；SPD-1(280 nm)
カラム；Cosmosil 5C$_8$(150×4.6 mm i.d.)
移動層；25%メタノール in 1%酢酸
流　速；1.0 mL/分

図 5.6 ジヒドロカプサイシン投与後のラット尿中物質の高速液体クロマトグラム[4]
P-I：バニリルアルコール，P-II：バニリン酸，P-III：バニリン．

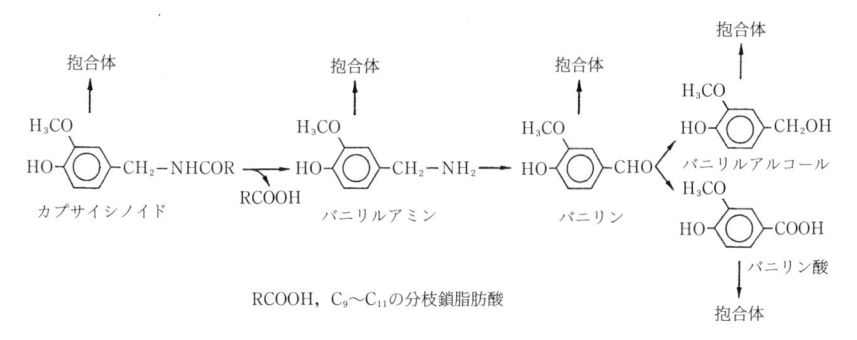

図 5.7 カプサイシンおよび同族体のラット体内における代謝経路[4]

RCOOH，C$_9$〜C$_{11}$の分枝鎖脂肪酸

あり，遊離型およびグルクロン酸抱合体として存在していた．また，投与量の約 10%のジヒドロカプサイシンは吸収されずに糞中に排泄されていた．

　これらの結果から，トウガラシの辛味成分カプサイシンおよびその同族体化合物のラットにおける代謝経路は，図 5.7 のようであろうと推察された[4]．哺乳動物におけるカプサイシンおよびその同族体の主要な代謝臓器は肝臓と考えられるが，カプサイシンの酸アミド結合を加水分解し辛味のない

バニリルアミンと脂肪酸とを生成する反応を触媒する酵素は，肝臓のみならず腎臓，肺，小腸，胃，脳など体内の多くの臓器に存在することが見出されている[4]．本酵素の活性は，生体におけるトウガラシ辛味成分の代謝や，辛味成分の生理作用の発現と密接に関係するものと考えられる．

引用文献

1) T. Suzuki, K. Iwai (A. Brossi ed.), "The Alkaloids", vol.23, Academic Press, New York (1984), p.227.
2) T. Kawada, T. Suzuki, M. Takaishi, K. Iwai, *Toxicol. Appl. Pharmacol.*, **72**, 449 (1984).
3) T. Kawada, S.-I. Sakabe, T. Watanabe, M. Yamamoto, K. Iwai, *Proc. Soc. Exp. Biol. Med.*, **188**, 229 (1988).
4) T. Kawada, K. Iwai, *Agric. Biol. Chem.*, **49**, 441 (1985)

（河田照雄）

5.2.2 カプサイシン分解酵素

筆者らは，ラットにおけるカプサイシンの投与は，主に中枢神経系を介して副腎髄質からのカテコールアミン分泌を促進させることにより，脂質代謝およびエネルギー代謝を亢進させることを明らかにしてきた[1-5]．また in vivo および in situ におけるカプサイシンの体内代謝経路を明らかにし，さらにラットの体内各臓器中にはカプサイシン分解酵素が存在し，特に肝臓には強い酵素活性が存在していることも報告してきた（図5.8）[6]．そこで筆者らは，カプサイシンをラットに摂取させることによって，体内のカプサイシン分解酵素に対してどのような影響を及ぼすのか，すなわち，特にカプサイシンの摂取がカプサイシン分解酵素の誘導を引き起こすのか否かについて，ラットの肝臓中のカプサイシン分解酵素を測定することによって検討を行った[7]．実験では，一定濃度のカプサイシンを添加した飼料をラットに一定期間，継続的に経口投与したときの肝臓を用いて，カプサイシン分解酵素の酵素活性を測定した．また，動物種の違いによって，カプサイシン分解酵素の酵素活性に差異が認められるのかどうかを調べるために，ラット以外の他の動物（ニワトリ・ブタ・ウシ）についても測定を行い，比較検討した．

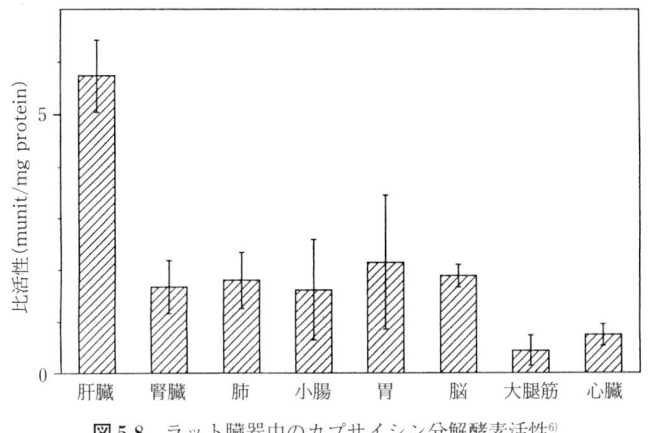

5.2 カプサイシンおよびその同族体の体内代謝

図5.8 ラット臓器中のカプサイシン分解酵素活性[6]

(縦軸：比活性(munit/mg protein)、横軸：肝臓、腎臓、肺、小腸、胃、脳、大腿筋、心臓)

(1) ラット肝臓中のカプサイシン分解酵素の酵素活性の測定

ラットの肝臓を用いて調製した 0.5mL の酵素溶液(ラット肝臓に対して，1.5倍量の 0.1M リン酸カリウム緩衝液(pH 7.2)を用いて肝臓をホモジネートした後，$10\,000 \times g$ で 30 分遠心分離した上清)を，0.5mL のカプサイシン溶液(0.1M リン酸カリウム緩衝液(pH 7.2)中に 2mM のシグマ社製カプサイシン(純度 93％)および 2％のエタノールと 10％の Tween 80 を含む)を基質として 37℃で 60 分間反応後，0.1mL の 6N 塩酸溶液を加えて反応を停止させ，$10\,000 \times g$ で 10 分間遠心分離した後，上清を採取した．この上清を反応溶液として，その中に含まれているカプサイシン量，すなわちカプサイシン残存量を，高速液体クロマトグラフィー(HPLC)で測定した．

図 5.9 に，ラットの肝臓中カプサイシン分解酵素の活性測定における HPLC によるクロマトグラムを示した．(A)は酵素反応をあらかじめ停止させておいた(肝臓酵素液中に，はじめから 0.1mL の 6N 塩酸を加えておいた)肝臓酵素反応液中のカプサイシン残存量(盲検)，(B)は肝臓酵素反応液中のカプサイシン残存量(主検)を示している．このように酵素反応溶液中のカプサイシン残存量は，盲検に対して主検では著しく減少していることが示され，食餌摂取量，体重および肝臓重量による差は認められず，ラットの肝臓におけるカプサイシン分解酵素の存在が確認された．また本実験においては，この主検と盲検の差から，反応 60 分当たりのカプサイシン残存量を求め，カ

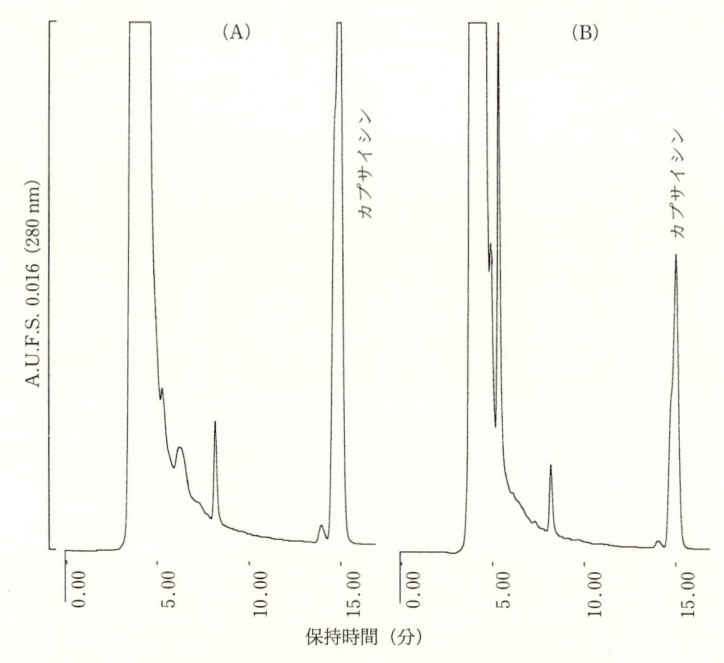

図 5.9 ラットの肝臓中カプサイシン分解酵素の酵素活性測定における
HPLCによるクロマトグラム[7]

(A)は酵素反応をあらかじめ停止させておいた(肝臓酵素液中に,はじめから0.1mLの6N塩酸を加える)肝臓酵素反応液中のカプサイシン残存量(盲検)を示し,(B)は肝臓酵素反応液中のカプサイシン残存量(主検)を示している.HPLCによる分析は,移動相としてメタノール-水(75:25, v/v)を用い,カラムはRP-18T(250×4mm, Irica Instruments),室温(20〜25℃)で,流速0.5mL/minの条件で行った.

プサイシン分解酵素の酵素活性を表した.

(2) カプサイシン摂取ラットにおける肝臓中のカプサイシン分解酵素の誘導

　SD(Sprague Dawley)系,4週齢の雄ラット(体重70〜80g)を用いて,市販標準飼料(粉末状CE-2:日本クレア社製)を投与して3日間予備飼育した後,この市販標準飼料をコントロール食,これにカプサイシンを0.014%添加[8]したものをカプサイシン食とし,この2種類の実験食を,3日,1週間あるいは3週間,ad libitum(自由摂取)で投与した.

　表5.1に,カプサイシンの一定期間の継続的摂取がラット肝臓中のカプサイシン分解酵素活性に及ぼす影響について示した.1週間および3週間カプサイシン食を摂取させたラットの肝臓中のカプサイシン分解酵素活性は,コ

表 5.1 ラット肝臓中カプサイシン分解酵素の活性に対するカプサイシンの持続的経口投与による影響[7]

	酵素活性(munit)[a]		比活性(munit/mg of protein)	
	コントロール食	カプサイシン食	コントロール食	カプサイシン食
3 日間投与	230±16	317±78	2.34±0.79	2.77±0.57
1 週間投与	204±22	466±12**	1.63±0.19	4.23±0.41**
3 週間投与	224±43	449±92**	1.98±0.79	3.96±1.46*

ラットにコントロール食あるいはカプサイシン食を ad libitum(自由摂取)で,3 日間,1 週間あるいは 3 週間投与した後の肝臓を用いて測定した.コントロール食は粉末状の市販標準飼料(CE-2)で,カプサイシン食はコントロール食の粉末状市販標準飼料(CE-2)にカプサイシンを 0.014% 添加した.実験結果は平均値±標準誤差($n=5$ または 6)で示した.*,** はそれぞれ,コントロール食群に対してカプサイシン食群で $p<0.05$ あるいは $p<0.01$ で有意差のあることを示す.
a:1 unit は,反応 60 分,肝臓 1g 当たり 1μmol のカプサイシンを加水分解することを示す.

ントロール食を摂取させたラットの肝臓中の酵素活性と比較して,いずれも有意に高い値を示した.また,3 日間カプサイシン食を摂取させたラットにおいても高くなる傾向が見られた.これらの結果から,カプサイシン分解酵素の誘導は,3 日間のカプサイシンの継続的摂取によって既に始まり,1 週間でピークに達することが明らかとなった.カプサイシンの薬理学的効果や毒性については,これまで多くの報告があり[9-11],Nopanitaya[8]は,ラットでの十二指腸粘膜に対する摂取タンパク質レベルの違いによるカプサイシン投与の影響について報告し,特に低タンパク食摂取のラットでは,組織学的にダメージが激しいことを指摘している.しかしながら,このようなカプサイシンの辛味による刺激性・毒性に対して,カプサイシンの摂取によってカプサイシン分解酵素の誘導が引き起こされるという結果は,生体内における防御反応の一つとして,特に肝臓での解毒作用に対する適応現象が起こっていることが示唆される.また,以上の結果から,生体内においてはカプサイシンの血中濃度が一定以上には上がらないようにする恒常性維持(ホメオスタシス)機構が存在し,これにこのカプサイシン分解酵素が関与していることが考えられる.

(3) カプサイシン分解酵素による反応生成物

カプサイシンをラット肝臓のカプサイシン分解酵素とともに,37℃ で 60 分間反応させたのち,カプサイシンの分解生成物を HPLC で分離同定した.その結果は図 5.10 に示すとおりで,標準化合物と比較することによって反

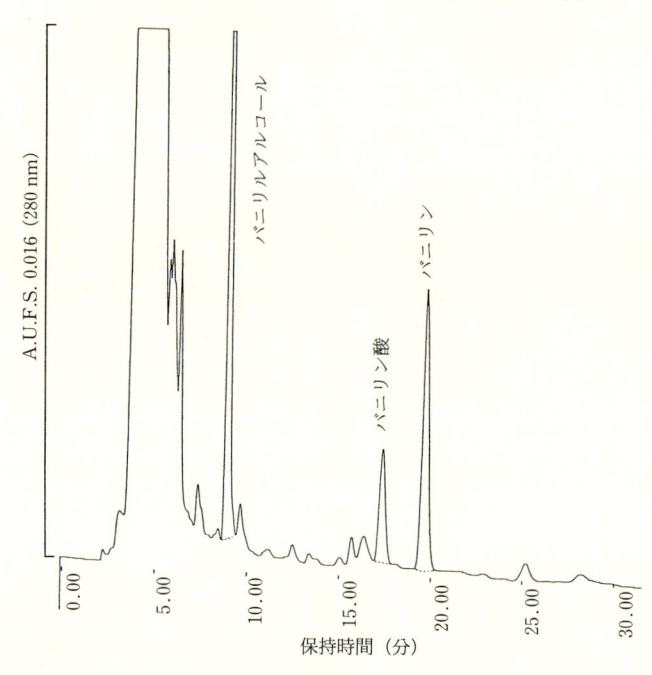

図5.10 肝臓カプサイシン分解酵素によるカプサイシンの反応生成物のHPLCでの測定によるクロマトグラム[7]

HPLCの分析条件は，移動相として0.01% SOS(オクタンスルホン酸ナトリウム)を含むメタノール-水-酢酸 (75：24：1 by vol)を用い，カラムはRP-18T (250×4mm, Irica Instruments)，室温(20〜25°C)で，流速は0.5mL/minにして行った．

表5.2 ラットの肝臓から調製されたカプサイシン分解酵素による各反応生成物の生成量[7]

	nmol/g of liver	
	コントロール食	カプサイシン食
バニリルアルコール	193.9±23.1	161.4±28.8
バニリン	16.8± 5.7	24.6± 4.9
バニリン酸	6.4± 1.7	8.1± 3.2
カプサイシン分解量	223.8±43.3	449.5±92.5*

ラットにコントロール食あるいはカプサイシン食を ad libitum (自由摂取)で，3週間投与した後の肝臓を用いて測定した．コントロール食は粉末状の市販標準飼料(CE-2)で，カプサイシン食はコントロール食の粉末状市販標準飼料 (CE-2)にカプサイシンを0.014%添加した．実験結果は平均値±標準誤差($n=5$ または 6)で示す．＊はコントロール食群に対してカプサイシン食群で有意差($p<0.05$)のあることを示す．

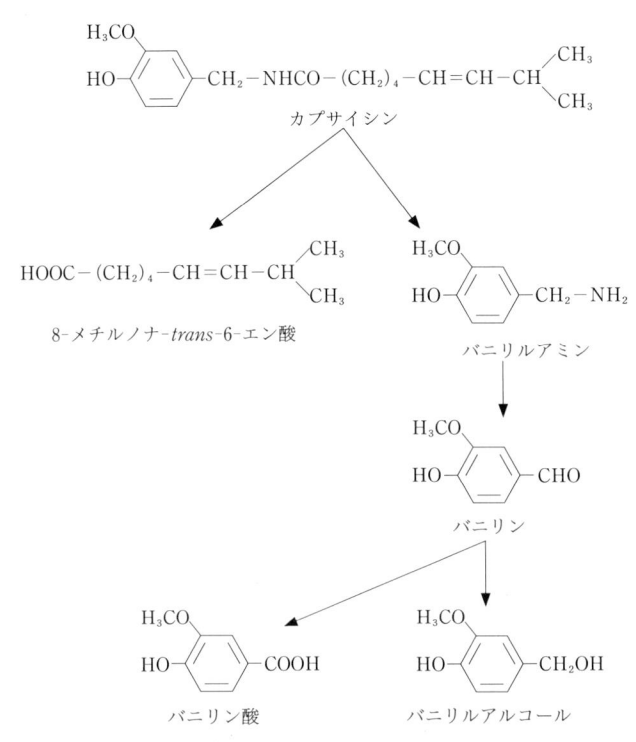

5.2 カプサイシンおよびその同族体の体内代謝

図 5.11 ラットにおけるカプサイシンの代謝経路[6]

応生成物はバニリルアルコール，バニリン酸，バニリンであり，主な反応生成物はバニリルアルコールであることが示された．3週間，コントロール食あるはカプサイシン食を摂取させたラットの肝臓から調製したカプサイシン分解酵素による反応生成物の生成量を表5.2に示した．この結果からわかるように，カプサイシンの分解量には明らかに有意差が認められたが，それぞれの反応生成物の量は，コントロール食あるいはカプサイシン食を摂取させたラットにおいて，いずれもほぼ同様の値を示し，有意差は認められなかった．筆者らはこれまでに，カプサイシンのラット体内での代謝経路を明らかにしてきた[6]（図5.11）．すなわち，カプサイシンはまず，最初にバニリルアミンと 8-メチルノナ-*trans*-6-エン酸を生成し，次に脱アミノによりバニリンとなった後，バニリン酸あるいはバニリルアルコールとなる．そして，これらは尿中でグルクロン酸抱合体となって排泄されるのである（5.2.1項，

図5.7参照).これらの代謝物は,本研究のカプサイシン分解酵素によって検出された反応生成物の成績(図5.10および表5.2)と同様であった.また図5.10に示されるように,本実験においては,バニリルアミンは検出されなかった.しかし,予備実験においてバニリルアミンをこの反応実験の基質に用いたときには,コントロール食あるいはカプサイシン食を摂取させたそれぞれのラットの肝臓から調製したカプサイシン分解酵素のいずれにおいても,バニリルアルコールおよびバニリン酸の生成量に差は認められなかった.これらのことから,カプサイシンの代謝は,カプサイシン分子の酸アミド結合を加水分解するステップが,まず初発反応として行われ,またこれがカプサイシンの代謝分解過程における律速段階となっていることが示唆された.

(4) 異なった動物種におけるカプサイシン分解酵素の分布

異なった動物種におけるカプサイシン分解酵素活性の分布を明らかにするために,ニワトリ・ブタ・ウシの肝臓を用いて,同様の実験を行い比較検討した.図5.12に,それらの結果を,ラットの肝臓中のカプサイシン分解酵素活性(本実験において,コントロール食を摂取したSD系雄ラットの肝臓の酵素活性)と比較して示した.その結果,ラットに見出されたカプサイシン分解酵素活性は,ニワトリ,ブタ,およびウシにおいても同様に高い活性が認められ,なかでも,ニワトリの肝臓が構成酵素(constitutive enzyme)として特に高い活性を示すことが明らかとなった.

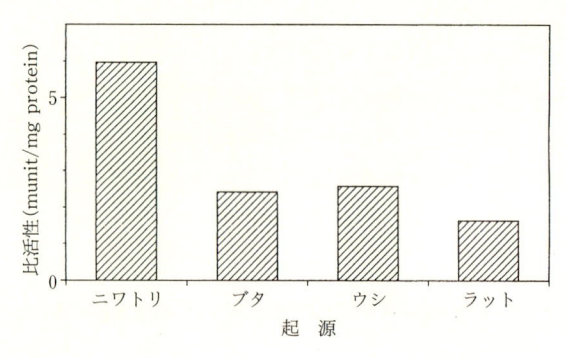

図5.12 動物種の違いによるカプサイシン分解酵素活性 (肝臓)[7]

(5) カプサイシン分解酵素：新しい酵素の可能性

前述のようにカプサイシン分解酵素は，カプサイシンの酸アミド結合を分解する酵素活性を有することが明らかとなったので，既知の酸アミド結合の加水分解を触媒することが知られている数種の市販酵素標品についても，同様にその酵素活性が認められるのかどうかを検討した．市販酵素標品としては，シグマ社の種々のタイプのペプシン，トリプシン，プロテアーゼ，ペプチダーゼおよびアミノアシラーゼを用い，本研究における酵素反応実験と同様の実験を行ったが，いずれの酵素標品もカプサイシン分解酵素活性は示さなかった．したがって，カプサイシン分解酵素はカプサイシンの酸アミド結合を特異的に分解する「新しいタイプの酵素」である可能性が示唆された．その後Parkら[12]は，ラットの肝臓ミクロソームからカプサイシン分解酵素を単離精製し，特にその性質については，カルボキシエステラーゼ（EC 3.1.1.1）に属するアイソザイムであると報告している．このカプサイシン分解酵素については，今後，酵素の特性および性質などについて，さらに詳細な検討が必要と考えられる．

引用文献

1) T. Watanabe, T. Kawada, M. Kurosawa, A. Sato, K. Iwai, *Am. J. Physiol.*, **255**, E23 (1988)
2) T. Kawada, T. Suzuki, M. Takahashi, K. Iwai, *Toxicol. Appl. Pharmacol.*, **72**, 449 (1984)
3) T. Kawada, K.-I. Hagihara, K. Iwai, *J. Nutr.*, **116**, 1272 (1986)
4) T. Kawada, T. Watanabe, T. Takaishi, T. Tanaka, K. Iwai, *Proc. Soc. Exp. Biol. Med.*, **183**, 250 (1986)
5) T. Watanabe, T. Kawada, M. Yamamoto, K. Iwai, *Biochem. Biophys. Res. Commun.*, **142**, 259 (1987)
6) T. Kawada, K. Iwai, *Agric. Biol. Chem.*, **49**, 441 (1985)
7) Y. Oi, T. Kawada, T. Watanabe, K. Iwai, *J. Agric. Food Chem.*, **40**, 467 (1992)
8) W. Nopanitaya, *Dig. Dis. Sci.*, **19**, 439 (1974)
9) T. Suzuki, K. Iwai (A. Brossi ed.), "The Alkaloids", vol.23, Academic Press, New York (1980), p.227.
10) S. H. Bucks, T. F. Burks, *Am. Soc. Pharmacol. Exp. Ther.*, **38**, 179 (1986)
11) R. Gamse, A. Molnar, F. Lembeck, *Life Sci.*, **25**, 629 (1986)

12) Y.-H. Park, S.-S. Lee, *Biochem. Mol. Biol. Int.*, **34**, 351 (1994)

〔狩野(尾井)百合子・岩井和夫〕

5.2.3 カプサイシンのクリアランス

オーストリアの Saria ら[1]は，カプサイシンの薬理学的な作用が生体組織によって異なる理由を調べる目的で，サブスタンス P やソマトスタチンの枯渇が起こる量のカプサイシンを投与したときのラットにおけるカプサイシンの動態を調べている．

ペントバルビタール麻酔下で，人工呼吸を施した 200～250 g の SD 系ラットにカプサイシン 2mg/kg を大腿静脈から投与し，3 分後と 10 分後の各臓器中のカプサイシン含有量を測定した．臓器を摘出後，10 倍量の冷アセトンでカプサイシンを抽出し，溶媒を留去後，メタノールに溶解させて，逆相 HPLC でカプサイシンを定量した．この方法で，カプサイシンの回収率は 90％，検出限界は 3ng であった．図 5.13 に示すように，静脈投与後，カプサイシンは各組織に速やかに移行した．肝臓と血中では速やかにカプサイシン量は減少したが，脳と脊髄では投与 10 分後でも高い値を示した．

同様の実験系で，今度はカプサイシン 50mg/kg を皮下投与したところ，

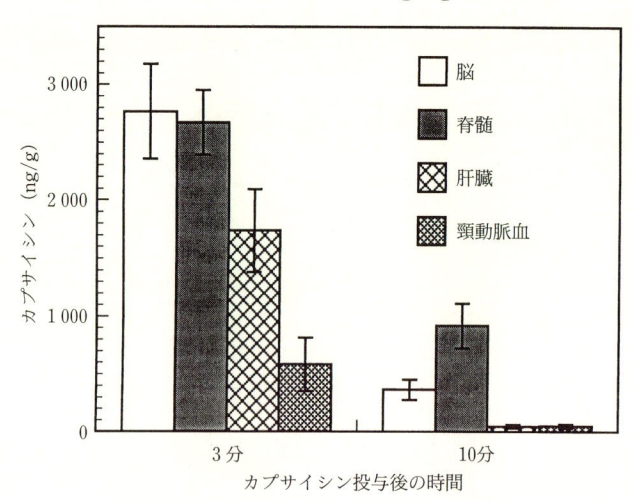

図 5.13 カプサイシン静脈投与後の組織中のカプサイシン量
(文献 1)を改変)

血中では10分，30分と次第にカプサイシン濃度が上昇し，5時間で最も濃度が高くなった．脳や脊髄中の濃度も血中と同程度であった．肝臓では，非常に低い値がずっと続いた．これに対し，腎臓では投与後30分から100分で最大値を示して5時間まで変わらず，また血中や神経系の2倍程度の高い値を示した．投与17時間後では，血中以外の組織では，カプサイシン濃度は検出限界以下に低下した．

これらのことから，カプサイシンは，体内に吸収されると種々の臓器に速やかに取り込まれること，肝臓での消失が速やかであることから肝で代謝されること，神経系にも速やかに取り込まれるが，カプサイシンの特異的作用部位と考えられている脊髄に選択的に取り込まれているわけではなく，脳にも取り込まれることなどがわかる．

岩井らのグループ[2]は，カプサイシンの高感度検出系として，HPLCに電気化学検出器(EC)を接続した系を開発し，カプサイシンのクリアランスを調べている．

ECは，酸化還元反応を受ける化合物を非常に高感度に検出できる装置である．岩井らはまず，カプサイシンの最適測定条件を検討し，加電圧+750mVでカプサイシンが測定できることを見出した．逆相カラムを用いたHPLCで，従来法とECによる感度を比べたところ，UV法(279nm)では検出限界が$8\mu g$，蛍光法(励起波長270nm，検出波長330nm)では$5\mu g$であったのに対し，ECでは20ngとUV法の400倍，蛍光法の250倍高感度であった．この方法により，微量の生体試料を用いて，濃縮することなくカプサイシン量を測定することが可能となった．

このHPLC-EC法により，ペントバルビタール麻酔下のラットでカプサイシン1mg/kgを腹腔および血中に投与し，血中カプサイシン濃度を経時的に測定して，半減期を求めている．腹腔内投与では，生物学的半減期は7.06 ± 1.64分$(n=5)$，大腿静脈からの血中投与では$4.08\pm0.24(n=4)$と非常に短い値を示した．

また，岩井らは同じくECを用いて，7.2節に示した無辛味カプサイシノイドのクリアランスも測定している[3]．麻酔下ラットに$273\mu g/kg$のステアロイルバニリルアミド(バニリルオクタデカンアミド，C_{18}-VA)を大腿静脈より

投与した後,副腎静脈中のC_{18}-VA 濃度を経時的に C 4 カラムを用いた HPLC-EC で測定し,生物学的半減期を求めた. その結果, 3.33±0.30 分 ($n=4$)という半減期が得られた. 投与量がカプサイシンの場合とは異なるために単純な比較はできないが,カプサイシンと同程度のクリアランス速度であることがわかる.

無辛味カプサイシノイドのクリアランスとしては,オレイン酸を側鎖にもつカプサイシン同族体であるオルバニル(olvanil, oleoylvanillylamide, $C_{18:1}$-VA)について,P&G 社の Sietsema ら[4]も報告を行っている. 彼らは,オルバニルの鎮痛作用を検討していて,ラットでは経口投与で有効であるが,マウスでは効力が認められなかったことから,マウスで経口および皮下投与したときのオルバニルの動態を詳細に調べた. ベンジル炭素を^{14}Cで標識したオルバニルと, コールド(非標識)のオルバニルをマウスに経口(222mg/kg)または皮下(203mg/kg)投与して,経時的に心臓採血し, 血漿中の放射活性と代謝を受けていないそのままのオルバニルの量を測定した. そのままのオルバニルは, C 8 カラムを用いる逆相 HPLC-EC(+775mV)で定量した. 放射活性は,経口投与で皮下投与よりも早く(経口で 90 分後, 皮下では 6 時間後), 強い(皮下のおよそ 2 倍)ピークが認められた. これに対し,代謝されていないオルバニルの測定では,経口投与の場合はほとんど検出されなかったが,皮下投与では投与後 90 分に顕著な高値を示し始め, 12 時間まで高い値を示した. 濃度-時間プロットから求めた面積値で,皮下投与では 8.0±2.2μg・h/g と経口投与(0.1±0.01μg・h/g)の 80 倍高い値が検出された.

放射活性が経口投与で速やかに上昇したのに対し,代謝を受けていないオルバニルがほとんど検出されなかったことから,マウスでは,消化管から血流に入ったオルバニルは速やかに初回通過代謝を受けるものと考えられる.

同様に, Lembeck ら[5]は放射性ジヒドロカプサイシンの胃内投与実験で,カプサイシノイドも初回通過代謝を受けることを報告している.

引用文献

1) A. Saria, G. Skofisch, F. Lembeck, *J. Pharm. Pharmacol.*, **34**, 273(1982)
2) T. Kawada, T. Watanabe, T. Katsura, H. Takami, K. Iwai, *J. Chromatogr.*, **329**, 99(1985)

3) 渡辺達夫,前重克彦,河田照雄,岩井和夫,未発表.
4) W. K. Sietsema, E. F. Berman, R. W. Farmaer, C. S. Maddin, *Life Sci.*, **43**, 1385(1988)
5) J. Donnerer, R. Amann, R. Schuligoi, F. Lembeck, *Naunyn-Schmiedebergs Arch. Pharmacol.*, **342**, 357(1990)

(渡辺達夫・岩井和夫)

第6章　辛味成分の生理作用

6.1　カプサイシンと神経機能

　トウガラシ(Red pepper)などの香辛料を口に含むと強烈な辛味と同時に熱感を感じ，その後では低温の湯水でも熱く感じるのはよく経験することである．これが，ホット(hot)と呼ばれるゆえんである．しかし，激辛といわれる食品を大量に持続して食すると辛さを感じなくなることも経験する．また，皮膚や粘膜などに辛味成分を塗布すると皮膚の発赤とひりひりした刺激感や焼けるような痛み(灼熱感)を感じる．これらの現象や症状はトウガラシの辛味成分であるカプサイシン(capsaicin)が知覚神経に作用して起こしたものである．カプサイシンは知覚神経に対して二つの異なった作用を起こすことが知られている．すなわち，濃度が低いと知覚神経を刺激して辛味と熱感を生じるが，高濃度(激辛)では知覚神経の機能が消失して辛味を感じなくなる．カプサイシンの知覚神経に対する作用は非常に選択性が高く，他の神経にはほとんど作用しない．カプサイシンはこれらの作用から知覚神経の機能を調べる薬物(ツール)として使われている．本節では，カプサイシンの神経機能に及ぼす影響について概説する．

6.1.1　カプサイシンと知覚神経

　知覚神経(sensory neurons)は第一次求心性神経(primary afferent neurons)と呼ばれ，その機能として生体の外部および内部環境からの情報を受けて中枢神経に伝える(求心性)役割を果たしている．この情報に基づいて生体は運動神経や自律神経を通して遠心性に様々な行動や生体反応を起こして生体内恒常性(homeostasis)を維持している．知覚神経は解剖学的に大きく三つに分けられ，神経軸索が太くて髄鞘(ミエリン鞘，myelin sheath)で覆われた有髄線

6.1 カプサイシンと神経機能

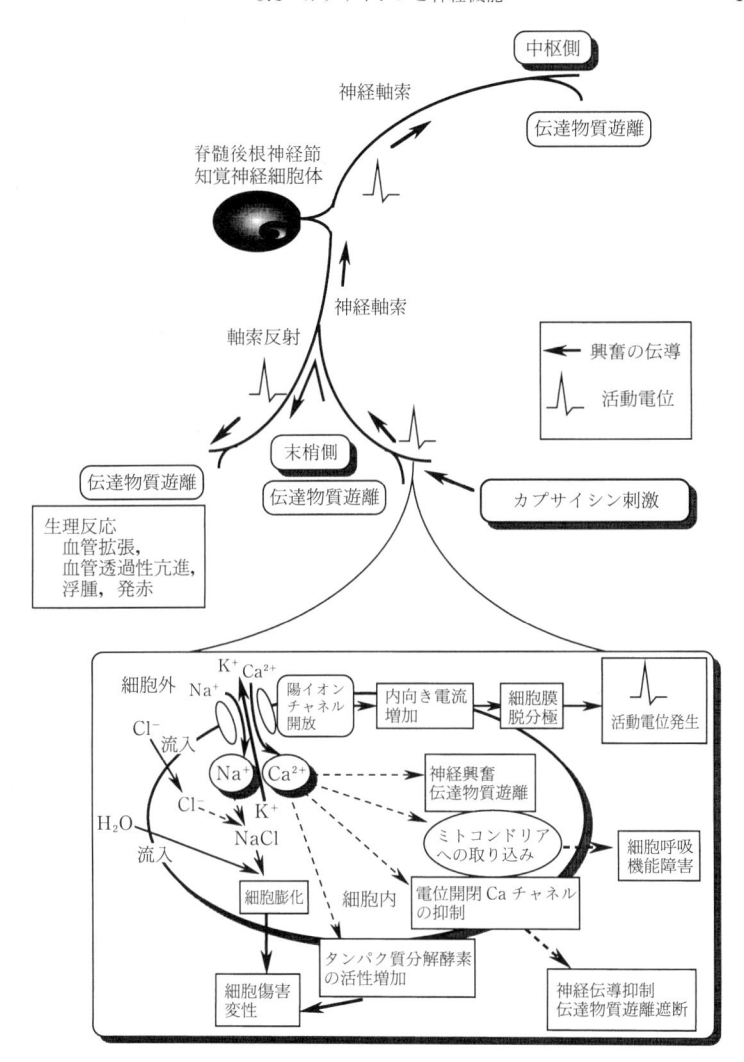

図 6.1 カプサイシンの知覚神経作用機序

維(A$\alpha\beta$線維),細い有髄線維(Aδ線維),細くてミエリン鞘を持たない無髄線維(C線維)がある.いずれのタイプの神経も細胞体は脊髄近くの脊髄後根神経節内にあり,ここから末梢組織と中枢神経側の両方向に神経が走行して終末となっている(図6.1).機能的にはA$\alpha\beta$線維は神経伝導が最も速く,皮膚や筋肉からの機械的な刺激情報を伝える.Aδ線維は中間の伝導速度を持

ち,痛覚,触覚,冷覚を伝える.C線維は伝導速度が最も遅く,侵害刺激によって生じる痛覚,温覚,冷覚を伝える.例えば,皮膚を針などで刺して侵害刺激を与えると,瞬間的に鋭い痛みを感じる(fast pain).この速い痛みはAδ線維によって伝えられている.その後続いて,焼けるようで,ずきずきする痛みが持続的に起こる(slow pain)が,この遅い痛みはC線維によって伝えられている.C線維はまた,機械的および熱の両刺激に感受性がある侵害受容器(polymodal nociceptor)の情報を伝導することも知られている.これらの神経内には様々な神経ペプチド;サブスタンスP(substance P, SP),ニューロキニンA(neurokinin A, NKA),カルシトニン遺伝子関連ペプチド(calcitonin gene-related peptide, CGRP),ガラニン(galanin),血管作動性腸管ポリペプチド(vasoactive intestinal polypeptide, VIP),ソマトスタチン(somatostatin)が含まれ,他の神経や非神経細胞との伝達に関与していると考えられている.

(1) カプサイシンの急性効果

カプサイシンを求心性知覚神経に作用させると,中枢神経側,末梢側,神経細胞体の適用する部位に関係なく,知覚神経は刺激され,興奮を生じる[1,2].末梢側の知覚神経終末に適用すると,神経は脱分極を生じて活動電位を発生する.この時,灼熱痛(燃えるような,あるいは焼けるような痛みと表現される)を感じる.この痛みを感じる濃度(閾値)は粘膜や皮膚の水疱部分での30nM(3×10^{-8}M)に対して,口腔内や舌上では20倍ほど高く700nM(7×10^{-7}M)と言われている[1].一方,神経軸索上に直接作用させた場合は30〜100nM(3×10^{-8}〜1×10^{-7}M)で活動電位を発生する.カプサイシンの知覚神経,特にC線維とAδ線維に作用する選択性は非常に高いことが知られている(表6.1).例えば,脊髄の前根線維(運動神経および自律神経が走行する),視覚神経線維,交感神経節,節前および節後線維,腸管壁内神経にカプサイシンを作用させても興奮は起こらない[1].神経組織以外の細胞や組織にもカプサイシンが作用する(例えば,血管収縮,血小板凝集抑制,プロスタグランジン合成抑制)という報告はあるが,その濃度は知覚神経興奮作用に要する濃度よりも300〜3000倍高濃度である[1].カプサイシンによる求心性知覚神経の刺激は中枢神経に伝えられ,その結果様々な反応を引き起こすことが

知られている.最も著明な反応は痛みの感覚であるが,それに続いて痛みへの防御や痛覚から逃れようとする様々な反応(反射 reflex)が惹起される[1].その反射反応として気管支収縮,咳,くしゃみなどの気道刺激に対する反応,循環器や温度調節の変化,神経ホルモン分泌調節の変化が知られている.

カプサイシンのもう一つの特徴ある作用として軸索反射(axon reflex)と呼ばれる反応を引き起こす(図6.1).この軸策反射はカプサイシンによる興奮が中枢神経へ伝えられる途中で知覚神経から分岐した神経へ伝えられて末梢側へも伝えられる反射である.その結果カプサイシンを適用した部位から離れたところに血管拡張が起こり皮膚の発赤や腫れが見られる.この血管拡張反応は知覚神経に含まれている神経ペプチドが遊離されて起こると考えられている.さらに最近の研究では,カプサイシンが知覚神経終末に直接作用してこの神経ペプチド(SP, CGRP, somatostatin)を遊離させることが明らかになっており,知覚神経の遠心作用(afferent neuron-induced efferent action)といわれている[1](表6.1,図6.1).カプサイシンによって遊離された神経ペプチドは血管拡張,血管透過性亢進,心臓興奮,平滑筋収縮,組織修復や細胞増

表6.1 カプサイシンが作用する神経と主な作用機序

1 カプサイシンが作用する神経の種類とその作用
  1) 第一次求心性神経の興奮作用(急性効果)
    ・痛覚,触覚,温覚を伝導する C 線維(無髄線維)
    ・痛覚,触覚を伝導する Aδ線維(有髄線維)
    ・カプサイシンレセプター(バニロイドレセプター;TRPV1)の刺激
    ・細胞膜陽イオンチャネルの開放と陽イオンの細胞内流入,活動電位発生
    ・神経ペプチドの遊離
  2) 第一次求心性神経の脱感作作用(亜急性効果)
    ・神経興奮作用の消失
    ・神経伝導の遮断
    ・神経終末からの伝達物質遊離後,その枯渇による神経機能の低下
  3) 第一次求心性神経の神経毒性作用(慢性効果)
    ・細胞内 NaCl およびカルシウム蓄積による神経毒性と変性
    ・神経ペプチド枯渇による神経終末機能の低下・消失
    ・知覚神経(細胞体と終末)の消失(除神経)
2 カプサイシンが遊離する主な神経ペプチド
    サブスタンス P (substance P)
    カルシトニン遺伝子関連ペプチド(calcitonin gene-related peptide)
    ニューロキニン A (neurokinin A)
    ソマトスタチン(somatostatin)

殖などの生理活性作用を有する．しかしながら，カプサイシンは他の古典的な神経伝達物質(ノルアドレナリン noradrenaline, アセチルコリン acetylcholine, セロトニン serotonin, γ-アミノ酪酸 γ-aminobutyric acid ; GABA)や VIP などのペプチドは遊離しないという特徴をも有している．

(2) カプサイシンによる知覚神経の感受性亢進と脱感作(亜急性効果)

　低濃度のカプサインを求心性知覚神経に繰り返し適用すると，神経の興奮性がだんだん大きくなり感受性が亢進することが知られている．この感受性亢進はすべての知覚に対して起こるのではなく，温度や機械的刺激に対して鋭敏になる[3]．激辛などの辛味の強い食べ物を食した後，わずかな温度の水でも熱く感じる経験をすることがあるが，辛味成分による知覚感受性の亢進(知覚過敏)が関与していると思われる．しかし，その詳細な機序については明らかにされていない．

　カプイサシンの適用によって容易に起こる現象として，知覚神経の興奮後に起こる脱感作，すなわち知覚神経の伝導抑制(麻痺)が知られている[1]．この現象はカプサイシン適用を数回繰り返すと容易に発現し，その後はカプサイシンを適用しても知覚神経興奮は起こらない．しかも，他の方法で神経を刺激しても興奮は生じないので，神経の伝導が抑制される．特に高濃度のカプサイシンでは速やかに起こり，神経も傷害される．低濃度では，神経傷害はみられず，痛覚を伝導する知覚神経の伝導がよく抑制され，抗侵害効果(鎮痛，抗炎症)が得られる．カプサイシンの神経伝導抑制は知覚神経 Aδ 線維および C 線維で特異的に起こるが，他の神経線維(交感神経，脊髄前根線維，視覚線維)では起こらないという特徴がある．

　カプサイシンの高濃度を知覚神経に投与すると神経は傷害を受け，神経機能が消失し，神経毒性が現れる[1,2]．この神経機能の消失は短時間で起こり，この時，多量の神経ペプチドが神経終末から放出される．カプサイシンを処置された組織では，カプサイシンはもちろん他の刺激(電気刺激など)による神経ペプチドの遊離も出現しない．しかし，自律神経や脊髄前根線維に対してカプサイシンは神経毒性を示さない．

　血管に分布する神経は主に交感神経であるが[4]，カプサイシンに感受性が高い神経も分布する[5]．その中でも強力な血管弛緩作用を有する神経ペプチ

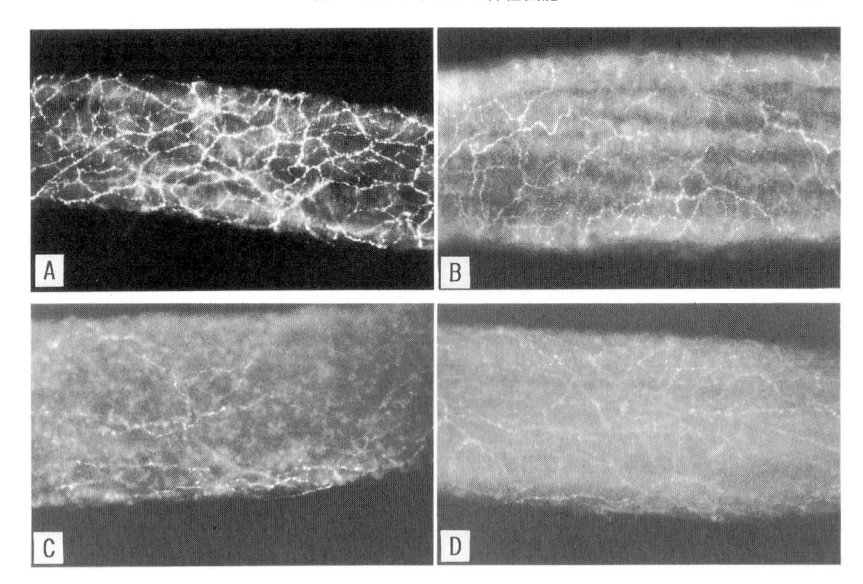

図 6.2 血管に分布する神経ペプチドを含有する血管周囲神経(白い線状線維)[6]
A：カルシトニン遺伝子関連ペプチド(CGRP)，B：サブスタンス P (SP)．C：血管作動性腸管ポリペプチド(VIP)，D：カプサイシン適用後の CGRP 含有神経の消失．

ド CGRP を含む神経(CGRP 含有神経)が多く分布し，血管の緊張度の調節に関与している[6]．図 6.2 に示したように血管周囲神経に含まれる CGRP 様免疫活性はカプサイシン高濃度(10^{-6}M)適用後には消失する．同時に CGRP 含有神経を介する血管拡張反応は消失するが，交感神経刺激による血管収縮反応は抑制されない[6]．近年，筆者らの研究から，動脈血管に分布する交感神経とカプサイシン感受性の CGRP 含有神経との間に相互干渉があることが明らかにされた[7]．この神経相互干渉が発現するには両神経は近接する必要がある．そこで，動脈(腸間膜動脈)に分布する交感神経の伝達物質ニューロペプチド Y (NPY) および CGRP 含有神経の伝達物質 CGRP の各抗体を用いて免疫組織化学的手法(二重免疫染色法)で検討した結果，NPY 含有交感神経と CGRP 含有神経が重なった部分が多数存在することが確認され，両神経の一部は近接して走行していることが示されている[7]．この近接した部分において，交感神経から伝達物質として酸性物質(H^+)プロトンが遊離され，これが隣接する CGRP 含有神経上の受容体 (バニロイドレセプター；TRPV1,

後述)を刺激して CGRP 含有神経を興奮させ,血管を拡張することが推測されている[1]).

一方,カプサイシンの神経毒作用は年齢に依存し,若年齢ほど感受性が高くなり,発現しやすくなる.動物実験では新生児にカプサイシンを投与すると求心性知覚神経が傷害を受け,除神経(denervation)されるが,この時神経細胞体が傷害を受け,神経変性(degeneration)を起こしている.カプサイシンの神経毒作用が若年齢ほど強いという現象は,子供には香辛料を控えるという昔からの言い伝えがあることを考えると興味深い.

6.1.2 作用機序
(1) 神経興奮作用

生体を構成する細胞の細胞膜は半透膜と呼ばれ,水(H_2O)は通過させるが Na^+, Ca^{2+}, Mg^{2+} などの陽イオン(cation)は通過させない性質を持つ.そのためにこれらの陽イオンは細胞外に多く,細胞内は少ない.一方,K^+ はポンプを使って細胞内に汲み入れられているので細胞内に多い.この陽イオン濃度の差によって細胞膜は,静止状態では外側が陽性に内側が陰性に荷電している(分極).細胞膜はこれら陽イオンを通過させるために各イオン専用の通路(チャネル channel)を設けており,細胞外の情報に基づいてチャネルを開放し,細胞内にイオンを流入させ,細胞膜に電気的変化を発生させる.神経や筋肉などの興奮性細胞は,ナトリウム(Na)チャネルを開放して Na^+ を細胞内に流入させ,細胞膜の電位を反転させ(脱分極)て活動電位(action potential)を発生させる.この時,カリウム(K)チャネルも開き K^+ は細胞外に流出し,脱分極に寄与する.この活動電位は神経では興奮の伝導に使われる.続いて細胞膜の脱分極が情報となって(電位依存性),カルシウム(Ca)チャネルが開き Ca^{2+} が細胞内に流入する.Ca^{2+} の細胞内増加は,神経では伝達物質の遊離,筋肉では収縮を引き起こす.細胞内に流入した陽イオンは細胞膜に作られたポンプを使って細胞外に汲み出され,細胞膜は静止状態にもどって一連の興奮が終了する.

カプサイシンを知覚神経に適用すると,神経細胞膜の陽イオンに対する透過性亢進が生じる[1]).陽イオンの透過性亢進は細胞膜の陽イオンチャネル

(cation channel)が開放する結果生じると考えられている．この陽イオンチャネルはイオンに対する選択性がなく，各種陽イオンを透過させるが，その透過性は $Ca^{2+}>Mg^{2+}>K^+>Na^+$ の順である[1,8]．カプサイシンによる非選択的陽イオンチャネルの開放によって各種陽イオン，特に Ca^{2+} および Na^+ が細胞内に流入し，内向き電流が流れて細胞膜は脱分極する．一方，K^+ は細胞内から流失し，細胞膜の脱分極に寄与する．その結果，活動電位が発生して神経興奮が生じてその興奮が伝導する[8]（図6.1）．細胞内に流入した Ca^{2+} は二次的な細胞内情報をもたらし，伝達物質の遊離や Ca^{2+} 依存性酵素の活性化を起こす．

高濃度のカプサイシンを知覚神経に適用すると容易に脱感作を起こして，神経伝導の遮断が起こる．この神経伝導遮断は $1\mu M(10^{-6}M)$ までの濃度では2時間程度で回復するが，それ以上の濃度では回復せず不可逆的である．神経伝導が遮断されると遮断部位から中枢側への神経の興奮は伝導されず，知覚麻痺が起こる．その機序として神経軸索の脱分極の持続と細胞内 Ca^{2+} 蓄積による電位開閉（依存性）カルシウムチャネルの抑制が考えられているが，詳細な機序は不明である．

(2) 神経毒作用

カプサイシンの高濃度適用は求心性知覚神経に不可逆的な傷害を起こして，神経毒作用を生じる[1,2,8]．カプサイシンの神経毒作用の発現機序は神経興奮作用の機序と本質的に同一である．カプサイシンによって神経細胞膜の陽イオンチャネルが開放すると，細胞内に多量の Ca^{2+} と Na^+ が流入し，細胞膜の脱分極が生じて活動電位が発生して，一過性の興奮が起こる．細胞内の過剰な Ca^{2+} は細胞毒であるため，その多くはミトコンドリアに取り込まれる．その結果ミトコンドリアの膨化が生じ，細胞呼吸系が抑制される．さらに，細胞内に増加した Ca^{2+} はタンパク質分解酵素などの Ca^{2+} 依存性酵素を活性化させ，細胞構築成分を分解して神経変性を生じると考えられている．また，多量の Na^+ 流入が引き金となって陰イオンの Cl^- も受動的に流入し，細胞内に NaCl が蓄積する．この NaCl 蓄積は細胞内に水（H_2O）の流入増加を来して，細胞は膨化し浸透圧の変化を生じて細胞破壊を起こすと考えられている[8]（図6.1参照）．

カプサイシンによる神経毒作用に先行して，知覚神経に含まれる SP や CGRP などの神経ペプチドが大量に放出され，神経終末での枯渇が起こる．その結果，神経伝達が長期間にわたって阻害される[1]．

(3) カプサイシンレセプター

カプサイシンは求心性知覚神経，特に細い無髄線維により選択的に作用するが，同じ無髄線維である自律神経や有髄線維の運動神経にほとんど作用しない．この高い選択性の機序として求心性知覚神経にはカプサイシンが結合する部位，すなわち受容体(カプサイシンレセプター)が分布することが最近の研究で明らかにされた[9-11]．カプサイシンレセプターはバニリル基をもつ化合物がより選択的に結合することからバニロイドレセプターとも呼ばれている．近年では，バニロイドレセプターは TRPV (transient receptor potential vanilloid) の一員 TRPV1 として分類されている．カプサイシンレセプターは陽イオンを非選択的に通す陽イオンチャネルと複合体を形成していると考えられている．詳細については第3章を参照されたい．

カプサイシンの神経毒作用は高濃度で発現するが，年齢に依存する．動物では新生児に高用量(通常 50mg/kg)を投与すると，知覚神経の細胞体および神経終末が変性して，神経が消失する(除神経)現象が見られる．一方，成熟した動物では主に知覚神経終末が傷害される．この年齢による違いは神経上のカプサイシンレセプター/陽イオンチャネル複合体の発達の違いのためと考えられている．カプサイシンの反応性は神経成長因子(nerve growth factor, NGF)の存在によって影響され，NGF が存在しないとカプサイシンの作用は著しく減少することが知られている[12]．NGF はカプサイシンレセプター/陽イオンチャネル複合体の発現に重要で，神経発達時には大量に生成されている．そのため新生児では NGF が高濃度に存在するのでカプサイシンの神経毒性が出現しやすい．一方，成熟動物では NGF の生成は減少しているため，カプサイシンの反応性が低下しており，神経毒性が出現しにくいと考えられている．しかし，神経終末ではカプサイシンレセプター/陽イオンチャネル複合体が多く分布するため神経毒作用が現れると考えられている．また，動物種差もあり，サル，イヌ，ラット，マウス，モルモットの知覚神経はカプサイシンに対して感受性が高く，ウサギ，ハムスターは明らかに低い

ことが知られている[1]).

　カプサイシンは知覚神経機能に対して二つの相反する作用をもつ．一つは知覚神経機能の亢進で，痛みや侵害感の発生とその反射による血管拡張，腫れ，発赤などの炎症様症状である．もう一つの効果は知覚神経の麻痺による鎮痛，抗侵害および抗炎症作用で，これらの効果は臨床的にも注目を集めている．カプサイシンの知覚神経麻痺効果の持続は数時間から数週間にわたる．長期間の麻痺は神経変性によるもので回復せず不可逆的であるが，数時間の効果は神経変性を伴わず回復する．したがって，投与量と適用期間を調節することによって痛みや持続的な炎症を除くことが可能である．また，カプサイシンが有する神経ペプチド遊離作用も有効な治療薬となりうる．事実，カプサイシンが神経ペプチド遊離によって胃粘膜傷害防止効果を示すことが知られている．今後，初期の知覚神経興奮作用がないカプサイシン誘導体が開発されれば臨床的にも有効な抗炎症鎮痛薬となる可能性は高いと考えられる(6.8節，7.2.1項参照)．

引用文献

1) P. Holzer, *Pharmacol. Rev.*, **43**, 143 (1991)
2) S. H. Buck, T. F. Burks, *Pharmacol. Rev.*, **38**, 180 (1986)
3) B. G. Green, *Neurosci. Lett.*, **107**, 173 (1989)
4) M. J. Mulvany, C. Aalkjaer, *Physiol. Rev.*, **70**, 921 (1990)
5) J. A. Bevan, J. E. Bryden, *Circ. Res.*, **60**, 309 (1987)
6) H. Kawasaki, K. Takasaki, A. Saito, K. Goto, *Nature*, **335**, 164 (1988)
7) S. Eguchi et al., *Br. J. Pharmacol.*, **142**, 1137 (2004)
8) S. Bevan, J. Szolcsanyi, *Trend Pharmacol. Sci.*, **11**, 330 (1990)
9) A. Szallasi, S. Nilsson, T. Farkas-Szallasi, P. M. Blumberg, T. Hokfelt, J. M. Lundberg, *Brain Res.*, **703**, 175 (1995)
10) M. J. Caterina, M. A. Schumacher, M. Tominaga, T. A. Rosen, J. D. Levine, D. Julius, *Nature*, **389**, 816 (1997)
11) M. J. Caterina, T. A. Rosen, M. Tominaga, A. J. Brake, D. Julius, *Nature*, **398**, 436 (1999)
12) J. Winter, C. A. Forbes, J. Stemberg, R. M. Lindsay, *Neuron*, **1**, 973 (1988)

〈川﨑博己〉

6.2 カプサイシンの体熱産生作用

トウガラシの辛味を摂取すると,体が温かくなったり,汗が出ることはしばしば体験することである.このような生理現象から,トウガラシの辛味成分は体熱産生(エネルギー代謝)に強く関与していることが推察された.そこで京都大学農学部栄養化学研究室の岩井教授(当時)のグループは,トウガラシ辛味成分の摂取によって体熱産生の亢進が惹起されるのであれば,その結果として生体の蓄積エネルギー,すなわち体脂肪量の低下など生物個体全体としてのエネルギー代謝に影響すると考え,系統的な研究を開始し,まず脂質代謝への影響を検討した.

6.2.1 辛味成分の脂質代謝への影響

東南アジア地域での平均的な日常摂取レベルのトウガラシ辛味成分,カプ

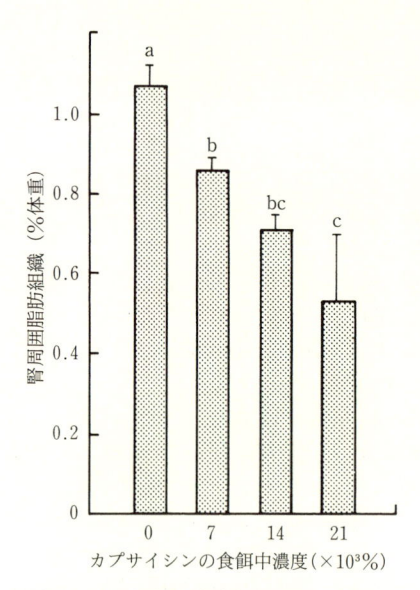

図 6.3 (a) 腎周囲脂肪組織重量に及ぼすカプサイシンの食餌中濃度の影響[1]
共通の上付文字(a, b, c)をもたない群は,$p<0.05$ で有意差がある.

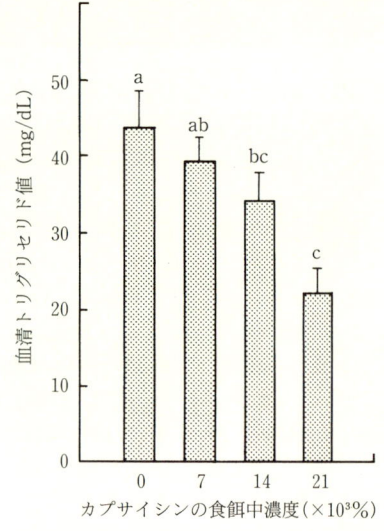

図 6.3 (b) 血清トリグリセリド値に及ぼすカプサイシンの食餌中濃度の影響[1]
共通の上付文字(a, b, c)をもたない群は,$p<0.05$ で有意差がある.

サイシン(0.014%)を添加したラードを主成分とする高脂肪食(脂肪エネルギー比60%)を,雄ラットに10日間,対照群と同カロリー量与え,脂質代謝への影響を比較検討した[1].その結果,対照の高脂肪食群に比べて辛味成分を添加した高脂肪食群では,脂肪組織重量および血清トリグリセリド(中性脂肪)値に有意な低下が認められた.また,このような影響は,辛味成分の高脂肪食への添加量と負の相関関係にあることが明らかとなった(図6.3).またこの時,脂質代謝に関連する酵素活性の促進が観察され,脂肪の代謝回転が辛味成分摂取により速まっていることが推察された.

6.2.2 辛味成分のエネルギー代謝像に及ぼす影響

辛味成分摂取による脂質代謝亢進の作用機構を解析するために,カプサイシン摂取によるエネルギー代謝像(酸素消費量および呼吸商*)の変化をラットを用いて検討した[2].その結果,図6.4に示したようなエネルギー代謝像が得られた.これらの変動パターンを,各種のホルモンを用いて解析したエネルギー代謝像の変化(図6.5)とシミュレーションした結果,アドレナリン(エピネフリン)を投与した場合と極めて類似していることが明らかとなった.

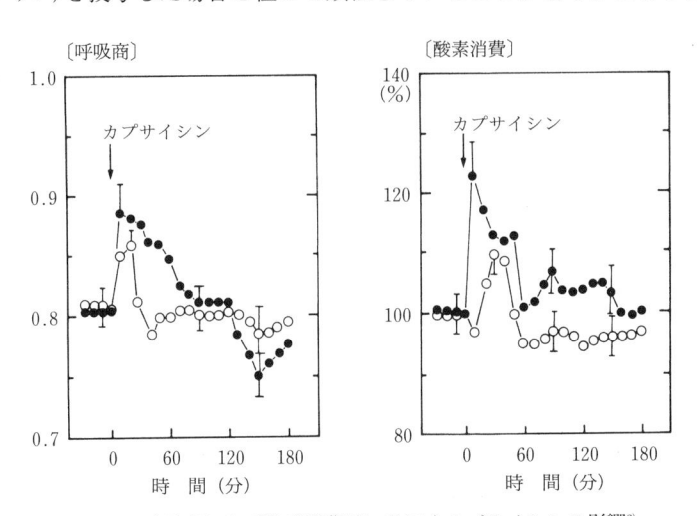

図6.4 呼吸商および酸素消費量に及ぼすカプサイシンの影響[2]
カプサイシンは3.0mg/kg(○),6.0mg/kg(●)を腹腔内に投与.

---

* 呼吸商:174頁の脚注参照.

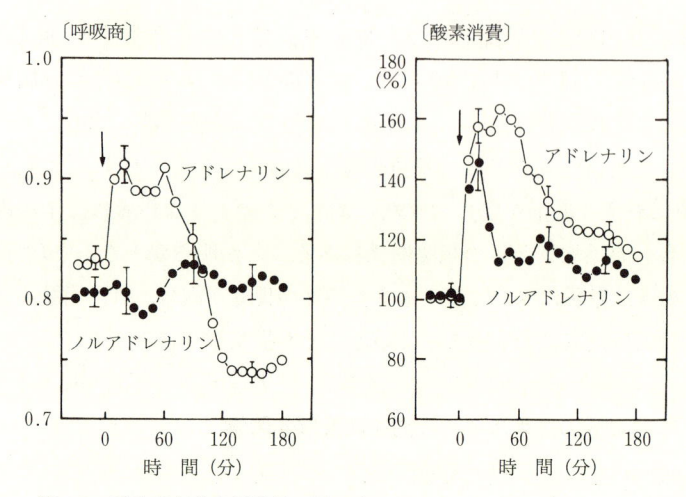

図 6.5 呼吸商と酸素消費量に及ぼすアドレナリンとノルアドレナリンの影響[2)]
アドレナリン(○),ノルアドレナリン(●)は,それぞれ 0.1mg/kg を腹腔内に投与.

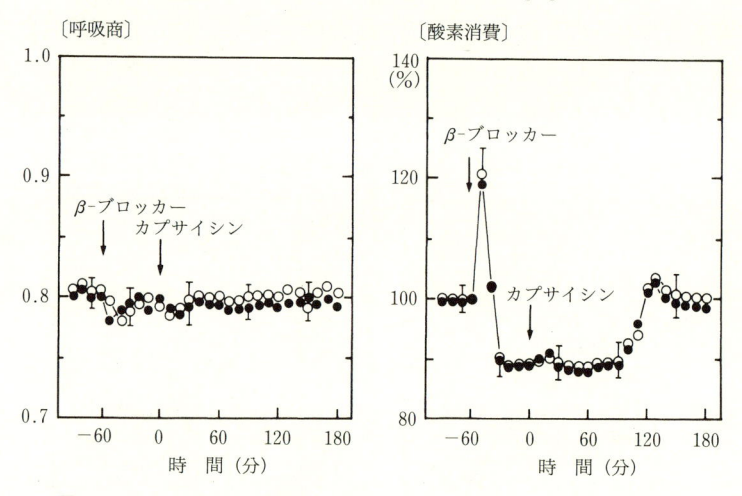

図 6.6 呼吸商と酸素消費量に及ぼす β-アドレナリン受容体遮断剤とカプサイシンの影響[2)]
−60 分で β-ブロッカー(プロプラノロール 3.0mg/kg)のみを腹腔内投与(○),また−60 分で β-ブロッカー,さらに 0 分でカプサイシン(6.0mg/kg)の両方を腹腔内投与(●)

そこで,前もってラットに β-アドレナリン受容体遮断剤(β-ブロッカー:プロプラノロールまたはアルプレノロール)を投与した後,カプサイシンを投与したところ,図 6.6 に示したように,カプサイシン投与時に観察されたエネ

6.2 カプサイシンの体熱産生作用

表 6.2 カプサイシン投与ラットの血清グルコースおよび遊離脂肪酸に及ぼす β-アドレナリン受容体遮断剤の前処理の影響[2]

	コントロール	β-ブロッカー	カプサイシン	β-ブロッカー + カプサイシン
グルコース (mg/dL)	167 ± 9^a (4)	153 ± 8^a (4)	476 ± 46^b (4)	189 ± 24^a (5)
遊離脂肪酸 (mg/dL)	12.4 ± 1.5^a (4)	12.8 ± 0.3^a (4)	16.1 ± 1.6^b (4)	13.7 ± 1.6^a (4)

各血清パラメーターは，カプサイシン(6.0mg/kg)腹腔内投与後，2時間目で測定した．β-ブロッカー(プロプラノロール 3.0mg/kg)は，カプサイシン投与 1 時間前に腹腔内投与した．共通の上付文字(a, b)をもたない群は，$p<0.05$ で有意差がある．カッコ内は測定匹数．

ルギー代謝像の変化は全く見られなくなった．一方，α-アドレナリン受容体遮断剤(フェントラミン)や交感神経節遮断剤(ヘキサメトニウム)の投与は，カプサイシン投与によるエネルギー代謝像の変化に影響を与えなかった．

また，血中アドレナリンの増加は，β-アドレナリン受容体を介して血中グルコース(血糖)および遊離脂肪酸濃度の上昇をもたらすことはよく知られた事実である．そこでまず，カプサイシン投与後の肝臓グリコーゲン量，血中グルコース(血糖)および遊離脂肪酸濃度の変化を測定した．その結果，肝臓グリコーゲン量の経時的な減少とともに血糖値の上昇が認められ，さらに血中遊離脂肪酸濃度の上昇が認められた．カプサイシン投与によるこれらの血中パラメーターの変化もエネルギー代謝像の場合と同様に，β-ブロッカーの前処理により特異的かつ完全に抑制された(表 6.2)．

次いで，生体内のアドレナリンの分泌臓器である副腎髄質を摘出したラットを作成し，このラットにカプサイシンを投与した．その結果，擬手術を施したラットでは明らかに認められたカプサイシン投与によるエネルギー代謝の亢進は，血糖値レベルの変動を指標

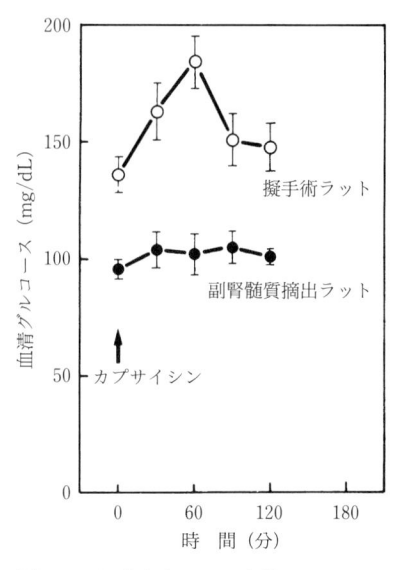

図 6.7 カプサイシンの血清グルコース応答に対する副腎髄質摘出の影響[3]

カプサイシン(4mg/kg)を，副腎髄質摘出手術終了 4 日目または擬手術終了後 4 日目に腹腔内投与．

とした場合，全く認められなくなった(図6.7)[3]．

6.2.3　辛味成分の副腎からのアドレナリン分泌に及ぼす影響

そこで，さらにより直接的な立証をすべく，副腎静脈血中のアドレナリンの分泌をモニターする麻酔下ラットを用いた *in situ* 実験系の確立とその系を用いたカプサイシン投与による影響の検討を行った[4]．その結果，図6.8に示したような実験系の有用性が確認でき，カプサイシン投与の影響を検討したところ，すばやい立ち上がりと持続性のあるカテコールアミン(主にアドレナリン)の分泌亢進が認められた(図6.9)．また，この応答には，用量依存性が確認された(図6.10)．さらにカプサイシンの副腎への作用は，カプサイシンが副腎交感神経の遠心性放電活動を亢進させることによってもたらされることを明らかにした(図6.11)[5]．なお，摘出副腎灌流系でのカプサイシンによるカテコールアミン分泌応答についても検討を行ったが，灌流副腎からの直接的なカテコールアミンの分泌は引き起こされなかった[5]．

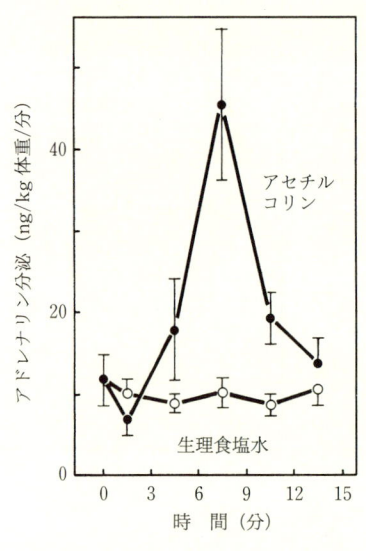

図6.8　アセチルコリン投与によるラット副腎髄質からのアドレナリン分泌のタイムコース[4]
アセチルコリンクロライド(12.5μg/kg)を大腿静脈から1分間で投与．

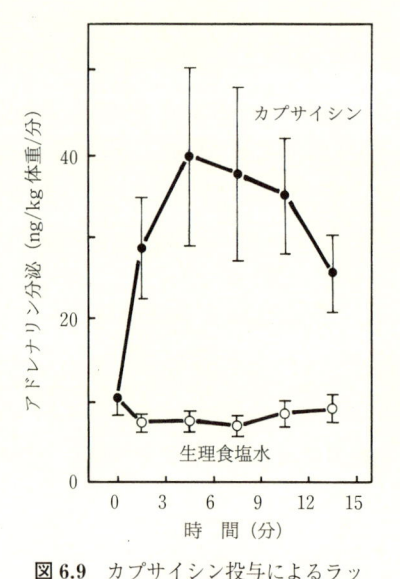

図6.9　カプサイシン投与によるラット副腎髄質からのアドレナリン分泌のタイムコース[4]
カプサイシン(200μg/kg)を大腿静脈から1分間で投与．

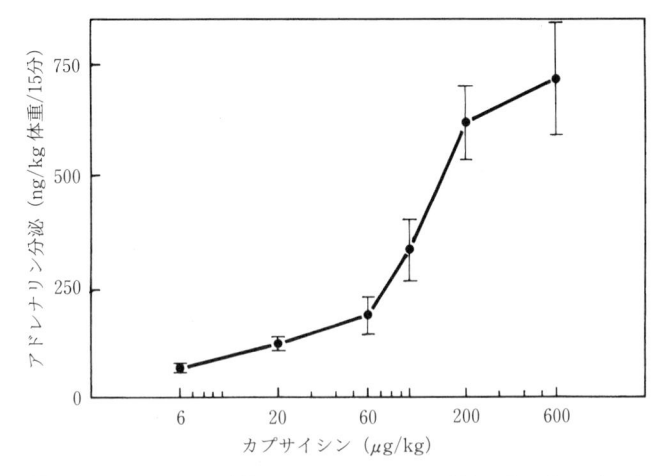

図6.10 ラット副腎髄質からのアドレナリン分泌に及ぼすカプサイシンの影響：用量依存性[4]

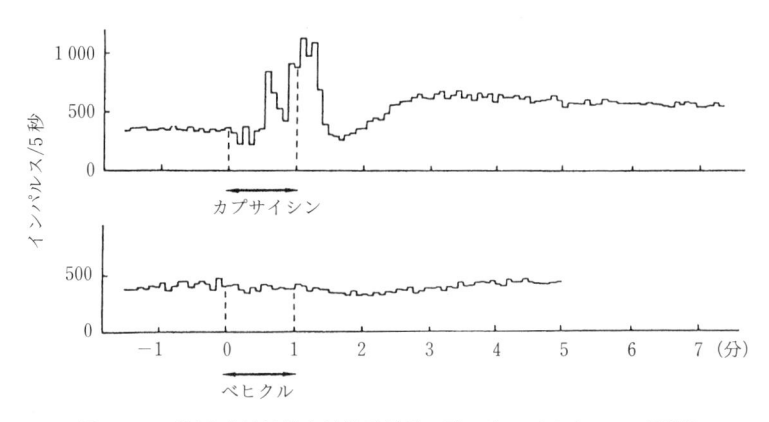

図6.11 副腎交感神経遠心性放電活動に及ぼすカプサイシンの影響[5]
カプサイシン($200\mu g/kg$)あるいはベヒクル(2%エタノールと10% Tween 80を含む生理食塩水)を大腿静脈から1分間で注入.

6.2.4　辛味成分摂取による体熱産生器官（褐色脂肪組織）の機能増強

褐色脂肪組織は，哺乳動物における体熱産生器官として極めて重要な役割を果たしている[6,7].ヒトにおいては新生児期や乳幼児期の体温維持に極めて重要であり，成人でも体熱産生に寄与し，この機能が完全に消失してしま

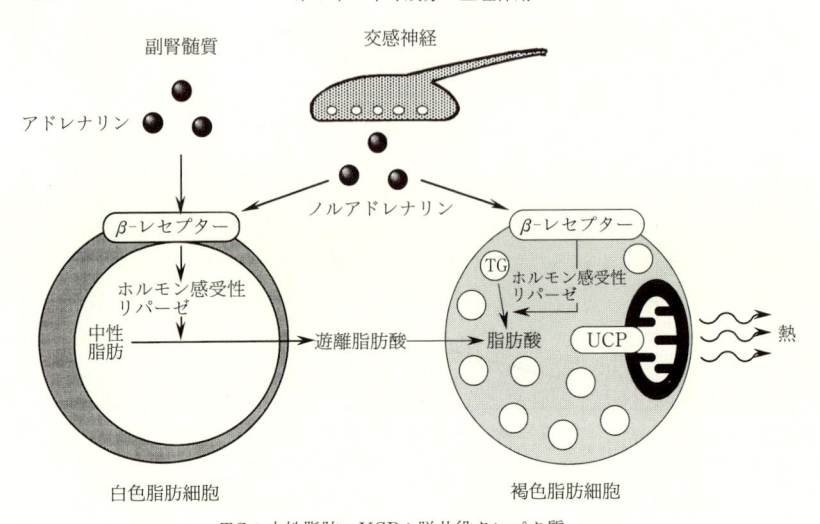

図6.12 交感神経による脂肪分解と熱産生の促進(文献14)を一部改変)

TG：中性脂肪，UCP：脱共役タンパク質

うと年間25kgの体重増加をもたらすことが推察されている．褐色脂肪組織の熱産生の機能は脱共役タンパク質(uncoupling protein, UCP)と呼ばれる分子が担っており，この分子の発現量によって褐色脂肪組織の熱産生能力は規定される(図6.12)．

そこで，トウガラシ辛味成分をラットに摂取させ，褐色脂肪組織におけるUCPの発現量を特異抗体を用いたELISA法を確立して測定した結果，辛味成分を餌に添加した場合，ラットの褐色脂肪組織中のUCP量が有意に増加することが明らかとなった[8]．また，褐色脂肪組織は交感神経支配であることと，上記の実験で明らかになったカプサイシンの交感神経系活性化作用から，辛味成分によるUCP発現の誘導は，褐色脂肪組織へ出力している交感神経終末から分泌されるノルアドレナリンの受容体を介したβ作用により引き起こされていることが推察された．また，このような副腎交感神経以外の末梢交感神経系の賦活化現象は，トウガラシの辛味成分に限らずマスタードやガーリックなどの辛味成分においても認められることが最近明らかとなった[9,10]．この場合も褐色脂肪組織中のUCPの誘導ならびに血中カテコールアミン(アドレナリンおよびノルアドレナリン)上昇が観察され，体脂肪蓄積

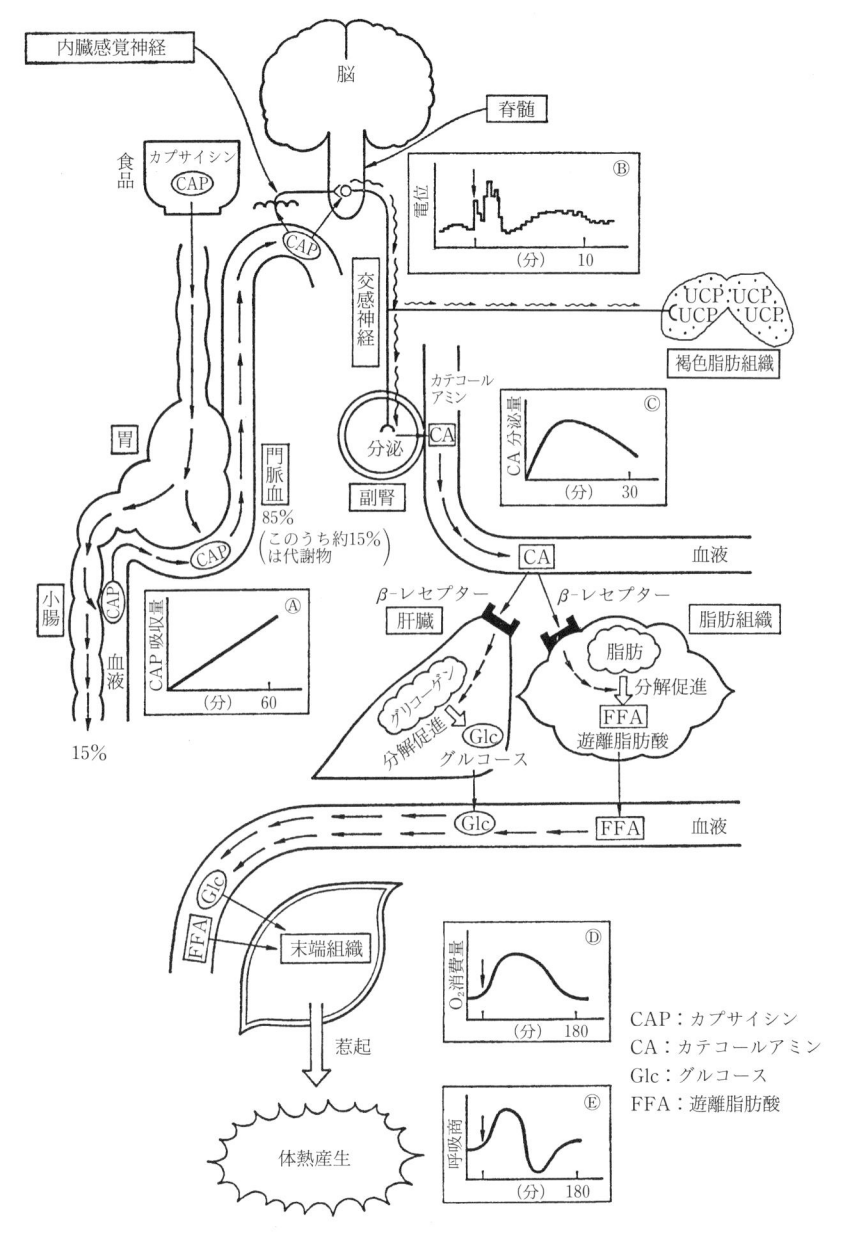

6.2 カプサイシンの体熱産生作用

図 6.13 カプサイシンによるエネルギー代謝亢進の作用機構
(文献 15), 16)を一部改変)

の抑制が認められている.なお,辛味成分摂取で分泌亢進が認められるカテコールアミンの血中レベルの変動は,過剰な血圧上昇などの有害な作用をもたらすものではなく,穏やかで比較的長い持続時間を特色としている.

以上の実験結果から,カプサイシンの投与によってエネルギー代謝が亢進し体熱産生が増加すること,およびその作用発現には交感神経系を介して副腎から分泌されるアドレナリンならびに褐色脂肪組織が関与していることが明らかとなった(図6.13).また,血中に放出されたアドレナリンは標的臓器である肝臓および脂肪組織上のβ-アドレナリン受容体に作用し,肝臓でのグリコーゲン分解とそれにより生じる血糖値の上昇,および脂肪組織における脂肪分解とそれにより生じる血中遊離脂肪酸値の上昇が推察された.これらの血中エネルギー産生基質の上昇がエネルギー代謝亢進の物質的補償を行っていると考えられる(図6.13参照).さらに,カプサイシンによる褐色脂肪組織での交感神経系の活性化に伴うUCP発現誘導が体熱産生を増強するものと考えられた.また,このような香辛料辛味成分摂取によるエネルギー代謝の亢進現象は,酸素消費量を指標とした実験によりヒトでも観察されている[11].

トウガラシをはじめとする香辛料辛味成分の摂取による体熱産生の亢進は,それ自体特別なものではなくて,「感覚神経系および中枢神経系」の刺激という観点から,食事誘発性体熱産生(Diet- or dietary induced thermogenesis, DIT)[12,13]のうち任意的体熱産生の分類に位置づけられるものであろう.ただ,辛味成分は,生体内での体熱産生の発現が口腔内感覚神経刺激のみならず,辛味成分の摂取後における直接的な交感神経系への作用から発現し,複数の臓器で相乗的に体熱産生機構が働いている点が特徴的である.

引用文献

1) T. Kawada, K.-I. Hagihara, K. Iwai, *J. Nutr.*, **116**, 1272 (1985)
2) T. Kawada, T. Watanabe, T. Takaishi, T. Tanaka, K. Iwai, *Proc. Soc. Exp. Biol. Med.*, **183**, 250 (1986)
3) T. Watanabe, T. Kawada, K. Iwai, *Agric. Biol. Chem.*, **51**, 75 (1987)
4) T. Watanabe, T. Kawada, M. Yamamoto, K. Iwai, *Biochem. Biophys. Res.*

Commun., **142**, 259 (1987)
5) T. Watanabe, T. Kawada, M. Kurosawa, A. Sato, K. Iwai, *Am. J. Physiol.*, **255**, E23 (1988)
6) P. Trayhum, D. Nicholls eds., "Brown Adipose Tissue", Edward Arnold Ltd., London (1986)
7) J. Himms-Hagen, D. Ricquier, "Hand Book of Obesity", Marcel Dekker, Inc., New York (1997)
8) T. Kawada, S.-I. Sakabe, K. Iwai, *J. Agric. Food Chem.*, **39**, 651 (1991)
9) Y. Oi, T. Kawada, C. Shishido, K. Wada, Y. Kominato, S. Nishimura, T. Ariga, K. Iwai, *J. Nutr.*, **129**, 336 (1999)
10) Y. Oi, T. Kawada, K. Kitamura, F. Oyama, M. Nitta, Y. Kominato, S. Nishimura, K. Iwai, *J. Nutr. Biochem.*, **6**, 250 (1995)
11) C. K. Henry, B. Emery, *Hum. Nutr. Clin. Nutr.*, **40C**, 165 (1986)
12) J. C. Somogi, R. Wenger, "New Possibilities for Weight Reduction", Karger, Basel (1986)
13) L. J. Bukowiecki (G. A. Bray *et al.* eds) "Diet and Obesity", 学会出版センター/Karger (1988)
14) 斉藤昌之, 佐々木典康, 実験医学, **14**, 2222 (1996)
15) 岩井和夫, *Clinical Neuroscience*, **6**, 98 (1988)
16) 岩井和夫, 河田照雄 (岩井和夫, 中谷延二編), "香辛料成分の食品機能", 光生館 (1989), p.97.

(河田照雄)

6.2.5 ヒトでのエネルギー消費効果

実際にヒトがトウガラシ辛味成分を摂取した際のエネルギー消費への効果は, Henry らが 1986 年に最初の報告をしている. トウガラシソースとマスタードソースそれぞれ 3g ずつを食事に添加すると, 食事誘発性体熱産生 (Diet-induced thermogenesis, DIT; Thermic effect of food, TEF) が無添加食ではトータルでベースラインの 128% であった. これに対し, 辛味ソース添加群では 153% と DIT が著しく高まった[1] (図 6.14).

その後, 1995 年以降に Yoshioka らが複数の報告をしている. 10g のトウガラシを食事に添加すると, 20 歳前後の日本人男性 (長距離ランナー) で, 無添加時に比べて炭水化物の燃焼が高まり, アドレナリン受容体の β 遮断薬でこの効果が抑えられた[2]. すなわち, トウガラシの添加によりエネルギー代謝が高められ, ラットの場合と同様にこの作用には β 受容体が関与すること

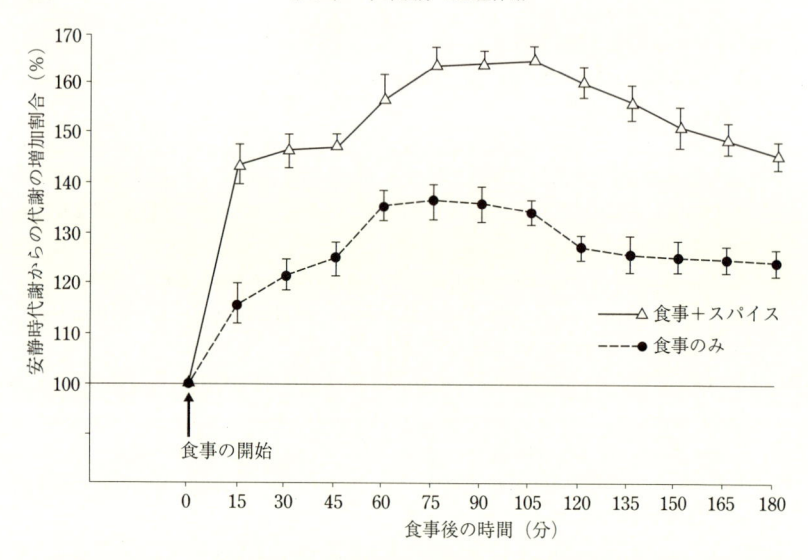

図 6.14 食事だけを摂取した場合(●⋯●)と食事に 3g のマスタードソースと 3g のトウガラシソースを添加した食事を摂取した場合(△—△)のヒトでの代謝率の増加割合[1]
すべての点は統計的に有意差あり($p<0.01$). 平均±標準誤差.

が示唆された. また, 中～長距離ランナーでの同様の実験で, トウガラシ(10g, カプサイシン類の含量 0.3%)を添加した食事で, 無添加食に比べて摂取後の安静時とその後の運動(最大 VO_2 の 60%程度を 1 時間)負荷時に一過性に血中アドレナリン濃度が高値を示した[3]. 次いで, 22～30 歳の日本人女性で, 高炭水化物食と高脂肪食に, カプサイシン類の含量が 0.3%であるトウガラシ 10g を添加したときの影響が調べられた[4] (図 6.15). どちらの食事でも DIT の増大が観察されたが, DIT が小さかった高脂肪食(平均 60kJ, 14kcal)ではトウガラシの添加による DIT 増大の割合が高く, 高脂肪食のみに比べ DIT は 1.5 倍(平均約 90kJ, 22kcal)になった. 無添加食において高脂肪食の 1.5 倍の DIT を示した高炭水化物食では, トウガラシを添加しても DIT は無添加に比べて 1.15 倍にしかならなかった[4].

トウガラシを摂取すると, 次の食事での自発摂取量が減少することも示されている[5,6]. 平均年齢 26 歳の日本人女性 13 名に, 1 883kJ(450kcal)の高脂肪食か高炭水化物食またはこれらにトウガラシ(10g, カプサイシン類の含量

0.3%)を添加した食事のいずれかを朝食として摂取させると,昼食では,タンパク質と脂質の摂取量が有意に減少した[5].平均年齢33歳の10名の白人女性で,昼食前の前菜(644kJ, 154 kcal)にトウガラシ6gを添加したものとしないものを摂取させると,昼食とスナック(昼食の3時間後に提供)のエネルギーと炭水化物の摂取量がトウガラシの添加により有意に減少した(エネルギーは昼食で平均565kJ, 135kcal,スナックで平均226kJ, 54kcal減少)[5].また,心拍のパワースペクトル解析からトウガラシ添加により前菜摂取後の交感神経活動の高まりが示唆された[5].24人の白人の男女(35±10歳)にトマトジュースかトウガラシ0.9g(カプサイシン類含量0.25%)添加トマトジュースを食事の30分前に摂取させ,1日の摂食量を2日間にわたって測定したところ,トウガラシの添加によって男女共に平均1.1MJ(260kcal)摂取カロリーが減少した[6].

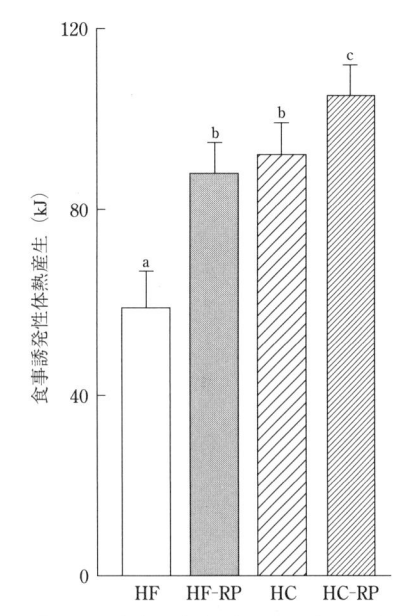

図6.15 高脂肪食(HF),高炭水化物食(HC)およびこれらにトウガラシを添加した食事(HF-RP,HC-RP)を摂取した後の食事誘発性体熱産生[4]
13人の平均値±標準誤差.異なる文字(a, b, c)は統計的に有意差あり($p<0.05$).

これらの効果を受けて,肥満のヒトの減量後の体重の維持に対するカプサイシンの有効性が検討された[7].中度に肥満の男女120名を4週間の超低エネルギー食で5～10%(4kg以上)体重を減少させ,続いて3か月の体重維持期間に1日当たりカプサイシン135mg(鷹の爪で40g相当)を毎日摂取させた.カプサイシン摂取は体重の維持に影響を与えなかったが,呼吸商は低値を示した.すなわち,脂質の燃焼は高値を維持することが示唆された.

他の食品成分との併用効果も報告されている.トウガラシとカフェインの同時摂取がエネルギー消費に与える影響が25±2.9歳の8人の白人男性で調べられた[8].昼食と夕食の前にそれぞれ前菜(1回322kJ, 77kcalに3gのトウ

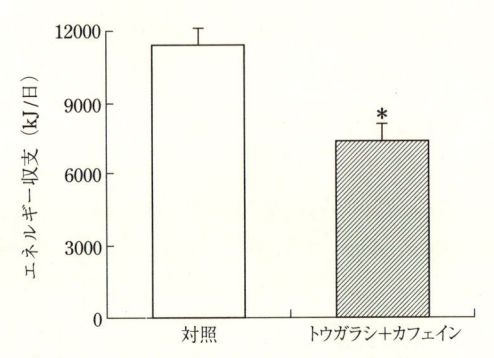

図 6.16 24時間のエネルギー収支に及ぼすトウガラシとカフェインの効果[8]
8人の平均±標準誤差．$*p<0.05$（$\Delta 4\,011$ kJ/日）

ガラシ（0.3%カプサイシン類含有を添加または無添加）を，毎食事時に飲料（デカフェのコーヒーに200mgのカフェインを添加または無添加）を提供し，実験日には昼食に8.6g，夕食に7.2gのトウガラシを加えた．その結果，トウガラシとカフェインの添加により摂食量が減少し，かつエネルギー消費が高められ，1日当たり4 011kJ（959kcal）の違いをもたらした（図6.16）．心拍のパワースペクトル解析では，トウガラシ入りの前菜は交感神経/副交感神経活動比を高めた[8]．また，19名の肥満男性において，トウガラシ75mg（カプサイシン0.2mg含有），緑茶抽出物250mg（カテキン63mg含有），カフェイン50mg（緑茶抽出物の分も含めて），チロシン203mg，カルシウム製剤655mg（カルシウム183mg含有）を各食の30分前に7日間連続して摂取したところ，偽薬摂取群に比べ1日当たりのエネルギー消費が40kcalほど高値を示した．カプサイシンの1回当たりの摂取量は，Yoshiokaら[2-5]の投与量の100分の1以下であった．また，腸溶カプセルにてトウガラシを摂取させた場合はエネルギー消費の増大が認められなかったことから，カプサイシンのヒトでの作用部位が胃である可能性が示唆されている[9]．さらに，1日約800kcalの低カロリー食の4週間摂取で4%以上の体重減に成功したヒトにおいて，同様のサプリメントを8週間にわたって連続投与したところ，8週後でも4時間当たりの消費カロリーは20kcalほど高値であった[9]．

これらの報告から，トウガラシの摂取がヒトでもエネルギー消費を高め得

ることがわかるが,長期摂取のデータが少ない[10].また,運動との併用効果も考えられるが,十分な検討がなされていない.さらに,最小有効量および期間が求められていない.長期摂取の影響,他の食品成分や運動との併用効果,最小有効量などの研究が待たれる.

引用文献
1) C. J. K. Henry, B. Emery, *Human Nutr. Clin. Nutr.*, **40C**, 165 (1986)
2) M. Yoshioka, K. Kim, S. Kikuzato, A. Kiyonaga, H. Tanaka, M. Shindo, M. Suzuki, *J. Nut. Sci. Vitaminol.*, **41**, 647 (1995)
3) K. Lim, M. Yoshioka, S. Kikuzato, A. Kiyonaga, H. Tanaka, M. Shindo, M. Suzuki, *Med. Sci. Sports Exerc.*, **29**, 355 (1997)
4) M. Yoshioka, S. St-Pierre, M. Suzuki, A. Tremblay, *Br. J. Nutr.*, **80**, 503 (1998)
5) M. Yoshioka, S. St-Pierre, V. Drapeau, I. Dionne, E. Doucet, M. Suzuki, A. Tremblay, *Br. J. Nutr.*, **82**, 115 (1999)
6) M.S. Westerterp-Plantenga, A. Smeets, M.P.G. Lejeune, *Int. J. Obes.*, **29**, 682 (2005)
7) M.P.G. Lejeune, E.M.R. Kovacs, M.S. Westerterp-Plantenga, *Br. J. Nutr.*, **90**, 651 (2003)
8) M. Yoshioka, E. Doucet, V. Drapeau, I. Dionne, A. Tremblay, *Br. J. Nutr.*, **85**, 203 (2001)
9) A. Belza, A.B. Jessen, *Eur. J. Clin. Nutr.*, **59**, 733 (2005), A. Belza *et al.*, *Int. J. Obes.*, **31**, 121 (2007)
10) E.M.R. Kovacs, D.J. Mela, *Obes. Rev.*, **7**, 59 (2006)

〔渡辺達夫・岩井和夫〕

6.3 カプサイシンの減塩効果ならびにダイエット効果

6.3.1 研究の発端—食塩摂取量の地域差

トウガラシの辛味成分に関心を持つようになったのは,みそ汁をはじめとして,東北地方の味付けが関西に比べて明らかに塩辛いのは何故なのか?という疑問を解明しようとして行っていた研究の過程である.筆者の恩師有山恒先生は,高血圧・脳卒中の多発地帯である秋田県の食事調査を行い,たんに食塩摂取が多いというだけでなく,その地域はタンパク質,特に動物性

タンパク質の摂取ならびにビタミンAとビタミンC摂取が有意に低いことから，食塩だけを単一の原因とすることに疑問を抱いていると話されたことがある．筆者はこのことに大きな興味を抱いていたことと，国民栄養調査をもとにして食塩摂取量の多い地域ほど動物性タンパク質である肉や乳製品の摂取が少ないことが示されていたことにヒントを得て研究を始めたといってよい．

　すなわち，「食餌中のタンパク質レベルを変えたとき，食塩嗜好が変わる」のではないかという作業仮説を立て，食餌中のタンパク質レベルを変えたとき，食塩嗜好がどのようになるかをラットを用いて検討したのである．その結果，食塩嗜好および食塩摂取量を左右する要因としてまず遺伝的要因があること，そしてさらに栄養条件，特に食餌中タンパク質レベルによっても大きく影響されることを見出すことができた[1,2]．この傾向はヒトでも見られることを韓国の漢陽大学との共同研究で確かめるとともに，国民栄養調査をもとに，我が国で最も食塩摂取量を減らした1965年から1975年までの食塩摂取量の変化とタンパク質摂取量との関係を検討して，食塩摂取量が総摂取カロリーに占める動物性タンパク質カロリー比と逆相関の関係にあることを示すことができた[3]．

　また，「うま味」成分すなわちグルタミン酸ナトリウムが食塩嗜好を低下させ，食塩摂取量を減少させる効果を鳥居らとの共同研究で明らかにすることができた[4]．このことは調味料に減塩効果のあることを示したものであり，それならば，香辛料はどうであろうかという発想が生まれ，辛味成分であるカプサイシンについての検討を始めるきっかけになったのである．

6.3.2　カプサイシンの減塩効果

　すでに述べたように，筆者らはラットを用いて食塩過剰摂取の背景には，(A)遺伝的な要因および(B)栄養条件─特に食餌中タンパク質レベルのあることを明らかにした．そこでこの手法を用いて，カプサイシンの減塩効果を検討することにした．すなわち，食塩嗜好の強い自然発症高血圧ラット(Spontaneously hypertensive rat, SHR)ならびに対照としてウィスター(Wistar)系ラットを用いて，タンパク質レベルを低および高の2段階(全卵タンパク質

6.3 カプサイシンの減塩効果ならびにダイエット効果

表6.3 食塩水溶液選択実験の群別け

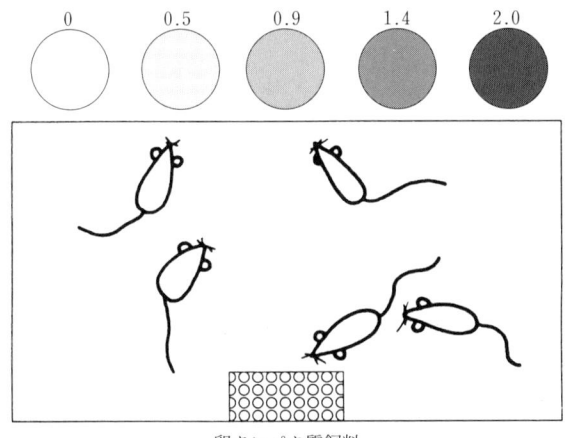

群	用いたラットの系	タンパク質レベル	カプサイシン
W 5P	Wistar	5%	−
W 5P+CAP	Wistar	5%	+
W 15P	Wistar	15%	−
W 15P+CAP	Wistar	15%	+
SHR 5P	SHR	5%	−
SHR 5P+CAP	SHR	5%	+
SHR 15P	SHR	15%	−
SHR 15P+CAP	SHR	15%	+

濃度の異なる食塩水を並列

0   0.5   0.9   1.4   2.0

卵タンパク質飼料

図6.17 食塩水溶液選択実験の条件

で5%, 15%)とし，さらにカプサイシンを0.014%添加したものと無添加のものの二つに分け，合計8種の実験食群を設けた(表6.3). 各ケージに0, 0.5, 0.9, 1.4, 2.0の5段階の濃度差をもつ食塩水を目盛り付き給水器に入れて並列し，自由に選択させ，食塩嗜好ならびに食塩摂取量を測定した(図6.17). なお，これら実験食については自由摂取とした.

その結果，まず摂食量をみると，図6.18に示すように，一般的に低タンパク質食群(5P)の方が高タンパク質食群(15P)より多い傾向がみられ，またSHRの低タンパク質食群とウィスター系高タンパク質食群では有意の差で

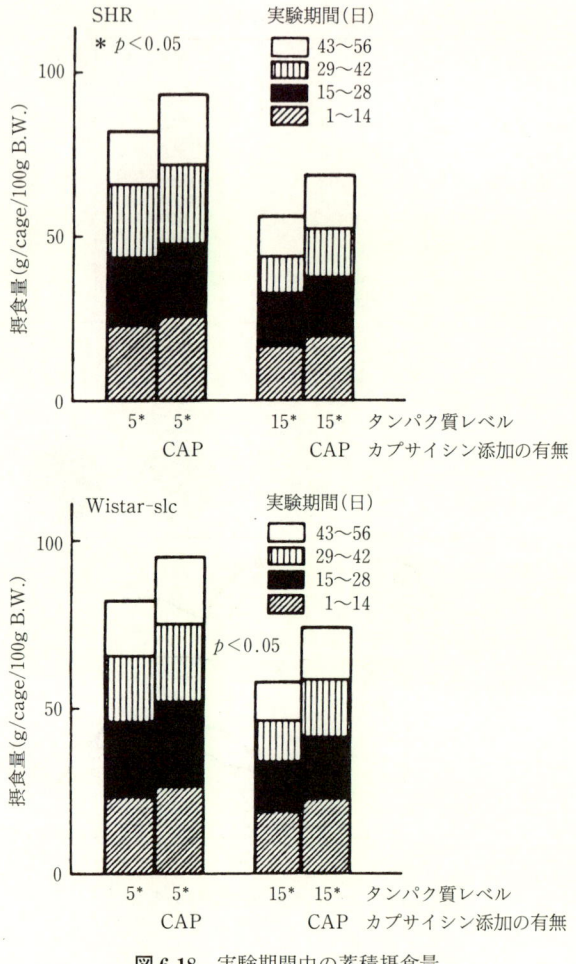

図 6.18 実験期間中の蓄積摂食量

カプサイシンを添加した方が，添加していない群よりも多いことが示され，カプサイシンは食欲を増進させることが分かった．濃度の異なる食塩水の選択の結果を図 6.19 および図 6.20 に示す．図 6.19 は SHR の選択を示したもので，低タンパク質食群では高タンパク質食群より食塩嗜好性が強く，食塩摂取量の多いことがわかる．低タンパク質食群において，カプサイシン添加による減塩効果が見られる．図 6.20 はウィスター系ラットの成績であるが，やはり低タンパク質食群においてはカプサイシン添加による減塩効果が

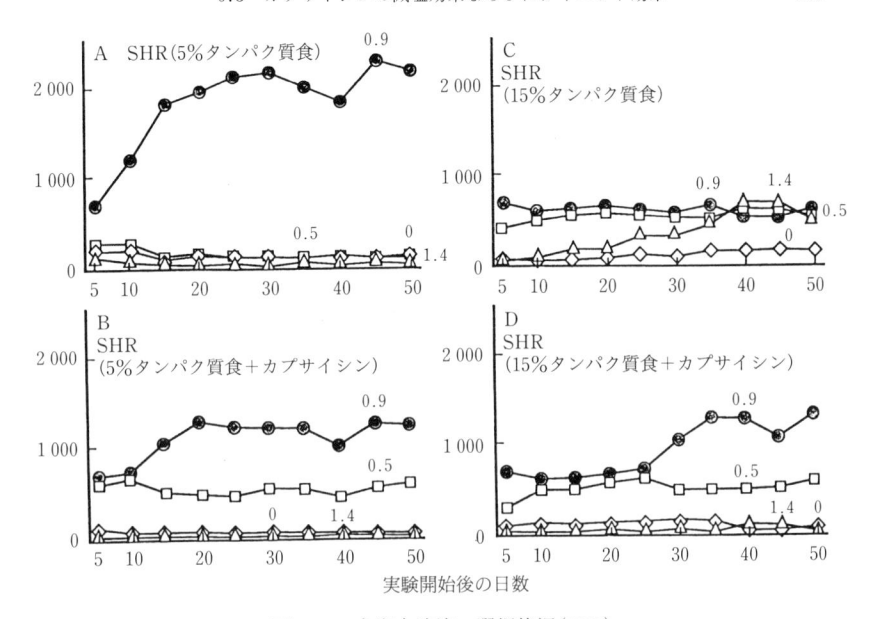

6.3 カプサイシンの減塩効果ならびにダイエット効果　　155

図 6.19 食塩水溶液の選択状況 (SHR)
◇ 脱塩水, □ 0.5% NaCl, ● 0.9% NaCl, △ 1.4% NaCl.

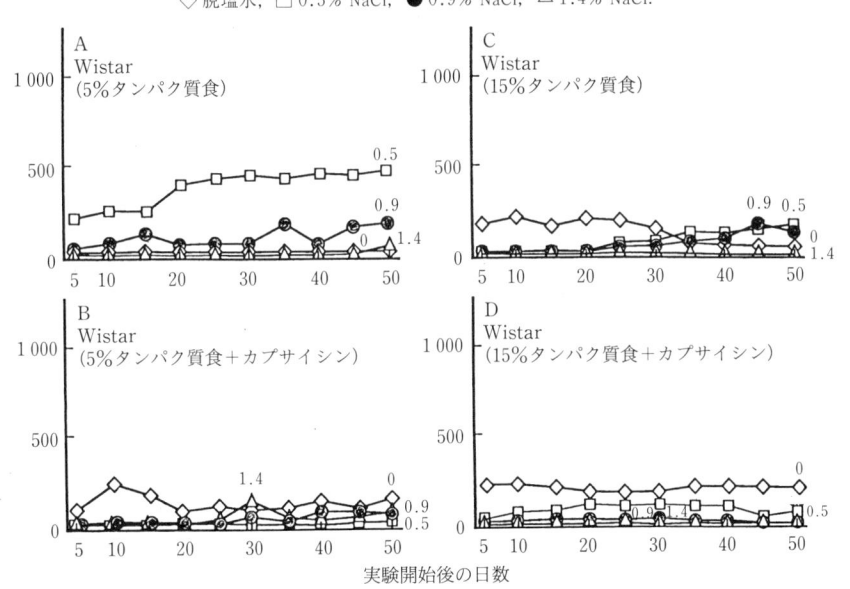

図 6.20 食塩水溶液の選択状況 (Wistar-slc)
◇ 脱塩水, □ 0.5% NaCl, ● 0.9% NaCl, △ 1.4% NaCl.

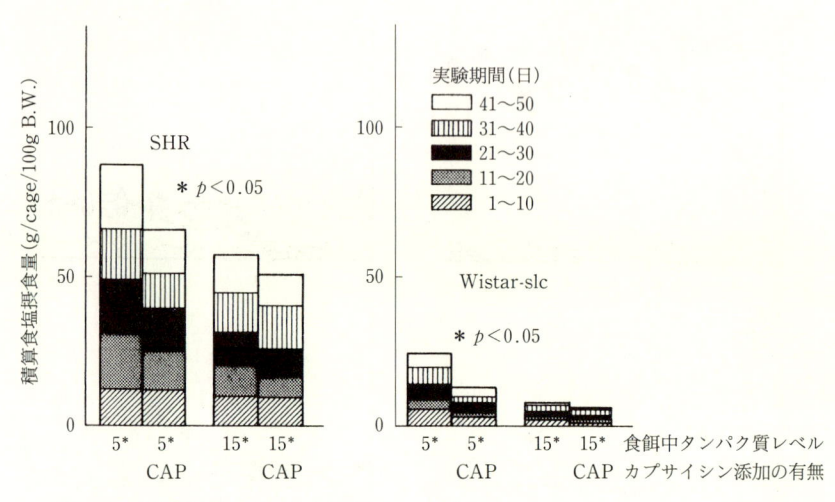

図 6.21 食塩摂取量に及ぼす食餌中タンパク質レベルおよびカプサイシン添加の影響

みられる.また,積算摂取量を見ると,図 6.21 に示すとおり,SHR の方がウィスター系ラットよりも食塩摂取量が多く,またいずれの群でも低タンパク質食の方が高タンパク質食より多いことがわかる.そして特に低タンパク質食では,カプサイシン添加によって SHR でもウィスター系ラットでも食塩摂取量が低下することが示された.つまり,辛味成分のカプサイシンは低タンパク質食による食塩嗜好の増強や食塩摂取量の増大を防ぐといった減塩効果を持つことが明らかになったのである[5].

6.3.3 カプサイシンの白色脂肪組織低減作用

カプサイシンが食物摂取を増進させることは前に述べたとおりである.ところが,実験中の体重の推移をみると,図 6.22 に示すようにカプサイシンを添加した群の方が,摂取量が多いにもかかわらず体重増加が少ない傾向があることが分かった.特に SHR の低タンパク質食群では,カプサイシン添加で有意に体重の低いことが示された.そこで,その原因を調べるため臓器・組織の重量を調べてみた.その結果を表 6.4 に示した.心臓,肝臓,腎臓などには群間に差はなかったが,脂肪組織の重量に変化が見られた.すなわち,腎周囲脂肪組織(perirenal adipose tissue, PAT)では低タンパク質食群

6.3 カプサイシンの減塩効果ならびにダイエット効果

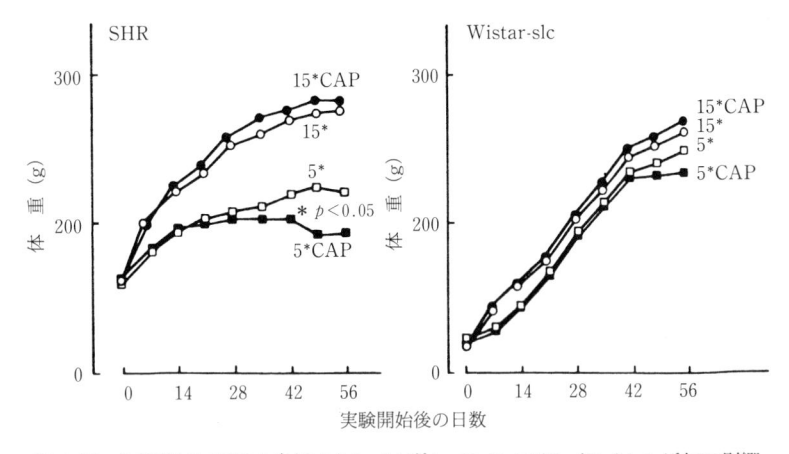

図 6.22 体重増加に及ぼす食餌中タンパク質レベルおよびカプサイシン添加の影響

表 6.4 SHR およびウィスター系ラットにおける臓器重量に及ぼすカプサイシン添加の影響

群	臓 器 重 量 (g/100g B.W.)				
	心　臓	肝　臓	腎　臓	腎周囲脂肪組織	副睾丸脂肪組織
SHR 5P	0.59±0.06	3.40±0.55	0.94±0.14	2.40±0.18	1.16±0.35
SHR 5P+CAP	0.54±0.05	3.23±0.35	0.81±0.06	0.76±0.24*	1.00±0.26
SHR 15P	0.55±0.03	3.17±0.21	0.86±0.04	0.63±0.15**	0.89±0.17**
SHR 15P+CAP	0.58±0.03	3.23±0.35	0.88±0.21	0.63±0.16	0.88±0.17
W 5P	0.24±0.02	2.87±0.67	0.52±0.01	2.07±0.20	2.39±0.31
W 5P+CAP	0.25±0.04	2.95±0.36	0.56±0.03	1.56±0.31*	1.81±0.29*
W 15P	0.25±0.03	2.67±0.37	0.56±0.06	1.65±0.27**	1.97±0.25**
W 15P+CAP	0.26±0.02	2.77±0.15	0.60±0.02	1.72±0.19	2.08±0.22

* $p<0.05$；カプサイシン無添加群に対する有意差．
** $p<0.05$；5％タンパク質食群に対する有意差．

の場合に両系のラットともカプサイシン添加で有意にその重量が低下することが分かった．また低タンパク質食条件下では，食餌中タンパク質レベルの低い群より高い群の方が PAT 重量が低いことが観察された[5]．副睾丸脂肪組織 (epididymal adipose tissue, EAT) について見ると，PAT ほどの変化はみられなかったが，ウィスター系ラットの低タンパク質食群の場合に，カプサイシン添加による有意の減少が認められた．なお，褐色脂肪組織ではこのようなことは観察されなかった[6]．これらの結果はカプサイシンがダイエット効果をも

つ可能性を示している．

（ただし，この実験で投与したカプサイシンの量は，世界で最も多く摂取しているといわれているタイ国の人たちの食事に匹敵するレベルの量であることをお断りしておきたい．少しばかりトウガラシを食べれば肥満を防ぐと考えるのは短絡的な考え方で賛成できない.）

6.3.4 カプサイシンの減塩効果のメカニズム

まず，食餌中タンパク質レベルが高いとき，なぜ食塩嗜好が減じ，食塩摂取量が減ずるかを検討した結果を紹介しよう．味蕾の味細胞で得た塩味情報を中枢に伝える役割を持つのは鼓索神経系ならびに舌咽神経系などである．

低タンパク質食を長期間食べさせたラットの鼓索神経の応答をみると，食塩水溶液に対する応答が低下することが駒井らにより確かめられている（図6.23)[7]．この理由として考えられているのは，レセプターの感受性の低下，

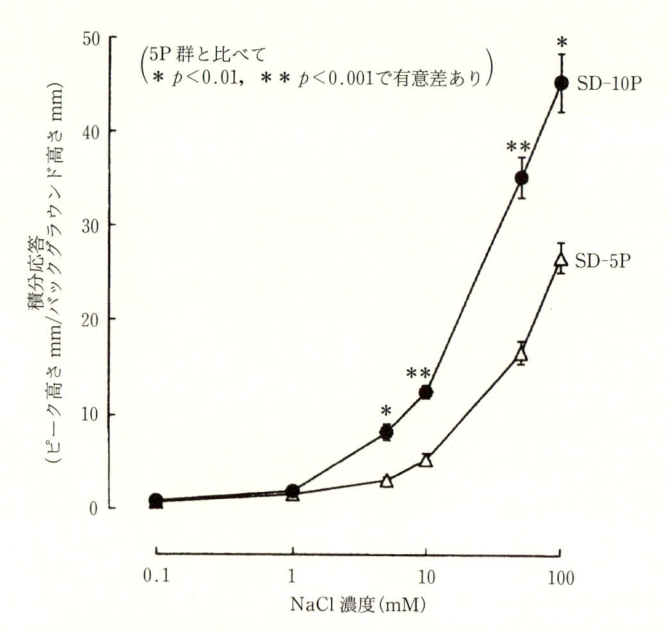

図6.23 食塩水に対する鼓索神経応答に及ぼす食餌タンパク質レベルの影響[7]

平均±標準偏差，SDラット．5P＝5％全卵タンパク質食（$n=5$），10P＝10％全卵タンパク質食（$n=5$）

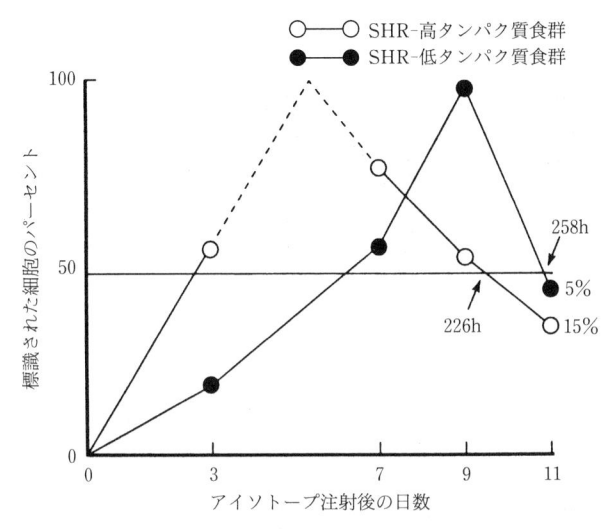

6.3 カプサイシンの減塩効果ならびにダイエット効果

図 6.24 SHR の味細胞の再生速度[9]
^{3}H-チミジン注射後の味蕾細胞中の標識された細胞数.

神経伝達能の低下,高次中枢での投影能の低下,あるいはまた腎機能の低下によるミネラル代謝異常による影響などであるが,まだ明確な説明はなされていない.いうまでもなく,味覚のレセプターは味蕾を構成している味細胞にある.この味細胞はある寿命をもっていて,一定の間隔で新しい細胞と交替するようになっている.Beidler ら[8]はその細胞の再生の速さをトリチウムでラベルしたチミジンで新しく生まれる細胞をラベルして,それが味蕾の表面に出てくる速度から測定する方法を示した.筆者ら[9]は Beidler の方法に準じて味細胞の再生の速度(turnover rate)を測定してみた.その結果,高タンパク質食の場合は,約 226 時間ぐらいが交替の時間であるが,それに対して低タンパク質食の場合は 258 時間かかっていることを確かめることができた(図 6.24).低タンパク質食になると,入れ替えが遅くなるので,同じ味細胞がそれだけ長く使われているわけで,いわば機能の低下した使い古しのレセプターが使われていることになる.そのために感度が下がって,食塩水の濃度の濃い方を選択するものと解釈できる.

では,カプサイシン添加で起こった食塩に対する応答の変化はどのように説明すればよいのであろうか?

160　第6章　辛味成分の生理作用

(A) N-神経線維 #1

KCl
NaCl
NaCl+
5%エタノール
NaCl-100ppm
カプサイシン+
5%エタノール
ON
10秒

(B) E-神経線維 #2 (抑制型)

KCl
NaCl
NaCl+
5%エタノール
NaCl-100ppm
カプサイシン+
5%エタノール
ON
10秒

(C) E-神経線維 #11 (促進型)

KCl
NaCl
NaCl+
5%エタノール
NaCl-100ppm
カプサイシン+
5%エタノール
ON
10秒

図 6.25 ラットの舌への食塩水刺激による鼓索神経の興奮[1]
(A) アミロライド感受性NaチャネルによるNa^+の流入によると考えられる興奮で、カプサイシンで抑制される。
(B) はNaチャネルを介在しないE-神経線維で、カプサイシンで抑制されるタイプ、(C) は促進されるタイプ。

食塩の受容機構はまだ完全に分かったわけではないが，DeSimoneら[10]は，尿細管のNaチャネルの阻害剤として知られているアミロライドが，ラットの味蕾における高濃度領域のNaClに対する応答を阻害することを見出した．ラットでは，アミロライドはKClの応答に対しては大きな阻害を示さない．このように，アミロライドがNaClの応答を阻害することから，NaClの応答はNa^+が受容膜のイオンチャネルを透過することにより発現するという機構が一般に受け入れられるようになった．しかしその後の研究で，そんなに単純ではないことが分かってきている．動物の種類によっても，濃度によってもその作用が必ずしも一定していないからである．

筆者ら[11]は食塩に対するラットの鼓索神経の応答を単一神経線維ごとに調べる方法で，NaClの応答に対するカプサイシンの影響を検討し，興味ある結果を得ている．すなわち単一神経線維のなかには，KClにあまり反応せず，NaClつまりNaに特異的に応答するN-神経線維(おそらくNa^+が受容膜のイオンチャネルを透過するタイプ)と陽イオンに広く応答するE-神経線維(NaClにもKClにも応答する)があるが，100mMのNaClと同時に100ppmのカプサイシンを投与する条件で，これらの単一神経線維への影響を検討した．その結果NaCl特異的と考えられるN-神経線維はカプサイシンによって抑制を受けるが，E-神経線維には2種類あって，一つはカプサイシンによって抑制を受けるが，もう一つは，逆に促進されることが分かった(図6.25)．

NaClに特異的に応答するN-神経線維が抑制されるのは，ラットの食塩選択行動の結果とは矛盾するようにも見えるが，N-神経線維やE-神経線維がそれぞれどのような役割をもつのか，あるいはこれらの応答がどのように中枢に投影されるのかなどまだ明らかではないので，さらに検討する必要があると考えられる．いずれにしても生理的濃度のカプサイシンが食塩に対する鼓索神経の応答を修飾していることは事実であり，今後さらに検討すべき課題である．

6.3.5 カプサイシンのダイエット効果のメカニズム

カプサイシンの添加食餌で白色脂肪組織重量が減少するメカニズムについ

ては，すでに岩井らによって見出された副腎髄質から分泌されるアドレナリンの脂肪分解作用ならびに代謝亢進でほぼ説明することができる[12]．

筆者らも，これを支持する結果を得ているが，最近さらに，カプサイシンの作用メカニズムについて，脂肪分解を伴う代謝亢進による熱産生だけではなく，熱放散を積極的に引き起こすことを見出したので紹介したい[13]．

すなわち，酸素消費の測定による代謝亢進にともなう熱産生量，深部体温として直腸温，さらには熱放散を示す体表面の皮膚温を経時的に同時測定するという手法を用いて解析を行った．その結果（図6.26），カプサイシン投与後直ちに，これに呼応して熱産生を示す酸素消費の増加が始まり，60分を過ぎる頃より次第に低下する像を描き，また熱放散を示す皮膚温も，ほぼ同時に上昇することが分かった．一方，直腸温は初め若干の低下を示した後，再び上昇するという経過をたどる．すなわち，熱放散による影響で体温が一時低下するという現象が見られる．しかし，熱放散は比較的早く終息してしまうため，熱産生が熱放散を上回り，いったん下がった直腸温はまた上昇傾向を示すことが分かった．

これらの現象は，熱産生と熱放散の両面からエネルギー消費を積極的に行っていることを示している．そこで次のような実験を行ってみた．すなわち副腎から髄質だけを除去する手術を施し，カプサイシンを投与する実験を行ったところ，明らかに熱産生は消失した（図6.27）．ところが，カプサイシン投与による熱放散は依然として起こっていることが分かった．つまり，熱産生がなくとも，これとは独立して熱放散が起こっているのである．また，別の実験で，皮膚温度を高めて自律神経遮断剤であるヘキサメトニウム（hexamethonium）をカプサイシン投与前に注射すると，熱放散は著しく抑えられたが，熱産生は明らかに起こっており，このことからも熱産生と熱放散のメカニズムが独立していることが分かる（図6.28）[13]．なお，熱放散を止めるヘキサメトニウム投与時の褐色脂肪組織，肝臓，筋肉の温度変化を見ると，カプサイシン投与後240分から450分までぐらいの間では褐色脂肪組織が他の組織より高くなっており，また肩甲骨間褐色脂肪組織を支配している肋間の交感神経を切断すると，同じ時間帯で熱産生が若干抑えられることから，熱産生には褐色脂肪組織も一部関与していることを示唆している．一般

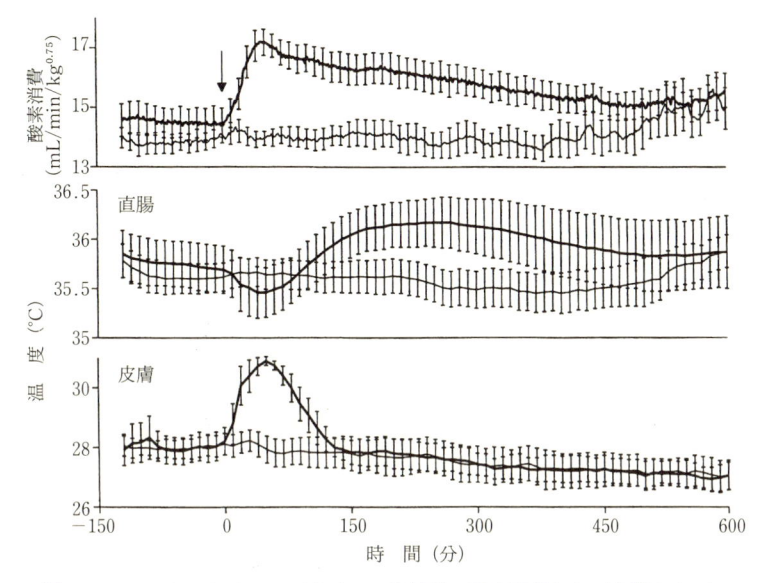

6.3 カプサイシンの減塩効果ならびにダイエット効果　　163

図 6.26 ラットにおけるカプサイシン注射後の酸素消費および直腸ならびに皮膚温度の変化[13]

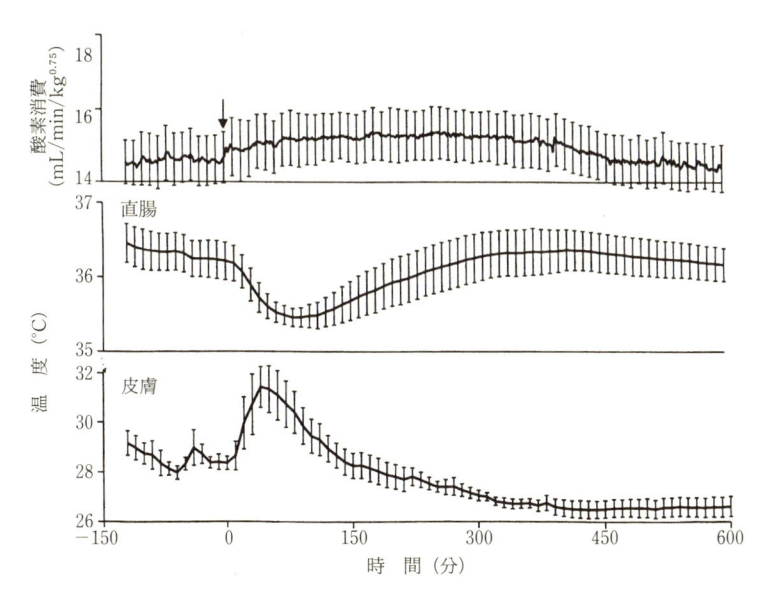

図 6.27 副腎髄質除去ラットにおけるカプサイシン注射後の酸素消費および直腸ならびに皮膚温度の変化[13]

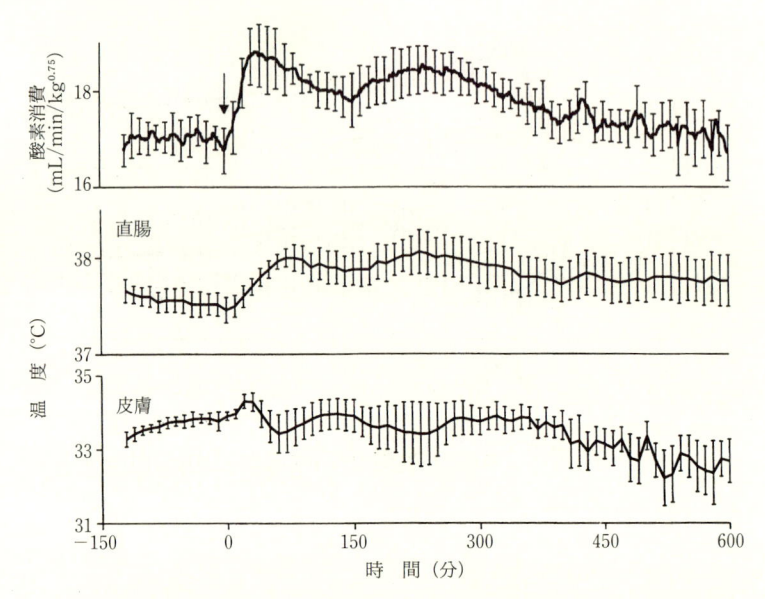

図 6.28 皮膚温度を高めヘキサメトニウム注射で自律神経系を不活性化したラットにおける測定結果[13]

に，我々の体は，寒い環境にあるときには，熱産生を増やして熱放散を抑え，暑い環境下では，その反対に熱産生を抑え，熱放散を増強するという適応がなされている．しかし，カプサイシンによる作用は，熱産生と熱放散が独立した異なるメカニズムで同時に進行することが分かる．

カプサイシンとは面白い生理活性物質の一つといえよう．

引用文献

1) 木村修一（河村洋二郎編），"うま味—味覚と食行動"，共立出版（1993），p.97.
2) 横向慶子，駒井三千夫，木村修一，Japanese Association for the Study of Taste and Smell, 113 (1984)
3) S. Kimura, Y. Yokomukai, M. Komai, *Am. J. Clin. Nutr.*, **45**, 1271 (1987)
4) 木村修一，駒井三千夫，横向慶子，鳥居邦夫，Japanese Association for the Study of Taste and Smell, 85 (1983)
5) S. Kimura, Chi-hoo Lee (G. A. Bray *et al.* eds.), "Diet and Obesity", Karger (1988), p.219.

6) Chi-Ho Lee, M. Komai, S. Kimura, *Nutr. Res.*, **11**, 917 (1991)
7) 駒井三千夫,味覚と栄養,季刊 化学総説, **40**, 101 (1999)
8) L. M. Beidler, R. L. Smaliman, *J. Cell Biol.*, **27**, 263 (1965)
9) S. Kimura, C. H. Kim, M. I. Ohtomo, Y. Yokomukai, M. Komai, F. Morimatsu, *Physiol. Behav.*, **49**, 997 (1991)
10) J. A. DeSimone, G. L. Heck, S. Mierson, S. K. DeSimone, *J. Gen. Physiol.*, **83**, 633 (1984)
11) K. Osada, M. Komai, B. P. Bryant, H. Suzuki, A. Goto, K. Tunoda, S. Kimura, Y. Furukawa, *Chem. Senses*, **22**, 249 (1997)
12) 岩井和夫,河田照雄(岩井和夫,中谷延二編),"香辛料成分の食品機能",光生館(1989), p.97.
13) A. Kobayashi, T. Osaka, Y. Namba, S. Inoue, T. H. Lee, S. Kimura, *Am. J. Physiol.*, **275**, R92 (1998)

(木村修一)

6.4 カプサイシンの抗酸化作用・抗菌作用

　香辛料には食品に香り,味,色などを賦与して嗜好性を高める多様な機能成分が含まれているが,食品の保存性を高める成分も存在する.むしろ香辛料が人間の歴史のなかで選抜され用いられてきた理由の一つは,食品をいかに長期間保存するかが重要であったからと推定される.代表的な辛味香辛料であるトウガラシには抗酸化性や抗菌性が認められ,食品保蔵に有効な成分が見出されている.

6.4.1 抗酸化作用

(1) トウガラシの抗酸化性

　ナス科に属するトウガラシはコロンブスによってヨーロッパにもたらされて以来,瞬く間に世界中に伝播され,多くの種(species)と栽培品種が育成されてきた.最も広く栽培され,用いられている種は *Capsicum annuum* で,いわゆるトウガラシである.これには鷹の爪,八房,シシトウガラシ,パプリカなどの栽培品種が含まれる.香辛料の抗酸化性については1952年にChipaultら[1]によって系統的に調べられており,その中でトウガラシは粉砕物,抽出物ともに活性はあるが,さほど強いものではなかった.食品加工

の面から Stasch ら[2]はキダチトウガラシ(C. frutescens)を牛肉，豚肉，鶏肉と調理して保存すると，TBA 値や過酸化物価の上昇が抑えられることから抗酸化性を認めている．また，Mihelic[3]は辛みの強い C. annuum の Horgos 品種について，粉末，アルコール，石油エーテル，アセトンの各抽出物ともにラードに対して強い抗酸化性を示したと報告している．同様の報告が Huang ら[4]によってなされている．Mun ら[5]は C. annuum のメタノール抽出物についてラジカル消去活性を測定し，1,1-ジフェニル-2-ピクリルヒドラジル(DPPH)ラジカルに対する強い消去作用を認めた．

(2)　トウガラシの抗酸化成分
(a)　カプサイシノイド

　抗酸化活性を示すトウガラシの成分は，辛味成分であるカプサイシン(1)とジヒドロカプサイシン(2)であることはかなり以前から知られていた(図 6.29)．図 6.30 は水-アルコール系におけるリノール酸の自動酸化による過酸化物の生成量をロダン鉄法で測定した結果を示すが[6]，カプサイシンは合成抗酸化剤の t-ブチルヒドロキシトルエン(BHT)には及ばないものの，天然抗酸化剤の α-トコフェロールより強い酸化抑制効果を示した．ジヒドロカプサイシンもほぼ同等の活性を有する．これらの成分は辛味が強いために抗酸化剤として食品に添加する場合，食品の風味に影響を与えるので適用範囲がかなり制限される．チオバルビツール酸法(TBA 法)で測定した抗酸化活性も同じ傾向を示した．

　筆者らがキダチトウガラシの抗酸化性を調べるためにヘキサン，塩化メチレン，メタノールで順次抽出したところ，いずれの区分も強い活性を示した．それぞれの区分を精製し，構造解析を行い，ヘキサン抽出区分からカプサイシン，ジヒドロカプサイシンを，塩化メチレン区分から 2 種の新規アミド化合物(3)，(4)とバニリン(5)を，メタノール区分からフラボノイドのクリソエリオール(6)を得た(図 6.29)[6]．化合物(3)はカプイサイシンと同じアシル基を持つ 8-メチル-6E-ノネンアミドであり，化合物(4)は N-(4-ヒドロキシ-3-メトキシベンジル)-7-ヒドロキシ-8-メチル-5E-ノネンアミドと決定し，(−)-カプサイシノールと命名した．これらの化合物の抗酸化性を図 6.30 に示しているが，新規化合物のカプサイシノール(4)は α-トコフェ

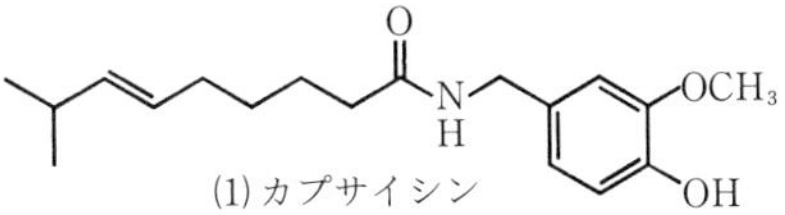

6.4 カプサイシンの抗酸化作用・抗菌作用

(1) カプサイシン
(2) ジヒドロカプサイシン 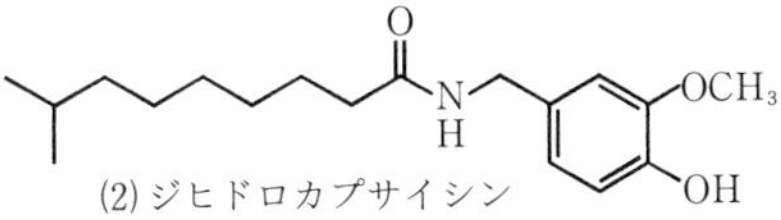
(3) 8-メチル-6E-ノネンアミド 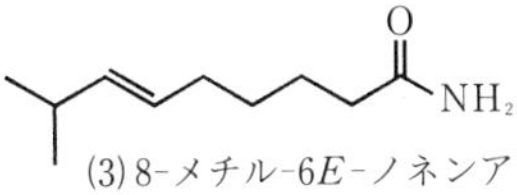
(4) カプサイシノール 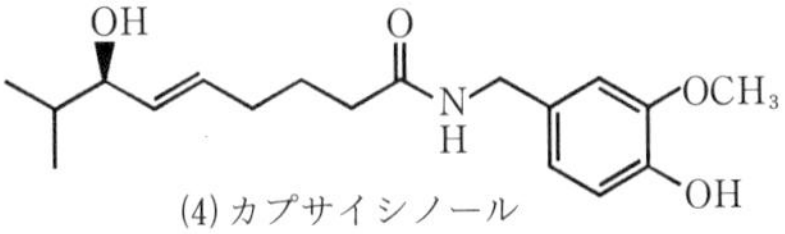
(5) バニリン 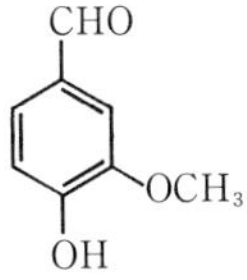
(6) クリソエリオール 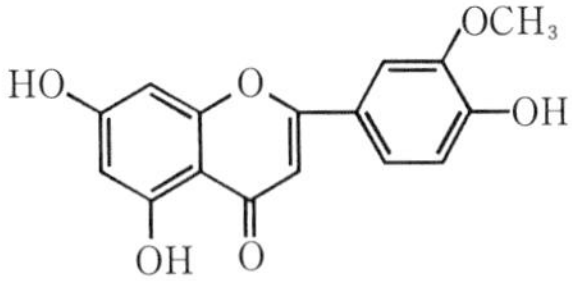
(7) β-カロテン 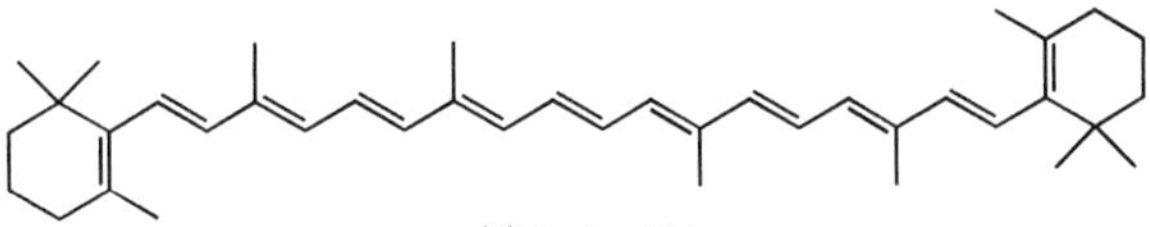
(8) カプサンチン 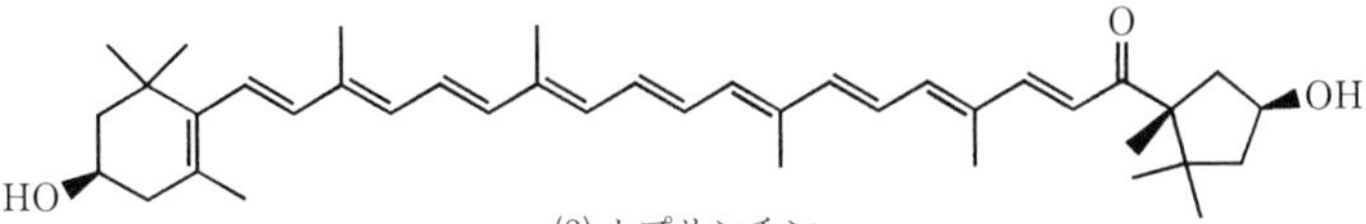
(9) カプソルビン 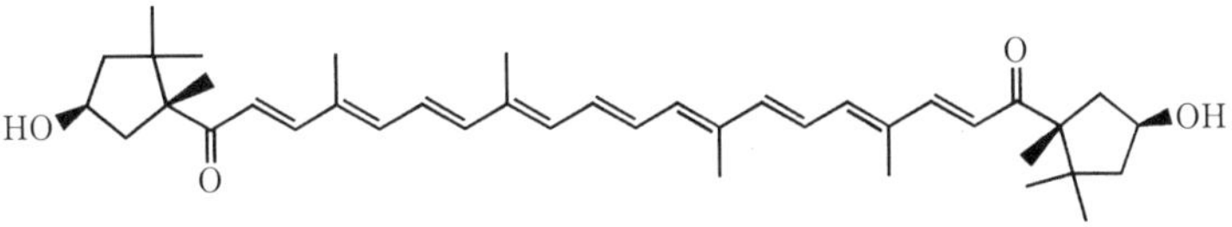
(10) ルテオリン 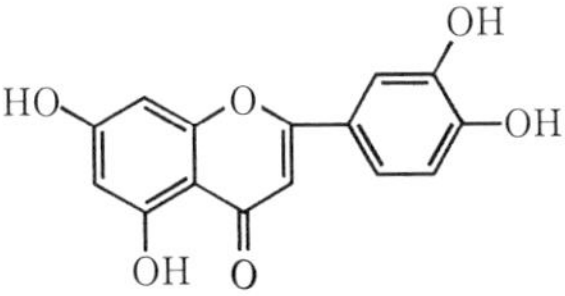
(11) ケルセチン 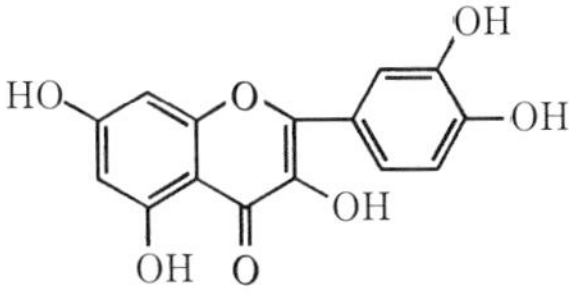

図 6.29 トウガラシ属に含まれる成分

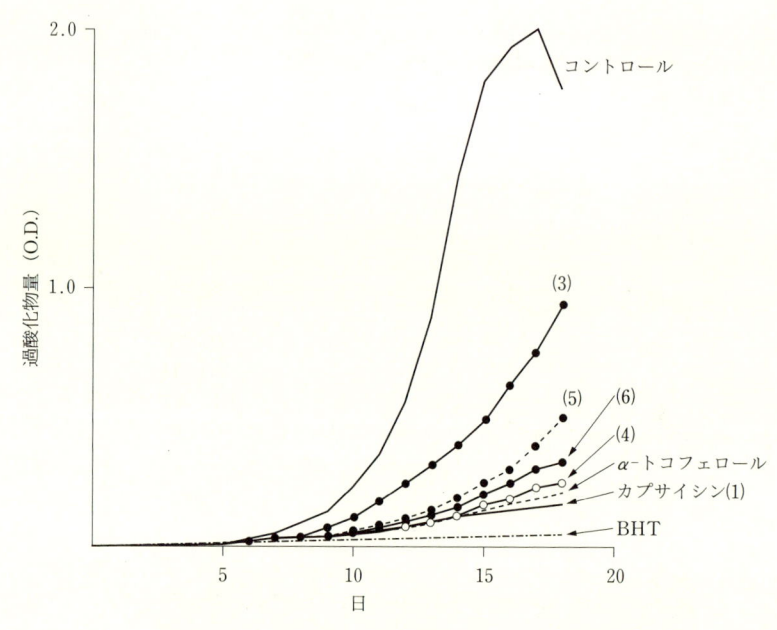

図 6.30 トウガラシ成分の抗酸化性(ロダン鉄法)[6]
(3)〜(6)は図6.29に示す成分.

ロールとほぼ同等の活性を示した．カプサイシノールはカプサイシンの構造と極めて類似しているが，水酸基を持つことと，二重結合の位置が異なるため，その特性はカプサイシンと違って，全く無味，無臭，無色の油状化合物であった．この性質は天然抗酸化物質として利用する範囲が広い．図6.31に示すスキームでδ-バレロラクトンを出発化合物として(±)-カプサイシノールを合成し，構造を確認するとともに[7]，光学分割によって天然物は7位の水酸基の絶対配置をRであると決定した[8]．

(b) カロテノイド

辛味のない赤色果のパプリカはトウガラシと同じ $C.\ annuum$ の1品種で赤色色素の含量が高い．主要色素はβ-カロテン(7)，カプサンチン(8)，カプソルビン(9)のカロテノイドである(図6.29)．カプサンチンはリノール酸メチルの酸化を抑え，その効果はβ-カロテンやルテイン，ゼアキサンチンよりも強く[9]，さらにラジカル消去活性も高い値を示した[5]．

カプサンチンの水酸基を脂肪酸でエステル化したモノエステルやジエステ

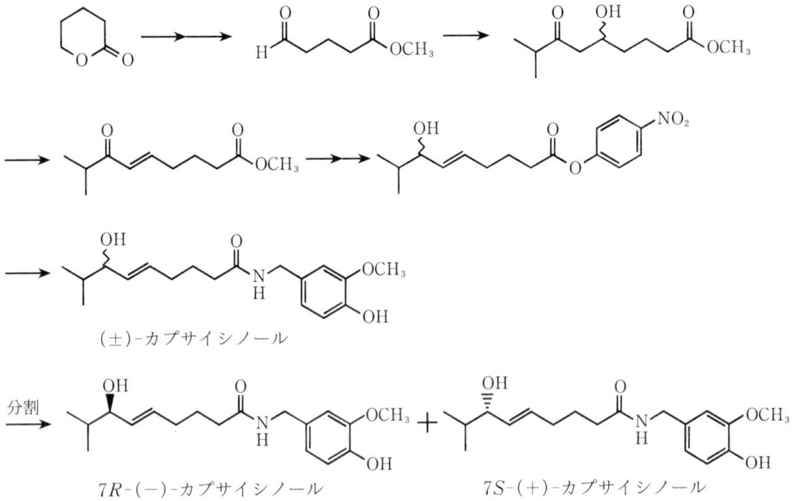

6.4 カプサイシンの抗酸化作用・抗菌作用

図 6.31 カプサイシノールの合成[7,8)]

ルもほぼ同等の抗酸化活性を示した．また，パプリカの生育段階における抗酸化性を調べ，カプサンチンや他のキサントフィル類，これらのエステル類および$α$-トコフェロール，L-アスコルビン酸の含量を定量した報告もある[10)]．

(c) フラボノイド

　フラボノイドは前述のキダチトウガラシにも含まれていたが，トウガラシの構成成分である．Lee ら[11)]はトウガラシの各品種についてフラボノイド含量を比べている(表 6.5)．主フラボノイドはルテオリン(10)，ケルセチン(11)であった(図 6.29)．$β$-カロテンの酸化による退色度を指標にこの両者とカプサイシンの酸化抑制効果を測定した結果，ルテオリンが著しい効果を示し，ケルセチン，カプサイシンとも活性を示した．Pratt ら[12)]はフラボノイドの抗酸化性について，ルテオリンの活性は B 環のオルトジヒドロキシ基によることを論じている．フラボノイドの抗酸化性に関する研究は多く，脂質の過酸化抑制，ラジカル捕捉活性，リポキシゲナーゼ阻害活性など種々のアッセイ法で評価されている．

　上記のように，トウガラシに含まれている代表的なフェノール系成分がトウガラシの抗酸化活性に寄与している．

表6.5 トウガラシ品種の主なフラボノイド量[11]

タイプ	栽培品種	ルテオリン (mg/kg)	ケルセチン (mg/kg)
Jalapeno	Veracruz	n.d.	n.d.
	Mitla	13.67	39.57
	Tam Mild	9.77	17.60
	Jaloro	37.50	151.20
	Sweet Jalapeno	6.07	45.33
Yellow Wax	Hungarian Yellow	67.70	783.83
	Long Hot Yellow	103.50	446.67
	Gold Spike (hybrid)	36.83	288.33
Chile	New Mexico-6	50.57	125.67
	Green Chile	51.53	210.23
Ancho	San Luis Ancho	33.63	276.00
Serrano	Hidalgo	41.40	159.80

6.4.2 抗菌作用

食品の腐敗・変敗を防止して保存性を高め，安全性を維持することは極めて重要な課題である．特に食中毒菌をはじめ多くの腐敗菌の制御には種々の手段が講じられてきた．最近は天然起源の植物に抗菌機能を見出し，有効に利用する開発研究が盛んになってきた．食品保存料ほどの殺菌効果を期待するのではなく，食品のシェルフライフを延長する日持向上剤として天然系の抽出物が使用されている．トウガラシ水抽出物も製造用剤として認められている．Abdouら[13]はキダチトウガラシの粗搾汁液が *Escherichia coli, Salmonella typhi, Bacillus subtilis* などの細菌の生育を阻止することを見出している．Galliら[14]は，各種香辛料の精油区分と溶媒抽出区分のオレオレジンの酵母とカビに対する生育阻害活性を測定した．その結果，表6.6に示すように，ピメントの精油はマスタード，オレガノに次ぐ強い活性を示し，またオレオレジンはシナモンに匹敵する高い効果を示した．さらに，Gonzales-Fandosら[15]は辛味のあるパプリカが，ブドウ球菌の *Staphylococcus aureus* が毒素エンテロトキシンAおよびCを生産するのを抑制すると報告している．矢嶋ら[16,17]はトウガラシ果実の水またはメタノール抽出物がワイン酵母の *Saccharomyces cerevisiae* や *Candida vini* などに対して生育を特異的に阻止すると発表した．この抽出物は細菌やカビに対してはほとんど抑制効果を

6.4 カプサイシンの抗酸化作用・抗菌作用

表6.6 酵母およびカビに対する香辛料精油と抽出物の抗菌性[4]

		Deb. hansenii	Sacc. cerevisiae	Candida utilis	Thricoderma viride	Cephalosporium sp.	Asp. flavus	Pen. roqueforti	Pen. chrysogenum	Scop. brevicaulis	Sacc. lipolytica	Rhodotorula rubra	Hansenula minuta	Geothricum candidum
精油	シナモン	+	3+	4+	3+	3+	3+	±	n.d.	±	3+	3+	3+	3+
	クローブ	3+	−	3+	3+	3+	3+	3+	〃	4+	−	−	2+	3+
	オレガノ	4+	4+	4+	4+	4+	2+	2+	〃	±	4+	4+	4+	4+
	ピメント	4+	−	4+	4+	4+	±	±	〃	+	−	−	−	4+
	ローズマリー	3+	3+	3+	2+	2+	2+	±	〃	±	3+	3+	3+	2+
	マスタード	5+	5+	5+	5+	5+	5+	5+	〃	5+	5+	5+	5+	5+
	タイム	2+	−	2+	5+	5+	5+	5+	〃	4+	−	−	2+	5+
抽出物	シナモン	4+	4+	4+	4+	4+	4+	n.d.	n.d.	4+	n.d.	n.d.	n.d.	n.d.
	ベイリーフ	2+	3+	−	4+	4+	4+	〃	〃	+	〃	〃	〃	〃
	マジョラム	3+	4+	2+	3+	3+	2+	〃	〃	3+	〃	〃	〃	〃
	ホワイトペッパー	2+	2+	3+	−	3+	−	〃	〃	2+	〃	〃	〃	〃
	ブラックペッパー	4+	4+	4+	−	2+	+	〃	〃	2+	〃	〃	〃	〃
	ピメント	4+	4+	2+	4+	4+	4+	〃	〃	2+	〃	〃	〃	〃

+5(効果最大)〜+(効果あり)
−(効果なし)

示さなかった.これらの活性成分の精製が進められていて,日持向上剤としての実用的開発がなされている.

トウガラシの抗菌成分については,辛味成分のカプサイシンに抗菌性があることが Gal[18] によって報告されている.100ppm の濃度で *B. cereus* や *B. subtilis* などの細菌に静菌活性を示した.また,*Zygosaccharomyces* 属や *Mycoplasma agalactiae* に対して抗カビ活性を示した.

以上のように日常的に身近なトウガラシ属には抗菌活性物質も含まれており,食品保存の向上に役立つものと期待される.

引用文献

1) J. R. Chipault, G. R. Mizuno, J. M. Hawkins, W. O. Lundberg, *Food Res.*, **17**, 46 (1952)
2) A. R. Stasch, M. M. Johnson, *Agr. Exp. Sta., Bull.*, No.556, 7 (1969)
3) F. Mihelic, *Prehrambeno-Technol. Rev.*, **11**, 8 (1973)

4) J. K. Huang, G. S. Wang, W. H. Chang, *Chung-kuo Nung Yeh Hua Hsueh Hui Chih*, **19**, 200 (1981)
5) S-I. Mun, H-S. Ryu, H-J. Lee, J-S. Choi, *Han'guk Yongyang Siklyong Hakhoechi*, **23**, 466 (1994)
6) N. Nakatani, Y. Tachibana, H. Kikuzaki (O. Hayaishi, E. Niki, M. Kondo, T. Yoshikawa eds.), "Medical, Biochemical and Chemical Aspects of Free Radicals", Elsevier, Amsterdam (1988), p.453.
7) T. Masuda, H. Kikuzaki, Y. Tachibana, N. Nakatani, *Chemistry Express*, **5**, 369 (1990)
8) T. Masuda, N. Nakatani, *Agric. Biol. Chem.*, **55**, 2337 (1991)
9) H. Matsufuji, H. Nakamura, M. Chino, M. Takeda, *J. Agric. Food Chem.*, **46**, 3468 (1998)
10) F. Markes, H. G. Daood, J. Kapitany, P. A. Biacs, *J. Agric. Food Chem.*, **47**, 100 (1999)
11) Y. Lee, L. R. Howard, B. Villalón, *J. Food Sci.*, **60**, 473 (1995)
12) D. E. Pratt (T. M. Huang, C. T. Ho, C. Y. Lee eds.), "Phenolic Compounds I Food and Their Effects on Health II", ACS, Washington D.C. (1992), p.55.
13) I. A. Abdou, A. A. Abou-Zeid, M. R. El-Sherbeeny, Z. H. Abou-El-Gheat, *Qual. Plant. Mater. Veg.*, **22**, 29 (1972)
14) A. Galli, L. Franzetti, D. Briguglio, *Industrie Alimentari*, **24**, 463 (1985)
15) E. Gonzales-Fandos, M. L. Sierra, M. L. Garcia-Lopez, A. Otero, *Arch. Lebensm.*, **47**, 43 (1996)
16) M. Yajima, T. Takayanagi, K. Nozaki, K. Yokotsuka, *Food Sci. Technol. Int.*, **2**, 234 (1996)
17) 矢嶋瑞夫, 乙黒親男, 松土俊秀, 奥田 徹, 高柳 勉, 横塚弘毅, 醸造協会誌, **93**, 671 (1998)
18) I. E. Gal, *Z. Lebensm.-Unters. Forsch.*, **138**, 86 (1968)

(中谷延二)

6.5 カプサイシンおよび類縁化合物の持久力増強作用

6.5.1 体力・持久力とは―実験動物の持久力の測定方法

食品成分が人間や動物の体力を持続させる効果を持つか否かの検討のためには, 体力の指標を設定しなければならない. 特に, 食品中の有効物質を探索する目的からは, 体力を指標にして物質をスクリーニングできることが望

ましい.そこで,以下のような水槽により実験動物の体力を評価できるシステムの構築を試みた[1].

試作した水槽は 90×45×45cm のアクリル製で,ポンプで表面流を発生させ,バルブによって流速を任意に調整できる.さらに,水車型流水速計によって,淀みのない均一な流れになっていることを確認した.このプールに 5 週齢のマウスを 1 週間の予備訓練の後に遊泳させ,限界までの遊泳時間を測定した.遊泳限界は,マウスが潜んで 7 秒間水面に浮上しない時点とした.遊泳時間に影響を与える既知物質として,50mg/kg のカフェイン 1 回皮下投与をネガティブコントロールとし,50mg/kg のオクタコサノール 3 日間経口投与をポジティブコントロールとした.このシステムはマウスの限界遊泳時間を評価するのには有効であったが,ラットは潜水行動をとるため,再現性のある評価が困難であった.市販のトレッドミルによる限界走行時間と比較したところ,同等以上の再現性・偏差の少なさが得られた.トレッドミルに比べて,運動終点の判定が容易であること,訓練期間が短く,脱落する個体が少ないなどの利点があった[1].

限界までの遊泳時間は,マウスの持久運動能力を反映するものと考えられる.マウスは遊泳の際に主に後肢のみを用いる.実際にマウスの遊泳をビデオで撮影してその運動を観察したところ,後肢の運動のみが顕著であった.遊泳による後肢の腓腹筋や四頭筋のグリコーゲン消費は明らかであるが,前肢ではそのようなことはない.また,浮力がかかることから,運動強度としては最大酸素摂取量の約 50%程度の持久的な運動の範囲で測定するのに適しており,無酸素作業閾値を越えるような強い運動は負荷しにくい.

遊泳時間の測定によって,体力が評価できるかについては,多方面の角度からさらに検討が必要であるが,現時点で利用できるシステムとしては満足できる方法である.

6.5.2 カプサイシンの体力増強作用の検討
(1) カプサイシンの持久力増強作用

マウスの遊泳システムを利用して,トウガラシ辛味成分カプサイシンが動物の持久力を高める効果があることが明らかとなった.マウスにカプサイシ

ンを胃チューブで経口投与した後，2時間後に遊泳を開始すると，カプサイシンを投与しなかったものに比べ有意に限界遊泳時間が伸びた．カプサイシンを投与してから30分以内，あるいは3時間以降では，限界遊泳時間の伸びは観察されなかった．カプサイシンの効果は0.033mmol/kg（10mg/kg）までは用量依存的であり，それ以上の量を投与すると，遊泳時間はピークよりもやや低下する傾向が見られた[2]．30分遊泳させたマウスの筋肉グリコーゲン残量はカプサイシン投与群で有意に高く，遊泳時間の延長と一致した．

安静時のマウスにカプサイシンを経口投与すると，30分以内に急峻な血中アドレナリンの上昇が起こり，その後いったん低下し2時間後にも再びアドレナリンの上昇ピークが観察された．血糖値は第一相でのみ上昇した．最初のピーク時には呼吸交換比（呼吸商）＊が上昇し，アドレナリンによってグリコーゲン由来の糖の燃焼が高まっていることが想像された．第二相目のアドレナリン上昇時にはむしろ呼吸商が低下し，脂肪の代謝が促進していると考えられた[2]．

以上のことから，カプサイシンを経口投与すると，一過性のアドレナリン放出に伴う糖の酸化促進が生じる．さらに，メカニズムは明らかではないが，カプサイシン投与2時間後にも，アドレナリンの放出が起こる．呼吸商の測定から，この時には，糖の酸化は優位ではなく，むしろ脂肪の燃焼が盛んになることが明らかである．脂肪代謝が盛んになるカプサイシン経口投与2時間後にマウスの遊泳を開始すると，脂肪を利用した有酸素運動の能力を増進することになり，遊泳持続時間が延長されるものと思われる．

(2) カプサイシンの受容体拮抗物質を用いた検討

カプサイシンの受容体拮抗薬であるカプサゼピン（第3章，図3.4参照）をマウスに投与して，カプサイシンの持久力増強効果を検討した．カプサイシン0.033mmol/kgの経口投与に対して投与5分前および60分後にカプサゼピン0.17mmol/kgを腹腔内投与すると，カプサイシンによるマウスの持久力増強効果は消失した[3]（図6.32）．このことは，カプサイシンの効果が，特異的受容体との相互作用を介して発現していることを示唆する．

＊ 呼吸交換比（呼吸商）：CO_2 呼出量と O_2 吸収量との比で，体内でどの栄養素が酸化されてエネルギー源となっているかを知るための指標になる．

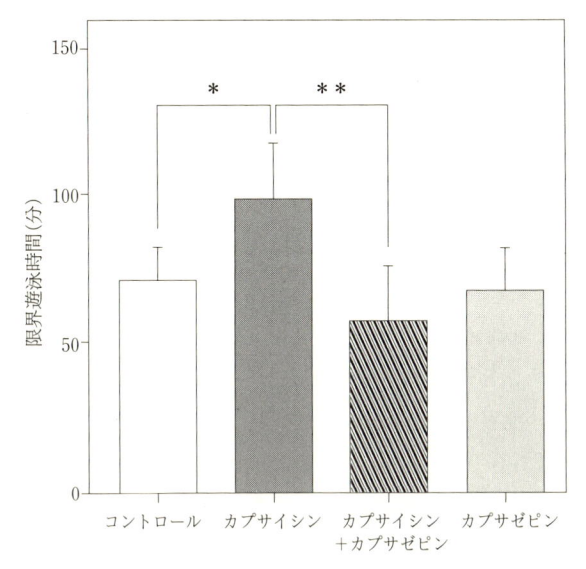

図 6.32 カプサイシン投与によるマウス限界遊泳時間の
延長とカプサゼピンによる抑制[3]

カプサイシン 0.033mmol/kg 投与 5 分前および 60 分後に 0.17mmol/kg のカプサゼピンを腹腔内投与し，カプサイシン投与 2 時間後に遊泳を開始した．数値は限界遊泳時間の平均値±標準誤差($n=7\sim9$)．＊ $p<0.05$，＊＊ $p<0.01$．

カプサイシンの受容体は，痛覚の生理学の面からも注目されてきたが，1997 年に Caterina ら[4]によって，バニロイドレセプターのサブタイプ 1 (TRPV1)として cDNA がクローニングされ，さらに電気生理学的な解析から，カルシウム透過性の非選択性陽イオンチャネルを構成していることが報告された．TRPV1 以外にも類似の受容体の存在することが明らかになってきた．本実験で用いたカプサゼピンは TRPV1 と結合し信号伝達を阻害するが，TRPV1 以外の受容体サブタイプとの相互作用の詳細は明らかではない．また，後述のような，辛味を持たないカプサイシンの効果を議論するにあたっては，関連する全ての受容体の解明が今後の検討課題であろう．

(3) 副腎髄質摘出マウスを用いた検討

カプサイシン投与によって副腎髄質からアドレナリンが放出され，脂肪代謝を促進することが知られている(6.2 節参照)．持久運動能力の増強が副腎からのアドレナリン分泌を介するものであることを確かめるために，マウス

の副腎を摘出したところ，副腎摘出マウスでは，カプサイシン経口投与による持久力増強効果は観察されなかった[2]．また，副腎摘出したマウスにアドレナリンを経静脈投与すると，限界までの遊泳時間が延長した．

6.5.3 辛くないカプサイシン同族体および類縁体の効果
(1) 辛くないカプサイシン C_{18}-VA の持久力増強作用

カプサイシンがマウスの持久運動能力に影響を与えることは明らかであるが，動物実験から推定すると，持久力を有意に増強するには，乾物重量で数十gのトウガラシを摂取する必要がある．辛さはもとより，様々な副作用が懸念され[5-7]，現実的ではない．カプサイシンにはアルキル基の長さの異なる同族体が多数存在し，アルキル基の鎖長の長いものは辛味が少ないことが報告されていた[8,9]．岩井ら[9]は，アルキル基の長さが C_{14} 以上のものは人間に痛覚や辛味を感じさせないが，副腎からのアドレナリンの放出は辛味のない同族体でも同様に観察されることを明らかにした．そこで，この辛味のないカプサイシン同族体の一つであるステアロイルバニリルアミド（C_{18}-VA）をマウスに投与して，辛味のあるカプサイシンと同等の持久力増強効果があるかどうかを検討した．マウスに C_{18}-VA を投与し強制遊泳を開始すると，辛味のあるカプサイシンとほぼ同濃度で同様の遊泳時間延長効果が観察された[10]．

(2) カプシエイトの持久力増強作用

カプサイシンの類縁体であり辛味のないカプシエイトはカプサイシンと類似の脂肪燃焼促進作用を有している[11]．カプシエイトをマウスに経口投与し（10mg/kg），

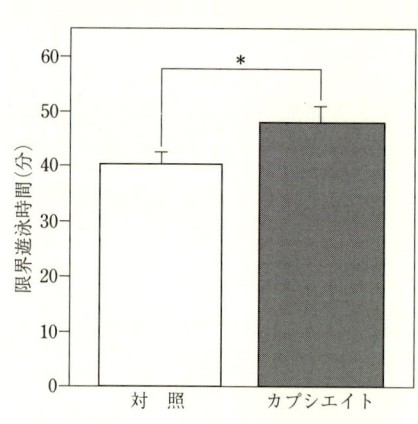

図 6.33 カプシエイトの遊泳時間延長効果
毎分7Lの表面水流に設定した遊泳プールを用いた．マウス（$n=7$）は11時間絶食後1時間餌を与え，その後1時間絶食させてカプシエイトを経口投与した．その1時間後に遊泳を開始した．遊泳開始時刻は13時とした．
＊ 統計的有意差あり（$p<0.05$，スチューデント t 検定による）．

1時間後に強制水泳による限界までの遊泳時間を測定したところ，カプサイシンを含まない溶液を与えた対照群に比べ顕著な遊泳時間の増加が観察された[12]（図6.33）.

マウスをメタボリックチャンバー（日常生活条件でのエネルギー消費量の測定装置）内でトレッドミル上を走行させ，呼気ガスを解析した．安静時にはカプシエイトの投与によって脂肪の燃焼が増加した．続くトレッドミル走行時には，対照群に比べてさらに大幅に脂肪の燃焼が増加し，反対に糖質の燃焼が抑制された[12]．これらの効果はカプサイシンの拮抗薬であるカプサゼピンの前投与によって消失した.

以上の結果は，安静時にみられるカプシエイトの脂肪燃焼作用が運動によって相乗的に強調されることを示唆している．また運動中にはグリコーゲンの節約が同時に惹起される．カプシエイトは辛味がないにもかかわらずカプサイシンと同等以上の持久力増強作用を有する素材であり，スポーツ分野での利用が期待される.

引用文献

1) K. Matsumoto, K. Ishihara, K. Tanaka, K. Inoue, T. Fushiki, *J. Appl. Physiol.*, **81**, 1843 (1996)
2) K. Kim, T. Kawada, K. Ishihara, K. Inoue, T. Fushiki, *Biosci. Biotechnol. Biochem.*, **61**, 1718 (1997)
3) K. Kim, T. Kawada, K. Ishihara, K. Inoue, T. Fushiki, *Biosci. Biotechnol. Biochem.*, **62**, 2444 (1998)
4) M. J. Caterina, M. A. Schumacher, M. Tominaga, T. A. Rosen, J. D. Levine, D. Julius, *Nature*, **389**, 816 (1997)
5) Y. Monsereenusorn, S. Kongsamut, P. D. Pezalla, *CRC Crit. Rev. Toxicol.*, **10**, 321 (1982)
6) Y. Surh, S. Lee, *Food Chem. Toxicol.*, **34**, 313 (1996)
7) T. Suzuki, K. Iwai (A. Brossi ed.), "The Alkaloids", vol.23, Academic Press, New York (1984), p.227.
8) T. Watanabe, T. Kawada, T. Kato, T. Harada, K. Iwai, *Life Sci.*, **54**, 369 (1994)
9) P. H. Todd, Jr., M. G. Bensinger, T. Biftu, *J. Food. Sci.*, **42**, 660 (1977)
10) K. Kim, T. Kawada, K. Ishihara, K. Inoue, T. Fushiki, *J. Nutr.*, **128**, 1978 (1998)

11) K. Ohnuki, S. Haramizu, K. Oki, T. Watanabe, S. Yazawa, T. Fushiki, *Biosci. Biotechnol. Biochem.*, **65**, 2735 (2001)
12) S. Haramizu, W. Mizunoya, Y. Masuda, K. Ohnuki, T. Watanabe, S. Yazawa, T. Fushiki, *Biosci. Biotechnol. Biochem.*, **70**, 774 (2006)

(伏木　亨)

6.6　カプサイシンの免疫細胞の応答制御と抗炎症作用

　トウガラシは食品に独特の風味を賦与したり保存性を良くするために，昔から食品の加工・製造・調理の際に世界的に広く添加・使用されてきている．また，風邪，流行性感冒などの呼吸器系疾患などにも効くと信じられ，例えば韓国ではトウガラシを入れた伝統的な飲み物(gochu-gamju)が風邪の治療に広く用いられてきているし，ある種の鎮痛剤などの医薬品としても利用されている．これらはもちろん，トウガラシの特異的辛味成分であるカプサイシン (*trans*-8-methyl-*N*-vanillyl-6-nonenamide) の化学的特性や生理作用によるものと考えられているが，その真の作用機作などについては不明の点も多い．さらに，韓国や東南アジア諸国等々でみられる強い辛味食品を摂る食習慣が人々に望ましい生理効果をもたらし得るのか否か，例えば人間の免疫能を高めるのに役立っているのかどうか，また，それらはどのようなメカニズムによってもたらされる可能性があるのか等々の点についても科学的にはまだ十分に解明されているとは言い難い．

　一般に，多くの生理活性物質はある一定の濃度範囲では好ましい生理効果を示すが，それ以外の濃度領域では無効であったり，場合により望ましくない作用を示し，ちょうど両刃の剣のように振る舞う．カプサイシンの場合も同様である．本節では，この非常に特異的な分子の有する免疫制御作用における二面性を中心に述べることにする．

6.6.1　カプサイシンと免疫反応性神経ペプチド

　神経系は免疫および炎症性応答の制御にサブスタンス P (SP)，血管作動性腸管ポリペプチド (VIP)，コレシストキニン (CCK) を介して関与していると

考えられている[1]．VIP は T 細胞の増殖を抑制し，CCK は腸管における免疫グロブリンの産生を増大する．タキキニンファミリー*1の中でも特に重要でよく調べられている SP は痛覚などの侵害情報を伝達する一次知覚ニューロンの神経伝達物質であり，神経免疫制御における調節因子でもある．SP は抗体産生の誘導や T 細胞の増殖，インターロイキン-1*2，インターロイキン-6，腫瘍壊死因子 α (TNFα) の単球からの分泌を促進することができる[2]．

カプサイシンは神経毒性を示し，それにより引き起こされる神経の損傷は免疫応答の低下をもたらすことが知られている．すなわち，カプサイシンは選択的に一次求心性神経に損傷を与え，さらに一次知覚ニューロンの免疫反応性神経ペプチド類である SP，VIP，CCK などを枯渇させる[3]．SP は一次知覚ニューロンなどに局在化しているとされているが，SP に対する表面レセプターがマウスの T 細胞や B 細胞，マクロファージ，ヒトの内皮細胞，好酸球などの非神経細胞に見出されており[4]，さらに，これらのレセプターは前記の細胞あるいは他の細胞によりつくられる SP と結合するものとみられる．興味深いことに，DNA の塩基配列分析結果から，ヒトの単球とマクロファージが SP とそのレセプターを発現すること，また SP がこれらの細胞機能の制御にオートクライン(自己分泌)様に関与している可能性が示された．その研究ではまた，カプサイシンが SPmRNA 転写の発現を促進しないことも示されており[5]，したがって，カプサイシンにより引き起こされる SP の放出は単球やマクロファージ中の SP の枯渇をもたらすものと考えられる．このカプサイシンによるこれらの細胞からの SP の放出は，非神経細胞においては濃度依存的に行われるように思われるが，SP 放出の分子機構の解明にはさらなる研究が必要である．

*1 タキキニンファミリー：タキキニン (tachykinin) ファミリーは C 末端に共通アミノ酸残基配列 (Phe-X-Gly-Leu-Met-NH$_2$) を有し 10～20 アミノ酸残基からなるポリペプチドで，無脊椎動物から脊椎動物に至るまで広く分布している．SP は最初に発見されたタキキニンである．

*2 インターロイキン (interleukin)：免疫・炎症担当細胞が産生する活性物質であるサイトカイン (cytokine) の一種である．分子量 8 000～45 000 のタンパク質で，インターロイキン-1 (IL-1) から IL-13 まであり，それぞれ多彩な生理活性を有している．

6.6.2 カプサイシンの体内投与による免疫応答の制御

In vitro におけるカプサイシンの免疫抑制に関するこれまでの報告の大部分はカプサイシンと SP との関連に関するものである. *In vivo* におけるカプサイシンの薬理学的投与レベルでは, 神経傷害に起因する免疫抑制作用がもたらされることを多数の研究例が示している. カプサイシン投与により誘導される一次求心性神経における神経ペプチドの極度の減少が免疫抑制をもたらすわけで, 例えば 50～200mg/kg 体重のカプサイシン投与で免疫不全がもたらされる[6,7]. カプサイシンの体内投与はまた, 新生および成長ラット, 成長マウスにおいてコンカナバリン A (concanavalin A, Con A)で活性化されるリンパ球増殖を低下させ, マウスにおけるヒツジ赤血球細胞(SRBC)に対するヘマグルチニン応答を増加させる[7,8]. 新生ラットに対するカプサイシン処理により成長ラットの SRBC に対する抗体応答は減少するが, カプサイシン処理ラットに SP を注入することによりこの抗体応答の減少をもとに戻すことができる[9]. このようなカプサイシンの免疫抑制作用は SP の減少によりもたらされると考えられる.

In vitro におけるポリクローナル抗体応答, マイトジェン(mitogen)により

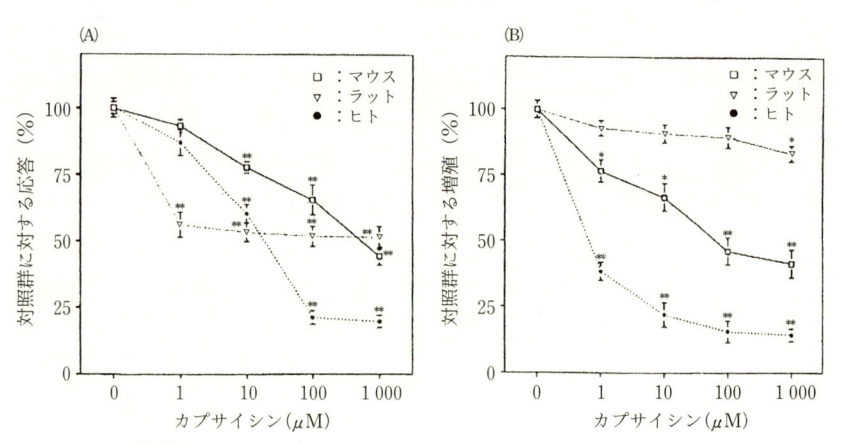

図 6.34 マウス, ラット, ヒトの培養リンパ球におけるポリクローナル抗体応答と T リンパ球の増殖に及ぼすカプサイシンの影響[10]
(A) *in vitro* ポリクローナル抗体応答に及ぼすカプサイシンの影響. 活性化に使用したマイトジェン: LPS(マウス), STM および硫酸デキストラン(ラット), SAC および IL-2(ヒト)
(B) T リンパ球の増殖に及ぼすカプサイシンの影響.
数値は平均値±標準誤差($n=4$), * $p<0.05$, ** $p<0.01$.

6.6 カプサイシンの免疫細胞の応答制御と抗炎症作用

活性化されるリンパ球増殖応答および NK 細胞[*3]の活性などの選択的免疫評価指標に及ぼすカプサイシンの影響について報告されている[10]．例えば，マウス，ラット，ヒトの培養リンパ球の培地に直接カプサイシンを添加することにより，ポリクローナル抗体応答がカプサイシンの濃度 10～1 000 μM で抑制される傾向を示し(図 6.34(A))，T リンパ球の増殖も用量依存的にカプサイシンにより抑制された(図 6.34(B))．図に示すように，リンパ球増殖応答について調べた動物種の中では，ヒトはカプサイシンにより誘導される免疫抑制に対し最も感受性が高く，ラットは逆に最も感受性が低かった．マウス，ラット，ヒトの NK 細胞の活性はそれぞれカプサイシンにより有意に抑制された．カプサイシンはまた単核細胞のアポトーシスによる細胞死を

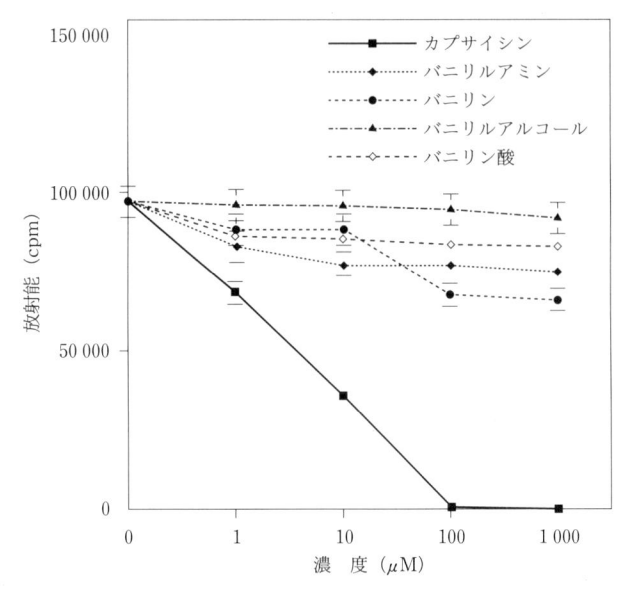

図 6.35 ヒトの培養リンパ球の増殖に及ぼすカプサイシンおよびその代謝産物の影響[10]
数値は培養リンパ球への ^{3}H-チミジンの取り込み量を示す．
平均値±標準誤差($n=4$)

[*3] NK 細胞：ナチュラルキラー細胞(natural killer cell)のことで，一種のリンパ球(大顆粒リンパ球)．生体内ではウイルス感染の排除，発ガンの阻止，ガン転移の抑制などの働きを有すると考えられている．

もたらした．しかしながら，興味深いことに，カプサイシンの代謝産物のバニリルアミン，バニリン，バニリルアルコール，バニリン酸などは強い免疫抑制や細胞毒性を示さず，ヒトの培養リンパ球の増殖に対してもカプサイシンが顕著な増殖抑制を示すのに対して，それらはほとんど影響を与えない（図6.35）．

カプサイシンはSPの減少をもたらす以外に，免疫応答に必要な遺伝子発現を調節する核内転写因子NF-κBの強力な阻害剤である[11]．さらに，カプサイシンはタンパク質合成に不可欠なtRNATyrのアミノアシル化の阻害[12]をも行う．*In vitro*におけるリンパ球培養系でみられるカプサイシンの免疫抑制作用にはNF-κBの阻害，tRNATyrのアミノアシル化の阻害がそれぞれ別個に，あるいは共に関与していると考えられる．

6.6.3 食餌由来カプサイシンによる選択的免疫応答制御

食餌由来カプサイシンが示す免疫制御活性は，薬理学的濃度でのカプサイシンの体内投与による免疫抑制とはまさに対照的である．なお，このカプサイシンの免疫制御機能はガンやその他，免疫機能の異常に関連すると思われる疾病を予防する上で役に立つ可能性が大きいと考えられる．

食餌由来カプサイシンが免疫状態の評価指標に与える影響は個々の免疫応答と明確に関連していることが示された．すなわち，BALB/cマウスを5グループに分け，それぞれ0，5，20，50，100ppmのカプサイシンを含む飼料で3週間飼育した[13]．このマウスに与えたカプサイシンの飼料中濃度はヒトが摂取する濃度に近い値に設定されている．その結果，20ppmカプサイシン含有飼料摂取群で脾臓細胞数，抗体産生細胞

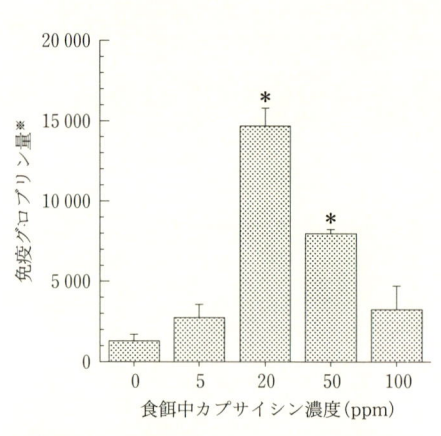

図6.36 血清免疫グロブリンレベルに及ぼす食餌由来カプサイシンの影響[13]
数値は平均値±標準誤差（$n=6$），＊$p<0.05$．
※ELISA法による定量で抗体力価を示す．

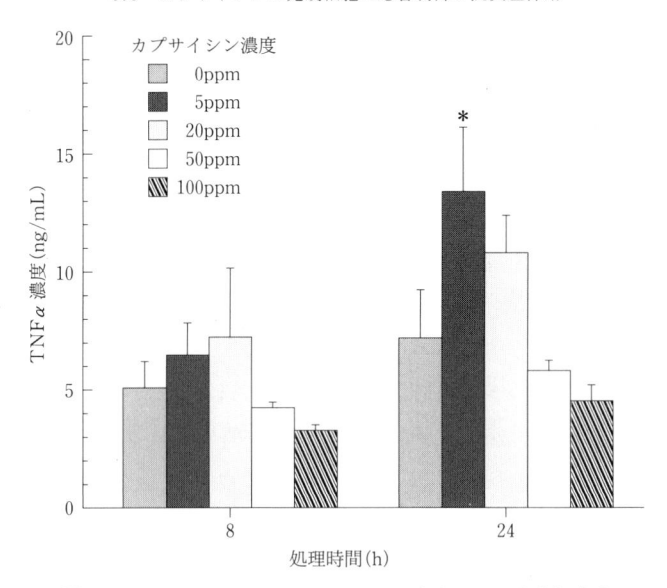

図 6.37 マクロファージによる TNFα 産生に及ぼす食餌由来
カプサイシンの影響[13]

腹腔マクロファージ：LPS(100ng/mL) により 8 または 24 時間活性化．
TNFα レベル：バイオアッセイにより定量．
数値は平均値±標準誤差($n=6$)，* $p<0.05$.

数，血清免疫グロブリンレベルが増加していた．図 6.36 に血清免疫グロブリンレベルに対する食餌中カプサイシン濃度の影響，図 6.37 に TNFα (腫瘍壊死因子 α) 産生に対するカプサイシン濃度の影響をそれぞれ示した．この 20ppm カプサイシン含有飼料摂取群（投与レベル：5mg/kg 体重）のマウスで免疫応答の増大が認められたことより，この程度の投与レベルで食餌から与えられたカプサイシンの示す生理効果と，食餌を介さずに，非経口的に体内に投与された場合のカプサイシンの薬理学的効果（投与レベル：50〜200mg/kg 体重）とは明確に区別して考えるべきであることを示唆している．また，その効果が最適の濃度範囲で認められ，かつ特定の免疫応答を制御することなどから考えて，カプサイシンによる免疫応答の増大は一般的な非特異的効果でないとみなしてよかろう．

また，カプサイシンは *in vivo* でいくつかの疾病の発症制御に関与していることも示されている．例えば，カプサイシンは水痘・帯状ヘルペスウイル

スによる感染に対する抵抗性を増すという[14]．食餌からの 20ppm のカプサイシン投与によりニワトリ（ブロイラー）は腸炎菌（*Salmonella enteritidis*）による感染や器官侵襲に対する抵抗性が増加する[15]．さらに，食餌由来カプサイシンは担ガンマウスの生存率を増加させる[16]．しかし，この生存率の増加は，カプサイシンが樹立細胞系ガン細胞に対し細胞毒性を示すことから[17]，単にカプサイシンの免疫能増大効果によるというだけではなく，ガン細胞増殖に対するカプサイシンの直接的阻害効果が関与している可能性も考慮する必要があろう．

　食餌由来カプサイシンが消化管〜体内で容易に代謝され，バニリルアミン，バニリン，バニリルアルコール，バニリン酸を生じることは既に明らかにされている[18]（5.2.1項参照）．これらの代謝産物は *in vitro* におけるマウスリンパ球による免疫グロブリンの産生に全く影響を与えず，カプサイシンの場合とは異なる挙動を示す[10]．したがって，これらの代謝産物は SP のような免疫反応性の神経ペプチドの極度の減少をもたらさず，免疫応答の点で異なった挙動を示すと考えられる．さらに，食餌由来のカプサイシンは通常，代謝速度を増加させ体温上昇を促すとされている[19]．一般に，体温上昇は細胞の食作用を刺激することにより，生体本来の防御機能を強化し，酵素反応速度を増加させ，インターフェロン類の活動を強化すると考えられる．それゆえ，食餌由来カプサイシンの免疫系に与える影響には神経ペプチド分泌とは別個のものもあるかもしれず，さらにまた，食餌由来カプサイシンが免疫（担当）細胞からの SP の分泌を異なった形で刺激している可能性もないとはいえない．

　以上のように経口的に投与された食餌由来カプサイシンは，注射などにより体内に直接投与されたカプサイシンが示す免疫抑制効果とは異なり，投与濃度依存的に免疫応答を増大させる．つまり，食餌由来カプサイシンの生理効果は薬理学的用法による効果とは明確に区別して考えるべきであるが，その生理効果の発現機構の解明にはさらなる研究が必要である．

6.6.4　辛味食品を摂取する食習慣と免疫状態および発ガンの制御

　辛味食品をよく食べる韓国の人達のトウガラシ摂取量は 1 日に 10〜15g

程度であると考えられている[20]．興味深いことに，最近，辛味嗜好がヒトの末梢免疫細胞における選択的な免疫応答に影響を与えることが報告されている[21]．それによると，マイトジェンに誘導されるリンパ球増殖応答レベル，免疫グロブリンIgGおよびIgAレベルは辛味嗜好グループがそうでないグループに比較してより高く，またNK細胞活性はその逆の傾向を示している．このように，辛味食品を摂取する食習慣が特定の免疫細胞の機能を制御することによりヒトの免疫状態に影響する可能性を示しているが，それが有する意義などについては十分には明らかにされていないのが現状である．

また，これまで，ヒリヒリするような辛い食品がヒトの発ガンの原因になるのではないかと疑われてきた．事実，トウガラシを過剰に摂取することが胃ガン，肝臓ガンのリスクファクターの一つと考えられてきた．しかし，これまでにトウガラシの摂取量とヒトの発ガンとの関係を明確に示している信頼性の高い疫学的データはまだわずかしか報告されておらず，しかもそれらの結果は一致していない．例えば，メキシコで実施された研究では，トウガラシの常食者は非常食者と比較して，胃ガンの罹患リスクは6倍高いと報告されている[22]．一方，イタリアで実施された同様の研究では，トウガラシの摂取は胃ガン発症防御に役立つと報告している[23]．また，他の研究では胃ガン患者と非患者の間で辛味嗜好に関しては何ら有意差が認められていない[24]．興味深いことに，ガン患者の場合，辛味と塩味の両方に対して嗜好性が強い人ほど，血清中のアスコルビン酸やα-トコフェロールレベルが低い傾向が認められた[24]．トウガラシには発ガン性物質の作用を抑制する成分も含まれており，事実，トウガラシはビタミンCやβ-カロテンの良い供給源でもある．このように，トウガラシを常食している人達における胃ガンの発症に，カプサイシンが主要な発ガン因子として作用するのか，それともむしろ防御因子として作用するのかは未だに不明であるが，最近この物質がある種の発ガン性物質や変異原性物質に対して化学予防効果を示すことがかなり注目を浴びている．例えば，近年行われた一連の研究により，カプサイシンはある種の化学発ガン物質の変異原性とそのDNAへの結合とを，それらの代謝過程における活性化を抑制することにより阻止することが示されている[25,26]．培養細胞系でも，カプサイシンはヒト胃ガン細胞の増殖を抑制し[17]，

HeLa細胞，子宮ガン細胞，乳腺ガン細胞など，いずれもヒトに由来する細胞の増殖をNADH酸化酵素の活性を低下させることにより選択的に阻害することが明らかにされた[27]．カプサイシン，特に食餌由来のカプサイシンの化学予防作用(chemoprevention)およびその作用機構に関する今後の研究の展開が楽しみである．

6.6.5 カプサイシンとガン原遺伝子発現

発ガンは1個以上のガン原遺伝子の活性化やガン抑制遺伝子の欠失などが関与すると考えられる多段階のプロセスにより引き起こされる．c-$erbB$-2やc-mycなどのガン原遺伝子は，ヒトの胃ガンにおける転写あるいは転写後調節で過剰に発現していると考えられている[28,29]．また，p53の異常発現も観察されている[30]．

カプサイシンが樹立細胞系胃ガン細胞の増殖をガン原性および(あるいは)ガン抑制遺伝子の発現調節により阻害し，アポトーシスによる細胞死を引き起こすことが確認されている[17]（図6.38）．韓国で開発された樹立細胞系胃ガン細胞であるSNU-1は，$gp185$-$erbB$-2，c-$erbB$-2遺伝子産物を正常細胞に比較して2～4倍以上も多く生成するが，カプサイシンは2種類のガン原遺伝子(c-mycおよびc-Ha-ras)とガン抑制遺伝子p53の転写を促進することが明らかにされている[17]．また，カプサイシンはいろいろな試剤によるNF-κBの活性化に対する強力な阻害剤であることが示された．これらを総合して考えると，要するに，カプサイシンは2種類の異なる転写因子，NF-κB

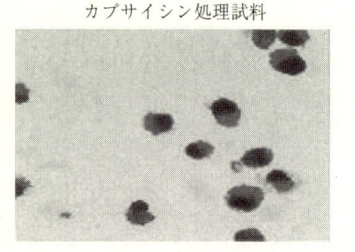

図6.38 胃ガン細胞のアポトーシスに及ぼすカプサイシンの影響[17]
対数増殖期の細胞をカプサイシン(1mM)で16時間処理後，H&Eで染色．
SNU-1：セルライン化された樹立胃ガン細胞(韓国人男性から得たもの)

およびp53遺伝子の発現を正・負両方向に制御する可能性がある．最近，カプサイシン処理後にみられるアポトーシスの誘導とガン形成に関連する遺伝子発現の変化との間の相関に関する研究が多く見受けられる．

カプサイシンなどの刺激に対する初期の応答として，2量体の形で転写活性化因子をコードするガン原遺伝子 c-jun が誘導される可能性がある．また，Fisher-344 ラットを用い，MNNG (N-methyl-N'-nitro-N-nitrosoguanidine)とカプサイシンで処理した後で c-jun の転写制御について調べた結果，カプサイシン処理により c-jun の発現が多くの器官において一定のパターンで制御されることがわかった[32]．この結果は食餌を介して摂取されるカプサイシンが，メチル化試薬で強力な発ガン性物質である MNNG により引き起こされる発ガンを阻止する役割を果たしていることを示唆している．カプサイシン投与により c-jun 発現が促進されたり，抑制されたりするのは，MNNG の細胞殺傷効果の誘導や発ガン作用に対するカプサイシンの阻止効果を反映しているのかも知れない．経口投与されたカプサイシンは代謝され，いろいろな形となり各器官(各組織)に輸送されるが，これらの各種代謝生成物が c-jun の発現に与える影響がそれぞれ異なる可能性も考えられる．

6.6.6 免疫細胞の応答制御と炎症に及ぼすカプサイシンの影響

炎症は基本的には細菌，寄生生物，ウイルスなど，外来異生物の侵襲に対する生体側の応答であるが，慢性の炎症は自己免疫性疾患，動脈硬化，2型糖尿病，ある種のガンなどをはじめとするいろいろな疾病の発症に重要な役割を果たしている．ここでは，特に，免疫細胞の応答制御や抗炎症作用におけるカプサイシンの作用機構を中心に略述する．

(1) マクロファージの炎症応答に対するカプサイシンの阻止効果とその作用機構

トウガラシの主要な辛味成分であるカプサイシンは抗炎症性の性質を示すことが知られている．カプサイシンの抗炎症作用の基礎にあるシグナリング機構の一端を明らかにする目的で，リポ多糖(LPS)で刺激したマウス腹腔マクロファージにおける炎症性分子の産生について，カプサイシンの影響を

調べた結果，LPS 刺激で誘導されたプロスタグランジン E_2 (PGE_2) の産生がカプサイシンにより有意にしかも用量依存的に阻止されることが明らかになった[33]．その際，カプサイシンはシクロオキシゲナーゼ 2 (COX-2) の mRNA やタンパク質レベルでの発現には影響を与えずに，その酵素活性を抑制すること，また，iNOS（NO 合成酵素）のタンパク質レベルでの発現を阻止すること，さらに，炎症促進メディエーター産生に対するカプサイシンの阻止作用は NF-κB の不活性化を介して行われていることがわかった．カプサイシンの効果は TRPV1 に対する特異的なアンタゴニストであるカプサゼピンにより影響を受けず，また，腹腔マクロファージには TRPV1 の発現が認められなかったことから，このカプサイシンの抗炎症作用は新しいメカニズムにより営まれている可能性が強い．

　ペルオキシソーム増殖応答性レセプター（PPARs）は核内レセプター・スーパーファミリーのメンバーで 3 種類のサブタイプ（PPARα，PPARδ，PPARγ）が同定されている．最近の研究により PPARγ がある種の炎症性メディエーターの産生を調節し，炎症性疾患の病理に関与している可能性が明らかにされた．PPARγ に対する標的遺伝子は TNFα と同様に iNOS や COX-2 をも含むことから，カプサイシンの抗炎症作用の作用機構をさらに調べた結果，LPS で刺激された RAW 264.7 細胞（マウスマクロファージ様培養細胞）においては，カプサイシンの抗炎症作用が PPARγ の活性化を介している可能性がはじめて明らかになった[34]．したがって，カプサイシンは炎症性疾患の改善に役立つ植物化学性物質として十分に期待できるものと考えられる．

(2) カプサイシンによる肥満誘導性炎症応答の改善

　肥満は炎症を誘発し，脂肪組織へのマクロファージの浸潤と脂肪組織からの各種炎症促進タンパク質の遊離を増大させる．脂肪細胞はアディポサイトカインとよばれている様々な生物活性を有する物質を分泌する．アディポサイトカインは 2 型糖尿病や動脈硬化などの肥満誘発性病変の進展において最も重要な役割を演じている肥満誘発性の慢性的炎症応答に関与している．

　カプサイシンが肥満における脂肪組織の炎症応答をアディポサイトカインの産生を調節することにより抑制することが可能か否かを調べた[35]．カプサ

イシンは肥満マウスの腸間膜脂肪組織および単離した脂肪細胞からのインターロイキン 6 (IL-6) および MCP-1[*4] の mRNA の発現，およびタンパク質の遊離を有意に阻止する一方で，アディポネクチン遺伝子の発現とタンパク質の遊離を有意に促進した．カプサイシンはマクロファージの移動を顕著に抑制するのみならず，炎症促進メディエーター (例えば，TNFα，MCP-1，そして NO) の遊離を伴うマクロファージの活性化をも顕著に抑制した．これらの結果はカプサイシンが，肥満マウスの脂肪組織におけるマクロファージの挙動やアディポサイトカイン遊離を調節することにより肥満誘発性炎症を抑制していることを示唆している．

(3) カプサイシンの抗炎症作用と抗ガン作用

炎症はガンの進展に深く関わっている．特に，慢性の炎症では，マクロファージやその他の炎症細胞が各種の成長因子，活性酸素種，活性窒素種，サイトカイン類，ケモカイン類を多量に産生し，ガン細胞の増殖，浸潤，転移，血管新生を促進する．したがって，カプサイシンの抗炎症作用はその抗ガン作用と非常に密接な関係にある．さらに興味あることに，既に体内に生じた腫瘍に対して，カプサイシンを腫瘍組織内部に直接投与すると，その腫瘍の進行度 (初期の腫瘍か否かなど) に関係なく，投与された腫瘍の進行が遅延されるという[36]．また，その際，その同じ動物に直接移植した腫瘍細胞の増殖もカプサイシン投与により阻止されるという．このカプサイシンにより誘導される免疫は T 細胞を介し，腫瘍に特異的であるということが示されている．これらの結果は，腫瘍に対する免疫応答の調節にカプサイシンが役立つ可能性を強く示唆しているといえよう．

以上に述べたように，カプサイシンの免疫制御作用には二面性がある．すなわち，薬理学的濃度での体内投与は SP のような神経ペプチドの一次求心性神経における極度の減少を招き免疫抑制を引き起こすが，食餌からの投与

[*4] MCP-1：Monocyte chemoattractant protein 1 のことで，ケモカインの一種．ケモカインは構造的に類似した低分子量 (8〜14kDa) のタンパク質で，細胞遊走活性を示すサイトカインのスーパーファミリーであり，炎症性メディエーターとして知られ，白血球などの遊走を引き起こし炎症の形成に関与する．

は生体内でそれとは全く異なる免疫応答をもたらす。したがって，食品を介して摂取されるカプサイシンのこのような生理効果はいわゆる薬理学的効果とは明確に区別されるべきであろう。この免疫制御作用以外にも，カプサイシンは最近，化学予防の面からもかなりの注目を浴びている。カプサイシンは in vitro, in vivo のいずれにおいても，ガン原遺伝子の発現を制御してアポトーシスを誘導し，ある種のガン細胞の増殖を選択的に阻止する。このカプサイシン分子の有する免疫制御における二面性につき，今後さらに生化学および分子生物学的視点からの詳細な解明が望まれる。また，その生理作用発現機構の科学的な解明により，食事から摂取したカプサイシンの生理的作用に対する適正な評価とその安全な活用が可能になるものと期待される。

引用文献

1) A. M. Stanisz, D. Befus, J. Bienenstock, *J. Immunol.*, **136**, 152 (1986)
2) J. Luber-Narod, R. Kage, S. E. Leeman, *J. Immunol.*, **152**, 819 (1994)
3) L. C. Russel, K. J. Burchiel, *Brain Res. Rev.*, **8**, 165 (1984)
4) A. Stanisz, R. Scicchitano, P. Dazin, J. Bienenstock, D. Payan, *J. Immunol.*, **139**, 749 (1987)
5) W. Ho, D. Kaufman, M. Uvaydova, S. Douglas, *J. Neuroimmunol.*, **71**, 73 (1996)
6) A. Eglezos, P. Andrews, R. Boyd, R. Helme, *J. Neuroimmunol.*, **26**, 131 (1990)
7) G. Nilsson, K. Alving, S. Ahlstedt, *Int. J. Immunopharmacol.*, **13**, 21 (1991)
8) T. Y. Ha, J. S. Park, Y. S. Ko, H. J. Ha, *Korean J. Immunol.*, **19**, 229 (1997)
9) R. Helme, A. Egelzos, G. Dandie, P. Andrews, R. Boyd, *J. Immunol.*, **139**, 3470 (1987)
10) C. O. Pyo, S. A. Ju, R. Yu, I. S. Han, B. S. Kim, *J. Toxicol. Pub. Health*, **14**, 47 (1998), B. S. Kim, E. M. Lee, C. O. Pyo, G. I. Lee, R. Yu, Proceeding of the Society of Toxicology Annual Meeting, 342 (1996)
11) S. Singh, K. Natarajan, B. B. Aggarwal, *J. Immunol.*, **157**, 4412 (1996)
12) C. Cocherean, D. Sanchez, D. Bouraaoui, E. E. Crepy, *Toxicol. Appl. Pharmacol.*, **141**, 133 (1996)
13) R. Yu, J. W. Park, T. Kurata, K. L. Erickson, *Int. J. Vit. Nutr. Res.*, **68**, 114 (1997)
14) J. Carmichael, *Am. Fam. Physician*, **44**, 203 (1991)
15) A. McElroy, J. Manning, L. Jaeger, M. Taub, J. Williams, B. Hargis, *Avian*

Dis., **38**, 329 (1994)
16) R. Yu, *Korean J. Immunol.*, **16**, 65 (1994)
17) J. D. Kim, J. M. Kim, J. O. Pyo, S. Y. Kim, B. S. Kim, R. Yu, I. S. Han, *Cancer Lett.*, **120**, 235 (1997)
18) T. Kawada, K. Iwai, *Agric. Biol. Chem.*, **49**, 441 (1985)
19) T. Yoshida, K. Yoshioka, Y. Wakabayashi, H. Nishioka, M. Kondo, *J. Nutr. Sci. Vitaminol.*, **34**, 587 (1988)
20) R. Yu, J. M. Kim, I. S. Han, B. S. Kim, S. H. Lee, M. Kim, S. H. Cho, *J. Korean Soc. Food Sci. Nutr.*, **25**, 338 (1996)
21) J. O. Pyo, I. S. Han, B. S. Kim, R. Yu, *J. Korean Soc. Food Sci. Nutr.*, **26**, 1194 (1997)
22) L. Lopez-Carillo, M. H. Avila, R. Dubrow, *Am. J. Epidemiol.*, **139**, 263 (1994)
23) E. Buiatti, D. Palli, A. Decarli, D. Amadori, C. Avellini, S. Bianchi, R. Biserni, F. Cipriani, P. Cocco, A. Giacosa, *Int. J. Cancer*, **44**, 611 (1989)
24) M. A. Choi, B. S. Kim, R. Yu, *Cancer Lett.*, **136**, 89 (1999)
25) R. W. Teel, *Nutr. Cancer*, **15**, 27 (1991)
26) Y. J. Surh, E. Lee, J. M. Lee, *Mutat. Res.*, **102**, 259 (1998)
27) D. J. Morre, P.-J. Chueh, D. M. Morre, *Proc. Nat. Acad. Sci., USA*, **92**, 1831 (1995)
28) V. G. Flack, W. J. Gullick, *J. Pathol.*, **159**, 107 (1989)
29) J. Houldswurth, C. Cordon-Cardo, M. Ladanyi, *Cancer Res.*, **50**, 6417 (1990)
30) B. V. Joypatal, E. L. Newman, D. Hopwood, A. Grant, S. Qureshi, D. P. Lane, A. A. D. Cuschieri, *J. Pathol.*, **170**, 279 (1993)
31) R. Yu, B. S. Kim, I. S. Han, Proc. Int. Conf. on Environmental Mutagens in Human Population, 127 (1998)
32) J. M. Kim, J. D. Kim, R. Yu, B. S. Kim, M. K. Shin, I. S. Han, *Cancer Lett.*, **142**, 155 (1999)
33) C. S. Kim, T. Kawada, B. S. Kim, I. S. Han, S. Y. Choe, T. Kurata, R. Yu, *Cell Signal.*, **15**, 299 (2003)
34) J. Y. Park, T. Kawada, I. S. Han, B. S. Kim, T. Goto, N. Takahashi, T. Fushiki, T. Kurata, R. Yu, *FEBS Lett.*, **572**, 266 (2004)
35) J. H. Kang, C. S. Kim, I. S. Han, T. Kawada, R. Yu, *FEBS Lett.*, **581**, 4389 (2007)
36) J. Beltran, A. K. Ghosh, S. Basu, *J. Immunol.*, **178**, 3260 (2007)

〔柳 梨 娜・倉田忠男〕

6.7　カプサイシンの腫瘍細胞増殖抑制作用

カプサイシンの生理作用の一つに，腫瘍細胞の増殖抑制作用が報告されている．すなわち，これまでにヒト由来の腫瘍細胞系を含めて *in vitro* や *in vivo* の実験系において，皮膚ガン[1]，白血病[2,3]，直腸ガン[4]，膀胱ガン[5]，肝臓ガン[6]，乳ガン[7]，前立腺ガン[8]などにカプサイシンの腫瘍細胞増殖抑制作用やアポトーシス（細胞死）誘導作用が報告されてきている．

初期の研究報告の一つとして Morre らのグループ[9]は，ヒト由来の HeLa（子宮頸部ガン細胞）や HL-60（急性前骨髄性白血病細胞）などの腫瘍細胞においてカプサイシンが低濃度で増殖抑制作用を発現し，細胞の大部分は核の分断化や凝縮などのアポトーシス様の変化が誘導されていることを示した．一方，HL-60 をジメチルスルホキシド（DMSO）で分化誘導した細胞や，ヒトの乳腺上皮およびラット肝や腎などの正常細胞に対してはこの増殖抑制作用はみられないことより，彼らはカプサイシンの作用は腫瘍細胞に特異的であると結論した．このカプサイシンの腫瘍細胞特異性については，Ito らのグループ[3]や Surh らのグループ[10]も報告している．また Morre ら[9]は，このカプサイシンによる細胞増殖抑制作用発現には NADH オキシダーゼの阻害作

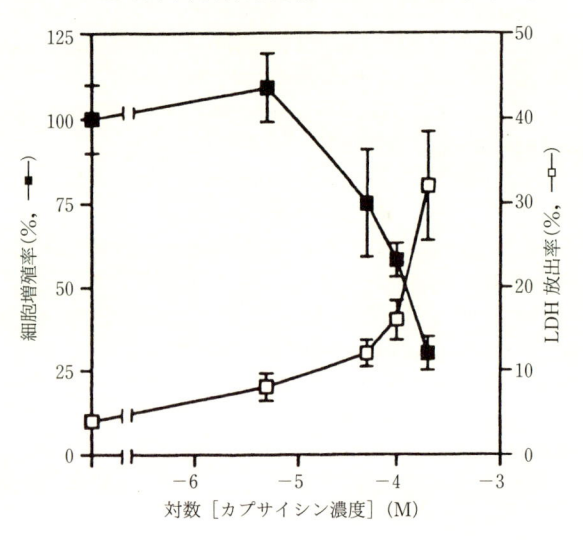

図 6.39　カプサイシンによる HeLa 細胞増殖抑制作用[11]

6.7 カプサイシンの腫瘍細胞増殖抑制作用

用が関与しており，腫瘍細胞の NADH オキシダーゼが正常細胞のものに比べより低濃度でカプサイシンによって阻害されることを示している．

また筆者らも，HeLa 細胞においてバニロイドレセプター(VR1，TRPV1)を介するカプサイシンの増殖抑制作用を見出している[11]．すなわち，ミトコンドリア還元酵素活性および遊離 LDH(乳酸脱水素酵素)活性を指標に，カプサイシン添加による濃度依存的な細胞増殖抑制作用を見出した(図 6.39)．また Fura-PE3 を用いた二波長励起蛍光法により，カプサイシン添加後の細胞内カルシウムイオン濃度上昇作用が判明した．さらに，バニロイドレセプター TRPV1 の拮抗剤であるカプサゼピン(capsazepine)前処理によりカプサイシン誘導細胞内カルシウムイオン濃度上昇作用が消失することから，この作用はカプサイシンに対するレセプターであるバニロイドレセプターを介することが明らかになった(図 6.40)．そこでさらに，この細胞内カルシウムイ

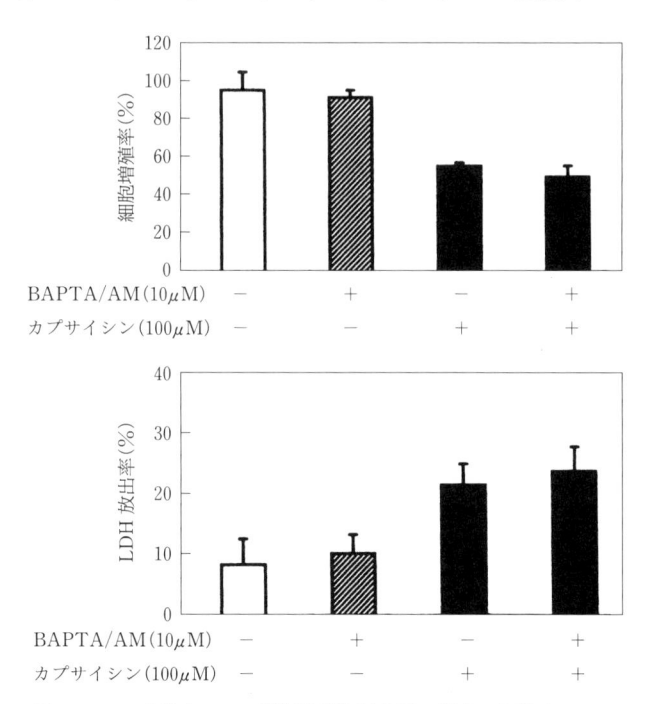

図 6.40 カプサイシンの細胞増殖抑制作用に対する細胞内カルシウムキレート剤 BAPTA の効果[11]
BAPTA/AM：BAPTA の細胞膜透過性アセトキシメチルエステル誘導体．

オン濃度上昇作用がカプサイシンによる細胞増殖抑制作用に重要であるかどうかを検証するため，カルシウムキレート剤であるBAPTA[*1]前処理により細胞内カルシウムイオン濃度上昇を消失させた後のカプサイシン添加による細胞増殖抑制の有無を検討した．その結果，BAPTA前処理によっても，カプサイシンの細胞増殖抑制作用は消失しないことが判明した(図6.40)．このことより，バニロイドレセプターを介する細胞内カルシウムイオン濃度上昇は，カプサイシンの生理作用の一つである細胞増殖抑制作用には関与しないことが示された．

これらの結果に対しKimらのグループ[12]は，ヒト由来のHepG2(肝ガン細胞)を用いた実験結果を報告している．すなわち，HepG2細胞においてもカプサイシンはアポトーシス様細胞死を誘導し(図6.41A)，細胞内カルシウム濃度上昇作用(図6.41B)を示した．しかし，筆者らの結果[11]とは異なり，細胞内カルシウム濃度上昇はカプサゼピンで消失せず(図6.41B)，一方BAPTA処理はカプサイシンのアポトーシス誘導能を消失させた(図6.42).

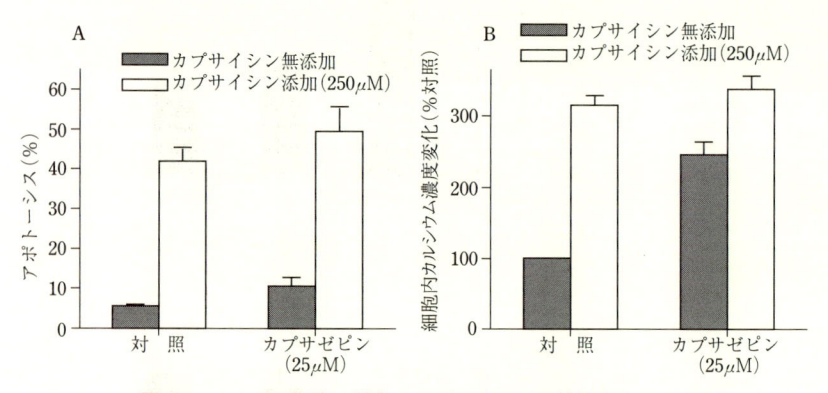

図6.41 HepG2細胞に対するカプサイシンの効果[12] (一部改変)
A：アポトーシス誘導に対するカプサイシンの効果とカプサゼピンの影響．
B：細胞内カルシウム濃度変化に対するカプサイシンの効果とカプサゼピンの影響．

[*1] BAPTA：1,2-bis(2-aminophenoxy)ethane-N,N,N',N'-tetraacetic acid の略称で，カルシウムイオンに特異的なキレート作用を有する化合物である．ある生理作用発現にカルシウムイオンが関与するかを検証する時に，カルシウムイオンを捕捉する目的で添加される．細胞内のカルシウムイオンをキレートする時には，細胞膜透過性のアセトキシメチルエステル誘導体(BAPTA/AM)を使用する．BAPTA/AMは細胞膜透過後，細胞内のエステラーゼで切断されBAPTAとして作用する．

さらに，このカプサイシンによるアポトーシス誘導および細胞内カルシウム濃度上昇は，細胞外カルシウムキレーター EGTA では消失せず，細胞内カルシウム遊出阻害剤（ダントロール）処理で消失した（図6.43）．またさらに，ホスホリパーゼC（PLC）活性阻害剤（U-73122 やマノアライド）処理により細胞内カルシウム濃度上昇作用は消失した（図6.43）．以上より，Kim ら[12]は HepG2 肝ガン細胞では，ホスホリパーゼ C 活性化に伴い細胞内カルシウム貯蔵部位から遊出される細胞内カルシウム濃度上昇がカプサイシンによるアポトーシス誘導に関与していると考えた．

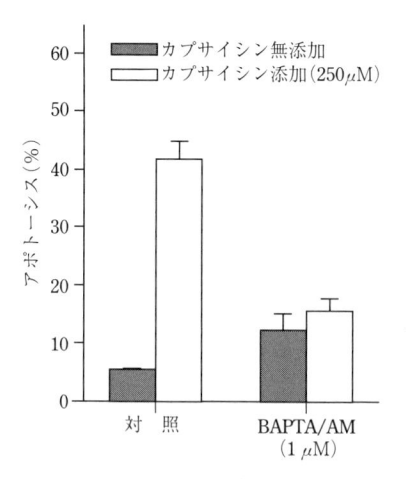

図 6.42 カプサイシンのアポトーシス誘導に対する細胞内カルシウムキレート剤 BAPTA の影響[12]

第3章に既に述べられているように，バニロイドレセプター（TRPV1）は分子内にカルシウムチャネル部分を有することより，カプサイシンの細胞内情報伝達には細胞内カルシウムイオン変動が関与することが予想されたが，細胞増殖抑制作用並びにアポトーシス誘導作用には細胞内カルシウムイオン変動が関与するかどうかはまだ確定していない．カプサイシンによる細胞内カルシウムイオン変動がどのような生理作用発現に関わっているのか，また細胞増殖抑制作用にはどのような細胞内情報伝達が関わるのか，現在のところ不明である．後者については，バニロイドレセプター細胞内ドメインの各3か所のアンキリン[*2]様反復配列やA-キナーゼリン酸化部位の関与の可能

---

*2 アンキリン（ankyrine）：赤血球膜内在性タンパク質の一つで約18万の分子量を有する（バンド 2.1）．陰イオンチャネル（バンド 3）などの表在性タンパク質を錨（アンカー）のように細胞膜につなぎ止めていることから名づけられた．また，細胞膜直下の裏打ちタンパク質であるスペクトリン（バンド 1, 2）とも結合し，膜直下の網目構造を形成して膜に強度と柔軟性を与えている．他の多くの細胞にも，アンキリンとよく似た配列のタンパク質が認められ，その部分をアンキリン様配列と呼んでいる．

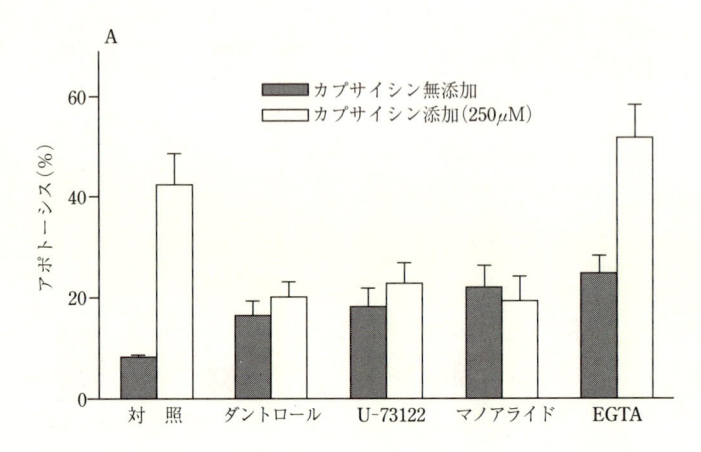

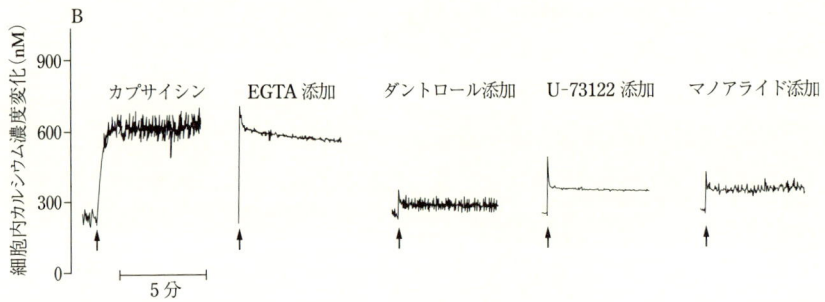

図 6.43 カプサイシンのアポトーシス誘導(A)および細胞内カルシウム濃度変化(B)に対するカルシウム阻害剤の影響[12](一部改変)
ダントロール:細胞内カルシウム遊出阻害剤 ($25\mu M$), U-73122:PLC阻害剤 ($10\mu M$), マノアライド:PLC阻害剤 ($2\mu M$), EGTA:細胞外カルシウムキレーター (1mM)

性も考えられる．またさらに，カプサイシンにはアデニル酸シクラーゼの活性化作用[13]，C-キナーゼの活性化作用[14]，スーパーオキシドアニオン産生抑制作用[15]，転写因子 NF-κB 活性化の抑制作用[16]，JNK1-p38 MAP キナーゼ系の活性化作用[17]，酸化ストレスに伴う p53 の 15 番目セリン残基のリン酸化作用[18]や細胞死抑制因子 Bcl-2 のダウンレギュレーション作用[19]なども報告されている．

これまでに種々のガン細胞でカプサイシンの細胞増殖抑制作用並びにアポトーシス誘導作用が報告されてきているが，結果の不一致の説明，バニロイドレセプターの関与の有無，様々な細胞内情報伝達系の関与の解明など更な

る研究に興味がもたれる．

引用文献

1) N. Hail, Jr, R. Lotan, *J. Nat. Cancer Inst.*, **94**, 1281 (2002)
2) A. Macho, M. A. Calzado, J. Munoz-Blanco, C. Gomez-Diaz, C. Gajate, F. Mollinedo, P. Navas, E. Munoz, *Cell Death Differ.*, **6**, 155 (1999)
3) K. Ito, T. Nakazato, A. Murakami, K. Yamato, Y. Miyakawa, T. Yamada, N. Hozumi, H. Ohigashi, Y. Ikeda, M. Kizaki, *Clin. Cancer Res.*, **10**, 2120 (2004)
4) C. S. Kim, W. H. Park, J. Y. Park, J. H. Kang, M. O. Kim, T. Kawada, H. Yoo, I. S. Han, R. Yu, *J. Med. Food*, **7**, 267 (2004)
5) J. S. Lee, J. S. Chang, J. Y. Lee, J. A. Kim, *Arch. Pharm. Res.*, **27**, 1147 (2004)
6) Y. S. Lee, Y. S. Kang, J. S. Lee, S. Nicolova, J. A. Kim, *Free Radic. Res.*, **38**, 405 (2004)
7) S. Kim, A. Moon, *Arch. Pharm. Res.*, **27**, 845 (2004)
8) A. Mori, S. Lehmann, J. O'kelly, T. Kumagai, J. C. Desmond, M. Pervan, W. H. McBride, M. Kizaki, H. P. Koeffler, *Cancer Res.*, **66**, 3222 (2006)
9) D. J. Morre, P. J. Chueh, D. M. Moore., *Proc. Nat. Acad. Sci., USA*, **92**, 1831 (1995)
10) Y. J. Surh, *J. Nat. Cancer Inst.*, **94**, 1263 (2002)
11) K. Takahata, X. Chen, K. Monobe, M. Tada, *Life Sci.*, **64**, PL165 (1999)
12) J. A. Kim, Y. S. Kang, Y. S. Lee, *Arch. Pharm. Res.*, **28**, 73 (2005)
13) G. Jancso, M. Wollemann, *Brain Res.*, **123**, 311 (1977)
14) J. S. Harvey, C. Davis, I. F. James, G. M. Burgess, *J. Neurochem.*, **65**, 1309 (1995)
15) B. Joe, B. R. Lokesh, *Biochem. Biophys. Acta*, **1224**, 255 (1994)
16) S. Singh, K. Natarajan, B. B. Aggarwal, *J. Immunol.*, **157**, 4412 (1996)
17) H. J. Kang, Y. Soh, M-S. Kim, E-J. Lee, Y-J. Surh, H-R. C. Kim, S. H. Kim, A. Moon, *Int. J. Cancer*, **103**, 475 (2003)
18) K. Ito, T. Nakazato, K. Yamato, Y. Miyakawa, T. Yamada, N. Hozumi, K. Segawa, Y. Ikeda, M. Kizaki, *Cancer Res.*, **64**, 1071 (2004)
19) H-S. Jun, T. Park, C. K. Lee, M. K. Kang, M.S. Park, H. Kang, Y-J. Surh, O. H. Kim, *Food Chem. Toxicol.*, **45**, 708 (2007)

〔高畑京也〕

6.8 カプサイシンの鎮痛作用

　カプサイシン分子自身は，皮下などに投与されると焼けるような痛みを引き起こすが，同時に鎮痛作用も示すことが知られている．

　カプサイシンはカプサイシンレセプター TRPV1 に作用し，知覚ニューロンの特異的成分の興奮を引き起こす[1] (図 6.44A)．また，カプサイシンを大量に投与するとカプサイシンに対する感受性が消失して，脱感作と呼ばれる症状を呈するようになる．すなわち，薬理量の大量のカプサイシンを成体のラットに繰り返し投与すると，一次知覚ニューロンの求心性線維のうち無髄鞘 C 線維が長期間機能しなくなる (図 6.44B)．また，ラットの新生仔に大量のカプサイシンを投与すると永久に機能しなくなる[1] (図 6.44C)．この神経線維は痛覚の中でも熱刺激や化学薬品による痛みを伝達する線維である．カプサイシンの投与によって細胞内に流入したカルシウムイオンが TRPV1 の機能減弱をもたらすことやカプサイシンの作用によって知覚ニューロンから放出*されるサブスタンス P やカルシトニン遺伝子関連ペプチド (calcitonin gene-related peptide, CGRP) が枯渇することが作用メカニズムとして考えられている．

　これらのことから，カプサイシンを新しいタイプの鎮痛薬として用いようとする動きがあり，アメリカでは既にカプサイシンを含んだクリーム製剤が鎮痛目的で薬局で売られている．

　持続性の神経痛や神経症に対しては，オピオイドや非ステロイド性抗炎症薬，皮膚を通しての神経刺激や神経ブロックなどの従来の鎮痛治療がうまくいかず，カプサイシンの局所塗布による脱感作療法が検討されている[3]．Craft らの総説[4]によると，脱感作療法はヘルペスの後の神経痛や乳房切除症候群，じんましん，乾癬，糖尿病性神経痛，関節炎や瘙痒 (かゆみ) のような持続性の神経症の治療にヒトで用いられてきていて，さらに難治性の排尿筋反射亢進への有効性も示されている．脱感作療法の長所としては，カプサイシンが一次知覚ニューロンの中で径の細い侵害受容求心性線維に特異的に作用し，熱感受性は低下する可能性はあるものの，触および圧感受性には影

＊ 痛みに関連して放出される化合物などについては，伊藤らの総説[2]を参照．

6.8 カプサイシンの鎮痛作用

A. カプサイシンの少量単回投与時

B. 成体への大量長期投与時

C. 新生仔への大量投与時

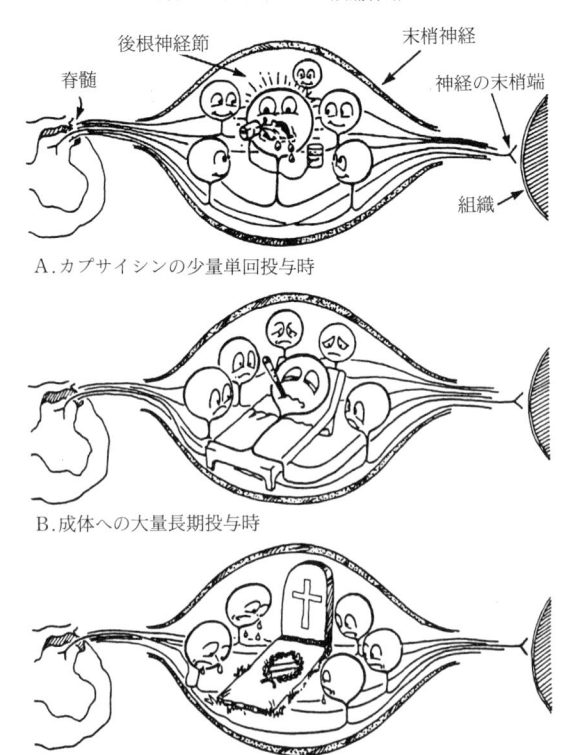

図 6.44 カプサイシンの一次知覚ニューロンへの三つの作用様式
（文献 1）を一部改変）

響せず，自律神経や運動神経にも影響しないこと，治療が可逆的であることなどをあげている．具体的な例としては，0.8mM または 2.5mM (0.025%, 0.075%) のカプサイシンクリームを 4 または 8 週間 1 日 3 ～ 5 回塗布すると，ヘルペス，乳房切除，関節炎，糖尿病性神経痛にともなう慢性の痛みの軽減はおよそ 1 ～ 2 週間で認められ，4 ～ 8 週間にわたって軽減効果が強くなっていった．ヘルペスと乳房切除による痛みに対する研究では，カプサイシン塗布をやめるとほとんどの患者では効果は 3 週間しか持続せず，また，痛みの軽減は多くの場合で認められたものの，長期にわたる実験の割には，完全な痛みの消失はほとんど達成されなかったと報告されている．

Maggi[5]は，膀胱内にカプサイシンを投与して脱感作を起こすことで，自律神経性反射亢進を軽減させられるとしている．ただし，カプサイシン感受性ニューロンが刺激されることによって神経終末から放出される神経伝達物質が皮膚や胃粘膜では細胞増殖に関与していること，放出される伝達物質の一つであるCGRPは，尿路上皮の防御に関与していると考えられるグルコサミノグルカン合成を促進することなどから，カプサイシン脱感作処理でこれらの機構が損なわれる可能性を指摘している．この点については，その後Dasguptaら[6]が膀胱内にカプサイシンを投与する治療を5年間受けた患者20人で膀胱の生検を行った．通常の発ガン性化合物の形態学的影響は10年間は明白ではないのでサーベイを続ける必要があるとことわっているものの，化生，異形成，扁平悪性腫瘍，乳頭状および固状浸潤ガンは見られなかったと報告している．

　カプサイシンの局所投与による治療の最大の欠点は，カプサイシン自身が痛みを誘発することである．カプサイシン投与を受けると次第に脱感作され，痛みを感じにくくなってくるため，カプサイシン塗布による痛みの治療は可能である．しかし，最初に使用したときに強い痛みを生じ，患者が投与の継続をいやがることがある[4]．この点に関しては，局所麻酔薬を用いても脱感作効力に変わりがないことから，局所麻酔薬を用いれば回避でき，さらに刺激は弱いが脱感作作用を持つカプサイシン誘導体が開発されていて(7.2節参照)，こちらの方が治療薬としてはカプサイシン自身よりも望ましいとも考えられている．また，徐々にカプサイシンの投与量を上げていく方法もある[4]．

　カプサイシン感受性感覚神経の末梢端からタキキニン(サブスタンスPなど)やCGRPなどの伝達物質が放出され，これを介してカプサイシン感受性ニューロンの「遠心性」機能が発揮されると考えられる．放出された伝達物質は，神経性炎症と呼ばれる一連の症状(平滑筋の収縮，血漿タンパク質滲出の増大，血管拡張，肥満細胞の脱顆粒，神経終末からの伝達物質放出の容易化，炎症細胞の回復など)を引き起こす．カプサイシン脱感作処理によりこのような神経性炎症も抑えられると考えられる．

引用文献

1) J. I. Nagy, *Trends Neurosci.*, **5**, 362 (1982)
2) 伊藤誠二, 南 敏明, 生化学, **71**, 17 (1999)
3) M. Perkins, A. Dray, *Ann. Rheumat. Dis.*, **55**, 715 (1996)
4) R. M. Craft, F. Porreca, *Life Sci.*, **51**, 1767 (1992)
5) C. A. Maggi, *Life Sci.*, **51**, 1777 (1992)
6) P. Dasgupta, V. Chandiramani, M. C. Parkinson, A. Beckett, C. J. Fowler, *Eur. Urol.*, **33**, 28 (1998)

〈渡辺達夫・岩井和夫・富永真琴〉

6.9 カプサイシンの抗ストレス作用—エンドルフィン

　トウガラシが好きな人は，どんどんトウガラシの摂取量が増し，また，辛味に対する嗜好がますます強くなることが知られている．辛味に対する嗜好の形成には，辛味成分を食した後の生理効果として，脳内でのβ-エンドルフィンの分泌が関わっていると考えられる．

6.9.1 トウガラシに対する嗜好の形成

　Rozinら[1]は，食品の嗜好の形成の研究において，最初はおいしくないが，後に嗜好を獲得する典型例としてトウガラシをあげ，どのようにしてトウガラシが好きでたまらなくなるかを詳細に検討している．タバコやコーヒーと同様にトウガラシも最初はおいしくないものの例であるが，トウガラシには常習性がないにもかかわらず嗜好が形成されるという点で非常に興味深い．トウガラシに対する嗜好は，人類には著しく広まっているが，自然界の雑食性の動物では食べるという報告はない．これは当然であって，辛味は，トウガラシ果実が動物に食べられないように適応したものと考えられるからである．では，なぜ人類はトウガラシを食べるのであろうか．

　Rozinら[1]は，アメリカ人とメキシコ人とでトウガラシへの嗜好の形成に関する研究を行った．アメリカ人としては，ペンシルベニア大学の17～25歳の学生(1人を除く)57人で，メキシコ人は，高地に住んでいる4～57歳の村人63人と，嗜好テストでは265人の子供たちであった．彼らの食事内容

はコロンブスがアメリカに到達する以前のものとほとんど同じで，遠方に外出するとき以外は食事にトウガラシを欠かさない．

アンケートにより嗜好の形成時期を調べたところ，アメリカ・メキシコ両国で，母親によれば，最初からトウガラシを好きな子供はほとんどおらず，その後何度も食することで味を感じるようになったり，食品の風味の増強を感じるようになるという．メキシコでは，最初少量のトウガラシを与え，徐々に量を増やしていく．5～6歳になると食事の味付けに好んで用いるようになる．特に報酬を与えるわけではなく，友達や兄弟が食べるよう促すことが多い．メキシコでは，大人がトウガラシを食べるよう強制することはなく，いやならトウガラシの入っていないものを食べればよい．

トウガラシをよく食べていると，感覚受容体に対する脱感作の起こる可能性がある．また，脱感作によりトウガラシの摂取量が増えるとも考えられる．そこで，溶液や食品にトウガラシ抽出物を混ぜていろいろな辛味度のものを調製して，よくトウガラシを食べている人と，トウガラシが嫌いな人とで辛味の検出の閾値(いきち)を測定した．その結果，トウガラシをよく摂取している人の閾値は，やや高くなる傾向が認められたが，トウガラシに対する嗜好の形成を説明するには，その差は小さすぎる値であった．ただし，極端に多量のトウガラシを日常的に摂取している人の辛味に対する閾値は，かなり上昇していた．

辛味に対する脱感作でないとすれば，何がトウガラシ愛好者の中に起きるのであろうか．ヒトは，燃えるような感覚を好きになるのである．アメリカ人とメキシコ人になぜトウガラシが好きか聞いたところ，フレーバーや辛味，食品のフレーバーの増強によると答えた．また，フレーバーと答えたメキシコ人の多くは，フレーバーの一部に辛味も含めるかという問いにイエスと答えている．メキシコ人で最も多かった回答は，「食品にフレーバーを付与する」というものであった．メキシコ人もアメリカ人も様々な理由を挙げたが，最も多かったのがフレーバーに関する回答であった．

食物の選択の基礎を知る他の方法は，そのものの代わりになるものを探すことである．メキシコ人にトウガラシに代わるものを尋ねたが，村人にとって，トウガラシのような辛味を持つ物質はほとんど手に入らず，有益な情報

は得られなかった．アメリカ人では，コショウを筆頭に，カレー，ニンニク，ショウガ，タマネギ，マスタードや他の強い香辛料を代替品としてあげた．代替品がないと答えたのは，18％にすぎなかった．

　これらのことを総合的に考えると，トウガラシの愛好者は，燃えるような感覚を好きになることがわかる．

　ジェットコースターやパラシュート降下などは，体には危険であるという信号（シグナル）を与えるが，実際には危険ではないことを知っていて，ヒトはそれを楽しんでいる．トウガラシのような辛い感覚を与えるものは，通常は動物にとっては危険な物質を摂取したという信号である．トウガラシをたくさん食べると鼻汁や涙がでるが，これは体に有害な物質を排除しようとする機構の一部であると思われる．これらのことから，トウガラシの摂取も，体に危険であるという信号はもたらすものの，有害ではないことから，スリルを楽しんでいるのかもしれない[1]．

　倉田ら[2,3]は，ラットでもカプサイシンに対する嗜好が形成されてくることを示している．離乳直後のウィスター系ラットにカプサイシンを徐々に量を増やしながら25日間投与して，基礎飼料とカプサイシン添加飼料を用いた二者択一テストで辛味に対する嗜好の形成を調べた．カプサイシンの最終投与量は50ppm（0.005％）であったが，カプサイシン群での飼料摂取量や体重に基礎飼料群との有意差が認められず，ラットが辛味に適応していると考えられた．また，カプサイシン群で，カプサイシンに対する強い嗜好性をもつことが確認された[2]．離乳前のラットにカプサイシンを与える実験も彼らは行っている[3]．離乳前から母子ともに20ppm（0.002％）の濃度でカプサイシンを添加した飼料を与えた．離乳期と思われる生後4週目に1群は母親と引き離し，もう1群はそのまま母親と一緒に飼育し，食餌はカプサイシン食を与え続けた．母親同居群も6週齢で母親と引き離し，7週齢まで飼育後，嗜好形成テストを行ったところ，母親と一緒にいた群では1～200ppm濃度の範囲でカプサイシン添加食をカプサイシン無添加食で飼育した対照よりも多く摂取したが，離乳後母親と離して飼育した群では，100ppbという低い濃度で初めて対照との摂取量の差が生じた．これらのことから，ラットでもカプサイシンに対する嗜好が形成されること，このような嗜好の形成には，食

行動の模倣の対象として母親が大きな役割を果たしていることを考察している.

Rozinら[4]は,チーズ・ポテトクラッカーに,スコービル値*で0～8 500のトウガラシオレオレジンを混ぜたものを作成し,辛味成分の含有量と食べた後の快-不快感について調べている.ペンシルベニア大学の18～22歳の36名で実験を行ったが,全員,トウガラシエキスを含まないこのクラッカーはおいしいと回答している.トウガラシを極度に嫌っている被検者は,トウガラシ成分の濃度が上がるに従い摂食後の不快感が高い値となった.これと対照的に,トウガラシを大変好む被験者は,辛みが高いほど摂食後の快感が強く現れた.中程度にトウガラシを好む人では,大変トウガラシが好きな人と基本的に同じようなパターンを示したが,快感が高くなるまでに少しタイムラグが見られた.少しだけトウガラシが好きという人では,好みの辛味度までは,辛味度が増すにつれ摂食後の快感は強まったが,それ以上の辛味度では,最初は不快感がでてきて,時間が経過して辛味度が弱まってくるとやや快感が現れた.

これらのことから,最初は不快であったと思われるトウガラシ摂取後の感覚が,次第に快感を伴うようになるのは,上述のようなスリルを求めることによるか,または,脳内エンドルフィンの放出のようなポジティブな反応が起こることによると彼らは推察した.

6.9.2 カプサイシンによる脳内からのβ-エンドルフィンの放出

BachとYaksh[5]は,脊髄に侵害刺激を与えた時の脳内でのβ-エンドルフィンの放出を調べる目的で,カプサイシンの腰部硬膜内投与の影響を調べている.末梢に投与されたカプサイシンによって,脊髄C線維からサブスタンスPなどの神経ペプチドが放出される.カプサイシンを腰部硬膜内に投与すると,脊髄のC線維(6.1.1項参照)を直接刺激し,C線維からの局所的な神経ペプチドや興奮性アミノ酸の放出を引き起こすと考えられることから,本実験の投与方法でも,カプサイシンを末梢に投与したのと同じように,侵害刺激による脊髄経由の伝達経路は働いていると考えられる.

＊ スコービル値:スコービル単位と同じ.31頁脚注参照.

ハロセン麻酔下のラットにおいて側脳室-大槽間で灌流を行い,人工灌流液中のβ-エンドルフィン様免疫活性を測定した.腰部硬膜内に75μgのカプサイシン(およそ200μg/kg)を投与したところ,投与10分後に脳室灌流液中のβ-エンドルフィン様免疫活性は投与前の1.6倍に上昇し,25分後には投与前のレベルに戻った.HPLCで灌流液中のβ-エンドルフィン様免疫活性を示した化合物を分析したところ,標準β-エンドルフィンと溶出時間が一致し,かつ1ピークであったことから,灌流液中に放出された物質は,β-エンドルフィンそのものであることがわかった.また,実際の侵害刺激として,ラット尾部を52.5°Cの湯に瞬間的に浸け,その後の尾部の反射的な動きを測定する侵害受容テストを行った.カプサイシン投与後にこの侵害受容テストを行ったところ,侵害反射が消失した.これらのことから,カプサイシンの硬膜内投与によりラットの脳室にβ-エンドルフィンが分泌されることがわかる.

脳内でのβ-エンドルフィンの量が非常に微量であるために,BachとYakshの研究は,比較的高濃度のカプサイシンを用いて一次知覚ニューロンのC線維を直接刺激する実験で脳内β-エンドルフィンの分泌が増えることを明らかにしたものである.この結果を摂食レベルでのカプサイシンの効果と直接結びつけるのは危険であるかもしれないが,Rozinらが推察したように,カプサイシン摂取により脳内でのエンドルフィン分泌が引き起こされている可能性は十分にあると考えられる.

引用文献

1) P. Rozin, D. Schiller, *Motiv. Emotion*, **4**, 77(1980)
2) 倉田忠男,橋田ひとみ,第45回日本栄養・食糧学会総会講演要旨集,18(1991)
3) 中村和恵,倉田忠男,第8回日本香辛料研究会講演要旨集,5(1993),第48回日本栄養・食糧学会総会講演要旨集,244(1994)
4) P. Rozin, L. Ebert, *J. Schull. Appetite*, **3**, 13(1982)
5) F. W. Bach, T. L. Yaksh, *Brain Res.*, **701**, 192(1995)

〔渡辺達夫・岩井和夫〕

6.10 カプサイシンの消化管への影響

カプサイシンの消化管への影響に関しては，Abdel-Salam らが優れた総説[1]を発表している．本節では，この総説を中心として実験動物とヒトとに分け，どのような影響が知られているかについて紹介する．

6.10.1 実験動物での検討

消化管の中では胃に関する研究が最も多く，胃潰瘍，胃酸分泌などへの影響が調べられている[1]．

(1) 胃 潰 瘍

種々の実験的胃・十二指腸潰瘍モデルで，カプサイシンによる潰瘍への影響が検討されている．

カプサイシンの胃への大量投与では，胃潰瘍や十二指腸潰瘍の発症が増大する．ラットにカプサイシン 1mg 相当のトウガラシ抽出物を投与すると，幽門結紮による Shay 潰瘍やレセルピンによる潰瘍の発症が増大した[2]．また，ウサギの食餌にトウガラシ (5g/kg 体重/日) を混ぜて 12 か月与えたところ，すべての動物に胃潰瘍が認められた[3]．ラットの胃にカプサイシン溶液をカプサイシンとして 2mg (10mg/kg) 投与すると，アスピリンによる胃潰瘍が悪化した[4]．1 日 1.4mg のカプサイシンを水懸濁液として 3 日間ラットの胃に連続投与すると，胃体部の表層粘膜細胞の破壊が観察された[5]．

これと対照的に，微量のカプサイシンは，胃潰瘍に対する保護効果を示すことが知られている．ラットの幽門結紮胃に，初回に $16.4\,\mu$g，ついで 50 μg のカプサイシンを投与したところ，18 時間後に顕著な潰瘍の抑制が認められた[6]．同様の効果が種々の薬物 (エタノール[7]，酸性化アスピリン[8]，インドメタシン[9]，0.6M 塩酸[4]) による潰瘍で認められている．

ラットの胃では，潰瘍に対する局所防御機構にカプサイシン感受性ニューロンが関与していると考えられる．6.1 節に示されているように，カプサイシンの大量投与により一次知覚ニューロン求心性線維の一部が一時的または永久に機能しなくなるが，このようなニューロンをカプサイシン感受性ニューロンと呼ぶ．大量のカプサイシンを皮下に投与して脱感作させたラット

では，幽門結紮[6]，エタノール[7,10]，システアミン[10]，インドメタシン[9,10]などによる潰瘍が悪化した．また，幽門結紮時の胃液の量，水素イオン濃度，ペプシン濃度は脱感作ラットと対照ラットとで同じであったことから，胃の防御機構が脱感作処理で損なわれたものと考察されている[6]．微量のカプサイシンの場合には，カプサイシン感受性ニューロンが刺激され，胃粘膜を保護するのに対し，大量のカプサイシン投与では，カプサイシン感受性ニューロンの脱感作が起こり，胃の防御機構が損なわれて潰瘍が悪化するものと思われる[6]．

このようなカプサイシン感受性ニューロンによる胃の防御には，胃粘膜血流の増大，重炭酸や粘液分泌の亢進が関わっていると考えられる[1]．

(2) 胃酸分泌

カプサイシンの胃内への投与が胃酸分泌に与える影響については，投与量や，実験系の違いにより様々な結果がでている．

Limlomwongse ら[11]はペントバルビタールでラットを麻酔して，食道と幽門を結紮し，胃酸の基礎分泌を一定に保つようにガストリンを含む生理食塩水を一定速度で注入しながら，15分間隔で胃液を集める実験を行った．カプサイシン $50\sim1000\,\mu\mathrm{g/kg}$ を投与したところ，用量依存的な胃酸分泌の亢進が認められた．ただし，この論文以降ではカプサイシンによる顕著な胃酸の分泌亢進の報告はないようである．また，この実験で用いたカプサイシン溶液は，0.8%のアセトンを含む生理食塩水であるが，この溶液には $80\,\mu\mathrm{g/mL}$ 程度しかカプサイシンは溶解しないことから，高濃度カプサイシンを用いた実験では，カプサイシンは懸濁液となって部分的に非常に濃度が高くなっていて，しかも通常の摂食状態とはかなり異なる状態で胃に与えられているので，このような影響は一時的なものと考えられる[12]．

Lippe ら[13]は，ウレタン麻酔下のラット胃の灌流(かんりゅう)系で逆の結果を報告している．pH 6 の生理食塩水を灌流しているときにカプサイシン($32\sim640\,\mu\mathrm{M}$)を添加しても影響は見られなかったが，ガストリンを灌流して胃酸分泌を高くした時と，pH 3 の生理食塩水の灌流時にカプサイシン(160 と 640 $\mu\mathrm{M}$，総量で 2.2 と 8.8mg/h)を1時間添加すると，カプサイシンを灌流液に添加している間は胃酸分泌が低下した．この時に，胃粘膜血流の間接的指標

として放射性アニリンのクリアランスを調べたところ,カプサイシン添加により pH 3 の生理食塩水のみを灌流したときより 50~60％クリアランスが速くなった.また,顕微鏡や電子顕微鏡による観察で,胃粘膜に異常は認められなかったと報告している.

(3) 消化管の運動

単離した胃や小腸,大腸でカプサイシンは,平滑筋の運動に影響することが知られている[14].これらの作用は,カプサイシン脱感作処理で消失することから,カプサイシン感受性ニューロンが関与していて,カプサイシンにより放出されるサブスタンス P や CGRP(カルシトニン遺伝子関連ペプチド)などのペプチド性神経伝達物質によるものと考えられる.

トウガラシに不慣れな人が,急激に大量のトウガラシを摂取すると下痢を起こすことは経験的に知られている.Monsereenusorn[15]は,彼の総説中で,Tupjan の修士学位論文などを引用して,結腸運動の低下により下痢が起こると考察している.

In vivo での知見は多くは見受けられない.Kang ら[16]は,ラットにおいてセルロースに活性炭と放射性クロムを含む試験食に,カプサイシン 0.13mg または 0.26mg を含むトウガラシか,カプサイシンそのもの 0.5mg または 1mg を添加して,10 分または 20 分後の胃内放射活性残存量から胃の動きを調べた.さらに,活性炭の小腸内での通過距離を調べ,消化管内の通過速度を検討した.その結果,胃内の通過速度はトウガラシやカプサイシンにより低下したが,胃-小腸通過速度は影響を受けなかった.また,放射活性が排泄されるまでの時間から,消化管全体での通過時間を調べたが,トウガラシやカプサイシンを添加しても通過時間は変わらなかった.また Shibata ら[17]は,無麻酔のイヌで胃内にカプサイシンを投与したときの結腸の運動に与える影響を調べている.生理食塩水で希釈したカプサイシン(0.05~0.5mg/kg)のアルコール溶液 10mL を胃チューブから胃内に直接投与し,結腸の 5 か所に取り付けた圧力センサーで結腸運動を測定した.その結果,0.1mg/kg 以上の投与量では用量依存的に結腸の運動性が著しく亢進した.また,投与後 15 分以内に排便が誘発された個体数は,投与量が増すにつれ増大した.胃付近の迷走神経を切断するとこれらの応答が消失したことから,液性ではな

く，神経性の反応であろうと彼らは推察している．

6.10.2 ヒトへの影響

ヒトでの研究においても，Abdel-Salam らが総説[1]にまとめている．胃酸の分泌に対しては，Solanke が 8g のトウガラシを 200mL 懸濁液として胃内に投与すると，胃酸分泌の亢進が認められ，十二指腸潰瘍の患者では酸の分泌がさらに著しかったことを報告している．トウガラシやカプサイシン懸濁液の形で胃に投与した際の胃粘膜に対する損傷もいくつかのグループから報告されている．しかし，他の食品とともにトウガラシを摂取した際の影響を内視鏡で調べた研究では，同じグループがトウガラシ懸濁液による胃酸分泌亢進や胃粘膜の損傷を報告しているものの，30g の強辛味トウガラシを含む食事を摂取しても内視鏡検査で異常が見られなかったこと，および 30g のトウガラシを粉砕して胃に直接投与し 24 時間後に内視鏡検査を行ったところ，胃や十二指腸は正常であったことを報告している[18]．胃に対して悪影響がでたカプサイシン懸濁液を用いる実験でのカプサイシン濃度はかなり高いものと考えられる[1]．世界で最も多量のトウガラシを摂取する人たちの推定カプサイシン胃内濃度は，高くとも 0.3mM 程度で，このぐらいの濃度ではいくぶんかの脱感作は引き起こされるものの，胃潰瘍を悪化させるレベルではないと Abdel-Salam らは考察している[1]．また，トウガラシの摂取が消化性潰瘍に及ぼす影響では，内視鏡で十二指腸潰瘍が認められている 50 人の患者に制酸剤とともに 1 日 3g のトウガラシ（インドでの摂取レベルに相当）を与えた Kumar らの研究などがあるが，十二指腸潰瘍の症状や回復時間への影響はなく，胃粘膜の損傷も認められなかった[19]．さらに動物実験で示されているように，投与量によってはカプサイシンには胃の保護効果があり，Yeoh ら[20]は，アスピリンで胃粘膜の損傷を引き起こす系にトウガラシ 20g を併せて摂取させた場合は，トウガラシをとらない場合に比べて胃粘膜の損傷度合いが小さく，トウガラシが防御的に作用する可能性を示したが，正確な濃度依存性に関する実験が今後必要であろう．

その他に Gonzalez ら[21]は，カプサイシン源としてタバスコソース（カプサイシン含量 0.35mg/mL）を用い，7 人の健康なボランティアで食道にカプサ

イシンを与えたときの消化管の動きについて調べている．カプサイシン 0.875mg を含むタバスコの 4 倍希釈液 10mL を食道内に入れると，食道の動きを亢進させ，呼気中の [^{13}C] 酢酸呼吸試験*から求めた胃内通過速度を遅くした．また，ラクチュロース投与後の呼気中の水素濃度の増大から，口から盲腸までの通過時間を測定したが，胃での通過速度が低下したにもかかわらず，盲腸までの通過時間は平均すると若干長くなったものの，生理食塩水のみを投与した場合とほとんど変わらなかった．これらのことから，カプサイシンを含むタバスコソースを食道に投与すると，食道の動きと運動強度が亢進し，胃内通過速度は低下するものの盲腸までの到達時間が変わらないことから，小腸での通過が速くなったと推察している．

疫学研究としては，トウガラシの摂取量が非常に多い国の一つ，メキシコでの患者対照研究がある[22]．トウガラシを大量に摂取しているヒト（ハラペーニョに換算して 1 日当たり 9〜25 本）は，胃ガンのリスクが摂取量の低いヒト（ハラペーニョで 0〜3 本）の 1.71 倍であった．また，ピロリ菌の感染の有無と，トウガラシの摂取量，胃ガンリスクの間には相関が認められなかったことから，トウガラシが胃ガン発症の独立した危険因子であると推察された．

また，韓国で行われた患者対照研究[23]では，ダイコンのキムチであるカクトキやダイコンと大量の食塩水から作るトンチミーの摂取で胃ガンのリスクが高くなったが，ハクサイのキムチではリスクが下がったことから，トウガラシではなく，食塩や硝酸化合物が胃ガンのリスクを増やし，野菜や果物がリスクの低減に寄与すると推察している．

カプサイシンと胃潰瘍に関しては，その後，Satyanarayana が 447 の参考文献を含む総説を書いている[24]．

引用文献

1) O. M. E. Abdel-Salam, J. Szolcsányi, Gy Mózsik, *J. Physiol.* (*Paris*), **91**, 151 (1997)
2) G. B. Makara, C. R. Frenkl, Z. Somfai, K. Szepeshazi, *Acta Med. Sci. Hung.*, **21**, 213 (1965)

---

* [^{13}C] 酢酸呼吸試験：[^{13}C] 酢酸を食事と共に摂取させ，呼気中への [^{13}C] CO_2 の時間当たりの回収率を求める試験．

3) S. O. Lee, *Korean J. Int. Med.*, **6**, 383 (1963)
4) O. M. E. Abdel-Salam, J. Szolcsányi, Gy Mózsik, *Pharmacol. Res.*, **32**, 209 (1995)
5) 片山(須川)洋子, 白　熙, 小石秀夫, 日本栄養・食糧学会誌, **39**, 361 (1986)
6) J. Szolcsányi, L. Barthó (Gy Mózsik, O. Hännien, T. Jávor eds.), "Advances in Physiological Sciences", vol.29, Pergamon/Akademiai Kiadó, Oxford/Budapest (1981), p.39.
7) P. Holzer, I. T. Lippe, *Neuroscience*, **27**, 981 (1988)
8) P. Holzer, M. A. Pabst, I. T. Lippe, *Gastroenterology*, **96**, 1425 (1989)
9) J. L. Gray, N. W. Bunnett, S. L. Orloff, S. J. Mulvihill, H. T. Debas, *Ann. Surg.*, **219**, 58 (1994)
10) P. Holzer, W. Sametz, *Gastroenterology*, **91**, 975 (1986)
11) L. Limlomwongse, C. Chaitauchawong, S. Tongyai, *J. Nutr.*, **109**, 773 (1979)
12) V. S. Govindarajan, M. N. Sathyanarayana, *CRC Crit. Rev. Food Sci. Nutr.*, **29**, 435 (1991)
13) I. T. Lippe, M. A. Pabst, P. Holzer, *Br. J. Pharmacol.*, **96**, 91 (1989)
14) C. A. Maggi, *Arch. Int. Pharmacodynam. Ther.*, **303**, 157 (1990)
15) Y. Monsereenusorn, S. Kongsamut, P. D. Pezalla, *CRC Crit. Rev. Toxicol.*, **10**, 321 (1982)
16) J. Y. Kang, B. Alexander, M. V. Math, R. C. Williamson, *J. Gastroenterol. Hepatol.*, **8**, 513 (1993)
17) C. Shibata, I. Sasaki, H. Naito, T. Tsuchiya, M. Takahashi, N. Ohtani, S. Matsuno, *Gastroenterology*, **109**, 1197 (1995)
18) D. Y. Graham, J. L. Smith, A. R. Opekun, *JAMA*, **260**, 3473 (1988)
19) N. Kumar, J. C. Vij, S. K. Sarin, B. S. Anad, *Br. Med. J.*, **288**, 1803 (1984)
20) K. G. Yeoh, J. Y. Kang, I. Yap, R. Guan, C. C. Tan, A. Wee, C. H. Teng, *Dig. Dis. Sci.*, **40**, 580 (1995)
21) R. Gonzalez, R. Dunkel, B. Koletzko, V. Schusziarra, H. D. Allescher, *Dig. Dis. Sci.*, **43**, 1165 (1998)
22) L. Lopez-Carrillo *et al.*, *Int. J. Cancer*, **106**, 277 (2003)
23) H. J. Kim *et al.*, *Int. J. Cancer*, **97**, 531 (2002)
24) M. N. Satyanarayana, *Crit. Rev. Food Sci. Nutr.*, **46**, 275 (2006)

〔渡辺達夫・岩井和夫〕

6.11 その他の生理作用

　トウガラシの辛味成分カプサイシンは上述のように多彩な生理作用を発揮するが，本節ではその他の生理作用として，発汗作用，覚醒作用，かゆみ治療への応用性，血小板凝集抑制作用，突然変異や発ガンとの関わり，嚥下(えんげ)反射の亢進などについて述べる．

6.11.1 発 汗 作 用

　辛いカレーを食べたときや，トウガラシを麺類に多量にかけて食べるなど大量のトウガラシを摂取すると発汗が引き起こされることは，多くの人が経験していることであろう．しかし，トウガラシと発汗との研究は意外に少なく，筆者の知る限り，1954年のLeeの研究のみである[1]．この理由としては，発汗の研究はヒトで行う必要があることと，発汗研究そのものが数十年前に流行が過ぎ去ったことによることなどが考えられるが，ここではLeeの研究を紹介する．

　彼は，19歳から36歳の男性46人に対して，ヨウ素溶液とデンプン粉末を首から上の皮膚に塗布する方法で発汗を測定した．発汗を起こすと，塗布してあるデンプン粉末とヨウ素がヨウ素-デンプン反応で青色になることを利用した測定方法である．この方法で再現性よく発汗を測定できた．0.6g程度のトウガラシを5分間噛んでもらい，発汗を調べた．発汗は，トウガラシ摂取開始後20秒以内で起きた人と，1分から2分の間で起きた人がほぼ半数ずつであった．発汗は，頸部を除いて対称的に起こり，同一の人では，発汗の起こる部位と順序は一定であったが，部位や程度は人により異なった．また，このトウガラシ摂取時の発汗は，手足を湯につけたときに起こるものと発汗の部位や順序などが全く同じであった．発汗のほかに，人により部位や程度が異なるが，潮紅，唾液・涙液・鼻汁の分泌などが起こったことを報告している．口腔内のどこが反応したのかを，トウガラシペーストを用いて実験したところ，口腔全体に塗布した時の発汗が最も著しく，舌の先端および周辺部での発汗がそれに次ぎ，後舌面，後部咽頭壁，硬口蓋，頬の内側はあまり反応しない傾向にあった．しかし，必ずしも全員が同じ傾向にあ

ったわけではなく，後舌面や後部咽頭壁でかなりの発汗を示した人もいた．発汗の程度は，どの程度辛味を感じたかに依存していた．つまり，強く辛味を感じると発汗も著しく，中程度の辛味であれば，中程度に発汗した．また，口腔内刺激実験のあとにトウガラシペーストを飲み込んでもらったが，全員が胃が熱いと答えたにもかかわらず，さらなる発汗は見られなかった．他の味覚刺激に対する反応も調べているが，ショ糖，キニーネ，カリミョウバンでは発汗は起こらず，5％酢酸で8人中2人が額に若干汗をかき潮紅を伴った．コショウでは8人中5人がやはりわずかに発汗した．マスタードでは発汗は見られなかったが，涙と鼻汁の分泌が引き起こされた人もいた．口腔内を52℃から54℃に保ったり，80℃位の湯や52℃のオートミールがゆを飲み込んでもらっても発汗は見られなかった．この結果は，最近クローニングされたバニロイド（カプサイシン）レセプターのタイプ1（VR1，TRPV1，第3章参照）は，熱刺激に対しても反応するが，トウガラシによる発汗に対しては，この受容体は関与していないことを示すものと思われる．神経遮断剤を用いる実験で，コリン作動性受容体の遮断薬であるアトロピンと，α遮断薬のジヒドロエルゴタミン投与の影響を調べているが，アトロピンのみが発汗を抑えたことから，コリン作動性神経の関与を示唆している．現在では，汗腺は交感神経支配であり，アセチルコリンが神経伝達物質であることがわかっており，当然の結果といえよう．

6.11.2 眠りへの影響

6.2節に示されているように，カプサイシンなどがエネルギー代謝を亢進させることから，Montgomeryらは眠りに与える影響を調べている[2]．健康な6人（平均年齢は22歳，BMI[*1]は20.9）にカロリーと栄養素の含有量が平均的な食事（A）と，それに3gのタバスコソースと3gのマスタードを加えたもの（B）を夕食として摂取させたときの眠りへの影響について，ABBAの順でテストへの適応の1回も含めて計5回を2週間以内に調べた．スパイス摂

---

*1 BMI：Body mass indexの略で，肥満指標の一つ．体重（kg）を身長（m）の2乗で割って求める．日本人では，標準は男女共に22で，正常域は男性で20〜25，女性では19〜24である．

では，入眠までの時間が平均で2倍程度にのびる傾向にあったほか，徐波睡眠(ノンレム睡眠)*2 と段階2の眠りが減少した．また，睡眠中の総覚醒時間も対照の平均25分からスパイス群の43分とほぼ2倍に増えた．摂食後のエネルギー代謝は，スパイス群で増大する傾向にあった．直腸温は，エネルギー代謝亢進時には変化はなかったが，第一レム睡眠の時に対照よりも有意に高い値を示した．

これらのことから，トウガラシやマスタードなどを摂取すると，やや入眠が悪くなり，多少睡眠時間が短くなることがわかるが，交感神経系を介する作用をカプサイシンが引き起こす(6.2節参照)ことから当然の結果といえるかもしれない．また，仕事の能率を上げたいという時などには有効な手段となる可能性も考えられる．

6.11.3 かゆみの治療

かゆみの治療にカプサイシンが使える可能性を Greaves は紹介している[3]．かゆみとは，かきたくなるような皮膚の感覚と定義される．かゆみは痛みと同様の神経を経由するが，痛みとはまったく異なる感覚なので，中枢神経系での処理が異なると考えられている．そこで，痛みの治療と同様に，カプサイシンクリームを瘙痒(かゆみ)の治療に用いる試みがなされ，長期効果については不明であるが，背痛感覚異常*3 においては有効であることが紹介されている．ただし，カプサイシンの鎮痛薬としての利用(6.8節参照)の時と同様に，カプサイシンを塗布したときの燃えるような刺激がこの治療法の障害であることも記されている．

---

*2 睡眠について：ヒトの眠りは，段階1から4までのノンレム睡眠とレム睡眠の5段階に分けて考えられる．段階1は入眠直後にのみ見られ，段階1と2を浅睡眠ともいう．段階3と4は熟睡期に相当し，深睡眠または脳波のパターンから徐波睡眠とも呼ばれる．深い徐波睡眠のあとに眠りは再び浅くなり，急速眼球運動などの見られるレム (Rapid eye movement, REM) 睡眠に切り替わる．レム睡眠と夢見とは関係していることが知られている．この5段階を睡眠中に何度か繰り返す．

*3 背痛感覚異常：Notalgia paraesthetica の訳．肩甲骨付近に生じる持続性の激しいかゆみのこと

6.11.4 血小板凝集の抑制

Wangら[4]は，血液凝固に対するカプサイシンの効果を調べ，カプサイシンの血液凝固抑制作用を報告している．*In vivo* の実験では，マウスの尾部の出血時間で，カプサイシンをテストの3時間前に経口投与(12.5〜200mg/kg)すると，用量依存的に出血時間が長くなった．この効果は，血液凝固抑制剤のアスピリン(200mg/kg，経口投与)，インドメタシン(200mg/kg，経口)，ヘパリン(5mg/kg，皮下)の効果と同様であった．また，ADPやコラーゲンの静脈投与による急性の肺血管の閉塞による死は，肺微循環での血小板凝集によると考えられるが，これをカプサイシンは抑えた．アスピリンとインドメタシンは，アラキドン酸ナトリウムやコラーゲン投与で引き起こされる死亡は抑えたが，ADPによるものには無効であった．カプサイシン50mg/kgを経口投与して3時間後のマウスの血液で血液凝固を調べたが，ヘマトクリット，トロンボエラストグラフィー[*4]のパラメーター，トロンビン時間[*5]などに変化は見られなかった．また，同量のカプサイシン投与は，コラーゲンによる血小板凝集を抑制した．彼らは，カプサイシンの作用がアスピリンやインドメタシンと異なるのは，カプサイシンは，コラーゲン，トロンビンなどによる血小板凝集などを抑制するが，アラキドン酸による反応を抑えなかったことから，アラキドン酸が放出される前の過程にカプサイシンが作用すると考えた．この機構だと，ADPによる血小板凝集を抑制する．一方，アスピリンとインドメタシンはシクロオキシゲナーゼの阻害剤で，ADPの作用は抑えない．また，カプサイシンは致死量の大腸菌エンドトキシン[*6]による死亡率に影響しなかったことから，血液凝固そのものでなく，血小板凝集抑制作用を有すると推察している．

---

*4 トロンボエラストグラフィー(Thromboelastgraphy)：血液凝固の全過程を自動的に記録する装置で得られるデータのこと．このデータから，反応時間 r，凝固時間 k，最大振幅 m_a などのパラメーターを求め，止血能の状態を測定する．

*5 トロンビン時間(Thrombin time)：血液凝固の指標の一つ．クエン酸を添加して作成した血漿にトロンビンを加えて，フィブリンの塊が形成されるまでの時間．

*6 大腸菌エンドトキシン(*E. coil* endotoxin)：大腸菌エンドトキシンは，致死量を与えると，静脈内のあちこちに血液凝固や血栓を形成することが報告されていて，このように著しい血液凝固が引き起こされる場合には，抗血小板化合物よりも抗血液凝固剤の方がより効果的と考えられる．

その後，Wallaceら[5]もウサギ血小板のトロンビンやPAF（血小板活性化因子）などによる凝集をカプサイシンが数十μM程度の濃度で抑制することを報告している．

6.11.5 変異原性と発ガン性

トウガラシやその辛味成分のカプサイシンの変異原性や発ガン性については，SurhとLeeが総説にまとめている[6,7]．トウガラシに変異原性や発ガン性があるかどうかについてはいくつかの研究が行われているが，結果は一致していない．変異原性に関しては，代謝活性化系を加えた系でも加えない系でも著しい変異原性を示すという報告と，遺伝毒性を示すことのできなかった報告とがある．トウガラシ抽出物のある画分は染色体異常誘発性を持つと報告され，マウス骨髄細胞に小核を誘発した．また，カプサイシンはSwissマウスの精巣でDNA合成の阻害を示した．カプサイシンやトウガラシ抽出物の発ガン性の可能性はあまり研究されていない．カプサイシンの代謝には，5.2.1項に述べられている非酸化的代謝と，4.4節にあるリグニン様化合物に代謝される時のような酸化反応による代謝があると考えられる．ラジカル生成を通じて酸化的代謝が行われると思われるが，この途中で生成するラジカルがタンパク質やDNAと共有結合を形成して毒性を発揮するものと考えられる．一方，同様の機構で肝臓中のチトクロムP-450 2E1とカプサイシン代謝物が結合するとこの酵素を不活性化するが，この酵素は，種々の発ガン性物質や変異原性物質の活性化に関わっていることから，カプサイシンは化学防御作用をもつことになる．すなわちカプサイシンは毒性と化学防御の両面を示す可能性がある．

しかし，摂取レベルよりも多量のカプサイシン（0.025，0.083，0.25％）を粉末飼料に添加してマウスに1年半与えた実験でも発ガンのリスクはさほど高くなかったとする報告[8]もあるので，カプサイシンは発ガン性や変異原性がないとは言い切れないが，あったとしてもごく弱いものと考えられる．

6.11.6 嚥下反射の亢進

嚥下時に液体や固体が気管に入ることを誤嚥というが，高齢者での肺炎の

重要な原因の一つが誤嚥である[9]．嚥下障害があると誤嚥を起こしやすくなる．動物で咽頭から喉頭のサブスタンスPを枯渇させると嚥下反射が極端に弱くなることから，嚥下反射にはサブスタンスPが関与していると考えられる[9]．カプサイシンにはサブスタンスPを遊離させる作用がある．そこで，脳出血障害により嚥下障害を起こしている患者の喉頭内にカプサイシンを注入したところ，嚥下反射の潜時*7がカプサイシンを含まない場合は8秒ほどであったのが，カプサイシン $10^{-9}\sim10^{-11}$ M 溶液 1mL の注入で平均4秒以下に短縮され[10]，カプサイシンが嚥下反射障害の患者で嚥下反射亢進作用を持つ可能性が示唆されている．

その後，同じグループが，脳血管障害などで嚥下反射が遅くなっている高齢者に，カプサイシントローチ(カプサイシン $1.5\mu g$ 含有)を4週間，毎食事前に服用する試験を行って，嚥下反射の時間が服用前は平均で5.7秒であったものが，服用4週間後に3.5秒に改善されたことを報告している[11]．

6.11.7 コクゾウ忌避活性

コクゾウは，コメなど貯蔵穀類の害虫で，世界の穀類の5～10%は，コクゾウなどによる食害で損なわれる[12]．日本では，コメのコクゾウ避けに，トウガラシが用いられている．トウガラシがコクゾウに対して忌避作用を示すかどうかを，筆者らは検証した．

揮発性化合物が昆虫などの行動に及ぼす影響を調べる装置であるオルファクトメーターには，Y字管やT字管を用いた二者択一試験や昆虫の化合物への移動距離などから活性を求めるタイプがある．

二者択一型のオルファクトメーターを自作して検討した(図6.45)．7日齢(ふ化後，穀粒外に出現した日を0日とした)のコクゾウを雌雄を分けることなく50匹用いた．装置の中央にコクゾウをおいて，両側にコメを入れた容器をセットする．片方の容器にはさらに被検物質を加えておき，暗黒下24時間後のコクゾウの分布から効果を判定した．忌避効果が高ければ，被検物質添加側には存在せず，コメだけを入れてある容器にのみコクゾウが集まるはずであ

---

*7 潜時(Latency)：神経などが刺激されてから反応するまでの，未反応時間のこと．潜時が短いほど神経反射が速やかに引き起こされたことを示す．

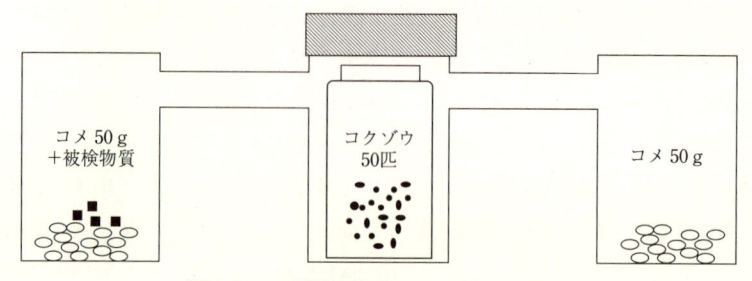

図6.45 二者択一型オルファクトメーター

る．この装置で，辛味度の異なる4種のトウガラシそれぞれ1.5gを試験に供したところ，香りが強く最も低辛味のトウガラシに忌避活性が認められた[13]．他の香辛料でも同様の試験を行ったところ，香りの強い香辛料の中に0.1gでも強い活性を示すものが見られた[13]．

引用文献

1) T. S. Lee, *J. Physiol.*, **124**, 528 (1954)
2) S. J. Edwards, I. M. Montgomery, E. Q. Colquhoun, J. E. Jordan, M. G. Clark, *Int. J. Psychophysiol.*, **13**, 97 (1992)
3) M. W. Greaves, *Skin Pharmacol.*, **10**, 225 (1997)
4) J.-P. Wang, M.-F. Hsu, T.-P. Hsu, C.-M. Teng, *Thrombos. Res.*, **37**, 669 (1985)
5) C. M. Hogaboam, J. L. Wallace, *Eur. J. Pharmacol.*, **202**, 129 (1991)
6) Y.-J. Surh, S. S. Lee, *Life Sci.*, **56**, 1845 (1995)
7) Y.-J. Surh, S. S. Lee, *Food Chem. Toxicol.*, **34**, 313 (1996)
8) A. Akagi, N. Sano, H. Uehara, T. Minami, H. Otsuka, K. Izumi, *Food Chem. Toxicol.*, **36**, 1065 (1998)
9) 関沢清久，日本内科学会雑誌，**87**, 292 (1998)
10) T. Ebihara, K. Sekizawa, H. Nakazawa, H. Sasaki, *Lancet*, **341**, 432 (1993)
11) T. Ebihara, H. Takahashi, S. Ebihara, T. Okazaki, T. Sasaki, A. Watando, M. Nemoto, H. Sasaki, *J. Am. Geriatr. Soc.*, **53**, 824 (2005)
12) 鴨居郁三監修，堀内久弥，高野克己編，"食品工業技術概説"，恒星社厚生閣 (1997), p. 227.
13) 中野智則，古旗賢二，渡辺達夫，第19回日本香辛料研究会学術講演会講演要旨集，19 (2004)

（渡辺達夫・岩井和夫）

第7章 カプサイシンおよび同族体の生理活性研究の展望

7.1 辛味と生理作用

第6章に示されているように,カプサイシンは刺激的な強い辛味を有し多様な生理作用を発揮するが,この辛味とその生理作用とを分けて考えることが可能なのであろうか.カプサイシンの生理作用が発見されて以来,この点に関していくつかの研究がなされている.

7.1.1 辛味と脱感作

SzolcsányiとJancsó-Gábor[1]は,23の化合物でカプサイシンの脱感作作用と辛味の関係を調べた.脱感作は,同一の溶液を3分おきに10回ラットの右目に滴下し,ひっかいたりぬぐったりする動作数を測定して行った(防御動作テスト,ワイピングテスト).脱感作が起こると防御動作を示さなくなってくる.テストの結果,直鎖飽和型アルキル基を側鎖にもつカプサイシンアナログ(同族体)の中で最も強辛味のノナノイルバニリルアミド(バニリルノナンアミド,ノニバミド,図7.6参照)やアミド結合を逆にした化合物は,辛味はカプサイシンよりは弱いものの,カプサイシンより強い脱感作活性を示

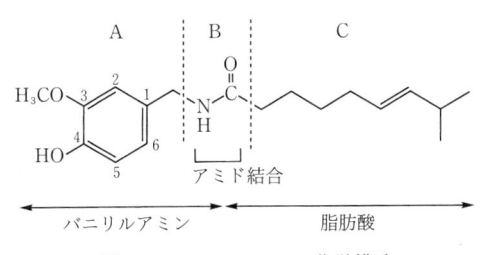

図7.1 カプサイシンの化学構造

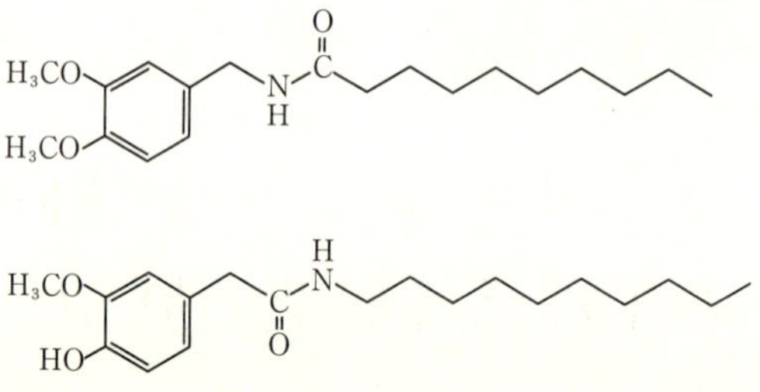

図 7.2 デカノイルホモベラチルアミド(上)とホモバニリン酸ドデシルアミド(下)の化学構造

した．対照的に強辛味化合物であるホモバニリン酸オクチル($R\text{-}COO\text{-}C_8H_{17}$, R＝図7.1のA部分)では全く脱感作が起こらなかった．側鎖の鎖長の影響を見たところ，アルキルバニリルアミドでは，C_7 は弱い脱感作，C_9 は非常に強い脱感作を引き起こした．アミド結合($NH\text{-}CO$)を逆($CO\text{-}NH$)にしたホモバニリン酸アミドでは，C_4 では全く脱感作は起こらなかったのに対し，C_8～C_{12} で強い脱感作が起こった．さらに鎖長の長い C_{14}，C_{16} では脱感作は弱まり，それ以上の鎖長では，脱感作能は消失した．芳香環の置換基がないノネノイルベンジルアミドや4位の水酸基をメトキシ基に置換したデカノイルホモベラチルアミド(図7.2上)などは無辛味で，脱感作を引き起こさなかった．角膜での局所脱感作のみならず，全身投与実験においても同様の結果が得られている．また，脱感作を起こさない化合物と強く脱感作させるホモバニリン酸ドデシルアミド(図7.2下)とを同時投与して影響を調べたが，脱感作の程度は弱まらなかった．強辛味でも脱感作能のない化合物や，逆に無辛味でも脱感作を引き起こす化合物が見出され，辛味と脱感作能とは相関していないことがわかった．

7.1.2 辛味と鎮痛作用

6.8節で述べたように，カプサイシンは最初の投与では刺激作用を有するが，それ以降のカプサイシン投与や熱およびいくつかの化学物質による痛みの感覚が抑えられ，鎮痛作用を発揮する．この場合，カプサイシンの強烈な辛味が治療への応用の妨げとなっている．そこで，辛味と鎮痛作用の分離に関し，いくつかのグループで研究が行われている．

7.1 辛味と生理作用

　Procter & Gamble 社のグループは，側鎖の構造と辛味，鎮痛作用，抗炎症作用について 60 以上のアナログを合成し検討した[2]．鎮痛作用は，マウスでは皮下投与，ラットでは経口投与時の影響を調べ，動物を $55°C$ のホットプレートに乗せたときに何秒間耐えられるかというホットプレートテストから判定している．抗炎症作用は，クロトン油をマウスの耳に塗布すると引き起こされる腫脹に対する抑制効果から調べた．アナログとしては，カプサイシンとホモバニリン酸アミドを基本骨格とし，アルキル基の鎖長と不飽和度を変えた化合物を合成した．カプサイシン型アナログでは，飽和化合物で C_8〜C_{11}，不飽和化合物では C_{11}〜C_{20} がマウスで高い活性を示したが，ラットでの経口投与試験でも活性が高かったのは不飽和化合物であった．この論文の要旨には辛味との関係が考察されているが，本文中には辛味に関する

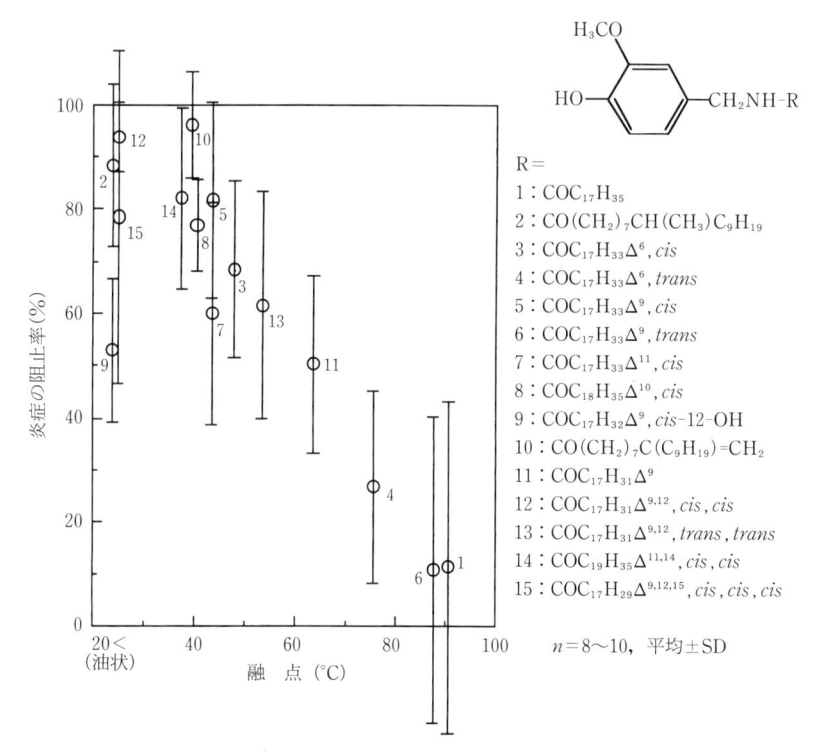

R =
1：$COC_{17}H_{35}$
2：$CO(CH_2)_7CH(CH_3)C_9H_{19}$
3：$COC_{17}H_{33}\Delta^6$, cis
4：$COC_{17}H_{33}\Delta^6$, trans
5：$COC_{17}H_{33}\Delta^9$, cis
6：$COC_{17}H_{33}\Delta^9$, trans
7：$COC_{17}H_{33}\Delta^{11}$, cis
8：$COC_{18}H_{35}\Delta^{10}$, cis
9：$COC_{17}H_{32}\Delta^9$, cis-12-OH
10：$CO(CH_2)_7C(C_9H_{19})=CH_2$
11：$COC_{17}H_{31}\Delta^9$
12：$COC_{17}H_{31}\Delta^{9,12}$, cis, cis
13：$COC_{17}H_{31}\Delta^{9,12}$, trans, trans
14：$COC_{19}H_{35}\Delta^{11,14}$, cis, cis
15：$COC_{17}H_{29}\Delta^{9,12,15}$, cis, cis, cis

$n=8$〜10，平均±SD

図 7.3 カプサイシノイド（C_{18}〜C_{20} バニリルアミド）の融点とクロトン油によるマウス耳炎症の阻止率（文献 2）を改変）

記述はほとんど見あたらない．しかし，飽和の $C_8 \sim C_{11}$ 化合物は辛味化合物と考えられる．抗炎症作用においては，様々な種類の化合物が活性を示した．急性毒性の結果を見ると，長鎖で不飽和型のアナログの方が毒性が低かった．カプサイシンのアミド結合を逆にした化合物であるホモバニリン酸アミドのアナログでもほぼ同様の結果が得られた．また，経口での鎮痛活性と化合物の融点，疎水性をプロットしてみると，疎水性が高く(つまり鎖長の長い)，融点の低い化合物が高い活性を示していた(図7.3)．鎖長の長さは，生体内での代謝への抵抗性の高さを示していると考えられる．抗炎症作用と化合物の融点をプロットすると，融点の低い化合物に高活性のものが多く見られた．これらの中でも，オレイン酸を側鎖に持つ化合物は非常に優れていた．この化合物をラットの目に滴下してワイピングテストを行ったところ，通常の30秒間の測定では，無刺激性と判定されたが，測定時間を30分に延長すると，刺激性であることが見出された．辛味に関しては，筆者らもこのオレオイルバニリルアミド(オルバニル)を合成して，結晶そのもので官能検査を行ったところ，ごくわずかに刺激を感じるが，実用的には無辛味と考えてよいことを見出している[3]．

　Sandoz医学研究所のグループ[4-7]もカプサイシンの構造を，芳香環，アミド，側鎖部分の三つに分け，鎮痛効果に対する詳細な構造活性相関の研究を行っている．これらの研究では，脊髄後根神経節細胞への放射性カルシウムの取り込みがどれくらい低濃度で起こるかを指標に鎮痛作用を検討した．カプサイシンの標的組織の一つとして脊髄後根神経節が挙げられているが，カプサイシンが受容体に結合すると神経の興奮とともに細胞内へのカルシウムの流入が起こることが知られている[8]．この作用は部位特異的で，用量依存性もあることから，これを利用してスクリーニングを行ったものである．また，結果的には無辛味同族体が高活性であったが，必ずしも辛味との相関に着目していたわけではないと思われる．

　芳香環部分については，ベンジルノナンアミドと N-オクチルフェニルアセトアミド(図7.4)を基本骨格として行い，置換基として水酸基(-OH)，メトキシ基(-OCH$_3$)，ベンジルオキシ基(-OCH$_2$Ph)，チオール基(-SH)，アミノ基(-NH$_2$)，ニトロ基(-NO$_2$)などを図7.4の2～5位に導入してカルシウム

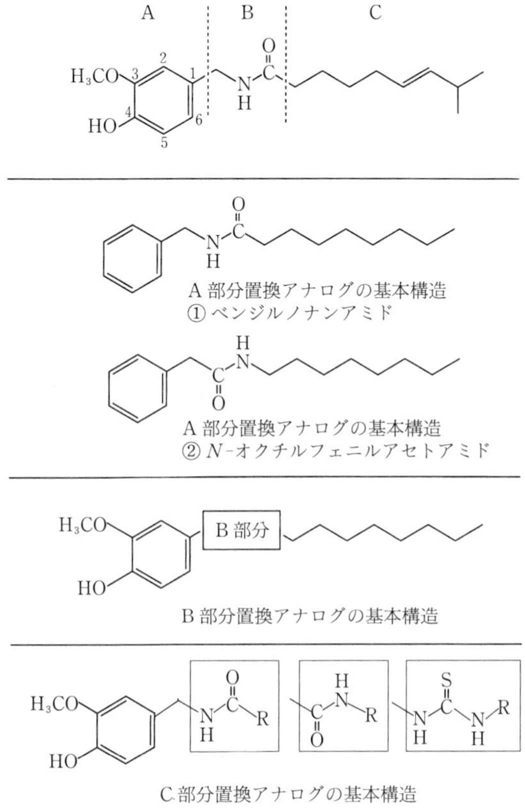

7.1 辛味と生理作用

[カプサイシン基本構造の図: A部分 (H₃CO-, HO- を持つベンジル基, 位置2,3,4,5,6,1), B部分 (-NH-C(=O)-), C部分 (不飽和アルキル鎖)]

[A部分置換アナログの基本構造 ① ベンジルノナンアミド]

[A部分置換アナログの基本構造 ② N-オクチルフェニルアセトアミド]

[B部分置換アナログの基本構造]

[C部分置換アナログの基本構造: -N(H)-C(=O)-R, -C(=O)-N(H)-R, -N(H)-C(=S)-N(H)-R]

図 7.4 鎮痛作用をねらったカプサイシンアナログの基本構造

の流入を引き起こす有効濃度を求めた．その結果，どちらの基本骨格においても3,4-ジヒドロキシ(カテコール)構造と，3-ヒドロキシ-4-メトキシ構造が非常に強い活性を示した(EC_{50}*はベンジルノナンアミド型でそれぞれ0.55と0.63 μM，アセトアミド型で0.30と0.41 μM)．これらの化合物の鎮痛作用を*in vivo*で調べたところ，カテコール構造の化合物では活性がさほど強くはなかったが，3-ヒドロキシ-4-メトキシ構造では強い活性を示した．これら以外の置換パターンでは，カルシウムの流入は低濃度では起こらなかった[4]．

アミド結合部分に関しては，図7.4のB部分の置換を行った．CH_2NHCO

---

* EC_{50}：Median effective concentration(50%有効濃度)のこと．化合物の最大応答の50%の反応を示す濃度を意味する．この値が小さいほど活性は強い．

で置換したノナノイルバニリルアミドでは，カルシウム流入に対するEC_{50}はカプサイシンの$0.30\mu M$に対し$0.55\mu M$とカプサイシンの2分の1程度の活性を示した．カルボニル基の酸素を硫黄に置換した化合物($B=CH_2NHCS$)でも$0.28\mu M$と活性はカプサイシンとほぼ等しかった．辛味と構造の関係(第3章参照)でも見られたように，アミドの隣にさらにCH_2を挿入すると活性は低くなった．ホモバニリン酸アミド($B=CH_2CONH$)では$0.30\mu M$とカプサイシン並の値を示した．ホモバニリン酸エステル($B=CH_2COO$)でも$0.67\mu M$とノナノイルバニリルアミドより弱いものの比較的強い活性を示した．アミドにNHをさらに付け加えてウレア型($CH_2NHCONH$)にすると，$0.36\mu M$とNH挿入前よりも活性が強くなり，酸素を硫黄に置換してチオウレア型($CH_2NHCSNH$)にしたところ，$0.06\mu M$と最も高活性の化合物が得られた．マウスで鎮痛試験を行ったところ，チオウレア型，バニリルアミド型，ホモバニリン酸アミド型の三つはこの順に活性が強く，しかもカプサイシンより効果的であった．その他のデータも合わせて考えると，B部分には適当なサイズと双極子構造が必要であることがわかる．これら二つの構造を変えると，極端に活性は低下した[5]．

　疎水性側鎖であるC部分については，B部分で活性の高かったアミド型，ホモバニリン酸アミド型，チオウレア型について側鎖の置換効果を検討した．側鎖に関しては，カルシウム流入に対するEC_{50}がカプサイシンとジヒドロカプサイシン，ノナノイルバニリルアミドでさほど変わらないことから，適当な分子サイズと疎水性が必要なことが推察される．実際，分子サイズを小さくしたり，極性基を導入すると，EC_{50}は極端に大きくなる．チオウレア型でも鎖長がC_8〜C_{12}で最も活性で，それより鎖長がずれると活性は低下した．飽和アルキルの代わりに芳香環を導入してもp-クロロ体などでは活性は低下しなかった．またB部分との間に二重結合を挿入すると，トランス型では活性が高かったが，シス型では低下した．これらの化合物で，EC_{50}値と疎水性または分子サイズをプロットすると，疎水性との間に高い相関が認められた[6]．アミド化合物の中で，側鎖にシス型とトランス型のオレイン酸を導入しても活性な化合物が得られたが，この理由は不明であるとしている[6]．

7.1 辛味と生理作用

これらを総合すると,芳香環は天然型の 3-ヒドロキシ-4-メトキシ構造が,橋渡し部分はチオウレア型,側鎖は限られた分子サイズでの疎水性基への置換が良好と思われる.そこで,これらを総合し,*in vivo* で有効なアナログの検索が行われた[7].側鎖に CH_2PhCl を導入した化合物では,カルシウム流入の EC_{50} が $0.06\,\mu M$ 程度ときわめて活

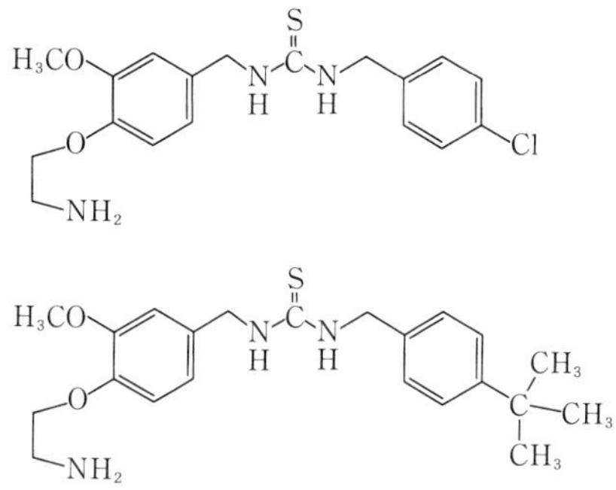

図 7.5 マウスへの経口投与でカプサイシンよりも強い鎮痛作用を示す化合物[7]

性が強かった.しかし,マウスでの *in vivo* 実験では,経口投与時の鎮痛活性はあまり強くなく,持続性がなかった.しかもカプサイシン並の辛味と刺激性を持っていた.予備実験から,経口投与でこの化合物の活性が弱いのは,フェノール部分が速やかにグルクロン酸抱合体に代謝されるためであることがわかった.そこで,芳香環の水酸基に置換基を導入してみた.芳香環部分の活性の検討では,ここを置換すると活性の著しい低下が認められたが,アミノエチル基を導入(OH を $OCH_2CH_2NH_2$ に)しても活性はさほど低下しなかった($0.95\,\mu M$).さらに,側鎖部分を $CH_2PhC(CH_3)_3$ に変えたところ,水酸基のままの化合物($0.51\,\mu M$)よりも活性が高くなった($0.17\,\mu M$).ただし,アミノ基をかさ高い 4 級アミンに変えると活性が消失したことから,膜を透過するような化合物の接近を妨げる関門が存在すると予想される.これらの新しい化合物(図 7.5)はどちらも *in vivo* の実験における皮下および経口投与で大変強い活性を示し,しかも持続性があった.さらに,カプサイシンと比べると実際上無辛味であった.

台湾の Chen ら[9]は,辛味がなく鎮痛作用を持つ化合物の候補として,ノナノイルバニリルアミド(C_9-VA,ノニバミド,合成カプサイシンとも呼ばれる)を母化合物としてフェノール性水酸基に種々の置換基を導入した誘導体を作成した(図 7.6).カプサイシンと C_9-VA は,血中に投与すると一過性の血圧低下と心拍数の低下,それに続く速やかな血圧上昇とゆっくりした血圧降下を示す.合成したアナログでは,エステル化合物である ⓑ はカプサ

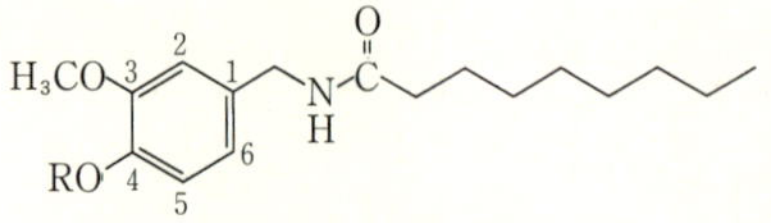

ⓐ R=-H (ノナノイルバニリルアミド C_9-VA, ノニバミド)
ⓑ R=-COCH$_2$CH$_2$COOH
ⓒ R=-CH$_2$CHCH$_2$OH
　　　　　OH
ⓓ R=-CH$_2$COONa
ⓔ R=-CH$_2$CH$_2$OH

図 7.6 C_9-VA とその誘導体の構造式[9]

イシンなどと同様の変化が見られたが，エーテル化合物である ⓒ～ⓔ と，ベンゼン環の 3,4 位を -O-CH$_2$-O- に置換したノナノイルピペロイルアミドでは心拍数の変化は認められず，血圧も一過性に下降するだけであった．ラットの目に化合物を滴下してワイピングテストでこれらの辛味を調べたところ，エステルである ⓑ は C_9-VA よりやや低めの辛味を示したが，他のエーテル化合物は無辛味であった．鎮痛効果は，それぞれの化合物をマウスに腹腔投与した 20 分後に酢酸を腹腔投与し，酢酸により生じる痛みで体の動きがどれだけ減少したかで求めた．その結果，カプサイシンや C_9-VA だけでなく，他の合成した化合物もすべて鎮痛効果を示したが，なかでも化合物 ⓓ が最も強い活性を示した．この研究で辛味と血圧や心拍の変化には相関が見られたが，辛味と鎮痛効果とは無関係であった．

7.1.3 辛味とアドレナリン分泌

カプサイシンは摂取後速やかに消化管上部で吸収されて血中に入り (5.1 節参照)，副腎交感神経経由で副腎からのアドレナリン分泌を引き起こし，ラットでのエネルギー代謝を亢進させる (6.2 節参照)．このようなエネルギー代謝亢進作用と辛味との関係に着目し，筆者らは側鎖 (図 7.4 の C 部分) に直鎖アルカンを導入し，鎖長を変えたアナログを合成して，麻酔下ラットで副腎からのアドレナリン分泌への影響を調べた[10]．図 7.7 に合成したアナログの辛味度と，投与後 15 分間のアドレナリン分泌総量を示した．辛味は，蒸留したばかりの大豆油にアナログを溶解させ，熟練したパネル 10 名の半分が辛味を感知できる濃度から求め，最も辛味の強かったカプサイシンを 100 として表した．相対辛味度は Nelson の結果 (3.1 節参照) と一致し，側鎖の炭素数が 9 のノナノイルバニリルアミド (C_9-VA) が合成物の中では最も辛く，これよりも鎖長が長くなっても，短くなっても辛味は弱まった．また，炭素

7.1 辛味と生理作用

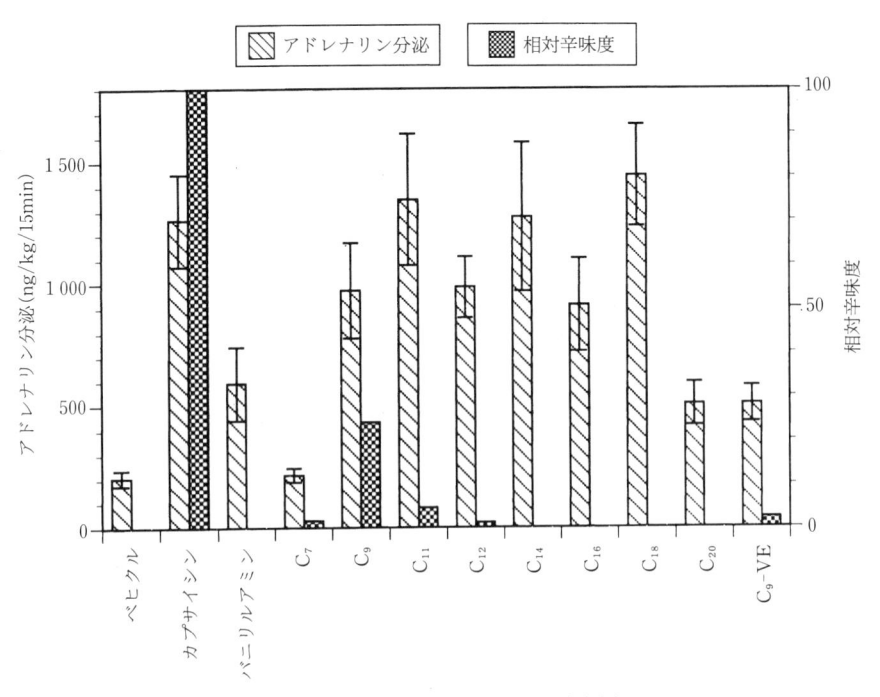

図7.7 カプサイシン同族体の相対辛味度と副腎アドレナリン分泌[10]

数14以上のアナログでは，辛味は検出されなかった（10mgアナログ/4mL大豆油が最高濃度）．アドレナリン分泌と辛味を比べてみると，辛味の有無とアドレナリン分泌活性とは相関しないことがわかる．辛味のあるヘプタノイルバニリルアミド（C_7-VA）では，副腎からのアドレナリン分泌は引き起こされなかったが，辛味のある C_9〜C_{12}-VA ではカプサイシン並の強い分泌活性が認められた．これに対し，C_{14}〜C_{18} は無辛味であるにもかかわらずアドレナリンを著しく放出させた．C_{20} は無辛味ではあるが，強い副腎応答は起こさなかった．フェノール性水酸基をメトキシ基に置換したノナノイルベラチルアミド（C_9-VE）では，辛味は認められたものの，アドレナリン分泌への影響は顕著ではなかった．

引用文献

1) J. Szolcsányi, A. Jancsó-Gábor, *Arzneim.-Forsch.*, **26**, 33 (1976)
2) J. M. Janusz, B. L. Buckwalter, P. A. Young, T. R. LaHann, R. W. Farmer, G. B. Kasting, M. E. Loomans, G. A. Kerckaert, C. S. Maddin, E. F. Berman, R. L. Bohne, T. L. Cupps, J. R. Milstein, *J. Med. Chem.*, **36**, 2595 (1993)
3) 古旗賢二, 渡辺達夫, 未発表.
4) C. S. J. Walpole, R. Wrigglesworth, S. Bevan, E. A. Campbell, A. Dray, I. F. James, M. N. Perkins, D. J. Reid, J. Winter, *J. Med. Chem.*, **36**, 2362 (1993)
5) C. S. J. Walpole, R. Wrigglesworth, S. Bevan, E. A. Campbell, A. Dray, I. F. James, K. J. Masdin, M. N. Perkins, J. Winter, *J. Med. Chem.*, **36**, 2373 (1993)
6) C. S. J. Walpole, R. Wrigglesworth, S. Bevan, E. A. Campbell, A. Dray, I. F. James, K. J. Masdin, M. N. Perkins, J. Winter, *J. Med. Chem.*, **36**, 2381 (1993)
7) R. Wrigglesworth, C. S. J. Walpole, S. Bevan, E. A. Campbell, A. Dray, G. A. Hughes, I. James, K. J. Masdin, J. Winter, *J. Med. Chem.*, **39**, 4942 (1996)
8) A. Szallasi, P. M. Blumberg, *Pain*, **68**, 195 (1996)
9) I. J. Chen, J. M. Yang, J. L. Yeh, B. N. Wu, Y. C. Lo, S. J. Chen, *Eur. J. Med. Chem.*, **27**, 187 (1992)
10) T. Watanabe, T. Kawada, T. Kato, T. Harada, K. Iwai, *Life Sci.*, **54**, 369 (1994)

〔渡辺達夫・岩井和夫〕

7.2 辛味を持たないカプサイシン類縁体

7.2.1 鎮痛・抗炎症作用を持つカプサイシン類縁体の探索

前節で紹介したように,カプサイシン関連化合物による鎮痛作用に対する研究が広く,いろいろなグループで行われている.

Procter & Gamble 社は,カプサイシンの側鎖をオレイン酸に置換したオルバニル(NE-19950)と,オルバニルの芳香環の水酸基にアミノエチル基を導入したニューバニル(NE-21610)を経口投与で有効な鎮痛,抗炎症薬として開発している(図7.8)[1,2].台湾のグループはノナノイルバニリルアミドの

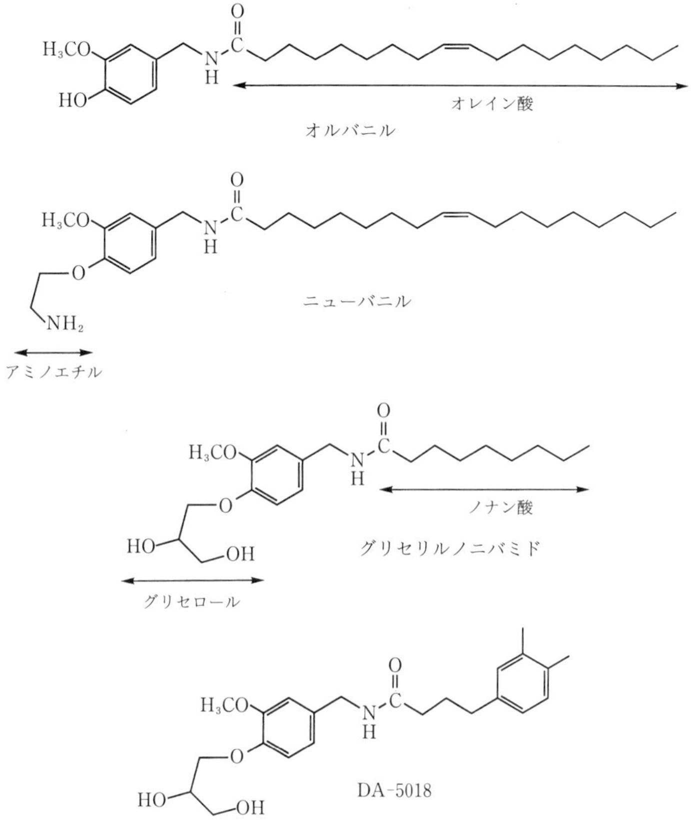

7.2 辛味を持たないカプサイシン類縁体

オルバニル（構造式：バニリルアミド + オレイン酸）

ニューバニル（構造式：アミノエチル基を持つバニリルアミド + オレイン酸）

グリセリルノニバミド（構造式：グリセロール + ノナン酸アミド）

DA-5018

図 7.8 鎮痛作用を持つ無辛味カプサイシン類縁体[1-4]

無辛味誘導体としてグリセリルノニバミドを同じく鎮痛，抗炎症に有効な化合物として見出している[3]．また，韓国化学研究所では，側鎖部分に置換ベンゼン，芳香環水酸基にアミノエチル基を導入した DA-5018 を開発し，皮膚に塗布して使える鎮痛・抗炎症薬として臨床試験に入っている（図 7.8）[4]．

7.2.2 辛味を持たないトウガラシに含まれる天然カプサイシン類縁体；カプシエイトの発見

矢澤ら[5]は，トウガラシの辛味の発現に興味を持ち，タイ産の辛味種トウガラシ CH-19 の自殖選抜を行った結果，辛味をほとんど発現しない品種の

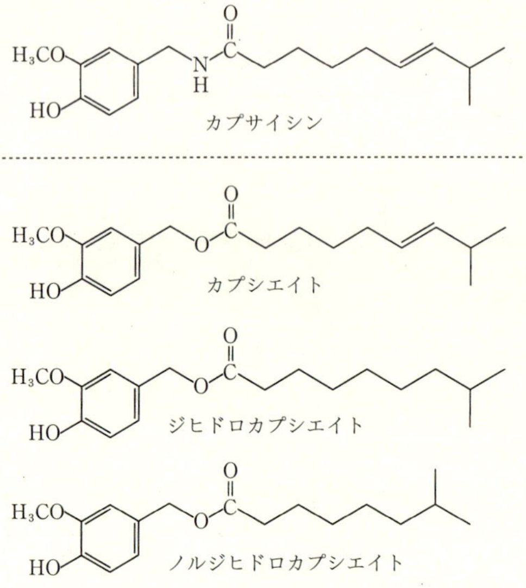

第7章 カプサイシンおよび同族体の生理活性研究の展望

図 7.9 カプシエイト類の構造式[6,7]

固定に成功し，CH-19甘（口絵写真参照）と名付けた．TLC分析の結果，CH-19甘中では，辛味を有するカプサイシノイドをほとんど生合成しないかわりに，カプサイシンとは R_f 値（移動度）の異なる化合物が多量に含まれていることを見出し，カプサイシン様化合物（CLS）A，Bと命名した[5]．1998年に，このカプサイシン様化合物の構造が筆者らの研究によって決定された（図7.9）[6,7]．すなわち，CLS A はバニリルアルコールであった．このバニリルアルコールは，カプサイシンがラット体内で代謝されたときに生成することが知られている化合物である[8]．CLS B は天然物中に見出された新規の化合物で，バニリルアルコールと分枝鎖脂肪酸のエステルであり，カプシエイト（capsiate）と名付けられた[6]．このカプシエイトの構造は，カプサイシンの酸アミド結合（NHCO）がエステル（OCO）に変化しただけの構造であるにもかかわらず，辛味の強さはカプサイシンの1000分の1程度である．

カプサイシンには，側鎖の鎖長や不飽和度などが変化した種々のカプサイシノイドが存在することが知られている（2.1節参照）．CH-19甘からもカプサイシノイドの場合と同様の側鎖を有するカプシエイト同族体が見出された[6,7]．ジヒドロカプシエイトは，カプシエイトの側鎖の二重結合が飽和型

に変化した化合物で，ノルジヒドロカプシエイトはジヒドロカプシエイト側鎖の鎖長が一つ短くなったものであった．このように同族体が見つかったことから，これらのカプシエイト類をカプシノイド(capsinoid)と呼ぶことを提案した[7]．カプシエイト，ジヒドロカプシエイト，ノルジヒドロカプシエイトの存在比率は，報告されている一般的なトウガラシにおけるカプサイシノイドの比率と同様の傾向であった．

カプシノイドは，辛味種トウガラシの自殖後代より選抜固定された品種から見出されたことから，カプシノイドとカプサイシノイドとの生合成の調節機構に興味がもたれ，現在も解析が行われている．トウガラシには多数の甘味種(辛味を持たない種)が知られているが，これらの甘味種はカプサイシン生合成系の変異がより上流に存在するためか，カプサイシノイドだけでなくカプシノイドも合成しないのが一般的である．カプサイシノイドをほとんど含まないがカプシノイドを多く含む品種は，現在までのところ矢澤らにより選抜固定されたCH-19甘のみである．カプサイシノイドを多く蓄積する強辛味品種では，合成量は少ないもののカプシノイドを生合成する品種が多い[9]．

'CH-19甘'でのカプシエイトの生合成は，カプサイシンと同様にフェニルアラニンとバリンを出発物質として行われることが，*in vivo* トレーサー実験で示されている[10]．

（渡辺達夫・岩井和夫）

7.2.3 カプシエイトの抗肥満作用の研究

カプサイシンについては第6章で触れているように，多くの生理活性が知られている．また前節に述べたように，辛味の発現とその他の生理活性の発現は必ずしも相関しない．そこで辛味を持たないカプサイシン類縁体であるカプシエイトに関しても，カプサイシン同様の生理活性があるかどうか，多様な研究が行われてきた．これらの研究成果の一部はすでに実用化されており 8.5 節で詳しく述べるが，ここでは主に実験動物を用いて行われた基礎的な検討を紹介する．

カプシエイトがカプサイシンと同様にカプサイシン受容体 TRPV1 (3.2 節

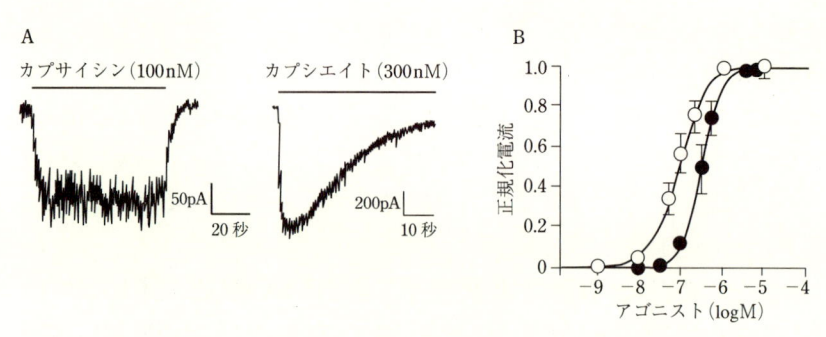

図 7.10 カプサイシンおよびカプシエイトによる TRPV1 の活性化[11]
A：TRPV1 を強制発現した HEK293 細胞の膜電位を $-60\mathrm{mV}$ に固定し，細胞外液にカプサイシンまたはカプシエイトを添加したときの誘発電流．
B：カプサイシン(○) およびカプシエイト(●) の用量-反応曲線．$1\mu M$ のカプサイシンもしくは $3\mu M$ のカプシエイトによる最大応答に対する割合を平均±標準誤差で示した．EC_{50} はカプサイシンで 99nM，カプシエイトについては 290nM であった．

参照)に作用することは，TRPV1 を強制発現させた HEK293 細胞を用いたホールセルパッチクランプ法によって富永らが検証した[11](図 7.10)．膜電位を $-60\mathrm{mV}$ に固定したときカプシエイトは濃度依存的に内向き電流を発生させることが示され，TRPV1 に対する活性はカプサイシンとほとんど同等であった．カプシエイトの辛味が極めて弱いことからすると予想外の結果である．生体内でもカプシエイトが TRPV1 に作用するか否かを検討したところ，マウスの皮膚，眼あるいは口腔内に暴露した場合には有意な応答が認められなかったが(図 7.11)，足底の皮下にカプシエイトを投与するとカプサイシンと同様の痛覚応答を起こした．カプシエイトはカプサイシンに比べて疎水性が高く生体内のような中性水溶液中での分解速度が極めて速いことから，一次感覚神経終末に到達しにくいことが辛味や刺激性を持たないことの原因ではないかと推測された．

　TRPV1 に対する活性についてはカプサイシンとカプシエイトの間に大きな相違がないことから，カプサイシンについて認められている体温・エネルギー消費上昇作用がカプシエイトにも期待された．大貫らは，体温に対するカプシエイトの影響を，温度センサーと一体になった送信機をマウスの体内に埋め込むテレメトリー法により検討した[12]．その結果，カプサイシンもカプシエイトも含まないトウガラシを投与したマウスに比べて，カプシエイト

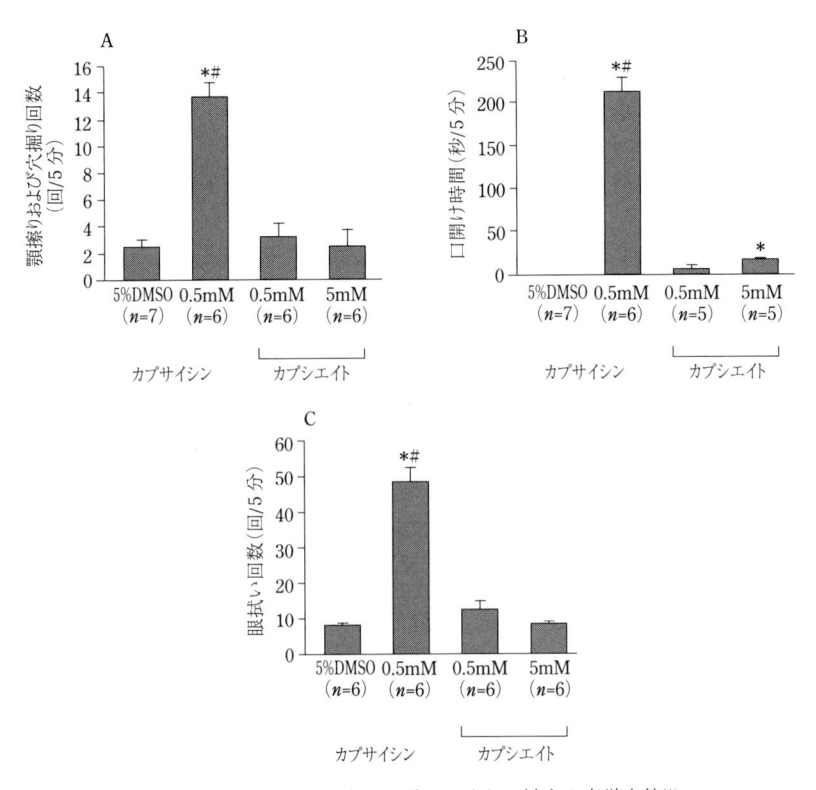

図 7.11 マウスにおけるカプシエイトに対する痛覚応答[1]
A, B：口腔内にカプサイシンもしくはカプシエイトを暴露したのち5分間における，顎擦りおよび穴掘り行動の回数(A)または口開け時間(B).
C：眼に滴下したのち5分間における拭い行動の回数.
数値は平均±標準誤差で示した． ＊ $p<0.01$ vs. 対照（5％DMSO），# $p<0.01$ vs. カプシエイト.

を含む CH-19 甘を投与したマウスの体温は高く推移した．さらにカプシエイトによる体温上昇は，TRPV1 の拮抗阻害薬であるカプサゼピン前投与により消失したことから，TRPV1 を介する作用であると考察された．

これらの結果より，カプシエイトはカプサイシンと同じ受容体 TRPV1 を介して体温上昇作用を発揮することが示唆されたが，これが熱産生によるものであればエネルギー消費も上昇するはずである．そこでカプシエイトをマウスに投与し，全身のエネルギー代謝をモニターするために呼気ガス分析を行ったところ，カプサイシンと同様に酸素消費量が増大することが示され

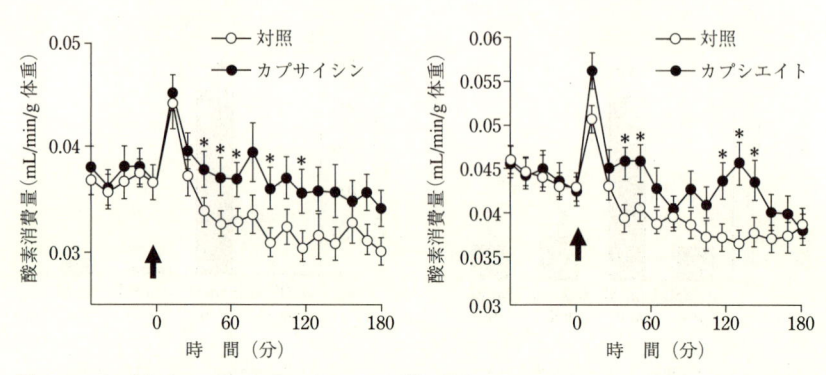

図7.12 カプサイシンおよびカプシエイト単回投与によるエネルギー代謝に対する影響[13]
マウスにカプサイシン(左)もしくはカプシエイト(右)を投与したときの酸素消費量．いずれも溶媒投与群(対照)よりも有意に高く推移した．数値は平均±標準誤差で示した($n=6$〜8). * $p<0.05$ vs. 対照.

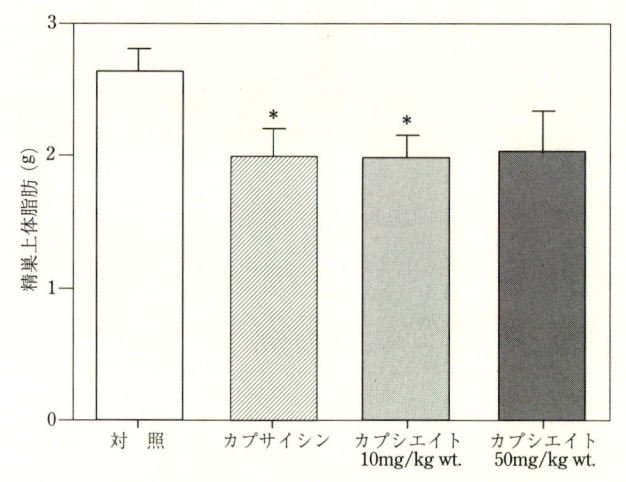

図7.13 カプサイシンおよびカプシエイト連続投与による体脂肪蓄積に対する影響[13]
カプサイシン 0.5 mg/kg, カプシエイト 10 mg/kg または 50 mg/kg を2週間マウスに経口投与したのち, 精巣上体脂肪を摘出して重量を測定した．数値は平均±標準誤差で示した．* $p<0.01$ vs. 対照.

た[13](図7.12)．カプシエイトにより全身のエネルギー消費が増大したことから, 長期的に投与すれば体脂肪蓄積に影響を与える可能性が考えられた．実際にマウスにカプシエイトを2週間連続投与したところ, カプサイシンと同

様に体脂肪蓄積が抑制され,カプシエイトがエネルギー消費を亢進した結果として肥満を抑制する可能性が示された[13](図7.13).

一連の研究により示されたカプシエイトの抗肥満効果については,ヒトにおいても繰り返し検証が行われた結果,現在は既にサプリメントとして発売され実用化に至っているが,それについては8.5節を参照されたい.

さて,カプシエイトがエネルギー消費を増大させるメカニズムについては現在も検討が行われているが,これまでに得られた知見からは,カプサイシンで示されているような交感神経系の関与が想定されている.交感神経伝達物質であるノルアドレナリン(ノルエピネフリン)やアドレナリン(エピネフリン)は,その受容体の一つである β_3 受容体を介して熱産生に関わるタンパク質である脱共役タンパク質(uncoupling proteins, UCPs)の発現を上昇させる.そこでカプシエイトを投与したマウスの組織を採取しUCPsのmRNA発現を検討したところ,カプシエイト投与後,一過的に褐色脂肪組織や骨格筋でUCPsの相対発現量が上昇することが示された[14](図7.14).UCPsはミトコンドリア内膜の酸化的リン酸化反応を脱共役することによりエネルギーをATP合成でなく熱産生に振り向ける機能を担うと考えられており,カプシ

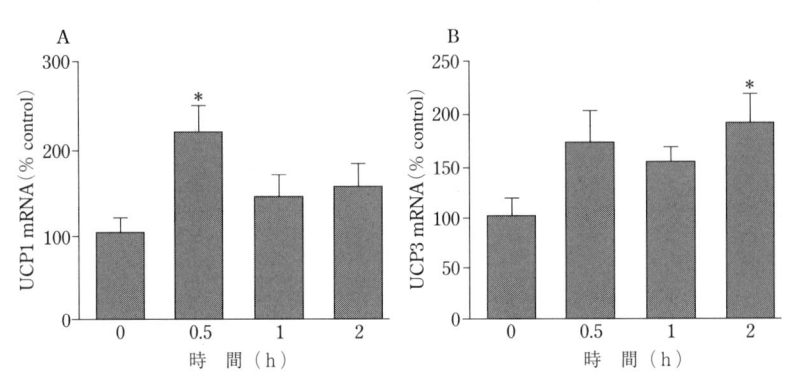

図7.14 カプシエイト投与後の褐色脂肪組織および骨格筋における UCPs の mRNA 発現レベル[14]

カプシエイト 10 mg/kg を経口投与したのち経時的に剖検を行い組織を採取した.褐色脂肪組織における UCP1(A) または腓腹筋における UCP3(B) の mRNA 発現相対値を,GAPDH(グリセルアルデヒド 3-リン酸デヒドロゲナーゼ)を内標遺伝子とした定量的 PCR により測定した.数値は無処置群に対する相対値の平均±標準誤差で表した($n=4$).
* $p<0.01$ vs. 無処置群.

エイト投与後のUCPs発現上昇は，熱産生の機序の少なくとも一部を担っている可能性がある．一方，別のグループからは，麻酔下ラットの骨格筋におけるATPおよびクレアチンリン酸の含量を磁気共鳴法で非侵襲的に測定したところ，安静時および電気刺激による収縮運動時のATP産生がカプシエイト投与によって上昇したという報告もなされている[15]．この報告においては，カプシエイト投与群ではATP産生上昇に伴って骨格筋に発現する主要なUCPsサブタイプであるUCP3のmRNAレベルが著しく低下しており，先の報告と合わせると，生体の置かれた生理的な状態によって(例えば，飽食と飢餓状態とで)エネルギーの用途(熱産生かATP合成か)が異なる可能性も考えられる．

エネルギー消費の基質については，カプシエイト投与時には血中の遊離脂肪酸濃度が上昇することが確認されており[15]，交感神経活動の上昇によって脂肪組織から放出された脂肪酸が骨格筋などにおいてATP産生あるいは熱産生の基質となっている可能性が考えられる．強制水泳を負荷したマウスにおいて，カプシエイト投与により水泳持続時間が延長し骨格筋のグリコーゲン低下が遅延することが報告されているが[16]，これも上に述べたような機序によってエネルギー産生が起こりやすい状態が維持された結果であるかもしれない．

カプサイシンについては，これまで述べてきたエネルギー消費に関連する生理活性のほかにも，多様な活性が報告されている．それらのうち幾つかについては，既にカプシエイトでも検討が進んでおり，抗酸化作用[17]，抗ガン作用[18]，脂質代謝改善作用[19]などが報告されている．辛味の著しく少ない天然化合物であるカプシエイトは食品などへの応用展開のポテンシャルが高く，今後の研究の進展には興味が持たれる．

（小野　郁・高橋迪夫）

7.2.4　カプサイシン受容体賦活活性

カプサイシン受容体TRPV1を異所的に発現させた細胞を用いてTRPV1の賦活活性が調べられているが，オルバニルやカプシエイトはごく低辛味であるにもかかわらず，カプサイシンに匹敵するTRPV1アゴニスト活性を示

す[20]．

　カプサイシン受容体は舌においては辛味の受容体である．オルバニルやカプシエイトはTRPV1を活性化するにもかかわらず辛味を示さない理由は，富永らの巧みな実験で明らかとなった[20]．オルバニルやカプシエイトは，マウスの舌や目・背中の皮膚に投与しても痛み関連行動を引き起こさなかったが，足底皮下に投与するとカプサイシンに匹敵する痛みを誘発した．すなわち，TRPV1の発現部位である感覚神経終末近傍にオルバニルやカプシエイトを投与するとTRPV1が活性化され，痛みが引き起こされる．これに対し，舌や目，背中の皮膚では感覚神経終末は表面に露出しておらず，細胞層を通過しないとTRPV1の活性化が起こらないと考えられる．疎水性の強さはオルバニル＞カプシエイト＞カプサイシンの順であり，ある程度の疎水性は辛味の発現に必要ではあるが，疎水性が高くなりすぎると口腔内でTRPV1と作用しにくくなり，辛味が弱くなるものと考えられる．

　実際，ショウガの辛味化合物でTRPV1賦活活性を調べたところ，最も疎水性の高い(10)-ショウガオールは，受容体賦活能を持つものの辛味が弱いことが示されている[21]．

7.2.5　カプサイシン配糖体

　辛味を低減した化合物として，カプサイシン配糖体も興味深い．米谷ら[22]は，継代培養しているコーヒー(*Coffea arabica*)細胞にカプサイシンを添加することで，153mgのカプサイシンから，カプサイシンのベンゼン環上の水酸基とグルコース1分子が結合したカプサイシン-β-D-グルコピラノシド15.8mgが48時間の培養で得られた(収率6.7%)ことを報告している(図

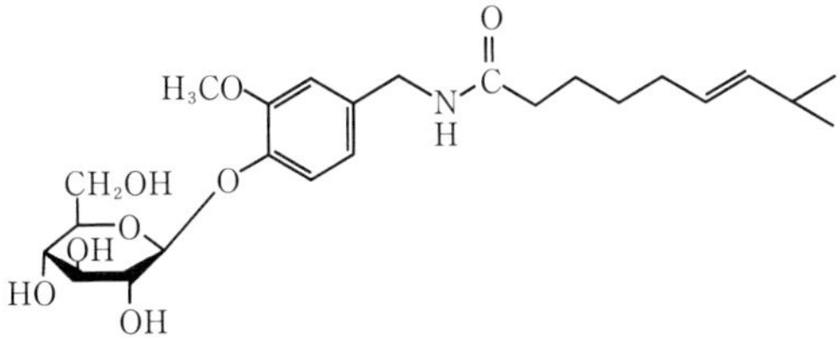

図 7.15　カプサイシン-β-D-グルコピラノシドの構造
（文献22）を改変）

7.15).辛味は,母液を蒸留水で10倍ずつ希釈していき,6名の訓練されたパネルで検知限界から調べた.カプサイシンの100倍の濃度で初めて辛味が検知され,無辛味ではないものの,100分の1に辛味は減少した.3.1節にあるように,カプサイシンの辛味の受容には芳香環上の4位の水酸基が重要と考えられるが,この実験結果もこのことを裏付けるものである.当初は人工化合物と思われたカプサイシン配糖体であるが,カプサイシンの1000分の1ほどの量で種々のトウガラシに含まれることが明らかとなっている[23].

7.2.6 酵素法による無辛味成分の合成

上述のような無辛味成分を広く食品などに用いる際には,有機溶媒や反応性の高い試薬や有毒な試薬を用いないで化合物を得ることのできる酵素法による合成が有利であると考えられる.このような観点から筆者らは,カプサイシノイドとカプシノイドを合成する方法をいくつか開発している[24-27].

酵素法の開発においては,酵素の選択が重要である.酵素の選択にあたっては,カプサイシンの分解活性を指標に酵素を探索した.カプサイシンはアミド結合でバニリルアミンと脂肪酸が結合した化合物であることから,アミドの分解活性を持つ酵素としていくつかのプロテアーゼや膵リパーゼでスクリーニングを行ったが,用いたどの酵素もカプサイシン分解活性を示さなかった.そこで,カプサイシンの分解活性が最も高い臓器である肝臓の脱脂粉

R=H:バニリルアミン[24-26]
R=CO(CH$_2$)$_4$CH=CHCH(CH$_3$)$_2$
 :カプサイシン[27]

脂肪酸誘導体
R=CH$_3$[24, 25]
トリグリセリド[26, 27]

肝脱脂粉末[24]
リパーゼ[25-27]

カプサイシノイド

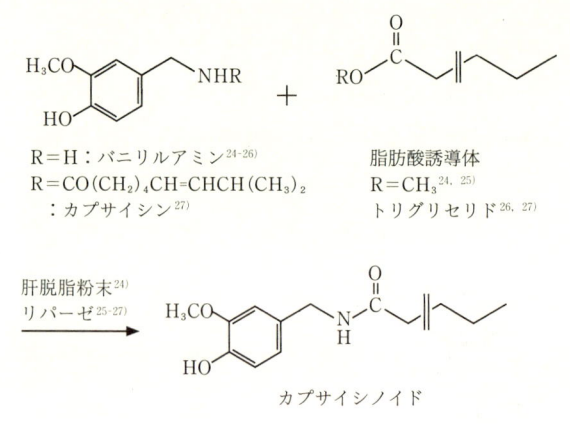

図 7.16 酵素法によるカプサイシノイドの合成[24-27]

7.2 辛味を持たないカプサイシン類縁体

末を酵素源として用いることとした．なかでも，ニワトリの肝の活性が高い[28]ことからニワトリ肝をアセトンで脱脂した粉末を用いて，バニリルアミン水溶液と脂肪酸メチル（油状）を基質として用いるとカプサイシノイドが合成されることを明らかにした[24]（図7.16）．カプサイシノイドは脂溶性で，酵素とバニリルアミンは水溶性である．そのため，生成したカプサイシノイドは，反応場である水相から有機相である脂肪酸メチルの相に速やかに転移し，反応系から除かれるため反応速度や収率が向上する（二相系反応）．酵素源として安価で大量に入手可能な肝臓を用い，基質の一つも脂肪酸メチルという安価な物質であることから，工業的な製造にも有用なプロセスであると考えている．その後改良を加え，酵素として工業的に大量に比較的安価に製造されている微生物リパーゼが反応を触媒すること[25]，脂肪酸源として合成トリグリセリドや油脂（天然トリグリセリド）も利用できること[26]，および天然物質のみを基質としてカプサイシンと天然油脂による反応で合成できること[27]を見出した．特にカプサイシンと油脂との反応は，どちらも脂溶性化合物であり，食品成分の調製に使用が認められているヘキサン中で均一系として反応を行うことができ，反応速度的に有利である．

カプシノイド合成も同様の手法を用いて開発した．バニリルアルコールと脂肪酸を結合させればカプシノイドが生成される．この反応はエステル合成であることから，エステル合成でよく用いられているリパーゼで反応を検討した．均一系の方が反応速度が速いことから，バニリルアルコールと脂肪酸類のどちらも溶かす溶媒として1,4-ジオキサンを用いたところ，脂肪酸や脂肪酸メチル，トリグリセリドとバニリルアルコールを基質として反応が非常に速く進行し，30分程度でカプシノイドが60％以上の収率で得られることがわかった[29]．また，カプサイシンを塩酸-メタノールで処理してカプサイシンの側鎖脂肪酸のメチルエステルを調製し，この脂肪酸メチルを用いることで天然型カプシノイドであるカプシエイトが容易に得られることも見出した[29]．

また，7.2.5項で紹介した，植物細胞を用いた化合物の調製法も酵素法と並んで興味深い方法である．ヨウシュヤマゴボウやニチニチソウの細胞を用いたより収率の高いカプサイシン配糖体の合成法も浜田らにより開発されて

いる[30,31]．

　第1章にあるように，トウガラシの植物学的分類自体が確定したものではなく，様々な分類が行われている．この点で，矢澤らのトウガラシ甘味品種の固定と，新規無辛味成分の構造決定の研究は，たいへん興味深い．トウガラシが作り出す辛味関連化合物にはまだ様々なものが存在することが予測され，これらの未知化合物の構造が明らかになり，それらの生合成を調節する酵素系や遺伝子あるいは遺伝子群が見出されると，トウガラシの植物学的分類や品種改良などに非常に大きく貢献するものと考えられる．

　トウガラシの辛味成分カプサイシンには様々な生理活性が知られているが，辛味と活性についての研究は脱感作や鎮痛作用を除いて系統的な研究はほとんどなされていないのが現状である．辛味と脱感作，鎮痛，アドレナリン分泌活性については上述のように，辛味と生理活性とは必ずしも相関していない．さらに，鎮痛作用については，膨大なアナログが合成され，構造活性相関が調べられたが，最適な分子設計がなされるまでには至っていないと考えられる．辛味と活性の構造活性相関の研究から，まだ研究がなされていない分野ではもちろんのこと，研究がかなり進められている分野でもまだまだ意外な発見が期待される．実際，鎮痛活性の項で紹介した台湾のグループは，この研究とあわせて新しいタイプのβ遮断薬をノナノイルバニリルアミドの誘導体から見出し，報告している[32,33]．本書で紹介したトウガラシ辛味成分の持つエネルギー代謝亢進作用や，減塩作用，抗酸化活性や持久力の増強，消化管への影響や発汗作用等々，辛味と活性の関係については興味がつきない．例えば，辛味がなくて胃の防御作用を示す化合物は新しいタイプの健胃薬となろうし，低辛味で爽快な発汗をもたらす化合物なども見出されれば有用であろう．カプサイシンのような天から人類に潤いをもたらすために与えられたと考えた方がよいようなユニークな辛味化合物をもとに，様々なタイプの活性をもつ化合物の発見や誕生は大いに期待されるものであろう．

　また，5.2.3項に示したSariaらの研究によると，血中に投与したカプサイシンは速やかに脳にも到達する．カプサイシンは消化管から速やかに血中に移行する(5.1節参照)ことから，経口摂取したカプサイシンは，脳内に速

やかに達するものと考えられる．カプサイシンは，トウガラシとして中南米では数千年，その他の地域でも数百年にわたって摂取されてきている化合物であり，ある意味で壮大な安全性試験がなされてきた化合物とも見なすことができる．脳内にカプサイシンのような刺激性化合物が入ることにより，老人性認知症への改善効果なども期待できるかもしれない．

（渡辺達夫・岩井和夫）

引用文献

1) L. Brand, E. Berman, R. Schwen, M. Loomans, J. Janusz, R. Bohne, C. Maddin, J. Gardner, T. LaHann, R. Farmer, L. Jones, C. Chiabrando, R. Fanelli, *Drugs Exp. Clin. Res.*, **13**, 259 (1987)
2) M. Perkins, A. Dray, *Ann. Rheumat. Dis.*, **55**, 715 (1996)
3) I. J. Chen, J. M. Yang, J. L. Yeh, B. N. Wu, Y. C. Lo, S. J. Chen, *Eur. J. Med. Chem.*, **27**, 187 (1992)
4) B.-J. Lee, T.-S. Lee, B.-J. Cha, S.-H. Kim, W.-B. Kim., *Int. J. Pharm.*, **159**, 105 (1997)
5) 矢澤　進，末留　昇，岡本佳奈，並木隆和，園学雑，**58**, 601 (1989)
6) K. Kobata, T. Todo, S. Yazawa, K. Iwai, T. Watanabe, *J. Agric. Food Chem.*, **46**, 1695 (1998)
7) K. Kobata, K. Sutoh, T. Todo, S. Yazawa, K. Iwai, T. Watanabe, *J. Nat. Prod.*, **62**, 335 (1999)
8) T. Kawada, K. Iwai, *Agric. Biol. Chem.*, **49**, 441 (1985)
9) S. Yazawa, H. Yoneda, M. Hosokawa, T. Fushiki, T. Watanabe, *Capsicum Eggplant Newslett.*, **23**, 17 (2004)
10) K. Sutoh, K. Kobata, S. Yazawa, T. Watanabe, *Biosci. Biotechnol. Biochem.*, **70**, 1513 (2006)
11) T. Iida, T. Moriyama, K. Kobata, A. Morita, N. Murayama, S. Hashizume, T. Fushiki, S. Yazawa, T. Watanabe, M. Tominaga, *Neuropharmacology*, **44**, 958 (2003)
12) K. Ohnuki, S. Haramizu, T. Watanabe, S. Yazawa, T. Fushiki, *J. Nutr. Sci. Vitaminol. (Tokyo)*, **47**, 295 (2001)
13) K. Ohnuki, S. Haramizu, K. Oki, T. Watanabe, S. Yazawa T. Fushiki, *Biosci. Biotechnol. Biochem.*, **65**, 2735 (2001)
14) Y. Masuda, S. Haramizu, K. Oki, K. Ohnuki, T. Watanabe, S. Yazawa, T. Kawada, S. Hashizume, T. Fushiki, *J. Appl. Physiol.*, **95**, 2408 (2003)
15) B. Faraut, B. Giannesini, V. Matarazzo, T. Marqueste, C. Dalmasso, G.

Rougon, P. J. Cozzone, D. Bendahan, *Am. J. Physiol. Endocrinol. Metab.*, **292**, E1474 (2007)

16) S. Haramizu, W. Mizunoya, Y. Masuda, K. Ohnuki, T. Watanabe, S. Yazawa, T. Fushiki, *Biosci. Biotechnol. Biochem.*, **70**, 774 (2006)

17) A. Rosa, M. Deiana, V. Casu, S. Paccagnini, G. Appendino, M. Ballero, M. A. Dessi, *J. Agric. Food Chem.*, **50**, 7396 (2002)

18) A. Macho, C. Lucena, R. Sancho, N. Daddario, A. Minassi, E. Munoz, G. Appendino, *Eur. J. Nutr.*, **42**, 2 (2003)

19) Y. Tani, T. Fujioka, M. Sumioka, Y. Furuichi, H. Hamada, T. Watanabe, *J. Nutr. Sci. Vitaminol. (Tokyo)*, **50**, 351 (2004)

20) T. Iida, T. Moriyama, K. Kobata, A. Morita, N. Murayama, S. Hashizume, T. Fushiki, S. Yazawa, T. Watanabe, M. Tominaga, *Neuropharmacology*, **44**, 958 (2003)

21) Y. Iwasaki, A. Morita, T. Iwasawa, K. Kobata, Y. Sekiwa, Y. Morimitsu, K. Kubota, T. Watanabe, *Nutr. Neurosci.*, **9**, 169 (2006)

22) T. Kometani, H. Tanimoto, T. Nishimura, I. Kanbara, S. Okada, *Biosci. Biotechnol. Biochem.*, **57**, 2192 (1993)

23) F. Higashiguchi, N. Nakamura, H. Hayashi, T. Kometani, *J. Agric. Food Chem.*, **54**, 5948 (2006)

24) K. Kobata, K. Yoshikawa, M. Kohashi, T. Watanabe, *Tetrahedron Lett.*, **37**, 2789 (1996)

25) K. Kobata, M. Kawamura, Y. Tamura, S. Ogawa, T. Watanabe, *Biotechnol. Lett.*, **20**, 451 (1998)

26) K. Kobata, M. Toyoshima, M. Kawamura, T. Watanabe, *Biotechnol. Lett.*, **20**, 781 (1998)

27) K. Kobata, M. Kobayashi, Y. Tamura, S. Miyoshi, S. Ogawa, T. Watanabe, *Biotechnol. Lett.*, **21**, 547 (1999)

28) Y. Oi, T. Kawada, T. Watanabe, K. Iwai, *J. Agric. Food Chem.*, **40**, 467 (1992)

29) 渡辺達夫, 川口真波, 古旗賢二, 第53回日本栄養・食糧学会大会講演要旨集, 8 (1999)

30) H. Hamada, S. Ohiwa, T. Nishida, H. Katsuragi, T. Takeda, H. Hamada, N. Nakajima, K. Ishihara, *Plant Biotechnol.*, **20**, 253 (2003)

31) K. Shimoda, S. Kwon, A. Utsuki, S. Ohiwa, H. Yonemoto, H. Hamada, *Phytochemistry*, **68**, 1391 (2007)

32) I.-J. Chen, J.-L. Yeh, S.-J. Liou, A.-Y. Shen, *J. Med. Chem.*, **37**, 938 (1994)

33) I.-J. Chen, J.-L. Yeh, Y.-C. Lo, S.-H. Sheu, Y.-T. Lin, *Br. J. Pharmacol.*, **119**, 7 (1996)

第8章 食生活と辛味

8.1 調味料とカプサイシン

8.1.1 カレー用混合スパイス(カレー粉)
(1) カレー粉の構成および特徴

　カレー粉は，インドの家庭で使われている混合スパイスをもとに調合されたものが，ビクトリア女王に献上され，その後，19世紀初頭に，イギリスにおいて世界で初めて商業的に生産された．これが，イギリス国内に普及するとともに，明治時代の日本へも伝わった[1-3]．当時は輸入に頼っていたカレー粉も，その後国内での生産が始まるとともに急速に普及し，近年では安定した産業にまで成長している．ちなみに近年のカレー粉の生産実績は図

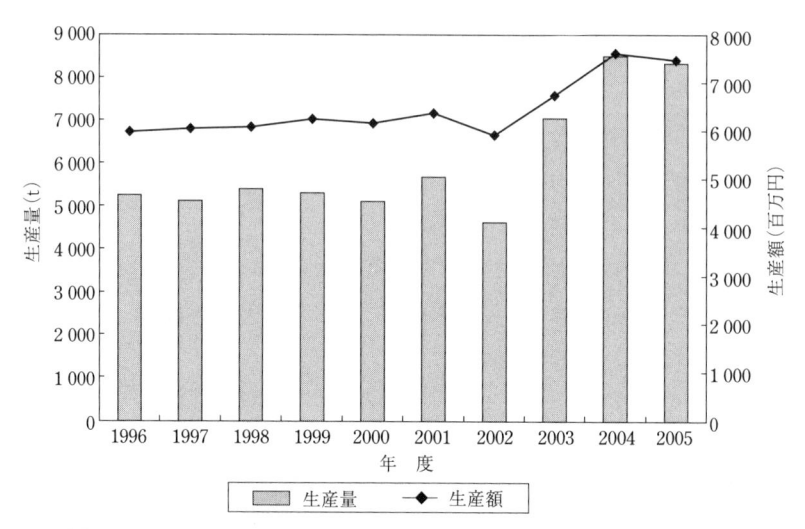

図 8.1 日本におけるカレー粉の生産実績の推移(農林水産省食品油脂課調べ)
1996年 61社，1997～1999年 60社，2000年 58社，2001～2005年 57社

8.1 のようになっている.

　カレー粉の品質は，単品スパイスの香りの突出がなく，香りにまとまりがあって，焦げ臭さや土臭さ，苦味が少ないものが良く，粒度が細かい方が一般的には食感や風味が良い．ここでは，カレー粉の構成と特徴について述べる.

(a)　カレー粉の原料[4-6,8]

　カレー粉中のトウガラシの使用量は多い方ではないが，強い辛味と，加熱したときのコクのある甘い香ばしい香りがカレー粉の風味を構成する重要な要素となっている．その他，カレー粉には，辛味，香り，色を付与する20～30種ものスパイスが配合されている．以下に，カレー粉で主に使用されるスパイスとその特徴を説明する.

・クミンシード(Cumin seed)：シソを甘くしたような強い香りがある．若干ほろ苦味がある.

・コリアンダーシード(Coriander seed)：炒るとオレンジに似た香りがする．快いマイルドな味を持つ.

・ターメリック(Turmeric)：和名ウコン．カレー粉の黄色のもとになる原料．黄色を呈する色素(クルクミン)を含む．少し土くさいショウガのような香りがある.

・フェヌグリーク(Fenugreek)：メープル様の甘く重い香りと，ほろ苦さを持つ．軽く炒ってから粉末にすると芳香が強調される.

・ブラックペッパー(Black pepper)：黒コショウ．ピリッとした辛味があり，爽やかな柑橘系の香りを持つ.

・ベイリーフ(Bay leaves)：月桂樹の葉．ローレル，ローリエとも呼ばれる．肉や魚の臭みを消す効果がある．爽やかな香りがあり，わずかに苦味がある.

・ジンジャー(Ginger)：ショウガを乾燥させたもの．刺激性のある甘い香りと辛味を持つ.

・ナツメグ(Nutmeg)：スパイシーな甘い刺激性の香りと，まろやかなほろ苦味がある.

・クローブ(Clove)：日本では丁字ともいわれている．香味は強く刺激的

だが，バニラ風の甘い香りとスパイシーな味がする．
- シナモン(Cinnamon)：さわやかな清涼感と甘い香り，刺激性のある甘味がとけあった独特の風味を持つ．主成分はシンナムアルデヒド．
- オールスパイス(Allspice)：ナツメグ，クローブ，シナモンを混ぜたような香りと味がする．外観はブラックペッパーに似ているが，辛味はない．
- カルダモン(Cardamom)：ショウノウに似た強い芳香を持つ．少し刺激的で爽やかな香味がある．
- フェンネル(Fennel)：快い甘い香りと，ややショウノウに似た香りがある．

(b) カレー粉の製造方法

カレー粉の工業的製造は以下のように行われている．

① 精選：輸入されてくるスパイス原料には，その中に石や金属，土壌粉末，またスパイスとしては使わない植物の部位などが混入していることがある．精選装置を利用してこれらの異物を除去する．

② 粉砕，ふるい分け：精選されたスパイス原料は，粉砕装置によりパウダー化される．粉砕には，香りの飛散を少なくする工夫が必要である．粉砕後は，一定の粒度が得られるようにふるい装置にかけ，ふるいを通らなかったものは再度粉砕を繰り返す．スパイスの粒径を細かくすることで，カレーの風味を強くし，口当たりを滑らかにすることができる．

③ 混合：パウダー化したスパイスは一定の比率で混合される．この時点では，まだ香りにまとまりがなく，スパイスのとげとげしさが感じられる．

④ 加熱(焙煎)：混合したスパイスを加熱する．この結果，カレー粉特有のまとまりのある香りが生まれる．

⑤ 整粒：カレー粉は加熱されることにより，粒子同士が付着したりして部分的に塊となってしまう．これを再度粉砕装置にかけ，パウダー化する工程である．

⑥ 貯蔵，熟成：カレー粉は，出荷前にタンクに数か月間保存することによりさらに香りが豊かになり，カレー粉として完成された状態となる．

(c) 市販カレー粉の比較

各メーカーのカレー粉製品に見られる違いを説明する．

① 辛味成分の含有量：カレー料理の辛さや香りはカレー粉の選択によっても決められる．トウガラシの辛味成分であるカプサイシン類は，一般的なカレー粉で 50ppm 付近，少ないものは 2〜3ppm，多い場合は 100〜200ppm になる．コショウの辛味成分であるピペリンは，一般的なカレー粉で 500ppm ぐらい，少ないものは 100ppm ぐらい，多いものでは 3 000ppm 近くになる．

② 粒度：カレー粉の粒度はそれを使うカレーの食感，呈味に影響がある．市販のカレー粉では，粒径が 400 μm 以上の製品は粗く感じられ，細かいものはおよそ 200 μm 以下である．

③ 色調：一般的にカレー粉はターメリックを使用するため，基本的に黄色をベースにした色調になっている．ターメリックの使用量が多い場合は，黄色がより鮮やかになり，オレンジ色に近い色を呈するようになる．

(2) 各地域におけるカレーの特色[8]

インド：カレーの本場で広い国土を有しており，地域によってカレー料理にも特徴が見られる．辛味付けの点においては気候の違いが大きく影響しており，年間を通じて気温が高い南インドではスパイスを多用し，辛味が強い傾向がある．一方，北インドではヨーグルト，バターなどの乳製品を多く用いることが特徴となっている．

スリランカ：インドの南に位置し，南インド同様，ココナッツミルクを用いた辛味の強いカレーが食されている．

ネパール：インドの北にあり，インドに比べてスパイスの種類が少なく辛味も弱い．

タイ：赤道に近い緯度に位置する気温の高い国であり，この国でゲーンと呼ばれるカレーも非常に辛いものが多い．特に，インドと比べて，ナンプラー(魚醬)を使用することや，タイを代表する香りのスパイスである香菜(コリアンダーの葉)，レモングラスといった生のスパイスやハーブを多用することが特徴である．トウガラシも主に生のものを使用する．

インドネシア：赤道直下の大小の島々からなる国で，この赤道直下の暑さ

を乗り切るために，スパイスが多用される．その中でもインドネシアにおいて欠くことができないものが，「サンバル」と呼ばれるトウガラシのペーストである．サンバルは，生のトウガラシにエビを用いた発酵調味料や他のスパイスを加えてすりつぶしたペーストで，各家庭の独特の配合で作られる．カレーにおいても，各人が自由に加えて辛味を調節する．

イギリス：インドの宗主国であったことから，カレーとの関わりが深い．首都ロンドンを中心にインド料理の店が多く，各家庭においても，カレー粉を用いたカレー味の料理が食されることがある．日本における「カレーライス」はイギリスを経由して伝えられたが，元祖イギリスでは，粘性の強いカレーが食されることはほとんどなく，インド風で，辛味が抑えられたカレー料理が主に作られている．

(3) カレーにおけるトウガラシ

トウガラシは同一の産地，品種のものを使用していても，生育した気象環境や栽培地域によりその香りが異なる．例えば，鷹の爪品種の場合には，辛味成分(カプサイシン類)含有量が0.2～0.7％程度とばらつく場合がある．そのため，トウガラシは必ず入荷するごとに辛味成分含量を分析した後ストックし，辛味が常時一定となるようにストック品から必要に応じて複数の原料を選び混合して使用する．

トウガラシは，カレーの味覚においては，辛味を付与するだけでなく，味全体を引き締める効果も持つ．味覚には，基本的な五つの味，甘味，塩味，酸味，苦味，うま味(旨味)があり，食品のおいしさは，これらのバランスによって得られている．この基本5味は，舌で感じる化学的な反応であるが，辛味は刺激として感じる生理的な感覚である．この辛味が加わることにより，味が引き締められて豊かに感じられるようになり，新たなおいしさを表現することができる．なお，辛味を認知できない程度の低濃度でも，同様の効果が認められるので，甘口，辛口によらずカレーの味においては，非常に重要な要素になっている．

辛味の成分は，トウガラシ中に含まれるカプサイシンとコショウ中に含まれるピペリンであり，いずれも英語では"Hot"と表現される．口内が熱く感じる辛味を有する．単純に辛味の強さだけを比較した場合，カプサイシン

はピペリンの 100 倍以上の辛味を持つ[6,7]．また，辛味の質も異なり，カプサイシンは喫食後やや遅れて感じられ，長時間持続するという特徴があり，ピペリンはすぐに辛味を感じ，比較的短時間で消えるという特徴がある．このように異なる辛味の質を利用して，カレーの風味におけるインパクトの付け方をトウガラシとコショウのバランスによって調整する．辛味の感じ方は，カレーの粘度や油脂含量にも影響される．通常，粘度が高いほど辛味は

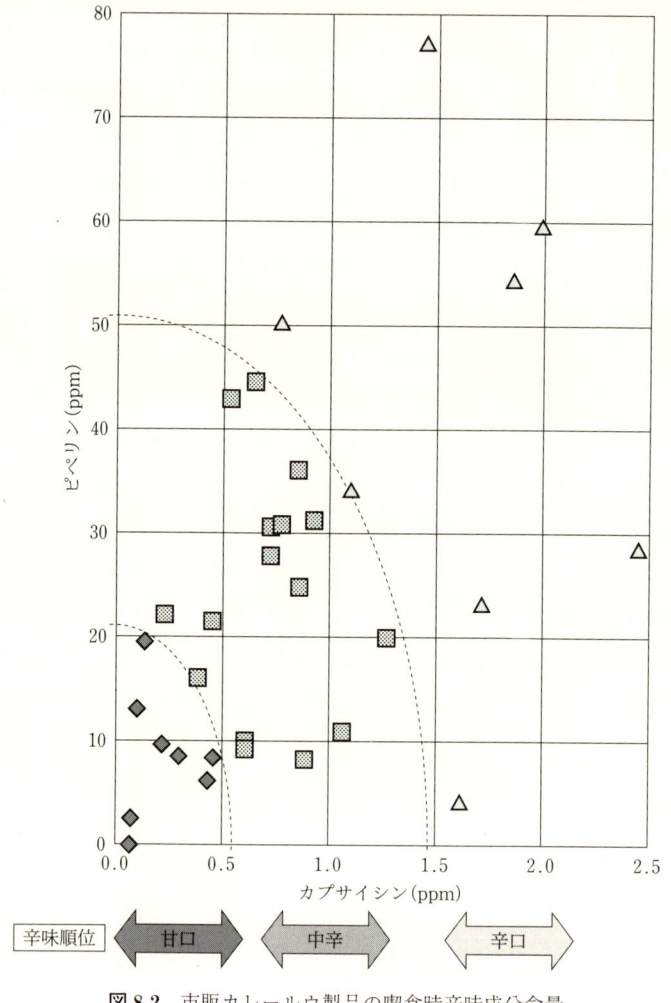

図 8.2 市販カレールウ製品の喫食時辛味成分含量

弱く，かつ喫食後辛味を感じるまでの時間が長くなる．同じトウガラシの濃度でも，タイ料理で見られるような粘性の弱いカレーでは，日本家庭での粘性の高いカレーに比べて，ストレートな辛味を強く感じる．

カプサイシンは耐熱性が高いため，カレーのどの調理段階で加えても辛味強度には影響がない．しかし，トウガラシ自体は加熱することにより香気を増すので，その香気を必要とする場合は，調理初期に加えるのが良い．

図8.2は，主要3メーカーの市販カレールウ製品の喫食時におけるカプサイシン含量とピペリン含量を示したものであり，各辛味順位におけるカプサイシン(トウガラシ)とピペリン(コショウ)の含有量の目安を示している．前述のとおり，カレー風味のインパクトの付け方を調整するために，同一の辛味順位においても，トウガラシとコショウの配合比率は多様である．

(4) カレーに見る辛味嗜好の変化

図8.3に1982～2006年における重量ベースでのカレールウの売上げ中の，甘口，中辛，辛口の比率の変遷を示した．1982年時には売上げの50％を越えていた甘口の比率が，2000年には約30％に減少しており，反対に1982年に10％程度であった辛口の比率は，2000年には約20％にまで増えている．

カレーに関しては，近年辛口を好む傾向が見られる．

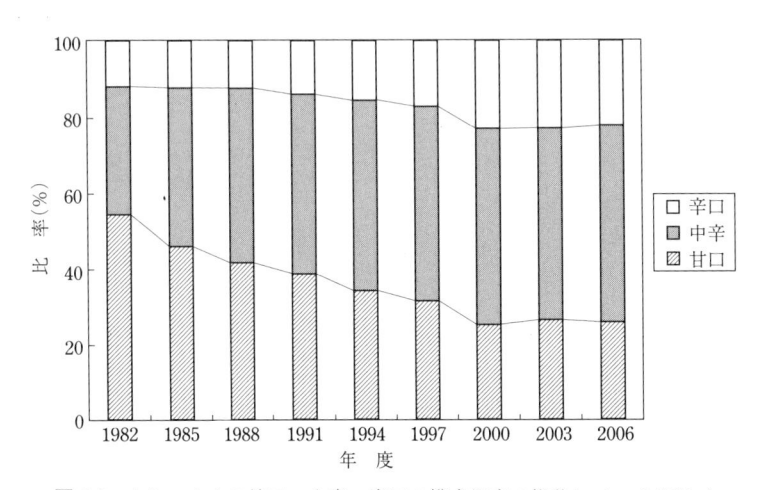

図8.3 カレールウの甘口・中辛・辛口の構成比率の推移(ハウス食品調べ)

引用文献

1) 井上宏生, "面白雑学カレーライス物語", 双葉社(1996)
2) 森枝卓士, "カレーライスと日本人", 講談社(1989)
3) ハウス食品(株)編, "カレーライスおもしろ雑学事典", 講談社(1986)
4) ハウス食品(株)編, "スパイス オブ ライフ", ハウス食品(株)(1984)
5) ジル・ノーマン, 長野ゆう訳, "スパイスブック(香辛料の実用ガイド)", 山と渓谷社(1992)
6) 福場博保, 小林彰夫編, "調味料・香辛料の事典", 朝倉書店(1991)
7) 中谷延二, 香料, No.185, 59(1995)
8) ハウス食品(株)ホームページ http://housefoods.jp/

〈鳴神寿彦〉

8.1.2 ソース用混合スパイス

　ソースは英語, フランス語共に"Sauce"でノルマン系の言語であるが, さらにたどっていくとラテン語の"Sal"(塩)に到達する. 塩は古来より食物の調味や保存のために不可欠な素材であり, また塩をベースに種々の調味料が作られてきた. ソースはこれらの調味料の総称であり, その種類は無数であるが, 日本において通常ソースと言っているのはウスターソースのことである. また, このソースにとって辛味は不可欠の要素であることから, 本項ではウスターソース類について, どのようにして生まれ, 日本に定着したか, また製造方法とスパイスの使い方, その中でのトウガラシの役割について述べる.

(1) ウスターソースの発祥

　ウスターソースはロンドンの北西180kmほどのウスター市で誕生し, 始めはある家庭で偶然のことから生まれたとされている. すなわち, この地域のある主婦が台所の余った野菜や果物の切れ端を捨てずに, コショウ, カラシなどの香辛料をふりかけ, 塩や酢をまぜて壺に入れておいたが, ある日, 蓋をとってみると内容物が自然に発酵して溶解し, 食欲をそそる香りがし, なめてみると良い味がしたという. そこで肉や野菜, 魚料理に使用したところ大変においしく, すぐに近所の評判となり, いつしか有名となり, ウスター市の企業家の手によって盛んに生産されるようになり, 世界各地に広まっていったといわれている[1].

(2) 日本におけるウスターソースの変遷

ウスターソースの本来の使い方はスープやシチュー，またはジュースなどに数滴落として風味を付けるか，あるいはちょっとした味付けに使うものである．しかし日本には同じような色をした醤油があり，これを副食物にかけて食べる習慣があった．そのため明治期の「洋食」の代表であるコロッケやカツレツに輸入されたソースをかけて使用されたが，酸味や香辛料が強すぎるので評判が悪く一般には受け入れられなかった．そこで輸入品に手を加えたり，独自の製法を考案して，明治末期には日本人の口に合うソースが作られ，味が定着した[2]．

また最初の頃の製法は，木樽に煮た野菜，香辛料を入れ，これに食塩を加えて1日に2～3回撹拌して3～4か月後にこの液を絞り，酢や砂糖などの調味料を加えてソースを作っていた[3]．しかしながら，この製法では製造に少なくとも3か月を要し，貯蔵しておくための広い場所も必要であることから，増大する需要に間に合わなくなった．そこで各社が研究を行い，昭和初期に新製法が考案された[4]．新製法は野菜，香辛料などは長期間塩蔵しなくとも，原料のエキス分を抽出し配合すれば製造できることに着目したものであり，野菜，香辛料を蒸煮・搾汁してエキス液(ソース母液)とし，これに調味原料を加える製法が一般化した．

さらには商品の多様化も進み，第二次大戦後には濃厚ソース(中濃ソース，とんかつソース)が発売された．ウスターソースの主原料が野菜であるのに対し，これらは果実を多く用いた甘口で粘稠性の高いソースである．また最近は，うま味成分などを強めた焼そばソースやお好み焼きソースなどの専用ソースが商品化され，需要を伸ばしている．

このように，イギリスに生まれたウスターソースは，日本ではやや形を変えた調味料として嗜好に合致し，驚異的発展をとげ，その生産量は世界一と言っても過言ではないほどとなった(図8.4参照)．

(3) ウスターソース類の製造方法

ウスターソース類に使用される原料を大別すると，野菜・果実，食酢，糖類，食塩，および香辛料(混合スパイス)であり，その他任意原料としてデンプン・糊料，カラメル，うま味調味料などがある．

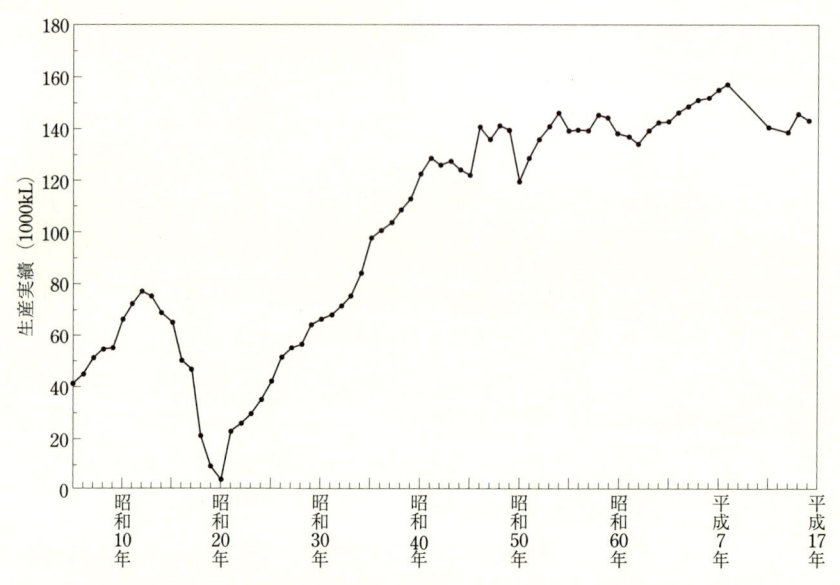

図 8.4 ウスターソース類(含む焼そばソース・お好みソース)年次別生産状況
(資料:農林水産省食品流通局)

野菜のうち一般的に使用されるのはタマネギ,ニンジン,セロリ,ニンニク,ショウガなどである.果実はリンゴが最も一般的で,その他デーツ*,ミカン,プルーンなどが使われる.

食酢は主にアルコールを原料とした 10～15％の高酸度醸造酢が用いられ,ワインビネガーやリンゴ酢なども風味を整えるために使用される.

糖類は糖蜜を主体にしたショ糖液と異性化液糖が主に使用される.

製造工程はウスターソースと濃厚ソース(中濃ソース・とんかつソース)とでは異なり,それぞれの工程例を図 8.5,図 8.6 に示す.すなわち,ウスターソースにおいては野菜,果実などの蒸煮後搾汁を行い,これに調味原料が加えられる.濃厚ソースの場合は蒸煮後裏ごしを行って粘稠な液となし,調味原料を調合する時にコーンスターチなどの増粘剤が加えられる.

* デーツ:ナツメヤシ(ヤシ科)の果実を乾燥したもの.中近東,北アフリカに多く,砂漠地帯のオアシスを作っている植物でフェニックスに近い.果実は円形から長楕円形で 3～5cm,黄色から赤色で,ナツメに似ている.きわめて甘く,香りもナツメに似ているが,味は干し柿に近い[5].

8.1 調味料とカプサイシン

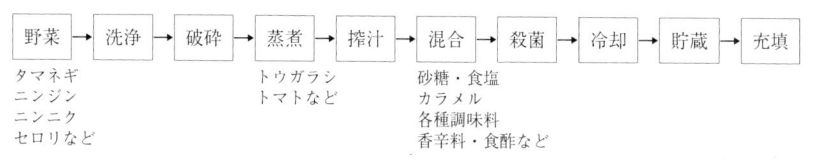

```
野菜 → 洗浄 → 破砕 → 蒸煮 → 搾汁 → 混合 → 殺菌 → 冷却 → 貯蔵 → 充填
```
タマネギ　　　　　　　　　　トウガラシ　　　砂糖・食塩
ニンジン　　　　　　　　　　トマトなど　　　　カラメル
ニンニク　　　　　　　　　　　　　　　　　　　各種調味料
セロリなど　　　　　　　　　　　　　　　　　　香辛料・食酢など

図 8.5 ウスターソースの工程例

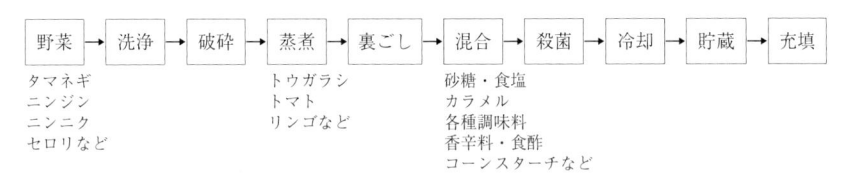

```
野菜 → 洗浄 → 破砕 → 蒸煮 → 裏ごし → 混合 → 殺菌 → 冷却 → 貯蔵 → 充填
```
タマネギ　　　　　　　　　　トウガラシ　　　砂糖・食塩
ニンジン　　　　　　　　　　トマト　　　　　　カラメル
ニンニク　　　　　　　　　　リンゴなど　　　　各種調味料
セロリなど　　　　　　　　　　　　　　　　　　香辛料・食酢
　　　　　　　　　　　　　　　　　　　　　　　コーンスターチなど

図 8.6 濃厚ソースの工程例

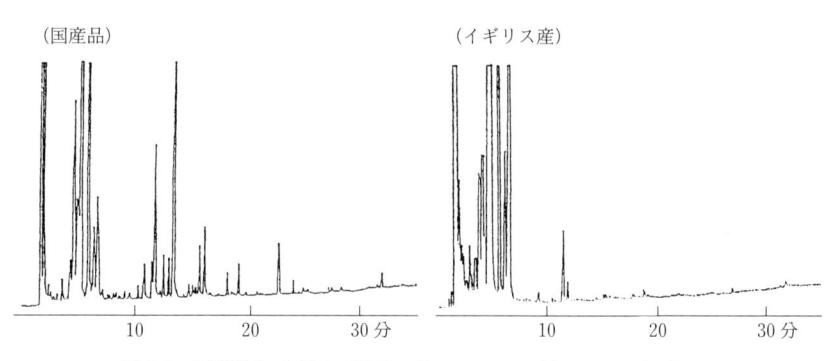

（国産品）　　　　　　　　　　（イギリス産）

図 8.7 国産品とイギリス産ウスターソースのガスクロマトグラム

　ウスターソース類の製造方法は，他のみそや醤油などの調味料の多くが，微生物の発酵作用を利用して素材にない新たな風味を作り出しているに対して，種々の素材の特徴を活かしながら調合することによって調味料としての特性を作り出している点に大きな特徴がある．

(4) スパイスの使い方

　前述のとおりウスターソース類の製造方法においては，どのような原料素材をいかに組み合わせるかが重要であり，特にスパイスの配合は各社の極秘事項である．

　まず，本家イギリス産と国産のウスターソースの香気成分パターンの差異については，図8.7のガスクロマトグラムに示すとおり，国産品はイギリス産にくらべ複雑なパターンであり，使用しているスパイスの種類がイギリス

表 8.1 ウスターソースのスパイス配合例[6]

スパイス類	分量(g/L)
クローブ	0.8
ナツメグ	0.2
シナモン	0.8
タイム	0.5
セージ	0.5
ローレル	1.4
レッドペッパー	0.9
ホワイトペッパー	0.5
ガーリック	0.2
オニオン	1.2

産と比較して多いことを示しており，日本人の嗜好に合わせるための改良の結果ということもできる．

日本のウスターソースに使用されるスパイスの配合例を表8.1[6]に，個々のスパイスの機能を表8.2[7]に示す．表に示すとおり，異種の機能を持ったスパイスをバランス良く配合することによって，香辛料の個性が突出しないようにすることが要点の一

表 8.2 ウスターソース類に主に使用するスパイスと機能[7]

スパイス名	分類	基本作用				呈味効果		
		矯臭	賦香	食欲増進	着色	辛味	苦味	甘味
シナモン	クスノキ科		○			○		○
ローレル	クスノキ科	○					△	
ナツメグ	ニクズク科		○			△	△	
クローブ	フトモモ科	○	○			○		△
オールスパイス	フトモモ科		○			△		
フェンネル	セリ科		○					△
セロリ	セリ科		○					
バジル	シソ科		○					△
タイム	シソ科	○				△	△	
セージ	シソ科	○	○				△	
ガーリック	ユリ科	○		○		○		○
カルダモン	ショウガ科		○			△		△
ジンジャー	ショウガ科	○				◎	○	
ブラック・ホワイトペッパー	コショウ科			○		◎		
レッドペッパー	ナス科			○		◎		
サフラン	アヤメ科				○		○	

資料-1 ウスターソースに対するトウガラシの香りの官能検査

サンプル	① 通常配合のウスターソース
	② 通常の配合からトウガラシを除いたウスターソース
官能検査方法	きき味を行わず，臭気のみで異種サンプルを3点比較法にて判定
検査結果	パネル数15　正解4　危険率5％で有意差なし

8.1 調味料とカプサイシン

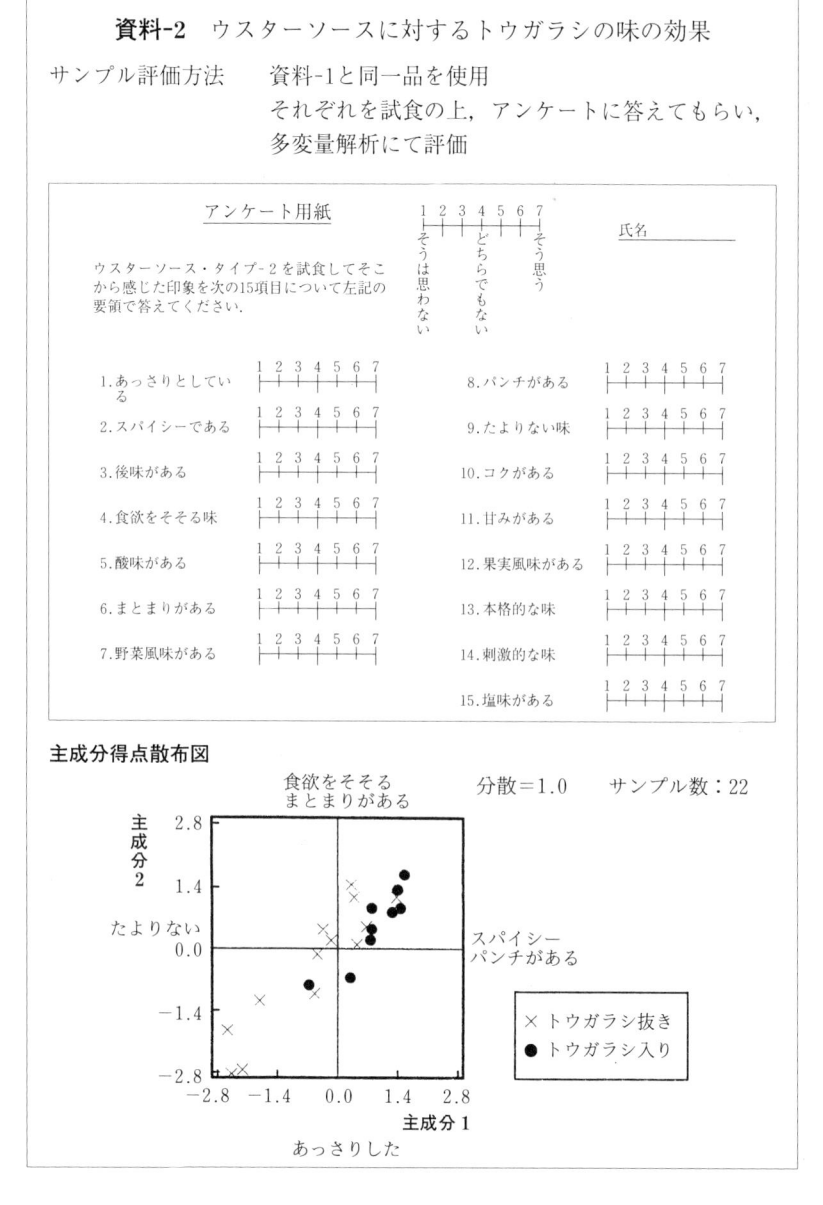

資料-2　ウスターソースに対するトウガラシの味の効果

サンプル評価方法　　資料-1と同一品を使用
　　　　　　　　　それぞれを試食の上，アンケートに答えてもらい，
　　　　　　　　　多変量解析にて評価

```
アンケート用紙                1 2 3 4 5 6 7        氏名
                            そ  ど  そ
ウスターソース・タイプ-2を試食してそこ    う  ち  う
から感じた印象を次の15項目について左記の   は  ら  思
要領で答えてください。            思  で  う
                            わ  も
                            な  な
                            い  い

1.あっさりとしてい    1 2 3 4 5 6 7     8.パンチがある      1 2 3 4 5 6 7
  る
2.スパイシーである   1 2 3 4 5 6 7     9.たよりない味       1 2 3 4 5 6 7

3.後味がある        1 2 3 4 5 6 7    10.コクがある         1 2 3 4 5 6 7

4.食欲をそそる味     1 2 3 4 5 6 7    11.甘みがある         1 2 3 4 5 6 7

5.酸味がある        1 2 3 4 5 6 7    12.果実風味がある     1 2 3 4 5 6 7

6.まとまりがある    1 2 3 4 5 6 7    13.本格的な味         1 2 3 4 5 6 7

7.野菜風味がある    1 2 3 4 5 6 7    14.刺激的な味         1 2 3 4 5 6 7

                                    15.塩味がある         1 2 3 4 5 6 7
```

主成分得点散布図　　　　　　　　　　　分散＝1.0　　サンプル数：22

食欲をそそる
まとまりがある

主成分2

たよりない　　　　　　　　　　　　スパイシー
　　　　　　　　　　　　　　　　　パンチがある

× トウガラシ抜き
● トウガラシ入り

主成分1
あっさりした

つである．また同種の特性を有するスパイスを2種以上使用することにより，マイルドな風味にする方法もとられている．

このような工夫により，本来日本人の食文化になじみの薄かったスパイスを調味料に取り入れているのである．

(5) トウガラシの効果

辛味特性を有するスパイスとしてショウガ，ニンニク，コショウとともに，トウガラシはウスターソース類に一般的に使用されている．ウスターソースにおけるトウガラシの効果について資料-1，資料-2 に示す．

香りについてはトウガラシの香気成分として trans-o-シメン，リモネンなどがあるが[8]，ウスターソースの香りに対する影響は資料-1 のとおりほとんど認められない．

味に対しては辛味の付与は当然の効果であるが，付帯効果として資料-2 の官能評価結果に示すとおり，「スパイシー」「パンチがある」「まとまりがある」「食欲をそそる」などの傾向が認められる．

このようにトウガラシはウスターソース類の調味機能に対しては極めて重要な役割を持っていると言える．

引用文献

1) ブルドックソース(株)社史編集委員会，"ブルドックソース 55 年史"，凸版印刷年史センター(1981)，p.4.
2) (社)日本ソース工業会，"ソース工業会の歩み"，出版文化社(1997)，p.62.
3) 小野辰二郎，"調味料講話"，明文堂(1930)，p.76.
4) 小野辰二郎，"調味料講話"，明文堂(1930)，p.178.
5) 工藤毅志編，"材料・料理大事典-4"，学習研究社(1987)，p.321.
6) 太田静行編著，"ソース造りの基礎とレシピー"，幸書房(1995)，p.150.
7) 斎藤 浩，"スパイスの話"，柴田書店(1975)，p.46.
8) 日本香料工業会編，"食品香料ハンドブック"，食品化学新聞社(1990)，p.252.

〈井上泰至〉

8.2 トウガラシと調理

8.2.1 辛味を特徴とする香辛料の調理

我々はさまざまな動植物を食品素材として利用する場合，消化しやすく衛

8.2 トウガラシと調理

表 8.3 辛味に特徴を持つ香辛料のフレーバー成分と調理特性

香辛料	香気特性(主成分)	呈味特性(主成分)	辛味の感覚	辛味の耐熱性	芳香性	矯臭効果	着色性	調理適性
トウガラシ(レッドペッパー)	──	辛味(カプサイシン, ジヒドロカプサイシン)	ホット ↑	◎	×	×	◎	メキシコ・韓国料理, カレー, 調味料
コショウ	黒コショウ:芳香性 白コショウ:発酵臭 (ピネン, フェランドレン, リモネン)	辛味(ピペリン, シャビシン)		◎	○	○	△	魚, 肉料理, シチュー, 炒め物
サンショウ	さわやかな独特の芳香(シトロネロール, シトロネラール)	辛味(サンショオール)		○	◎	○	×	和風料理, あえ物, ウナギ料理
ジンジャー	甘いすがすがしい芳香(ジンギベレン, シトラール)	辛味(ショウガオール)		△～○	◎	○	×	魚, 肉料理, 和風料理, 飲み物, 菓子
オニオン	刺激臭(プロペニルチオスルフィネート, メチルプロペニルジスルフィド)	辛味(チオスルフィネート類, スルフィド類), 甘味, うま味		×	◎	◎	×	料理全般, 肉料理, 煮物, 焼き物, スープストック
ガーリック	刺激臭(アリシン, ジアリルジスルフィド)	辛味(アリシン), うま味(アリイン)		×	◎	◎	×	料理全般, 魚, 肉料理
マスタード	芳香(アリルイソチオシアネート)	辛味(アリルイソチオシアネート), うま味		×	◎	◎	×	肉料理, サラダ, ドレッシング
ワサビ	甘く新鮮な芳香(6-メチルチオヘキシルNCS*, ペンテニルNCS)	辛味(アリルイソチオシアネート)	↓ シャープ	×	◎	◎	×	和風料理, さしみ

注) 効果, 強さの度合い:◎>○>△>× ＊ NCS:イソチオシアネート.
(文献1)および2)を一部改変)

生的なものとし,さらに嗜好性を高めるために調理操作を行う.食品素材はそれぞれ特徴的なフレーバーを有するが,調理の際に調味料や香辛料を用いることにより,多彩な色や味,香りが付与され,素材の利用法が広がり,よりおいしくすることができる.さらに保存性や生体機能性の向上も期待できる.

香辛料の調理における働きは辛味,賦香,矯臭,着色の四つの作用に大別される[1].トウガラシを含む辛味に特徴をもつ香辛料のフレーバー成分とその調理特性を表8.3に示した.多くの辛味香辛料は生鮮品で用いる場合,

その香気と辛味が素材のおいしさを引き立たせる．一方，加熱調理に用いる場合は，その辛味成分の耐熱性により，利用する香辛料が異なってくる．トウガラシの辛味成分カプサイシン類は熱に安定であるため各種加熱調理に用いられている．南米原産のトウガラシは世界中で利用されているが，その理由として，香気が弱いためにそれぞれの国や地方，民族固有の料理の香気を損なうことなく香辛料中で最も強いと言われる辛味のみを付与し，嗜好性を高めることができたためと考えられる．

8.2.2 トウガラシ類の種類と利用形態

調理に利用するトウガラシ類は辛味種と甘味種(パプリカまたはピーマン，シシトウガラシ)の 2 種類に大別される．*Capsicum annuum* のなかでカプサイシン類を含まず辛味のないものをパプリカというが，日本では小型で長形のものをシシトウガラシ，中〜大型種をピーマンと呼んでいる．

辛味種は，未熟果，熟果とも利用する．その葉も特有の辛味があるため食用とする[*1]．未熟果は一般に緑色，熟果は黄，赤から黒色がかったものまで多種存在するが，いずれも辛味は強い．中南米では，未熟果，熟果とも生莢の状態で調理材料に用いる．東南アジアでも辛味種の未熟果を炒め物やピクルスに利用する．一般には赤い熟果を乾燥して莢のまま，荒びき，粉末で用いる場合が多い．中国，韓国，中南米，インドなどでは粉末やペースト状にして，みそ，ソース，混合スパイスを調製し，調味料として用いる．日本では熟果の乾燥品を調理や混合スパイスの原料として利用する．

甘味種はその果実を野菜として生食，サラダ，ピクルスなどに用いるが，多くは加熱調理に用いられる．乾燥パプリカ粉末は着色料として用いる．

8.2.3 トウガラシ類の栄養成分

トウガラシ類およびこれを含む加工品としては「五訂増補日本食品標準成分表」(表 8.4 にその抜粋を掲載[3])に野菜類として，ししとうがらし，とうがらし(辛味種)とピーマン類が，調味料および香辛料類として，辛味調味料類

[*1] 葉においても量的には少ないものの，カプサイシンが生合成されることが知られている(図 4.2 参照，86 頁)．

8.2 トウガラシと調理

表 8.4 トウガラシ類とその調味料および香辛料類の食品標準成分[3]

可食部 100g 当たり

食品名	エネルギー		水分	たんぱく質	脂質	炭水化物	灰分	ナトリウム	カリウム	カルシウム	鉄	ビタミンA カロテン			A クリプトキサンチン	β-カロテン当量	ビタミンE α-トコフェロール	K	B₁	B₂	B₆	C	食物繊維 水溶性	不溶性	概量
	kcal	kJ			g				mg			μg α	β				mg	μg	mg				g		
ししとうがらし																										
果実, 生	27	113	91.4	1.9	0.3	5.7	0.7	1	340	11	0.5	0	530	0	530	1.3	51	0.07	0.07	0.39	57	0.3	3.3	1本=5〜10g
果実, 油いため	60	251	88.3	1.9	3.2	5.8	0.8	Tr	380	15	0.6	0	540	0	540	1.3	52	0.07	0.07	0.40	49	0.3	3.3	
とうがらし																										
葉・果実, 生	35	146	86.7	3.4	0.1	7.2	2.2	3	650	490	2.2	190	5100	0	5200	7.7	230	0.08	0.28	0.25	92	0.7	5.0	
葉・果実, 油いため	94	393	79.5	4.0	4.9	8.5	2.6	2	690	550	2.8	210	5600	0	5700	8.5	250	0.12	0.28	0.28	56	0.8	5.5	
果実, 生	96	402	75.0	3.9	3.4	16.3	1.4	6	760	20	2.0	130	6600	2200	7700	8.9	27	0.14	0.36	1.00	120	1.4	8.9	1本=3〜4g
果実, 乾	345	1443	8.8	14.7	12.0	58.4	6.1	17	2800	74	6.8	400	14000	7400	17000	29.8	58	0.50	1.40	3.81	1	5.4	41.0	1個=0.3g
(ピーマン類)																										
青ピーマン																										
果実, 生	22	92	93.4	0.9	0.2	5.1	0.4	1	190	11	0.4	6	400	3	400	0.8	20	0.03	0.03	0.19	76	0.6	1.7	1個=30〜40g
果実, 油いため	64	268	89.0	0.9	4.3	5.4	0.4	1	200	11	0.4	6	410	3	420	0.9	21	0.03	0.03	0.20	79	0.6	1.8	
赤ピーマン																										
果実, 生	30	126	91.1	1.0	0.2	7.2	0.5	Tr	210	7	0.4	0	940	230	1100	4.3	7	0.06	0.14	0.37	170	0.5	1.1	
果実, 油いため	73	305	86.6	1.0	4.3	7.6	0.5	Tr	220	7	0.7	0	980	240	1100	4.4	7	0.06	0.16	0.39	180	0.5	1.1	
黄ピーマン																										
果実, 生	27	113	92.0	0.8	0.2	6.6	0.4	Tr	200	8	0.3	71	160	27	200	2.4	3	0.04	0.03	0.26	150	0.4	0.9	
果実, 油いため	70	293	87.6	0.8	4.3	6.9	0.4	Tr	210	8	0.5	74	160	28	210	2.5	3	0.04	0.03	0.27	160	0.4	0.9	
(辛味調味料類)																										
トウバンジャン	60	251	69.7	2.0	2.3	7.9	18.1	7000	200	32	2.3	21	1400	—	1400	3.0	12	0.04	0.17	0.20	3	0.6	3.7	小さじ1=4g
チリペッパーソース	55	230	84.1	0.7	0.5	5.2	1.9	630	130	15	1.5	62	1400	250	1600	—	—	0.03	0.08	—	0	—	—	小さじ1=4g
ラー油	919	3845	0.1	0.1	99.8	Tr	Tr	Tr	Tr	Tr	0.1	0	570	270	710	3.7	5	0	0	—	(0)	—	—	小さじ1=4g
チリパウダー	374	1565	3.8	15.0	8.2	60.1	12.9	2500	3000	280	29.3	300	7600	3100	9300	—	—	0.25	0.84	—	0	—	—	小さじ1=2g
とうがらし 粉	419	1753	1.7	16.2	9.7	66.8	5.6	4	2700	110	12.1	140	7200	2600	8600	—	—	0.43	1.15	—	Tr	—	—	小さじ1=2g
パプリカ 粉	389	1628	10.0	15.5	11.6	55.6	7.3	60	2700	170	21.1	0	5000	2100	6100	—	—	(0)	0.52	1.78	0	—	—	小さじ1=2g

(トウバンジャン,チリペッパーソース,ラー油)とチリパウダー,とうがらし(粉),パプリカ(粉)が掲載されている.

トウガラシ類はβ-カロテン含量が高く,辛味種のとうがらし(Red peppers)果実(生果実・乾燥品)はα-カロテン,クリプトキサンチンも含まれている.甘味種のししとうがらし,ピーマン類(青・赤・黄)もβ-カロテン含量が高い.他に,ビタミンE(α-トコフェロール),K,B_6含量が高いのも特徴である.ビタミンCは辛味種,甘味種ともに多く含まれ,特に辛味種の果実と,赤・黄ピーマン(日本の市場では「パプリカ」の名称で馴染みがある)のC含量は120～170mg/100gで,他の野菜類・果実類に比べ,高含量である.無機質ではカリウム含量が高く,加えて,辛味種の葉・果実(別名:葉とうがらし)と果実(生)ではカルシウム,鉄含量が高い.不溶性の食物繊維も多い.

8.2.4 トウガラシ類の嗜好性成分

① 呈味成分:辛味成分カプサイシン類のほかに,辛味種の呈味成分として,甘味に近いうま味を示すベタインが含まれるとされている[4].主たる遊離アミノ酸としてアスパラギン,グルタミン,グルタミン酸,トリプトファンの含有が報告されている[5].また,単糖類,少糖(オリゴ糖)類を少量含有する.南米や韓国料理で用いるトウガラシは,含有するうま味や甘味成分が辛味を引き立たせる役割を果たしている.有機酸では酒石酸,クエン酸,リンゴ酸,コハク酸が含まれる[4](8.3節参照).

② 香気成分:Kellerら[6]によって *Capsicum frutescens* の乾燥物のオレオレジンと生果実,および *C. annuum* のヘキサン抽出物の,また,石崎ら[7]によって日本産の鷹の爪と中国産の干辣椒(ガンラアジャン)(乾燥トウガラシの総称)の減圧水蒸気蒸留物の香気分析が行われている.また,Junら[8]はメキシコと中国産の乾燥赤トウガラシパウダーの重要な香気は,アーモンド様,甘い香り(2-アセチルフラン),酸臭(酢酸),草様(*E*-2-オクテノール,β-エレメン),フライ様・油脂様(*E, E*-2,4-デカジエナール),ウッディ(β-ダマセノン),スミレ様(β-ヨノン),スパイシー,であると報告している.オランダ産ベルペッパー(*C. annuum* の甘味種)の場合,生鮮果実には青臭い野菜様,果実様香気

成分が存在し，その熱風乾燥品はスパイシーで甘く，干し草，カカオ，ナッツ様の香気に変化するとの報告[9]があり，加工・調理過程で香気の変化が起こることが明らかである．

③ 色素成分：赤トウガラシの色素成分はカロテノイドで，β-カロテン，カプサンチン，ビオラキサンチン，クリプトキサンチン，カプソルビンなどである(18頁参照)．煮込み料理やドレッシングに赤い彩りを与えるパプリカ(*Capsicum annuum* var. *cuneatum*)色素の主成分はカプサンチンである．

8.2.5 トウガラシの調理性

トウガラシの調理性について以下にまとめた．③，⑤，⑥の詳細は第6章を参照されたい．なお，8.2.5～8.2.7項のトウガラシとはその辛味種を指す．

① 辛味の付与：カプサイシン類は脂溶性，不揮発性で耐熱性が強い．あとまで残る強い辛味を有する．油脂を使用する加熱調理に多く用いるほか，油，酒，酢に漬けたり，調味料(辣油，豆板醬，コチュジャン，タバスコソース)やブレンドスパイス(ブーケガルニ*2，ピクリングスパイス*3，カレーパウダー，ガラムマサラ*4，チリパウダー，七味唐辛子，ユズコショウ)の原料として配合される．

② 着色効果：カロテノイド色素が脂溶性のため，油に溶けて調理品や調味料を着色し，好ましい赤色の外観を与える．

③ 抗酸化性：トウガラシ中のカプサイシン類やカロテノイド，α-トコフェロールなどの抗酸化物質は油脂を用いた調理加工品の脂質酸化を防止する(6.4.1項参照)．

④ アスコルビン酸の保存：アスコルビン酸の酸化防止に寄与する．ダイ

---

*2 ブーケガルニ：タイム，ベイリーフ，パセリ，セロリの葉など数種類の香草を束ねたもので，煮込み料理やスープストックなどの香りづけに用いる．

*3 ピクリングスパイス：ピクルス(洋風の酢漬)を漬け込むときに用いる．辛味性香辛料(トウガラシ，ブラックペッパー，マスタードなど)と芳香性香辛料(オールスパイス，クローブ，カルダモンなど)を粒のまま，または荒びきして混合する．

*4 ガラムマサラ：コショウ，トウガラシ，クローブ，コリアンダー，シナモン，クミン，カルダモンなど辛味と香りのスパイスを混合したインドの代表的なブレンドスパイス．カレー料理の風味付けの他に各種料理にも広く使われる．

コンおろしに 0.3% の鷹の爪，七味唐辛子，パプリカを加えた 3 種類のスパイスもみじおろし中のアスコルビン酸は，ニンジンを加えたもみじおろしに比較して，酸化型アスコルビン酸，ジケトグロン酸とも経時増加がおさえられ，還元型アスコルビン酸が高残存することが認められている[10]．

⑤ 防腐作用：カプサイシンは抗菌活性，抗カビ活性を有する(6.4.2 項参照)．

⑥ 減塩作用：辛味の刺激により調理の塩分を控えても満足感を得られる (6.3 節参照)．

⑦ 食欲増進作用：辛味の刺激により食欲が増進する．

8.2.6　調理における辛味の調節

カプサイシン類の辛味は強いため調理の際には辛味の調節が重要となる．

① 使用量：辛味の強さは調理しても変化しないため，使用量を調節する．

② 粒子の大きさ：痛覚，温度感覚を刺激するため接触面積が大きいほど辛く感じる．よって，細かいほど辛い．

③ 温度：冷たい料理より熱い料理の方が辛く感じる．

④ 乳製品の併用：カレー料理にヨーグルトを加えたり，ラッシー(ヨーグルト飲料)を添えて食べる．牛乳やアイスクリームも辛味を抑制する．牛乳のコロイド粒子の表面に物質が吸着しやすい性質を利用したものである．

⑤ ブレンド効果：他のスパイスとブレンドして使用すると，辛味が緩和される(例：カレーパウダー，ガラムマサラ，七味唐辛子)．

8.2.7　各国におけるトウガラシの調理

トウガラシは原産地の中南米の料理はもとより，スペイン，イタリア，ハンガリーなどのヨーロッパやアジア，アフリカの料理など，世界中でその国の特色ある料理に用いられている(口絵写真参照)．ここでは，日本，中国，韓国における利用方法についてまとめた．また，エスニック(ethnic)料理(主にヨーロッパ諸国から見た他民族の料理を指す)として，中南米(メキシコ)，インドとその周辺の国々，東南アジア諸国の料理を挙げた．これらの国は熱帯・亜熱帯地域や高山・乾燥地域にあたり，香辛料を多用した刺激のある風

味の料理が多い[11].

(1) 日本料理におけるトウガラシ

　日本料理に用いられるトウガラシは，和風辛味香辛料のサンショウ，ショウガ，ネギ，アサツキ，ワサビ，カラシ，ミョウガなどと同様，調理過程でも使用するが，出来上がった料理に薬味料として添えて用いることが多い．

　乾燥果実の赤トウガラシは莢（さや）のまま，あるいは刻んで用いる．あえ物，酢の物には種をとり小さい輪切りにしたものを天盛り（うわおき）する．きんぴらごぼうには刻んで加える．ハクサイの塩漬，ラッキョウの甘酢漬など，長期間漬ける場合には莢のまま使用する．糠漬（ぬかづけ）の糠に莢のまま入れる場合もあり，これには辛味の付与と保存の目的がある．

　一味唐辛子は赤トウガラシを粉にしたもので，肉・魚など動物性の脂肪の多い濁り汁に添えたり（吸い口），うどん，そばなどの麺類にふりかけて味を引き立てる．豆腐料理では他の薬味料と併用する場合もある．

　七味唐辛子は和風の代表的な混合スパイスである．標準的には火で焙った荒びきの赤トウガラシと青のり，陳皮（ちんぴ），サンショウ，ゴマ，ケシの実，アサの実の7種のスパイスをほぼ等量ずつ混合して作られる．トウガラシやサンショウの辛味に種々の香りや味が加わり，辛味が緩和されたさわやかなフレーバーのスパイスである．さつま汁，粕汁などの濁り汁に吸い口として，また湯豆腐，ねぎま鍋，カキ土手鍋などの鍋物に薬味料として用い，材料の味を引き立てる．肉類のつけ焼きの焼き上がりにふりかけたり，熱くて濃厚な味の麺類にも合う．漬物や干物茶漬にもふりかけて用いる．

　もみじおろしはダイコンに種を抜いた赤トウガラシをさしておろしたものである．天ぷらの薬味料として，天つゆに添えて用いる．フグ薄づくりにはポン酢醤油に加えて用いる．鍋物では湯豆腐，ちり，鶏の水炊き，しゃぶしゃぶ，常夜鍋などに，つけ汁に添えて使用する．

　日光，伏見などの辛味の弱い品種は葉トウガラシとして佃煮に用いる．

(2) 中国料理におけるトウガラシ

　中国では古くから酸（ソワン）（酸味），甜（テイエン）（甘味），辣（ラア）（辛味），苦（クウ）（苦味），鹹（シエン）（塩辛味）の5味を調味の基本とし，辣はトウガラシ（辣椒（ラアジャオ））の辛さを表している．ほかに辛味香辛料として，ネギ，ニンニク，ニラなどのネギ類と椒（サンシ

ョウ類)と薑(ショウガ類)を多く用いてきた.

中国におけるトウガラシの利用は地域により大きな差があり,消費が多いのは湖南,雲南,四川,貴州の西部地方で,代表的なのは四川料理である.

四川料理では生莢のせん切りや,乾燥品のみじん切り,粉末を料理の出来上がりにふりかける.熱した油に乾燥品を入れて辛味を油に溶かし,肉や野菜などの素材を加えて辛味のきいた炒め物を作る場合も多い.この場合サンショウ(麻,しびれるような辛味)も加えて,トウガラシ(辣)との2種類の辛味(麻辣味)を出すのが特徴的で,麻辣豆腐は代表的な料理である.

トウガラシを原料とした調味料には,辣椒油(辣油(ラー油):荒びきトウガラシとゴマ油を混合し,加熱して辛味成分や色素を油に浸出させて作る.食卓調味料としても用いる),豆瓣辣醬(一般には豆瓣醬,豆板醬という.ソラマメを主原料とした豆麹を食塩水に仕込んで発酵熟成させたもろみにトウガラシ,ゴマ油,砂糖,各種の醬を加え,熟成させて作るみそ),辣醬油(ダイズと小麦を原料にして作った醬油にトウガラシを入れて作る),泡海椒(ミョウバンと塩水に漬けたトウガラシ),糟海椒(塩とコウリャン酒に漬けたトウガラシ)などがある.いずれも調理の途中で加える.

搾菜(菜頭というタカナ類の野菜を干して塩漬けし,トウガラシ粉末やサンショウ粉末を加えて熟成させた漬物)は種々の料理の調味にも使う.

(3) 韓国料理におけるトウガラシ

韓国料理では醬油,みそ,ゴマ油,すりゴマ,砂糖に,辛味野菜・香辛料としてネギ,ニンニク,ショウガ,コショウ,カラシ,トウガラシなどを用いるのが味付けの基本で,これらをヤンニョムという.配合したヤンニョムで材料を味付けした後に加熱調理することが多い.特徴的な辛い料理の辛味は主にトウガラシとコチュジャン(唐辛子みそ)による.

韓国のトウガラシは地方によって辛さ,香り,色,大きさが異なり,北部より南部の方が消費量が高い.通常,乾燥させ粉末にして用いる.荒びき,中びきしたものはキムチ,チゲ(汁物)など多くの料理に使われ,細かくひいたものはコチュジャンを作るときに混ぜこむ.乾燥品をせん切りにした糸トウガラシは,キムチやナムル(あえ物)に加えたり,料理の上に飾る.

コチュジャンは熱湯で練ったもち米の粉あるいは米飯と豆麹,粉トウガラ

シ,塩水を混ぜ合わせ熟成させて作る.トウガラシの辛味と穀類のうま味,塩味が調和した調味料で,飯・スープ・チゲなど多くの料理に使用する.

キムチは日本ではハクサイの漬物(ペチュキムチ)に馴染みがあるが,韓国ではかゆ,麺類,肉や魚料理に合わせて多種類を使い分ける.トウガラシは色が鮮やかなものが好まれ,辛味が弱いものもある.韓国産と日本産トウガラシの成分比較の結果(表8.5),カプサイシン量は日本の鷹の爪の方が高いが,β-カロテン量は韓国産の方が高くキムチの着色に好ましく,α-トコフェロール量も韓国産が高くキムチの保存に寄与するとされている[12].

(4) エスニック料理におけるトウガラシ
(a) メキシコ

メキシコ料理の特徴はそのフレーバーをトウガラシ(Chile)でつけることにある.トウガラシは単なる香辛料ではなく,料理にコクをだすためのだしの役目をし,香辛料と調味料の両方の役割を持つと考えられる.トウガラシの辛味のほかにうま味や甘味,酸味,加熱による軽い焦げ臭も加わることにより好ましいフレーバーを付与している.熟果の乾燥品のほか,未熟果,熟果とも生莢の状態でも用い,トウガラシの種類と利用方法は多岐にわたる.

生莢を用いるのはチーレ・セラーノ,チーレ・ハラペーニョなどで,種類により使い方は違うが,生食,ゆでる,焼くほか,シチュー,ソースやピクルスにして食べる.乾燥品はチーレ・アンチョ,チーレ・ムラトなどの熟果を乾燥させたもので,グリル用鉄板かフライパンで油をひかずに焼いて細かくちぎったり,すりつぶして,煮て作るソースのベースにする.

アメリカ南部からメキシコ,中米の料理に用いられるチリパウダーは,ト

表8.5 韓国産および日本産トウガラシの成分比較[12]

トウガラシ(乾燥)	カプサイシン* (g/100g)	α-トコフェロール (μg/g)	β-カロテン (μg/100g)
日本産 鷹の爪	0.41	567.5	3 483
韓国産 中型種(在来種)	0.23	528.0	6 985
韓国産 大型種(改良種)	0.13	674.5	9 415

* 文献12)を改変.

ウガラシにクミン，オレガノ，ガーリックなど数種のスパイスを配合したもので，独特の香りと辛味がある．メキシコのチリコンカン（ウズラマメと肉，トマトにチリパウダーを加えた煮込み料理）やタコス（トルティーヤに肉，野菜，チーズを包んで食べる），ソーセージ，パスタ料理などに用いられる．

(b) インドとその周辺の国々

インドとその周辺の国々の人々の主食は米または小麦（チャパーティー[*5]やナーン[*6]）であるが，おかずとされる料理は香辛料をふんだんに使ったものが多い点が共通している．使用される香辛料は生のハーブ類，植物の根，葉，種子などを乾燥させたもの，それを粉にしたものなど多種多様である．「マサーラ」は乾燥させた香辛料を指し，インドでは，クミンシード，黒マスタードシード，ターメリック，コリアンダーの種子の粉，コショウ，赤トウガラシの粉などを基本のスパイスとして常時用意している．マサーラは混合香辛料をも意味し，ガラムマサラは辛味と香り付けを目的としたブレンドスパイスである．カレーは油で香辛料と野菜，ジャガイモ，魚，肉などを炒め，煮た料理であるが，あらかじめカレーの黄色を出すターメリックや各種香辛料，ガラムマサラを野菜類，調味料などとともに石臼や石板を用いてすりつぶして軟らかいペースト状にし，調理の最初の段階で油で炒めて香りを出すことが多い．ペースト状にする際，赤トウガラシを粉の状態で用いることが多いが，莢の赤トウガラシも用いる．独特の辛さと青臭さを持つ青トウガラシも野菜として，あるいは料理への辛味付けなどの目的で使用され，チャトゥニー（チャツネ）[*7]にも利用される．

山岳地帯のネパール，ブータンでもトウガラシは多用される．特にブータンでは，調味の基本はトウガラシとバターとされ，乾燥した莢の赤トウガラシをそのまま，あるいは刻んで料理に用いる．ネパールではトウガラシ（クルサニ）とショウガ，ニンニク，香辛料類（クミン，ターメリック，コリアンダー，フェネグリークが基本）で味付けして野菜類やジャガイモを炒め，煮込む料理（カレー）が一般に食され，莢の赤や青トウガラシを石臼でつぶした

---

*5 無発酵のパン類
*6 ドウを発酵させて焼くパン類．
*7 野菜や果物を香辛料と煮たり，石臼ですりつぶしたもの．

り，小口切りにして用いることが多い．粉の状態の赤トウガラシもよく用いられる．

料理に使用されるトウガラシの量は，料理の種類・地域によって様々であり，また，ヨーグルト，クリーム，ナッツ類のペーストやココナッツミルク，ピーナッツクリーム，果実や酢などを加えることで，辛味を緩和し，複雑で特徴的な風味を生んでいると考えられる．

(c) 東南アジア諸国

北は中国，西はインドという地理的条件にあって，食文化はインドと中国の影響を受けているが，主食は米が多く，おかずの料理法にはインドのカレーに似た特徴がある．ハーブや乾燥させた香辛料に生または乾燥したトウガラシを加え，石臼でよくつぶしてペースト状にし，これを油で香りが出るまで炒めてカレーペーストを作り，野菜，魚などの材料とともに煮る．煮込む際に，塩辛または魚醤油を加えてうま味を出したり，ココナッツミルクで甘味やコクを出すことが多い．地域によってはトウガラシとともにコショウを多く用いたり，柑橘類の果汁を酢の代わりに用いる．フィリピンを除くほぼ全地域でトウガラシの辛味を多用し，それに加えて，インドシナ半島では生のハーブ類，インドネシアを代表とする島嶼部では乾燥させた香辛料を多く用いる．

タイでは様々な辛さのトウガラシ（プリック）が用いられ，プリック・キーヌーやプリック・チーファーという非常に辛味の強いトウガラシの生果（赤，青）をスライスして，あるいはそのまま炒めるほか，揚げる，焼く操作もする．乾燥させたものはカレーペーストの材料として，石臼でつぶして用いられる．カレーペーストには生果を用いる場合もある．「ナムプリック」は，魚醤油とトウガラシを基本材料としたペースト状の辛口のタレで，これだけで「ご飯が進む」というタイの代表的なおかずである．

インドネシアでもトウガラシを主な香辛料としたサンバルと呼ばれるペーストが料理の基本に用いられる．サンバルは料理の薬味として生で用いられたり，肉，魚，野菜などをサンバルとともに炒めて，ココナッツミルクを加えて煮たりする．トウガラシは生果，乾燥両方を用い，青トウガラシは莢のまま野菜とともに炒めたり，そのままかじるなど野菜，ハーブとしての扱い

もある.

　以上，トウガラシの調理について簡単にまとめたが，トウガラシの辛味が安定であるためか，調理による変化や他の食品成分との相互作用に関する調理科学的な研究はほとんどなされていない．今後の研究に期待したい．

引用文献

1) 久保田紀久枝(田村真八郎，川端晶子編著)，"食品調理機能学"，建帛社(1997)，p.275.
2) 武政三男(斎藤　浩，太田静行編著)，"隠し味の科学"，幸書房(1992)，p.253.
3) 文部科学省科学技術・学術審議会資源調査分科会報告「五訂増補日本食品標準成分表」
4) 鄭　大聲，"朝鮮食品学"，講談社(1977)，p.24, 28.
5) S. Kim, Y.-H. Kim, Z.-W. Lee, B.-D. Kim, K.-S. Ha, *Han'guk Wonye Hakhoechi*, **38**, 384 (1997)
6) U. Keller, R. A. Flath, T. R. Mon, R. Teranishi, *ACS Symp. Ser.*, **170**, 137 (1981)
7) 石崎　亨他，第39回香料・テルペンおよび精油化学に関する討論会講演要旨集，150 (1995)
8) H.-R. Jun, Y.-S. Kim, *Food Sci. Biotechnol.*, **11**, 293 (2002)
9) P. A. Luning, D. Yuksel, R. Van der Vuurst de Vries, J. P. Roozen, *J. Food Sci.*, **60**, 1269 (1995)
10) 林　宏子，調理科学，**23**, 361 (1990)
11) 早坂千枝子編著，"新版調理学実習―おいしさと健康―"，アイ・ケイコーポレーション(2006)，p. 250.
12) 金　天浩，福場博保，調理科学，**13**, 72 (1980)

参考図書

1. 福場博保，小林彰夫編，"調味料・香辛料の事典"，朝倉書店(1991)
2. 斎藤　浩，太田静行編著，"隠し味の科学"，幸書房(1992)
3. 岩井和夫，中谷延二編，"香辛料成分の食品機能"，光生館(1989)
4. 武政三男，"スパイスのサイエンス"，文園社(1990)
5. 五十嵐脩，小林彰夫，田村真八郎編，"丸善食品総合辞典"，丸善(1998)
6. K. Hirasa, M. Takemasa, "Spice Science and Technology", Marcel Dekker, Inc., New York (1998)

7. 週刊朝日百科・世界の食べもの, No. 54, 64, 70, 79, 80, 104, 107, 129, 朝日新聞社(1981-83)
8. 小磯千尋, 小磯 学, "世界の食文化 8 インド", 農山漁村文化協会(2006)
9. 山田英美, "ネパール家庭料理入門", 農山漁村文化協会(1995)
10. 山田 均, "世界の食文化 5 タイ", 農山漁村文化協会(2003)

(時友裕紀子)

8.3 トウガラシの一般的呈味成分と調理への影響

トウガラシには，カプサイシン以外の呈味成分が含まれている．我々は経験的にトウガラシの種類によって辛味以外の呈味質が異なること，そして甘味種のピーマンが無味でないことを知っている．しかし，その一般的な呈味成分についての報文は，ほとんど見当たらない．そこで筆者らは高速液体クロマトグラフィーを用い，トウガラシの遊離アミノ酸・有機酸・単糖および二糖類の分析を行った[1]．

ここでは辛味種の'鷹の爪'を中心に，緑色および赤色の甘味種ピーマンやその他の野菜類と比較しながら，呈味成分組成の特徴を述べ，そしてこれらが調理に利用されたとき，どのような影響を及ぼすかについて，「うどんつゆ」を例にして述べる．

8.3.1 遊離アミノ酸

鷹の爪もピーマンも遊離アミノ酸合計は無水物換算で2～3％で，多くの野菜類と同程度である(表8.6)．

ところが，鷹の爪の分枝鎖および芳香族鎖のアミノ酸は全遊離アミノ酸のわずか3％である．一方，カプサイシンを含まないピーマンの分枝鎖・芳香族鎖のアミノ酸は8～15％であって，この値は他の多くの野菜とほぼ同じ含有量である．このことは，これらのアミノ酸がカプサイシンの前駆物質であることと関係があるように思われる．

鷹の爪の第二の特徴はプロリンが遊離アミノ酸の44％を占め，これにスレオニン，メチオニン，アラニン，グリシンといった直鎖あるいは水酸基側鎖の中性アミノ酸と塩基性のアルギニンを加えると，遊離アミノ酸の80％

表 8.6 トウガラシなどの遊離アミノ酸含量*

(アミノ酸*は可食部・無水物中 mg/100g)

一般名称 生産地 長さ(cm) 径 (cm)	鷹の爪 不 明 5~6 0.8~1.0	緑ピーマン 岩手県 7~8 5	赤ピーマン オランダ 8~9 7	ナ ス	タマネギ	ニンジン	ハクサイ	トマト	鰹 節 焼津産
				←——— 国 内 産 ———→					
pH**	5.1	5.5	5.2	—	5.4	6.2	6.0	4.6	5.9
水分(%)	9.9	93.0	92.2	93.6	90.2	90.6	95.1	93.6	20.2
Asp	125	345	655	155	120	265	245	420	5
Glu	90	185	155	95	305	300	430	2 045	35
Gly	10	15	15	trace	10	10	40	trace	30
Ala	40	45	105	trace	40	1 160	450	15	70
Thr	320	645	1 180	345	725	540	590	375	15
Ser	n.d.	345	360	15	40	180	100	80	15
Pro	1 030	n.d.	25	15	50	30	40	trace	20
Met	90	n.d.	n.d.	n.d.	10	10	n.d.	n.d.	15
Cys	n.d.	n.d.	n.d.	n.d.	20	n.d.	n.d.	n.d.	n.d.
Val	35	160	115	60	60	105	80	15	25
Leu	n.d.	60	50	15	100	20	20	n.d.	25
Ile	20	70	25	30	30	65	60	trace	15
Phe	25	60	40	45	70	30	20	60	60
Tyr	n.d.	n.d.	n.d.	n.d.	90	n.d.	n.d.	n.d.	5
His	200	60	65	45	100	20	20	45	5 600
Lys	45	100	65	60	175	10	40	30	55
Arg	300	30	115	60	695	85	185	n.d.	5
GABA	n.d.	n.d.	n.d.	470	30	190	60	265	n.d.
合 計	2 330	2 120	2 970	1 410	2 670	3 020	2 380	3 350	5 995

* ベタインは分析せず.
** pH は磨砕物の 30% 水溶液.

を占めることである.鷹の爪に含まれるこれらのアミノ酸は,グルタミン酸などの「うま味成分」と共存すると呈味の相互作用を起こして,呈味力が強まり,嗜好性(おいしさ)を発現し,味のふくらみ,厚みを増す点で注目すべきものである[2,3].

なお鷹の爪はセリンを欠くが,甘味種のピーマンはプロリンを含有しないという相違がある.しかし後者は多くの野菜と同様,スレオニンが多く含まれている.

8.3.2 有 機 酸

トウガラシ類の有機酸含量は少なく,その中でも鷹の爪は無水物換算でわ

8.3 トウガラシの一般的呈味成分と調理への影響

表8.7 トウガラシなどの有機酸含量

(可食部・無水物中 mg/100g)

	鷹の爪	緑ピーマン	赤ピーマン	ナス	タマネギ	ニンジン	ハクサイ	トマト	鰹節
酒石酸(tartaric)	n.d.	trace	trace	30	500	105	20	n.d.	n.d.
リンゴ酸(malic)	70	1 015	170	2 670	2 110	2 160	1 815	405	n.d.
クエン酸(citric)	700	600	1 385	265	500	445	510	5 515	3
コハク酸(succinic)	2	n.d.	n.d.	25	trace	160	345	15	27
乳　酸(lactic)	2	trace	15	n.d.	10	10	trace	n.d.	3 395
酢　酸(acetic)	11	trace	n.d.	15	10	55	20	n.d.	115
ピログルタミン酸(PGA)	60	185	180	155	815	290	655	330	n.d.
計	845	1 800	1 750	3 260	3 945	3 225	3 365	6 265	3 540

供試料は表8.6に同じ．

ずか0.85％である．鷹の爪よりもピーマン類の方が倍量含むが，それでも一般の野菜類より少ない(表8.7)．トウガラシ類の有機酸はクエン酸とリンゴ酸が主体である．鷹の爪ではクエン酸が過半で，緑色ピーマンは逆にリンゴ酸が多い．一般に未熟な果実はリンゴ酸が多く，熟果ではこれが減少し，クエン酸が増加するが，両者の違いはこれに符合するように思われる[4,5]．

また調理品の多くはpHが5~7の弱酸性であることから，トウガラシの有機酸の呈味は遊離酸によるのではなく，塩の形(例えばクエン酸二ナトリウム)によるものである[6]．

8.3.3 単糖・二糖類

トウガラシ類のこれら成分含量は有機酸と同様に他の野菜に比べて極めて少なく，無水物換算で鷹の爪に0.8％，緑色ピーマンに7％，赤色ピーマンに12％含まれている(表8.8)．その組成はブドウ糖と果糖が主体で，ショ糖はわずかであった．鷹の爪は果糖が多く，緑色ピーマンはブドウ糖が多いが，これも熟度に関係するものと思われる．

8.3.4 関西風うどんつゆと添加トウガラシの呈味の関係

近畿，中国地方の「かけうどん」は，通常だしとみりん，淡口醤油を混合したつゆに，一味唐辛子(鷹の爪)を加えて食するのが一般的である．これに甘く煮しめた油揚げが入ると大阪人が好む「きつねうどん」が出来上がる．

表 8.8 トウガラシなどの単糖・二糖類含量

(可食部・無水物中 g/100g)

	鷹の爪	緑ピーマン	赤ピーマン	ナス	タマネギ	ニンジン	ハクサイ	トマト	鰹節
ブドウ糖(glucose)	0.22	3.30	5.36	19.1	22.3	13.4	19.8	19.8	n.d.
果　糖(fructose)	0.46	2.75	5.96	18.0	21.4	11.0	12.2	23.6	n.d.
ショ糖(sucrose)	0.07	0.57	0.52	1.9	9.8	42.3	1.0	0.2	n.d.
マンニトール(mannitol)	n.d.	n.d.	n.d.	n.d.	0.2	n.d.	n.d.	n.d.	n.d.
イノシトール(inositol)	n.d.	n.d.	n.d.	n.d.	0.2	n.d.	n.d.	n.d.	n.d.
マルチトール(maltitol)	n.d.	n.d.	n.d.	0.5	0.3	0.2	0.3	n.d.	n.d.
合　計	0.75	6.62	11.84	39.5	54.0	67.2	33.0	43.6	n.d.

供試料は表 8.6 に同じ.

一方,関東のうどん・そばは濃口醤油を使用し,その風味の影響が強いためか,一味唐辛子よりも七味唐辛子やワサビの香味が好まれる.

いま一例として関西風うどんを例に取って,一味唐辛子(鷹の爪)を添加したときの呈味変化の度合いについて,分析値から逆算して推定する.

鷹の爪に含まれる有機酸(塩)・糖類は,「つゆ」に由来する量に比べて極めてわずかであり,うどんの呈味に影響を及ぼすほどではない.そこで遊離アミノ酸に限って,その影響を調べることにして,次の諸点を考慮した.

① 鷹の爪に多く含まれるプロリン,スレオリン,グリシン,アラニン,メチオニン,アルギニンはグルタミン酸ナトリウム(MSG)や核酸関連物質(いわゆるうま味物質)との呈味相互作用により,呈味力が強まり,かつ嗜好性(おいしさ)や,味のふくらみ,味の厚みを増す[2].このようなうま味物質と呈味の相互作用を持つ物質としては,他にアリインやグルタチオンが知られている[7].

したがって,うどんつゆのようにうま味物質が豊富な系では,これらアミノ酸に対して単一物質で測定した絶対閾値や弁別閾よりも小さい数値になる.

② 鰹節の一番だし汁の 1% 溶液ではうま味だけで味のふくらみを感じないが,2% 溶液では,明確においしさ・味のふくらみを感じるという事実がある.

この鰹節はイノシン酸ナトリウムを 625mg%,MSG を 35mg%,および上記 6 種にセリンを加えた呈味相互作用を発現するアミノ酸を

8.3 トウガラシの一般的呈味成分と調理への影響

表 8.9 「うどんかけつゆ」のアミノ酸と「鷹の爪」(mg)

原料名	配合量 (g)	呈味の相互作用を持つアミノ酸*	その他のアミノ酸	グルタミン酸	イノシン酸Na
鰹荒節	2	3	97	1	13
昆布	3	7	49	123	0
淡口醬油	3	44	96	39	0
みりん	2	5	6	1	0
食塩	1	0	0	0	0
出来上がりつゆ	100	59	248	164	13

つゆに対する「鷹の爪」の添加量 (%)		上乗せ量 (mg)	変動率 (%)**	上乗せ量 (mg)	変動率 (%)	上乗せ量 (mg)	上乗せ量 (mg)
「鷹の爪」	0.1	1.6	2.7	0.4	0.06	0	0
	0.2	3.2	5.4	0.8	0.3	0	0
	0.5	8	13.6	2	0.8	0	0
	1.0	16	27.1	4	1.6	1	0

* グリシン,アラニン,プロリン,セリン,スレオニン,メチオニン,アルギニンの7種類合計.
** 変動率＝(上乗せ量／出来上がりつゆ中の当該アミノ酸量)×100

130mg％含むものであった．したがって，鰹節だし汁2％では，これらアミノ酸合計の呈味相互作用を発現するに必要な呈味閾値は，130×0.02＝2.6mg％以下である．そこで，うどんつゆ中におけるこれらアミノ酸の呈味閾値もこの値と同程度と考えることにした．

③ 上記アミノ酸の相対弁別閾は単一溶液では10％程度であるが，うどんつゆの中では，呈味相互作用により弁別閾が単一の値より小さくなっているはずである．ここでは，この弁別閾は少なくとも5％以上と仮定する．

さらにこの弁別閾近辺では，うどんつゆの呈味質が変化して，おいしさや味のふくらみが増したと言うには，他の相互作用を示さないアミノ酸の変動が弁別閾以下である方が，はっきり知覚できるはずである．

表8.9に，関西のある麺店の「うどんつゆ」にトウガラシ(鷹の爪)を添加したときのケーススタディを示した．その結果，上記条件を満たすトウガラシの添加量は0.2％であって，この添加量を越えると「うどんつゆ」の呈味質は変化し，おいしさと味のふくらみが増すように思われる．すなわち，関西風うどんに添加する一味唐辛子のアミノ酸は，うどんの呈味に影響を与え

ているように考えられ，またこの影響を無視することはできない．

　以上，トウガラシ中の辛味以外の呈味成分について，その含量と調理における呈味効果の関係を述べた．

　しかし，カプサイシン自身の辛味以外の呈味性については未知な点が多い．辛味の強いものを食したとき，水やアルコール飲料よりも，甘い飲料を飲むと辛味が比較的早く解消されることは経験的に知られているが，その機構は不明である．また，もう少し範囲を広げて考えたとき，カプサイシンと他の呈味成分，例えばうま味成分との相互作用については，いまのところ，あるのかないのかも証明されていない．

　これら諸問題については，官能検査だけでなく，カプサイシンの神経および味覚への作用，これに伴う味覚レセプターの構造変化など分子論的な研究も踏まえて検討する必要があり，これからの課題である．

引用文献

1) 君塚明光，二宮正樹，未発表．
2) 君塚明光，松本裕子，伊達久美子，河合美佐子，上田要一，清水哲二，未発表．
3) 横塚　保，斎藤伸生，奥原　章，田中輝男，農化誌，**38**，165，171，263 (1969)
4) M. A. Stevens, A. A. Kader, M. Albright-Holton, M. Algazi, *J. Am. Soc. Hort. Sci.*, **102**, 680, 689 (1977), **103**, 541 (1978), **104**, 40 (1979)
5) A. Inaba, T. Yamamoto, T. Ito, R. Nakamura, *J. Jpn Hort. Sci.*, **49**, 435 (1980)
6) S. Glasstone, "Elements of Physical Chemistry", 丸善 (1959), p.504.
7) Y. Ueda, M. Sakaguchi, K. Hirayama, R. Miyajima, A. Kimizuka, *Agric. Biol. Chem.*, **54**, 163 (1990)

〈君塚明光〉

8.4　漬物類と辛味

8.4.1　漬物における辛味漬物類の増加

　1997年は漬物工業にとって一つの転換期であった．漬物生産量の統計が

始まって以来，常に第一位にあった糠漬類すなわち「たくあん」が遂に「キムチ」に抜かれたのである．漬物全生産量 1 087 534t のうち糠漬類 113 447t (10.4%)，キムチが 120 560t (11.1%) の占有率になった．1990 年には 1 180 166t のうちキムチ 83 474t(7.1%)，糠漬類 213 371t(18.1%) を示していたのだが．その後キムチは 1998 年 180 147t(全漬物生産量の 16.2%)，1999 年 249 292t(22.0%)，2000 年 320 048t(27.2%)，2001 年 351 100t(29.6%)，2002 年 386 210t(32.6%) と毎年急上昇を続け，2003 年は 379 606t(33.5%) と生産量はやや落ちたが，全漬物生産量も 1 131 925t と減少したことにより漬物全体の 3 分の 1 を占めるに至った．1995 年から Codex キムチ国際規格の検討が始まったが，Codex 国際規格は食品の貿易の円滑化を図るため最高の状態の規格を決めるべきなのを，韓国の家庭漬のキムチは規格と違う，もっと乳酸発酵したものの規格をとマスコミの報道が飽和点に達するほどとなり，このためキムチを食べなかった人たちも食べ，キムチ，キムチ豆腐，キムチ鍋の健康性などが盛んにマスコミで取り上げられ，日本中がキムチブームに湧いたことがこのキムチの急上昇の大きな理由である．

その後，中国，韓国両国の間でキムチの衛生問題が 2005 年末に起こり，輸入キムチはもとより国産キムチの売り上げにも響いた．それでも 2006 年のキムチ生産量は 252 122t と漬物全生産量 994 740t の 25.9% を確保している．このほか 2006 年の統計ではワサビ漬・山海漬というカラシ油 (イソチオシアナート) 系の辛味漬物が 9 409t(1.0%)，カルボニル系のショウガ漬が 58 624t(6.0%) を保っていて，辛味漬物は合計 32.9% と漬物の重要分野になっている．このような辛味漬物の増加の理由を考えてみよう．

(1) 「低塩味ボケ」の対策として

高血圧防止，労働量の減少に伴う食塩要求量の低下などにより漬物の低塩化が進み，全ての漬物の塩度は半分になった．このため官能的に「低塩味ボケ」が発生，売れ行きにも響いた．この解決策として「グルタミン酸の食塩代替効果」が見出され，さらにトウガラシ添加が味覚を引き締めることもわかり，この二つが必須の調味方法となった．

(2) スパイス・ハーブの日本人への普及

「洋風スパイス 10 種たくあん」，「和風スパイス 10 種たくあん」などが発

売され，ドレッシングの普及もあって日本人も種々のスパイスを試すようになり，その中から特にトウガラシ，ワサビ，そしてショウガを日常的に摂るようになった．

(3) 浅漬・新漬類の台頭と調味料の味主体の漬物との味の濃厚度のバランス

福神漬，みそ漬，たまり漬などの塩蔵原料を脱塩，圧搾して調味液に浸す漬物，いわゆる古漬の醬油，砂糖などの濃厚味に対して，ハクサイ漬，ナス調味浅漬などの野菜風味主体の漬物，いわゆる浅漬・新漬は味の淡泊さが持ち味である．しかし淡泊だけでは消費者嗜好をつなぎとめにくいところもあって，ハクサイ漬にトウガラシ，ニンニク，ショウガ，醬油などの調味タレをかけてキムチにするとか，ナスの丸物の浅漬の調味液にカラシ油を加えてアクセントを付ける「ワサビナス」などがつくられた．

以上三つの理由が考えられるが，特に(1)の低塩味ボケ対策としてのトウガラシの添加効果は抜群で，さらに古漬の低塩による味ボケを解消するために葉トウガラシ，青トウガラシの添加も増えていった．この間，スパイス類の機能性も消費者の知るところとなり，健康面の検討も進んだが，本節では製造，製品開発にしぼって解説する．

8.4.2 調味漬(古漬)とトウガラシ[1-3]

出盛期の野菜，あるいは中国，タイなどの海外で食塩20%を散布して保存性を持たせた，いわゆる塩蔵原料を切断，脱塩，圧搾して調味液や粕床，みそ床に漬けていく古漬とトウガラシの関係を見てみよう．

(1) トウガラシを使う古漬

キュウリ一本漬，キュウリ刻み醬油漬，たまり漬などではトウガラシ粉を0.05〜0.1%(固体・調味液合計，すなわち対製造総量，以下同じ)を添加すると味覚の向上とともに食塩3%の製品でも低塩味ボケが解消して優れた製品になる．塩蔵原料を切断，完全脱塩するとショウガ，青トウガラシを除いてダイコン，キュウリ，ナスなどは全く野菜の持つ風味を失い無味になってしまうので，低塩調味では味がボケるのである．シソの実とキュウリかダイコンの細刻ものの醬油漬は0.5%のトウガラシを使って辛味を増すとうまい．酢漬においては甘酢ラッキョウに輪切りにしたトウガラシを0.5%加えると弱

表 8.10 ダイコンキムチの調味処方

野菜配合	ダイコン	27kg (拍子木・圧搾40%)			
	キュウリ	13kg (同上)			
	ニンニク	4kg (スライス・脱塩水切り)			
	トウガラシ	1kg (韓国産・粉末)			
調味液		70kg　製造総量　115kg			
復元後	野　菜	97kg　調味液　18kg			
			食　塩	全窒素	グルタミン酸ナトリウム
淡口アミノ酸液	5.75L (7.15kg)		1.15kg	173g	220g
グルタミン酸ナトリウム	2.08kg			156	2 080
氷酢酸	345mL				
砂　糖	4.6kg				
金茶 SN 色素	11.5g				
黄色 4 号	34.5g				
アルコール	1.15L (920g)				
食　塩	3.45kg		3.45		
水	51.4L				
計	70kg				
圧搾野菜	45kg			45	
合　計	115kg		4.6kg 4%	374g 0.33%	2 300g 2%

い辛味と甘味の調和が喜ばれる．鷹の爪，栃木三鷹など辛味の強いトウガラシを普通は輪切りにして使う．業界用語で「ピリ辛」タイプと呼ばれ，キュウリ刻み醤油漬にも輪切りトウガラシを加えた「ピリ辛キュウリ」がある．

古漬とトウガラシの結び付きで最も重要なものは日本で開発された塩蔵ダイコン・キュウリを使った「ダイコンキムチ」である．表 8.10 の調味処方に示すように醤油漬にニンニク・トウガラシを加えたものであるが，約 1%のトウガラシと 3.5%のニンニクスライスがよくキムチの感覚を出している．

韓国にはこのような古漬系統の調味液のキムチはないが，亜流として塩押したくあんを袋詰めして小口切りのネギと 2%のニンニクスライスを加えてシール，加熱殺菌したものを中近東の自国出身の石油労務者用に輸出している．

(2) 葉トウガラシ・青トウガラシを使う古漬

栃木県の名産に葉トウガラシの佃煮がある．栃木・茨城の県境の八溝山地

表8.11 青トウキュウリの調味処方

		食　塩	グルタミン酸ナトリウム
圧搾40％キュウリ	30.2kg		
圧搾60％青トウガラシ	4.0kg		
シソの葉	5.5kg		
葉トウガラシ	0.1kg		
ゴマ	0.2kg		
淡口醤油	11L(13kg)	1.9kg	143g
淡口味液	11L(13.5kg)	2.2	418
グルタミン酸ナトリウム	1309g		1309
天然調味料	550g		
砂　糖	7kg		
水あめ	3kg		
高酸度酢	1.1L		
クエン酸	110g		
乳酸発酵調味液	1.1L		
アルコール	0.55L(0.4kg)		
カラメル色素	220g		
ソルビン酸カリウム	74g		
トウガラシ	110g		
シソオイル	55mL		
食　塩	2.5kg	2.5	
水	26L		
計	70kg	6.6kg	1870g
製造総量	110kg	6％	1.7％

〔最終成分〕 塩分6％，グルタミン酸ナトリウム1.7％，糖分7.2％，酸0.2％，アルコール0.5％，着色料0.2％，ソルビン酸カリウム0.05％，トウガラシ0.1％，香料0.05％．

の麓でトウガラシを栽培し，併せてその葉も採取して塩蔵しておき，それを強く塩抜きして醤油と煮熟すればくせの少ない佃煮，弱く塩抜きしてアクを残せば特有の強い風味の佃煮になる．佃煮であるが一旦は葉トウガラシを塩漬して貯えるので漬物とも見なせる．同じく日光には『延喜式』（930年）記載の荏裏の流れをくむエゴマ（荏）もしくはシソの葉で細いトウガラシを巻いて醤油漬にした「日光巻き」がある．これに衣をつけて天ぷらにして食べると佳味を示す．このほか，青トウガラシ，葉トウガラシ，キュウリそしてトウガラシ粉を醤油漬にした「青トウキュウリ」がある[4]．辛味野菜の混合で現在の嗜好に合った製品である．表6.11に「青トウキュウリ」の配合，

調味処方を示す.

8.4.3 キムチの種類とトウガラシ[5-8)]

　漬物と辛味で最重要なものはキムチである. 1996年から1997年にかけてCodexキムチ国際規格の原案がソウル, 東京の4回の会議を経てつくられ, 2001年に国際食品規格委員会で採択された. 規格はハクサイのペチュキムチに関するもので, 酸, 食塩, 使用資材などを決定したものである. これが改正JAS法の漬物のJAS規格(平成18年2月22日農水省告示「農産物漬物の日本農林規格」)では農産物赤トウガラシ漬類のハクサイキムチ, ハクサイ以外の農産物キムチの二つに生かされている.

　このCodex国際規格日本側原案作成委員として韓国および国内での調査, 製品分析, 製品試作を行ったことを中心に述べてみよう.

　韓国に行きキムチ博物館を訪ねるとキムチの種類は1 000種あるとのこと, 事実たくさんの標本キムチを見ることができる. しかし筆者の調査では, キムチはそのほとんどが「野菜を主体にトウガラシ, ニンニクなどの薬味を混ぜ魚醤油を使って漬け込んだ弱い呈味の調味漬」と定義できることがわかった. そして2, 3の例外を除いて, ①ペチュキムチ系, ②カクトキ(カクトゥギ)系, ③トンチミー・ムルキムチ系の三つに分けられる. なぜこのように少ない分類かというと, ペチュキムチ系が品質, 味覚, 細かい分化において極めてすぐれていて, 他の漬物が存在する余地がなかったとみることができる.

　韓国におけるキムチの特徴は, 第一に自家生産の家庭漬が主体で漬物工業製造の市販品が少なかったが, ソウル市などの住環境の変化や日本へのキムチ輸出などにより工場生産が増えつつあり, それでも大型冷蔵庫にキムチ用容器を収納しニンニク臭のもれを防ぐ部分を持つ製品ができ, 自家製造も復活しつつあること, 第二に大部分が野菜の味主体の新漬というべきもので, 新鮮野菜の供給がうまくいっているためか「塩蔵→脱塩→圧搾」工程を持つ古漬の調味漬がなく, たくあん漬だけはかなり作られていること, 第三にハクサイのペチュキムチの存在が大きすぎるためか, 広い韓国, 北朝鮮を通して地方特有の伝統漬物がなく, 北朝鮮がトンチミー・ムルキムチ系がやや多

いことを除いて朝鮮半島全土で同じ漬物が食べられていること，第四に漬け込み後の短時日，熟成中，そして乳酸発酵が進んだものと時間差が楽しめること，第五にキムチチゲ*のようにキムチを上手に料理に溶け込ませていることが挙げられる．

1970年代のソウル市の1日1人当たりのキムチの消費量はペチュキムチ250g，カクトキ80gといわれたが，最近ではキムチ全体で100gを割り，特に子供のキムチ離れが大きく，その対策が考えられているところである．ただし，日本人の漬物消費量は1日25gであるので，それからみればまだ食べられているといえよう．

(1) 材料と副材料

(a) 材　　料

最重要なのはペチュキムチの材料のハクサイで，キムチにするには4％の食塩で撒塩漬あるいは立塩漬にしておく．次に重要なのはダイコンで，カクトキ，チョンガキムチの原料になるとともに重要な薬味資材でもあり，ハクサイのペチュキムチでもダイコンの使用量が多いほどうまいと信じられている．したがって，ペチュキムチの漬け込みの空間にダイコンの大切りを詰め込むのをはじめ，その角切り，千六本切りが種々の場面で使われる．日本の韓国料理店に多いオイ（キュウリ）キムチは韓国では夏場だけであるし，カジ（ナス）キムチに至っては韓国ではほとんど見られない．

(b) 副　材　料

最重要なものはトウガラシで，その種類の選択と使用量がキムチの良否を決定する．もちろん漬け込み塩度も重要であるが2〜3％に決めておけば嗜好上は問題はない．トウガラシは生の青トウガラシをそのまま使うプッコチュキムチがソウル市内のデパートで売られているが少なく，普通は乾燥したものをそのままの形，細粗2種類に挽いた粉末および糸切りの四つの形で売られている．

韓国のトウガラシは辛味が強いと思われているが，実際には鷹の爪とピーマンの中間くらいの長大果が使われ，辛味カプサイシンの含量は鷹の爪，三

＊ チゲ：スープに比べて汁分が少なく具が多い料理で，みそ，コチュジャン（唐辛子みそ）で味付けする．

8.4 漬物類と辛味

表 8.12 トウガラシ品種間のカプサイシン量[9]

品 種 名	カプサイシン量(%)	辛さ(スコービル単位*)
チ リ	0.0058	900
トウガラシ**	0.0588	10 000
アビシニアン	0.075	11 000
バードチリ(インド)	0.360	42 000
栃木三鷹(日本)	0.300	55 000
バハミアン(バハマ)	0.510	75 000
モンバサ(アフリカ)	0.800	120 000
ウガンダ(アフリカ)	0.850	127 000

* スコービル単位は辛味を感じる最大希釈倍率.
** 韓国トウガラシはこれに属する(筆者注).

鷹ほど高くなくあまり辛くない.そして辛味以外に適度の甘味を持っていてうまく感ずる.官能的判定で粉末をなめて舌を刺す辛味の強いものを避けて選ぶ.キムチの製品の良否の大きな差別化要因はトウガラシ粉の品質に負うといっても過言ではない.表 8.12 にトウガラシの種類と辛さを示す[9].

使用量はペチュキムチ 10kg 当たり 200〜300g(キムチ中で 2〜3％)が韓国人の適量であり,日本人の適量はキムチの単品生産量が日本一になって 10 年,50〜100g(0.5〜1.0％)から 100〜150g(1〜1.5％)に増加していると思われる.

塩辛汁も重要で,キムチの調味料として必須である.5〜6 月にカメに魚を入れ 20〜25％の食塩を加えてよく撹拌して放置,塩辛とし,使用時に水を入れて薄めて魚醤油の形として使う.魚はイシモチ,タチウオ,カキ,イカ,イワシ,アミが使われる.

我が国のキムチでもアミの塩辛,イカゴロ(イカの内臓)の塩辛,そして理研ビタミン,三菱ガス化学,味の素の各種魚醤が使われるようになった.

(c) 薬味材料

薬味は薬念(ヤンニョン)と呼ばれ,キムチの品格を左右する.野菜ではダイコン,ネギ,ニンジン,セリ,ニンニク,ショウガ,海藻ではミル,果物ではナシ,リンゴ,木の実では松の実,動物質では生魚,生イカ,生エビ,生カキが挙げられる.

韓国漬物 1 000 種説は,この薬味の配合,組み合わせの数の多さから来ている.薬味は野菜,果物,動物質をどう混ぜてもかまわないが,主材料,副

材料，薬味の合計量に対して食塩2～3%，トウガラシ粉1～1.5%，ニンニク0.5～1%になるようにすればキムチとしての風味は確保される．加えて外観を見るとき，薬味は本来，韓国でも小麦粉，もち米粉などを水と沸騰させ，かゆ状にしたものを加えて粘りの出たものを，ハクサイ漬の葉茎の間に塗るように挟み込んでゆくものである．Codex規格は貿易の流通上，デンプンの変敗も考えて増粘剤キサンタンガムの添加も認めている．この場合の薬味に対する添加量はキサンタンガムで0.3%である．

(2) ペチュキムチ系

ハクサイやその他の葉菜類を使い，薬味を葉の間にはさんだり，塗りつけた漬物をペチュキムチ系という．

(a) ペチュキムチ

ペチュトンキムチとも呼ばれハクサイの冬漬を指すが，晩春から晩秋の冬漬の切れる時期に漬ける即席漬もペチュキムチと呼ばれることがある．冬漬はまずハクサイを撒塩漬あるいは立塩漬で最終塩度3%になるように下漬する．ハクサイ漬を作るわけである．一方，大きなたらいのような容器で，それぞれの家に伝わる配合で薬味をつくる．ハクサイがほぼ漬かったら取り出し，この薬味を株の間に塗るように挟み込み，少し丸める感じで大きなカメに順次詰める．詰め終わったら別に用意してある塩辛汁を注ぎ，落とし蓋と軽い重石をしたのち寒いところにおいて熟成させる．ハクサイ，ダイコン，ネギなどにトウガラシ，ニンニクなどのスパイスを加え，そして薬味の水産物と塩辛汁が渾然一体となれば熟成完成で，漬け込み数日で美味になり寒い間中食べる．表8.13に家庭漬のペチュキムチの配合例を示す．

ペチュキムチの高級品はポサムキムチで，薬味とハクサイの軸茎を塩漬ハクサイの大葉で包んだものである．トッピングに松の実，生栗，タコ，糸トウガラシを置いたり，アワビを加える高級品もあって，いずれも大葉で包み込む．ソフトボール大から15cm以上の球形のものまである．

(b) ペクキムチ

白キムチの意で，良質のハクサイを使ってトウガラシ粉を全く加えずにつくる特殊キムチ．北朝鮮の平安道に起源を置き，辛味はショウガ，ニンニクによる．ナシを使いアミの塩辛汁を加える．日本から入ったトウガラシ(倭

表8.13 韓国家庭漬のキムチの配合例

A. ハクサイ漬込み		24～28時間
		上がり16kg
生鮮ハクサイ(四つ割り)		20kg
食　塩		0.8kg
B. 薬味の製造		上がり4kg
ダイコン(千六本)		2kg
ネギ(小口切り)		0.5kg
ニンジン(千六本)		0.2kg
生イカ(千六本)		1kg
すりショウガ		100g
すりニンニク		100g
トウガラシ粉		100g
食　塩		120g
C. 本　漬		

　Aのハクサイの水が揚がったら，用意しておいたBの薬味混合物をハクサイの葉茎の間に挟み込む．
　2斗(約36L)のポリ樽に入れて落とし蓋そして5kg程度の重石を置く．冷蔵庫中2日で味が熟成する．

蕃椒と呼んでいた)が使われる以前のキムチの形を伝えている．

(c) 赤と緑のキムチ

　ソウルの南大門市場やロッテデパートなどの百貨店の売り場をみると，そこにはおびただしい種類の赤と緑の対比のキムチが容器を並べて売られている．ただ日本ではこの赤と緑の対比が食欲をそそらない色調らしく，野沢菜だのニラのキムチを発売しても全く売れない．食べれば極めてうまいキムチも多いので普及させたいものである．種類としては若ネギやアサツキのパキムチ，ノビルのタレルキムチ，ニラのプチュキムチ，カラシ菜のカトキムチ，漬菜のプツキムチ，おろ抜きダイコンのヨルムキムチ，セリのミナリキムチ，青トウガラシのプッコチュキムチ，そして少し傾向が違うがタンポポに似たヤクシソウのコトルベキキムチなどがある．小ネギのパキムチは辛く作るので有名である．

(3) カクトキ(カクトゥギ)系

　根菜類，果菜類を丸のまま，あるいは角切りにして薬味，塩辛汁と漬けた一群のキムチをカクトキ系という．

(a) カクトキ

ペチュキムチとともに韓国漬物を代表するもので，あらゆる家庭で漬ける．硬い韓国在来種のダイコンを 2cm 角のサイコロ状に切りトウガラシ粉をまぶして 1 時間置き，赤い色をしみ込ませてから食塩，薬味，塩辛汁を使ってカメに漬ける．カクトキの特徴はダイコンを切ってトウガラシ粉をまぶすだけで本漬に移ることで，下漬は省略される．薬味の種類は少なくトウガラシ，ニンニク，ショウガ，ネギで，水産物は使えばカキである．

カクトキ系にはヒョウタン形をした小ダイコンを漬けたチョンガキムチ，別名アルタルキムチがある．韓国人の嗜好がダイコンでは硬いものを求めるので，そのままでは日本人の口に合わない．浅漬を砂糖の浸透圧で脱水した塩漬ダイコンを使った「砂糖しぼりダイコン」をカクトキにすると日本人の嗜好を満たしてくれる．

(b) オイキムチ

キュウリに縦に切れ目を入れて 3％の食塩で下漬したあと，その切れ目に薬味を挟み込み，塩辛汁を使ってカメに本漬する．日本ではペチュキムチ，カクトキ，オイキムチと三大キムチを構成していてよく食べられるが，韓国では夏にわずかに食べられるだけでほとんどない．

(4) トンチミー・ムルキムチ系

韓国料理の膳には上下を問わず，みそ汁ともう一つダイコン，ハクサイ，糸トウガラシの浮かんだスープ様のものが出る．韓国料理では一番最初にこのスープを飲むものと決まっているという．このスープキムチには 2 種類あって，キムジャンというキムチの漬け込み最盛期の冬に漬けて 1 週間程度熟成して弱い酸味と少し濁りの出た汁と浮いた浅漬野菜を楽しむトン(冬)チミーと，浅漬野菜を刻んで食塩，砂糖などを溶かした汁をそそぎ糸切りトウガラシを浮かべて，冷蔵庫で 1 日冷やして食べかつ飲むムル(水)キムチとがある．前者は乳酸発酵した風味のスープで冷麺にも使う．後者は浅漬特有の発酵直前の亜硝酸の軽い風味を味わう．

このスープキムチ系は日本はもちろん韓国にも保存の関係で市販品はなかったが，近頃大阪で若干の市販品を見るようになった．この系統の最高のものは宮廷料理にあったジャン(醤)キムチである．ただ韓国伝統のジャンキム

表 8.14 ジャンキムチの配合

(一次漬)		食塩	グルタミン酸ナトリウム	糖
ハクサイ(2×3cm)	300g			
キュウリ(3mm スライス)	300g			
カブ(3mm スライス)	300g			
ダイコン(2×4×0.5mm)	200g			
淡口醤油	200mL (169g)	37g	2.4g	
食塩	40g	40g		
水	991mL			
一次野菜合計	2 300g 1 100g	77g 3.35%	2.4g 0.1%	

(本漬の野菜配合) A		食塩	グルタミン酸ナトリウム	糖
一次漬野菜(歩留り85%)	935g	31g	0.9g	
色止めのナス漬(縦切り)	400g	8g		
シイタケ(薄切り)	50g			
ニンニク(スライス)	30g			
ショウガ(糸切り)	30g			
クリ(スライス)	30g			
ニラ	19g			
松の実	5g			
糸トウガラシ	1g			
	1 500g	39g	0.9g	

(注入液) B		食塩	グルタミン酸ナトリウム	糖
味ジャンプクリスタル2	150mL (179g)	31g	8g	
グルタミン酸ナトリウム	7g		7g	
ナシ搾り汁(ろ過)	400mL			44g
砂糖	46g			46g
水	868mL			
	1 500g	31g	15g	90g
製造総量 A+B 最終成分	3 000g	70g 2.33%	15.9g 0.53%	90g 3%

一次漬　5℃以下，冷蔵庫中2日間漬け込み．
　　　　軽い重石の浮かせ漬．
本　漬　一次漬と全く同様　5℃以下2日間漬け込み．
　　　　軽い重石の浮かせ漬．
製品化　液体・固体を分離して，やや大きめの巾着袋に固体200g，液体200gを入れシール．
出　荷　冷水冷却1時間，寒剤を入れて箱出荷．
食べ方　丼に移し水200mLを加えて液を飲みながら野菜を食べる．
　　　　このときの汁の成分：食塩1.5%，グルタミン酸ナトリウム0.35%，糖2%．

チはキムチで唯一，魚醬油ではなく穀物で作った醬油を使うので色が濃く，日本人には合わない．

　種々試作して，刻んでも果肉が褐変しないナスの刻み漬の技術が完成したので，それを加えたダイコン，ハクサイ，カブ，キュウリなど各種野菜の刻み漬を作り，大型ドンブリに移して，液体を水で希釈する方法で美味なジャンキムチを開発した．いよいよ高級ムルキムチの市販が始まる．表8.14にジャンキムチの配合を示す．

(5)　日本のキムチ

　日本の漬物の最大生産量を占めるものはキムチであることは前述した．家庭におけるトウガラシ，ねりカラシ，ねりワサビ，コショウの常備率も極めて増大したのでスパイス漬物の需要増は当然かもしれない．加えてキムチは不揮発性の辛味のカプサイシンと揮発性の辛味のジスルフィド，イソチオシアナートの共存しているめずらしい食品で，韓国の人々がこれを誇りにしていることもよくわかる．

　ジャンキムチについては既に述べたが，ここで日本のキムチの発達をみてみよう．①タレキムチ，②野菜の混合薬味挟み込み，③野菜・水産物の薬味挟み込みの3段階があって，現在は②から③に移ろうとしている．

(a)　タレキムチ

　日本は韓国に比べて温暖で水産物を入れた本格キムチは腐りやすいため「タレキムチ」が生まれた．トマトピューレもしくはパプリカを使ってトウガラシのカロテノイドの色を出し，アミノ酸液と化学調味料でうま味を強調している．現在でも「浅漬キムチ」の名称で市販されていて，糖分3％，食塩2.5％でトウガラシ粉0.5％を含ませて子供にも食べやすいキムチとして需要がある．

(b)　野菜中心の薬味の挟み込みキムチ[10]

　昭和末期に主要漬物企業がタレキムチからの脱却をはかってダイコン，ニンジン，ネギの細切物を20〜30％含ませ，トウガラシ粉，おろしニンニク，おろしショウガを練り合わせた薬味を挟み込むようになった．タレを併用し数種の野菜，薬味の混合で天然のうま味がエキスによってもたらされた．現在，本格キムチとして市販されているキムチはこれである．表8.15にその

表8.15 本格キムチの配合

ハクサイ(刻み幅3cm)	320kg	漬上がり	240kg	
ダイコン	56kg		48kg	
ネギ	26kg		22kg	
ニンジン	12kg		10kg	
			320kg(食塩2%, グル曹*0.15%)	
製品 刻みハクサイ漬	208g			
刻みダイコン漬	42g	┐		
刻みネギ漬	19g	├ タレと混合		
刻みニンジン漬	9g	┘		
計	280g			
本格キムチタレ	60g(ハクサイ100:タレ22)			
本格キムチタレの調味処方 野菜漬	320kg			
タレ	70kg			

		食塩	グルタミン酸ナトリウム	糖	酸
淡口味液	10.5L(12.9kg)	2.18kg	399g		
シーベストスーパー	5.6L(6.4kg)	0.9kg	90g		
グル曹*	5.6kg		5 600g		
グリシン	1.2kg				
果糖ブドウ糖液糖	15kg			15kg	
リンゴ酢(酢酸5%)	12L				600g
50%乳酸	2.8L				1 400g
アルコール	2.4L(1.9kg)				
すりおろしニンニク	1.95kg				
すりおろしショウガ	1.95kg				
粉トウガラシ	1.3kg				
粗挽きトウガラシ	2.6kg				
リンゴピューレ	4kg				
キサンタンガム	210g				
パプリカ色素**	140mL				
計	70kg				
野菜漬	320kg	6.4kg	480g		
製造総量	390kg	9.48kg	6.57kg	15kg	2kg
最終成分		2.4%	1.7%	3.8%	0.5%

(その他の最終成分) 醤油類4.1%, グリシン0.3%, アルコール0.6%, ニンニク0.5%, ショウガ0.5%, トウガラシ1.0%, キサンタンガム(対タレ0.3%), 色素(対タレ0.2%).

* グル曹:グルタミン酸ナトリウム.
** パプリカ色素 漬色OP-120(理研ビタミン製, 色価660)使用.

調味処方，配合を示す．

(c) 野菜・水産物の薬味の挟み込みキムチ

表8.13 に示した韓国家庭用キムチを工場出荷用にアレンジしたキムチで，水産物として小型のアミに近いウマエビやボイルしたイカを挟んだものが見られる．新鮮なニンニクをすりおろして使い，選ばれた衛生的に優れた漬物工場でのみ作り得る製品である．

8.4.4 その他の辛味の漬物

表8.16 ワサビ漬の配合(%)

	JAS 製品	並 級 品
塩漬ワサビ葉柄	33	10
細刻生ワサビ根茎	10	4
砂　糖	6	6
アリルカラシ油	0.1	—
カラシ粉	—	3
グルタミン酸ナトリウム	0.3	0.5
酒　粕	50.6	76.5

日本の漬物にはトウガラシ，葉トウガラシ，青トウガラシ以外にも辛味を使った漬物が多く存在する．イソチオシアナートを主体とするワサビ漬，山海漬，カラシ漬と一連のワサビ風味と称するアリルイソチオシアナート(カラシ油)を少量加えたナス，キュウリ，野沢菜の漬物，ジンゲロンを主体とする紅ショウガ，甘酢ショウガ(ガリ)から最近開発された新ショウガ酢漬がそれである．表8.16 にワサビ漬の配合を示す．ワサビ漬の JAS 規格はアルコール 2.5％以上，内容重量に対するワサビの割合が 3.5％(根茎のみを用いたものにおいては 20％)以上となっている．

参 考 文 献

1) 前田安彦, "新つけもの考", 岩波書店(1987)
2) 前田安彦, "日本人と漬物", 漫画社(1996)
3) 前田安彦, "漬物学―その化学と製造技術", 幸書房(2002)
4) 岡田俊樹, 前田安彦, フードリサーチ, 508 号, 21(1997)
5) 前田安彦, 阿部憲治, 宇田　靖, 宇都宮大学農学部学術報告, **9** (3), 83 (1976)
6) 家永泰光, 盧　宇炯, "キムチ文化と風土", 古今書院(1987)
7) 前田安彦, 月刊食品, **21** (3), 59(1977)
8) 韓　福麗, "キムチ百科―韓流伝統のキムチ 100", 平凡社(2005)
9) V. S. Govindarajan (J. C. Boudrean ed.), "Food Taste Chemistry", ACS

(1979), p. 53.
10) 岡田俊樹, 前田安彦, フードリサーチ, 515号, 24(1998)

(前田安彦)

8.5 辛味を持たないカプサイシン類縁体の活用

カプサイシン類縁化合物としては, 天然にはカプシノイドが見出されている(7.2.2項). カプシノイドは非辛味性品種であるトウガラシ CH-19 甘に多く含まれる天然化合物であり, カプシエイト, ジヒドロカプシエイト, ノルジヒドロカプシエイトの総称である. 刺激性が少ない一方でカプサイシンと似た生理活性を持つことから, 食品としての有用性を目指した研究・開発が進められてきた結果, 現在では CH-19 甘から抽出されたカプシノイドが抗肥満効果を期待する人々に有用なサプリメントとして発売されている. ここではカプシノイドのヒトにおける抗肥満効果に関する研究成果を紹介する.

本来, トウガラシが果実内に合成したカプサイシンを蓄積するのは, その強い辛味によって哺乳類の食害から自己を守るためと考えられている. それにもかかわらず, なぜヒトは辛いカプサイシンを摂取することを食習慣のなかに定着させてきたのであろうか. この問題についてはいくつかの説が提唱されているが, 特にエネルギー代謝, 肥満といった視点で考察してみたい.

トウガラシ摂取の習慣は, 特に東南アジアや中南米といった熱帯性気候の地域で顕著のように見受けられる. これらの地域では農業労働により得られる特定の穀類に依存した食習慣が形成されており, そこにトウガラシ摂取の必然性が隠されていると考えられる. すなわち, ヒトが体内で生合成することのできない必須アミノ酸をはじめとする栄養素の所要量を完全に満たすには過剰量の穀類を摂取する必要がある. このようにして摂取された過剰エネルギーは何らかの形で放散する必要があるが, 熱帯性気候では熱放散の効率が悪く, カプサイシンを摂取して積極的に熱産生を引き起こすことが, 経験的に健康価値を有する食習慣として定着したのではないかと考えられる. 最近ではカプサイシン以外にもカプサイシン受容体を活性化する成分が, いくつかの香辛料に含まれることが明らかになってきた. トウガラシを摂取して

いる地域以外でも，ほかの植物を摂取することで同等の生理作用を得ていた可能性が考えられ，大変興味深い．

現代社会では過酷な肉体労働に従事する機会が減少する一方で，飽食と不規則な生活習慣，慢性的な運動不足が一般的となり肥満は増加傾向にある．平成10年度国民栄養調査によれば，わが国では推計で2 300万人が肥満学会の定める肥満の基準（BMI≧25）に該当するといわれている．そのうち半数は高血圧，高脂血症などの合併症をもついわゆるメタボリックシンドロームの症状を呈しており，社会保険制度を脅かす一種の社会問題ともいえる状況になっている．

肥満の原因は，摂取エネルギーが消費エネルギーを上回っていることであり，これを抑制・解消するには摂取エネルギーを減らすか，あるいは消費エネルギーを増大させる必要がある．消費エネルギーの約60％は基礎代謝と呼ばれ生命維持活動に伴って生じる部分であり，残りの大部分は身体活動によるエネルギー消費からなる．それ以外に付加的なものとして摂食に伴う食事性熱産生などがある[1]．食事制限による肥満解消が困難である理由の一つとして，意図的に摂取エネルギーを減らすと生体は体重を維持する方向にエネルギー恒常性をコントロールし，非意図的に基礎代謝あるいは身体活動によるエネルギー代謝が低下してしまうことが挙げられる．理屈から言えば，食事制限時には運動負荷によりエネルギー代謝低下を防止することが可能であるが，農業労働のような必然的な運動負荷の手立てを失った現代人にとって実施しやすい方法とは言い難い．食事制限下のエネルギー恒常性に対して，カプサイシン類縁体がエネルギー代謝維持・亢進作用を発揮するか否かは大変興味深い問題であり，今後の検討が待たれる．カプサイシン類縁体の生理作用を活用するという，かつて人類が食文化のなかで得てきた知恵の一つを，現代の肥満を解消する方策の一助として役立てることは重要なアプローチと考えられる．

8.5.1 カプシノイドの辛味閾値

カプシノイドは辛味が著しく低いことが経験的に知られていたことから，其田らは辛味刺激閾値を定量化しカプサイシンとの比較を行った（表8.17）[2]．

カプシノイドは水溶液に分散すると速やかに分解されることから，辛味刺激閾値を調べる方法としては，スコービル法の希釈溶媒を大豆油に変えたスコービル変法を用いた．カプシノイドまたはカプサイシンを大豆油で希釈して健常人の舌に滴下し，辛味を感じる閾値を測定したところ，カプシエイト，ジヒドロカプシエイト，ノルジヒドロカプシエイトの辛味閾値は，いずれもカプサイシンのおよそ1 000倍であることが明らかになった．

表8.17 カプサイシンおよびカプシノイドの辛味刺激閾値

	閾 値 (g/kg oil)
カプサイシン	0.0041
カプシエイト	4.6
ジヒドロカプシエイト	7.5
ノルジヒドロカプシエイト	3.0

8.5.2 カプシノイドの抗肥満作用

カプサイシンを摂取することにより体温が上昇することが知られている．また実験動物を用いた検討で，カプシノイドにも同様の作用があることが認められた[3]．そこで大貫らはカプシノイドを含むCH-19甘と，カプシノイドもカプサイシノイドも含まないカリフォルニア・ワンダーとを用い，健常人にこれらを摂取させたときの体温変化を検討した[4]．CH-19甘を摂取した

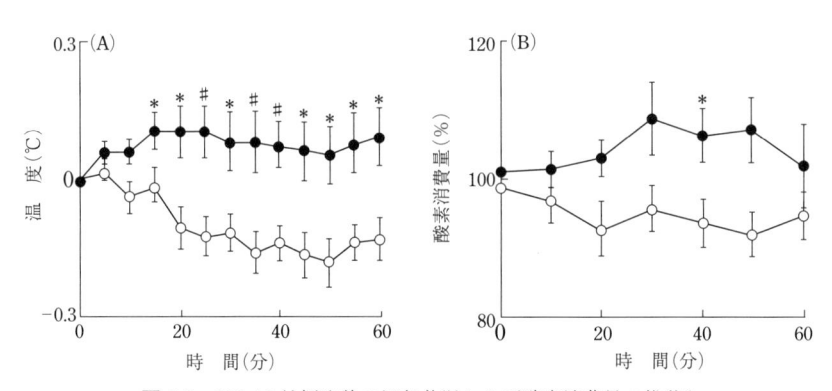

図8.8 CH-19甘摂取後の深部体温および酸素消費量の推移[4]
健常人にカプシノイドを含むCH-19甘（●）もしくはカプシノイドもカプサイシンも含まないカリフォルニア・ワンダー（○）を摂取させ，その後1時間の深部体温推移（A）および酸素消費量（B）を示した．
数値は平均±標準誤差（$n=10〜11$）．＊ $p<0.05$，＃ $p<0.01$，CH-19甘群 vs. 対照（カリフォルニア・ワンダー）群．

群の深部体温は摂取後1時間にわたり，カリフォルニア・ワンダーを摂取した対照群よりも高く推移した．さらに呼気ガス分析を用いた間接カロリメトリーにより，酸素消費量も上昇していることが示された（図8.8）．これらの結果から，実験動物のみならずヒトにおいても，カプシノイドの摂取により熱産生が促されエネルギー消費が高まることが示唆され，長期的なカプシノイド摂取によって体脂肪蓄積を抑制する可能性が期待された．

そこで長期的にカプシノイドを摂取したときの体脂肪蓄積に対する影響を検討する目的で，健常人に毎日，CH-19甘を摂取させるとともに食事内容を統一し，2週間後の体重およびCTスキャンによる腹部断面の脂肪面積の

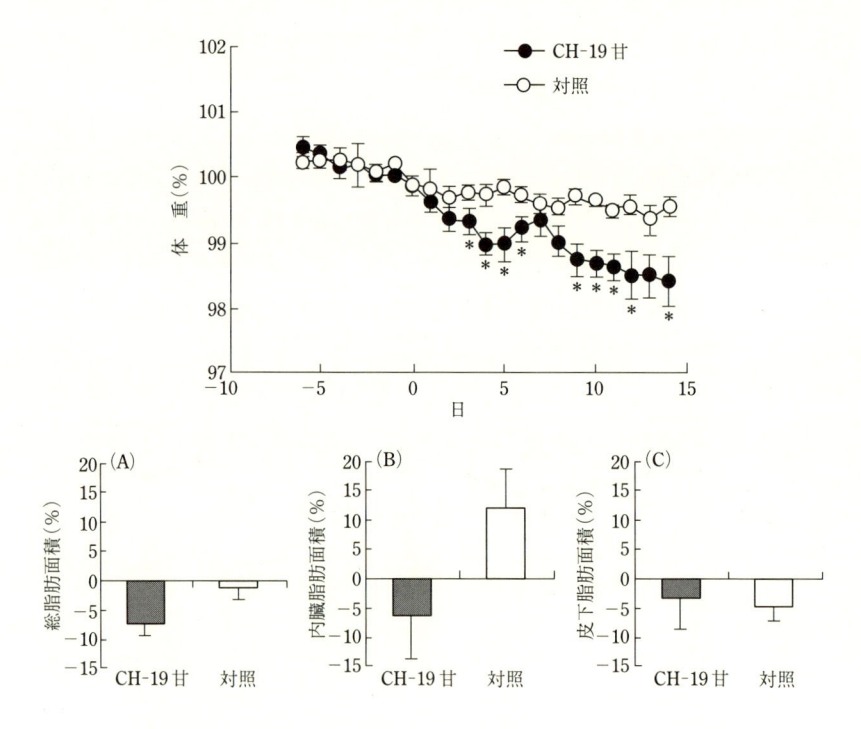

図8.9 CH-19甘の2週間摂取による体重および体脂肪への影響[5]
健常人にカプシノイドを含むCH-19甘を2週間摂取させたときの体重の推移（上）および摂取前後の腹部CTスキャンによる脂肪面積の変動（下）．対照群にはトウガラシ果実は摂取させず食事条件を揃えた．
総脂肪面積(A)，内臓脂肪面積(B)，および皮下脂肪面積(C)は摂取前の値を0％とした．
数値は平均±標準誤差（$n=10 \sim 11$）で表した． ＊ $p<0.05$．

変化を検討した[5]. CH-19甘摂取群では対照群と比較して有意な体重減少に加えて内臓脂肪蓄積を抑制する傾向もみられ，カプシノイドの長期的な摂取によって抗肥満効果が発揮されることが示唆された(図8.9). この効果は，日々のカプシノイド摂取により毎回惹起されるエネルギー代謝亢進の総和とも考えられるが，さらに長期摂取が基礎代謝量の設定値の上昇に影響を及ぼしている可能性もある．実際に実験動物において，カプシノイドを2週間連続投与することにより，最後の投与から24時間以降であっても酸素消費量が増大する現象が観察されている[6].

トウガラシ(CH-19甘)果実から抽出したカプシノイドを用い，ヒトがこれを長期摂取したときの安静時エネルギー代謝に及ぼす影響が検討された[7]. 肥満傾向の健常人において，カプシノイドを含むカプセルを4週間投与し，間接カロリメトリーを用いてエネルギー代謝を測定した．カプシノイド摂取群ではプラセボ摂取群に比べて酸素消費量，安静時エネルギー代謝量および脂質酸化量が増加する傾向にあった．興味深いことに，日本肥満学会の定め

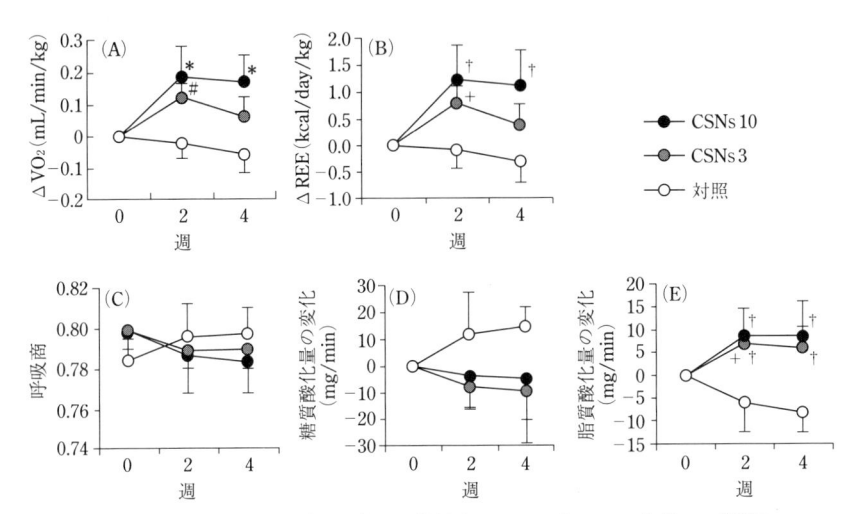

図8.10 カプシノイド(CSNs)の長期摂取によるエネルギー代謝への影響[7]
BMI≧25の健常人にカプシノイドを含むカプセルまたはプラセボ(対照)を4週間摂取させ，(A)酸素消費量，(B)安静時エネルギー消費量，(C)呼吸商，(D)糖質酸化量，(E)脂質酸化量，各々の変化率を平均±標準誤差で示した．
カプシノイド10mg/day ($n=8$) (●)，カプシノイド3mg/day ($n=11$) (◉)，対照 ($n=9$) (○)． * $p<0.05$, † $p<0.1$ vs.対照群． # $p<0.05$, + $p<0.1$ vs.摂取前値．

た肥満の判定基準である BMI≧25 に該当するヒトにおいて，その影響はより顕著であった（図 8.10）．摂取前後の脂質酸化量の差分（上昇）は，BMI に対して有意に正の相関を示したことからも，カプシノイドは BMI の高い者により強い影響を与えると考えられた．

1日のエネルギー代謝のうち，約 60%は基礎代謝で構成されるが，基礎代謝量は年齢や BMI と負の相関を示すことが知られている[8,9]．肥満者において低下している基礎代謝量に対し，カプシノイドの長期摂取が改善効果を示すことは大変興味深い．カプシノイドの単回摂取によるエネルギー代謝亢進は交感神経活動を介したものと考えられているが，繰り返しカプシノイドを摂取することにより，どのようにして基礎代謝が亢進するのかについては（例えば，通常の環境から得られる TRPV1 刺激に対する反応性の増大がもたらされることがあるのかなど），今後の研究の進展が待たれる．

8.5.3 カプシノイドとカプサイシンの相違

カプサイシンによるエネルギー代謝促進効果は，交感神経系の活性化を介すると考えられている[10,11]．カプシノイドもエネルギー代謝促進効果を有することが動物およびヒトでの検討で示唆されたが，ではカプシノイドはカプサイシンとまったく同じ作用を示すのであろうか．

カプシノイドを含む CH-19 甘と，カプサイシンを含むカイエン・ロングスリム（辛味トウガラシ）を摂取した後の体温，血圧などの推移をヒトで比較した報告がある[12]（図 8.11）．それぞれのトウガラシ果実を，カプシノイドあるいはカプサイシン相当でほぼ等量になるよう摂取し，その後1時間の深部体温（鼓膜温）を比較したところ，摂取後 10 分以内に深部体温は急峻な上昇を示し，特に摂取直後の 20 分間はカイエン・ロングスリム群がより高く上昇したが，その後はほとんど同じ水準を維持した．いずれの群も，カプサイシンおよびカプシノイドのいずれも含まないトウガラシであるカリフォルニア・ワンダーを摂取した対照群よりも有意に高かった．一方，表面体温（前額）についてはカイエン・ロングスリム群のほうが CH-19 甘群よりも高く推移する傾向にあり，いずれの群も対照群よりも高かった．これらの結果から，カプサイシンおよびカプシノイドはいずれも熱産生を亢進するが，熱放

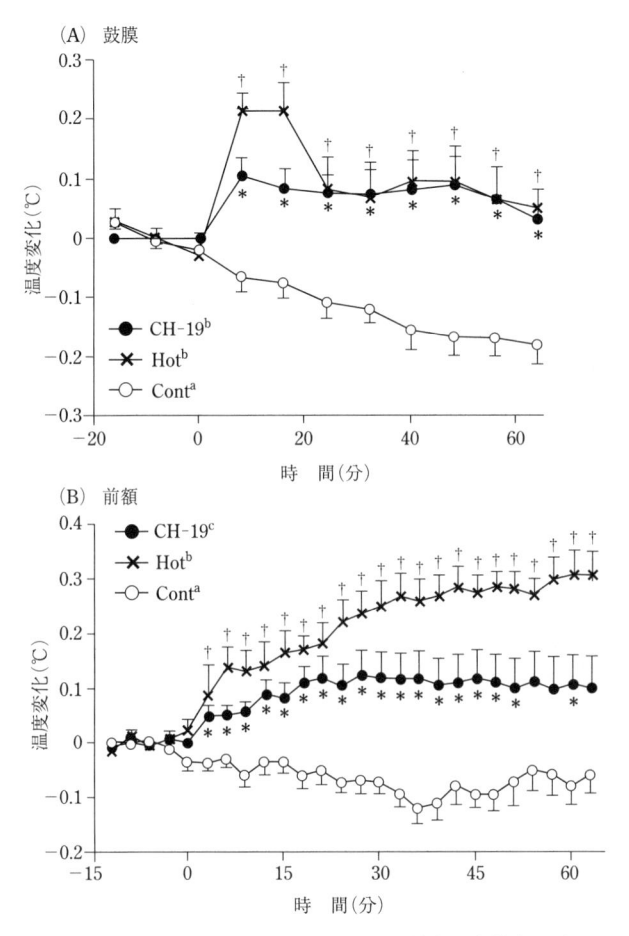

8.5 辛味を持たないカプサイシン類縁体の活用

(A) 鼓膜

(B) 前額

図8.11 ヒトの深部体温および表面体温に対する各種トウガラシ果実摂取の影響[10]

健常人にカプシノイドを含む CH-19 甘(CH-19), カプサイシンを含むカイエン・ロングスリム(Hot), カプシノイドもカプサイシンも含まないカリフォルニア・ワンダー(Cont)を摂取させ, その後1時間の深部体温(鼓膜)(A)および表面体温(前額)(B)の推移を示した.
数値は平均±標準誤差($n=8\sim12$). a, b, c の記された群について, 異なる文字間で有意差が認められた. $p<0.05$: * CH-19 vs. Cont, † Hot vs. Cont.

散については等量で比較した場合にはカプサイシンの方がより強く促進することが示唆された. さらに収縮期血圧および心拍数についても測定したとこ

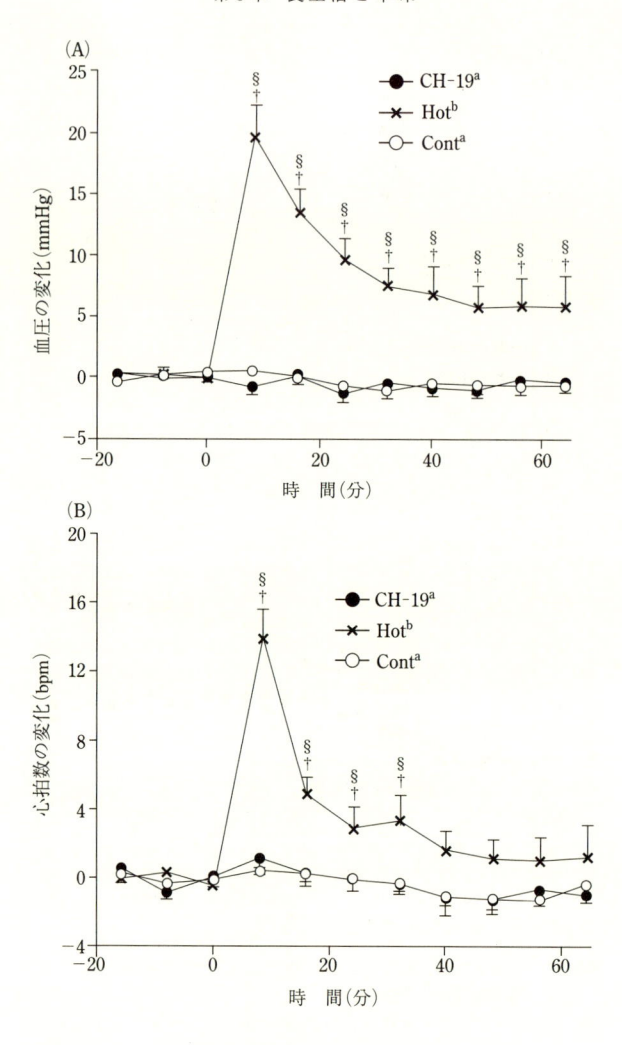

図 8.12 ヒトの収縮期血圧および心拍数に対する各種トウガラシ果実摂取の影響[10]

健常人にカプシノイドを含む CH-19 甘 (CH-19),カプサイシンを含むカイエン・ロングスリム (Hot),カプシノイドもカプサイシンも含まないカリフォルニア・ワンダー (Cont) を摂取させ,その後 1 時間の収縮期血圧 (A) および心拍数 (B) の推移を示した.
数値は平均±標準誤差 ($n=8~12$). a, b の記された群について,異なる文字間で有意差が認められた. $p<0.05$: † Hot vs. Cont, § CH-19 vs. Hot.

ろ，CH-19甘群では対照群と比べてまったく影響が認められなかったのに対して，カイエン・ロングスリム群では有意な上昇が認められた(図8.12)．この相違がどのような要因によるのかを明らかにするには更なる検討が必要であるが，少なくともカプサイシンとカプシノイドの交感神経系に対する作用機構がまったく同じではない可能性が示されたといってよいだろう．

カプサイシンとカプシノイドには，辛味強度閾値が約1 000倍異なるということ以外に，経口摂取した際の生体吸収性が異なるという相違がある．カプシノイドは経口投与後，門脈血中に検出できず，分解産物のみが検出される[13]．カプサイシン受容体であるTRPV1は，口腔内ばかりでなく消化管，末梢血管，皮膚などに分布する神経終末に広く存在していることから，カプサイシンとカプシノイドでは体内動態の相違によって刺激されるTRPV1の分布が異なる可能性が考えられ，これが作用の相違の一因である可能性が高い．

これに関連して，京都大学の伏木らは麻酔下ラットの直腸温と尾温の変化をカプサイシンとカプシエイトの空腸内投与で比較している[14]．門脈血中に出現するカプサイシンは直腸温と尾温の上昇をもたらしたが，門脈血中に出現しないカプシエイトでは直腸温は上昇したものの尾温に変化が見られなかった．しかし，カプシエイトを血中投与すると尾温の上昇がもたらされた．これらのことから，経口投与したカプシエイトは消化管内で作用していることが推察される．

引用文献

1) E. D. Rosen, B. M. Spiegelman, *Nature*, **444**, 847(2006)
2) 其田千志穂，河合美佐子，丸山健太郎，第20回日本香辛料研究会学術講演会講演要旨集，14(2005)
3) K. Ohnuki, S. Haramizu, T. Watanabe, S. Yazawa, T. Fushiki, *J. Nutr. Sci. Vitaminol.* (*Tokyo*), **47**, 295(2001)
4) K. Ohnuki, S. Niwa, S. Maeda, N. Inoue, S. Yazawa, T. Fushiki, *Biosci. Biotechnol. Biochem.*, **73**, 2033(2001)
5) F. Kawabata, N. Inoue, S. Yazawa, T. Kawada, K. Inoue, T. Fushiki, *Biosci. Biotechnol. Biochem.*, **70**, 2824(2006)
6) Y. Masuda, S. Haramizu, K. Oki, K. Ohnuki, T. Watanabe, S. Yazawa, T. Kawada, S. Hashizume, T. Fushiki, *J. Appl. Physiol.*, **95**, 2408(2003)

7) N. Inoue, Y. Matsunaga, H. Satoh M. Takahashi, *Biosci. Biotechnol. Biochem.*, **71**, 380 (2007)
8) A. Astrup, P. C. Gotzsche, K. van de Werken, C. Ranneries, S. Toubro, A. Raben, B. Buemann, *Am. J. Clin. Nutr.*, **69**, 1117 (1999)
9) D. L. Pannemans, K. R. Westerterp, *Br. J. Nutr.*, **73**, 571 (1995)
10) T. Kawada, T. Watanabe, T. Takaishi, T. Tanaka, K. Iwai, *Proc. Soc. Exp. Biol. Med.*, **183**, 250 (1986)
11) T. Watanabe, T. Kawada, M. Kurosawa, A. Sato, K. Iwai, *Am. J. Physiol.*, **255**, E23 (1988)
12) S. Hachiya, F. Kawabata, K. Ohnuki, N. Inoue, H. Yoneda, S. Yazawa, T. Fushiki, *Biosci. Biotechnol. Biochem.*, **71**, 671 (2007)
13) K. Iwai, A. Yazawa, T. Watanabe, *Proc. Japan Acad.*, **79B**, 207 (2003)
14) 川端二功, 木村和歌子, 井上尚彦, 富永真琴, 伏木　亨, 第20回日本香辛料研究会学術講演会講演要旨集, 17 (2005)

〔小野　郁・高橋迪夫〕

特別寄稿

日本産トウガラシの生産事情

1. はじめに

　16世紀，ポルトガル人によって伝えられた中南米原産のトウガラシが，栽培品種となって日本に定着したのは，アジアでは比較的早い頃である(朝鮮半島には日本から来たと言われている)．ナス科のトウガラシは交雑しやすいが，帰化した原種はいずれもカプシカム・アンヌーム種で，そう多種ではないとされる．それでも，栽培地の風土により，それぞれ西日本から東海地方にかけて，多種な形質のものが分布した．

　辛い野菜は大量に食べるものではなく，嗜好に合わせて調味に利用するだけだが，概して日本の風土では，香りがあり，辛さと両立する特色をもつとのことである．大体薬種(漢方薬の原料)として扱われたので，漢方薬を含めて薬種問屋が流通に関与し，中国から渡来したウコン，桂皮など他のスパイスに共通するところであるが，コショウなどとともに薬味と言われ，トウガラシを蕃椒（ばんしょう）と名付けていた．

　明治の開国以来，多くの外来の料理が紹介はされたけれども，食生活は保守的であり，そうにわかに変化はしなかった．その中で，トウガラシが農作物としてどんな変遷を辿ったか，戦後60年の歴史をやや特殊な産地形成の物語として紹介し，参考に供したい．

2. 昭和初期の状況

　明治・大正と60年ほどを経て，昭和になったころ，ようやく日本の各種香辛料製造業の幕あけとなる．その代表的なものは，ソース(ウスターソース)，カレー粉(英国型)の国産化であろう．

　和風の七味唐辛子，粉ワサビ，カラシ粉，コショウ粉もあるが，それらをひっく

るめての香辛料としてのブランド販売ルートも築かれてゆき，原料調達も逐次専業化されていった．

しかし，一部を除いてスパイスの多くは熱帯性で輸入品が多い．外貨の少ない当時の経済力では，その調達に苦しんだ．洋風食が贅沢品であった頃はともかく，それがライスカレーやトンカツとか，焼そばが庶民に親しまれるようになると，にわかに需要が増大してゆくことになる．ただ，製造には苦労したようで，ソースもカレーも英国の製品がモデルであり，その魅力を日本人が見つけたと言うべきだが，スパイスミックスとしても完成度の高いものである．それを，文字通り辛苦して日本のメーカーは作り上げた．昭和6年，英国のC＆Bカレーの海賊版事件が起こった．それが落着したあと，一流のレストランのコック達は，国産のもので充分な品質であることを知ったとのことである．日本の香辛料業の創世期と言ってよいのであろう．

トウガラシは国産で間に合うだけの生産はあったが，関東には確立した産地はなかった．増大する需要を満すには懸念があった．栃木・茨城県で長三鷹・八房種の試作が試みられたが，東海地方に比べてやや寒冷であり，農家の自作レベルでは，東京近郊の青果市場の蔬菜(そさい)を賄う程度である．香辛原料としては全国で干果1 000t程度で，農村の仲買業が集買する規模であった．

3. 輸出トウガラシ時代

昭和13年に国家総動員法が施行されてから，統制経済(物資配給制)となり，日本はあらゆる分野が一変してすべて戦争に埋もれてしまう．トウガラシの生産も微々たる状態に陥るが，むしろ戦争のおかげでゼロにならずに済んだと言われる位であり，軍隊や軍需工場などの賄いに必要だったとのことである．そして戦後を迎えることになる．

昭和25年，朝鮮戦争が起こり，GHQから韓国軍救援のトウガラシ粉の注文があり，在庫はたちまち底をつく．各産地はその刺激をうけるが，競争入札で必ず売れる保証はない．特需景気にはリスクはあっても永続性はない．ただドルを稼ぐ方途が見えてきた．

そこに1人の仕掛人が登場した．東京小金井生まれの吉岡源四郎(1900～1976)である．彼はカレー粉製造者の一員(美津和M・Cカレー製造担当役員)であったが，昭

3. 輸出トウガラシ時代

和6年から栃木県北部の農場に長三鷹種(三河地方鷹の爪の俗称)の寒冷な北関東での栽培法を研究させていた．その結果，耕作は可能だが，収量と辛味含量に不満が残った．やがて戦中となり，企業整備から彼はカレー製造から離れ，昭和16年栃木県大田原に本拠を移し，戦中は品種改良目的の選抜をすすめ，'吉鷹'と自称する品種を作りだしていた．

関東では，トウガラシ栽培は各農家が自作していて，未だ産地と呼べるほどの規模ではないが，拡大しても国内需要だけでは処分のつかないこともある．輸出をして大きな市場を持つことと営農利益とを両立させるような，特産地体制を組織化するしかないと判断した．アメリカへは既に輸出実績もあるが，メキシコなどとの競合がある．そこで，セイロン(今のスリランカ)がほとんど輸入に頼る国だったので，インドとの競合の中でも輸出できる相手であることを試してみて，可能性を確かめた．同時に，栃木・茨城両県に呼びかけて，特用作物振興として「輸出向トウガラシ」の拡大を懇請した．それに対して，陸稲などを栽培している労働生産性の低い疎放農業地帯をかかえている両県は，外貨獲得という目標と共に，それに呼応してくれたのである．

吉岡は，吉鷹を'栃木三鷹'と呼び全地区同品種を目指して，種子を無償配布し，その採取圃場や純系固定と，栽培法はすべて栃木県技術機関に托し，産地業界を一括する団体を組み(昭和28年，関東輸出トウガラシ協会)，農家は村落単位で任

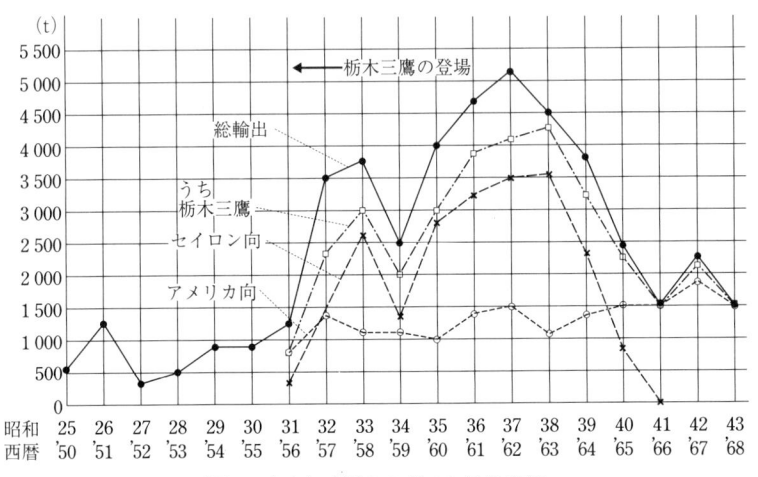

図1 産出年度別トウガラシ輸出実績

意の耕作組合を立ち上げて，団体契約によって生産と販売を組織化してゆく．関係する官・民一体の活動は，北関東を一大産地に仕立て上げたのであった．

　トウガラシの干果（含水分13％以下）ベースで，10a当たり収量250kg程度だったのが，350～450kgレベルの栃木三鷹となり，カプサイシン含量も長三鷹種の0.2～0.25％が0.3～0.35％に改善された．その要点は，在来品種は基本型でやや晩生であるのに対し，栃木三鷹はやや早生で芯止まり房成り性で，夏に一斉に開花し，秋冷と共に一度に抜き取り，木枯らしで架干風乾しつつ摘果し，冬季出荷するという作業性が確立できたことにある．

　これは紅葉の綺麗な北関東の気候風土にマッチした品種と言えよう．昭和30年以降，生産量は2 000～6 000t／年と上昇して，昭和38年産は輸出量4 300tを達成している．

　なお，推定では国内需要も2 000t位となり，在来産地のものも内外に売れたので全国の生産量も7 500t位になったとされる．その80％は栃木三鷹のシェアとみられた．

4．輸入トウガラシ時代

　昭和40年以降になり，にわかに生産が減少してくる．それは農家の手不足であった．つまり，三ちゃん農業の到来である．（遡ると昭和36年，池田内閣の所得倍増計画は農業基本法で工業化への労働転換に，農村人口から若者たちを集団的に引き抜いたのである．）

　やがて，昭和45年，「ドル・ショック」の変動為替相場制で一挙に輸出は衰えて，昭和51年にトウガラシ輸出は亡び去った．（それを見届けて源四郎も76歳で息を引き取った．）

　国内需要分も不足となり，輸入が試みられたが，インド・パキスタン・中国産しか使える品はない．円高によりいずれも安価ではあったが質は悪く，日本品種の秀れていることが確かめられた．栃木三鷹を作れる気候条件は中部・北部中国しかないが，昭和52年(1977年)日中での政治的条件が整い，ようやくハウス食品と共に中国での試作開発が可能になった．他に事例がないので，ここではその開発状況を語ることにしよう．

　当時の中国は未だ農村部に農業人民公社組織が機能しており，土産公司の中央命

4. 輸入トウガラシ時代

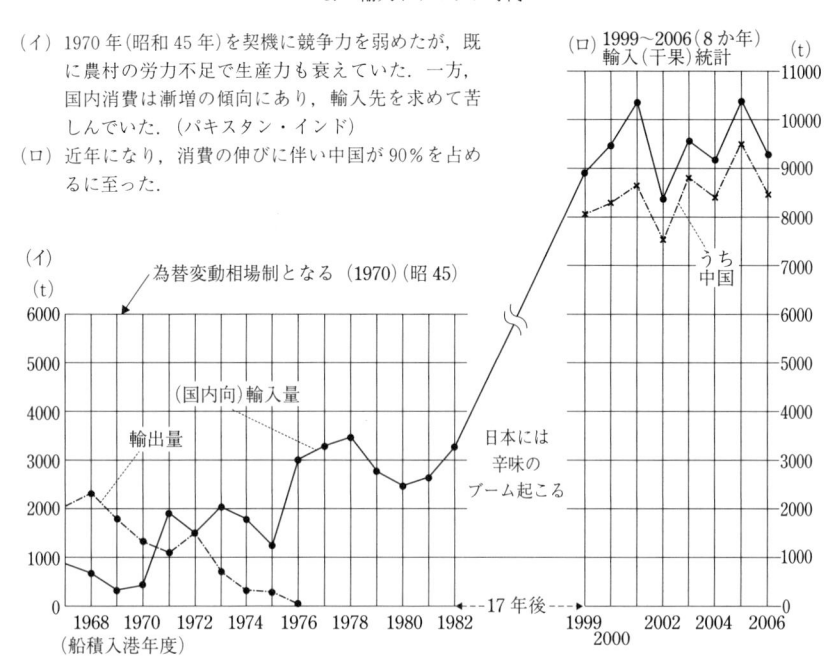

(イ) 1970年（昭和45年）を契機に競争力を弱めたが，既に農村の労力不足で生産力も衰えていた．一方，国内消費は漸増の傾向にあり，輸入先を求めて苦しんでいた．（パキスタン・インド）

(ロ) 近年になり，消費の伸びに伴い中国が90％を占めるに至った．

図2 輸出国から輸入国になった状況

令系統も働いたので，天津を基地センターに栃木三鷹の種子を無償で提供してゆく．河北省一帯がこれに反応し栽培が広められていった．現地にも自力開発の意欲はあるから，自己流，現地流で作業する．それをよく見て，活かせるものは活かすべきである．例えば未だ下肥を使っていたが，有機栽培の大事なものだし（中国に里山はほとんどない．化学肥料の配給を一般に期待しているらしいが）良い習慣は守らねばならないといったこともある．だが，自留種（自家採種した種子）を繰り返し使えば必ず劣変する．彼らは栃木三鷹を，天津鷹の爪ということで'天鷹'と名付けたので，7～8年後，原種の供給は採種圃用にとどめ，科学院の管理に托し，産地としての自己責任で経済的地位は自力による管理として任せる形とした．

作柄と収量は，よくて300kg（10a当たり）レベルで草丈は概して低めだから，日本のレベルでは上作とは言えないが，小粒になるので辛味はある．150～200kg作でも採算はとれるとのことであった．香りは日本産よりやや薄めであるが，風土の違いかも知れない（黄土地帯）．その地域の土壌の肥沃度もバラツキが大きいようだ．自由圃が増大していき，年ごとの人気で作付面積が上下するのは，解放市場経

済の特色であろうが，綿花などとの競合もあるとのことである．

かくて30年，今では天鷹は干果3万tを産出するアイテムとなったと言われる．アメリカへも輸出されドルを稼ぎ，我々も良品を物色すべく現地業者と提携している．近年では中国国内の需要も伸び，格外品まで利用される．近年徐々に価格も高くなっている．

皮肉にも日本の生産が空洞化したころ，「辛味ブーム」が日本で起こってくる．

表1 近年のトウガラシ輸入通関統計

1999～2006年(8か年)の輸入量について，ほぼ安定している様子が見られる．ただし，分類上パプリカなどの辛味のないものが含まれている．また，ホール(さや)と粉の比率では，ホールが若干減少して，粉が増加する傾向がみられる．なお，干果(ドライドベース)のほかに，塩蔵品が1500～2000t程度ある．金額でみると，24億～30億円レベルであるが数量に比べ高くなっている．

[とうがらしホール]　(税番：0904, 20-210)　(単位：t, 金額：百万円) CF

国名	1999年	2000年	2001年	2002年	2003年	2004年	2005年	2006年	8か年平均
韓国	147	201	67	68	94	32	41	9	82
中国	4 148	4 098	4 338	3 525	3 590	3 272	3 666	2 906	3 693
タイ	4.5	4.5	6	7	3	6.5	30	29	11
インド	12.5	5	5.5	0	22	2.5	0	6	7
メキシコ	90	48	45	24	55	104	65	80.5	64
ジャマイカ	125	71.5	106	96	41	84	75	44.5	80
その他	80	9	23	14	8	21	1	8	21
合計	4 607	4 437	4 591	3 734	3 813	3 522	3 878	3 083	3 958
(合計金額)	(1 262)	(1 024)	(1 122)	(958)	(909)	(959)	(1 049)	(1 123)	(1 051)

[とうがらしパウダー]　(税番：0904, 20-220)　(単位：t, 金額：百万円) CF

国名	1999年	2000年	2001年	2002年	2003年	2004年	2005年	2006年	8か年平均
韓国	186	587	417	415	518	547	582	461	464
中国	3 862	4 138	5 239	4 148	5 265	5 004	5 830	5 526	4 877
シンガポール	154	153	51	8	0	0	0	0	46
インド	10	3	4	12	12	0	0	42	10.5
その他	10	77	32	28	30	39	47	36	37
合計	4 222	4 958	5 743	4 611	5 825	5 590	6 459	6 065	5 434
(合計金額)	(1 136)	(1 461)	(1 682)	(1 336)	(1 373)	(1 723)	(1 874)	(1 883)	(1 559)
合計	8 829	9 395	10 334	8 345	9 638	9 112	10 337	9 148	9 392
(合計金額)	(2 398)	(2 485)	(2 804)	(2 294)	(2 282)	(2 682)	(2 923)	(3 006)	(2 610)

注) 8か年平均でみた中国の実績は，全体の数量で91%を占める(2006年で92%, 金額では77%)．実用度の高いレベルにあり，供給調達の主力となっている．

2000年のころには,輸入量がパプリカも含めて9000tを超えている(表1).そのほか塩蔵品がウエットベースで2000tを超したと伝えられているので,香辛料も形を変えて拡大し(キムチも加工漬物の30%に達する),トウガラシは単純に辛いだけだが,また,新しい局面を迎えているようである.

最後に,日本品種も外国で作ってもらうような日本農業の空洞化は,自らがすすめた農業政策の結果であり,産業構造の歪みとして,何か,とりかえしのつかない感触が残っている.それは,食糧自給率39%の国になってしまったことで「それでいいのか?」という不安であろう.工業と違って農業は容易にはとり戻せないが,食文化を手がかりにして,付加価値を追求できるような企てを期待しているところである.

参考文献

1) 栃木県輸出とうがらし生産販売連絡協議会編,"栃木の唐がらし"(1971)
2) 日本食糧新聞社編,"昭和の食品産業史",日本食糧新聞社(1990)
3) アマール・ナージ,林 真理,奥田裕子,山本紀夫訳,"トウガラシの文化誌",晶文社(1997)
4) 通関統計その他.

(吉岡精一)

索　引

和　文

ア　行

青トウキュウリ　278
　　——の調味処方　278
赤トウガラシ　1, 261
アゴニスト　66, 67
　　——の結合様式　67
味細胞　158
　　——の再生速度　159
アシル-CoA　95, 100
　　——混合物からのカプサイシン同族体合成の選択性　97
　　——のカプサイシノイド分子への取り込み　96
アシルトランスフェラーゼ遺伝子　102, 104
アスピリンによる潰瘍　206
アディポサイトカイン　188
アドレナリン　139, 142, 174, 176, 235
アトロピン　213
アナヘイムチリ　13
アナンダミド　75
アポトーシス
　　——による細胞死　181, 186, 194
　　——の誘導　187, 192, 194
甘味種　231, 258, 260
2-アミノエトキシジフェニルホウ酸　75
アミロライド　161
N-アラキドノイルドーパミン　75
アラキドン酸　215
アリルイソチオシアネート(ナート)　20, 80, 288
R_f 値　4, 38, 230
アルプレノロール　140
アンキリンリピート　80, 195

アンタゴニスト　67
　　——の結合様式　67
アンチョ　12

イオンチャネルタンパク質　69
胃潰瘍　206, 209
胃ガン細胞のアポトーシスに及ぼすカプサイシンの影響　186
胃ガンの発症　185, 210
胃酸分泌　207
　　——の亢進　209
E-神経線維　161
2-イソブチル-3-メトキシピラジン　18
痛み　72, 198
　　——の感覚　131
一次求心性神経　128
　　——の損傷　179
一酸化窒素　75
一味唐辛子　263, 272
胃粘膜の損傷　209
胃の保護効果　209
$in\ situ$ ハイブリダイゼーション法　70
インターロイキン
　　——-1　179
　　——-6　179, 189
インドネシア料理　267
インドメタシンによる潰瘍　206, 207
インド料理　266

ウスターソース(類)　250
　　——に主に使用するスパイスと機能　254
　　——に対するトウガラシの味の効果　255
　　——に対するトウガラシの香りの官能検査　254
　　——のガスクロマトグラム　253
　　——のスパイス配合例　254

308　　　　　　　　　　　索　引

　　——の製造方法　251
　　——の年次別生産状況　252
　　——の発祥　250
　　——の変遷(日本)　251
うどんかけつゆのアミノ酸と鷹の爪
　　273

A$\alpha\beta$線維　129
液-液抽出法　34
液体クロマトグラフィー　35
液胞　86, 87, 100, 108
エスニック料理におけるトウガラシ
　　265
エタノールによる潰瘍　206, 207
HPLC(法)　43
　　——-EC法　45, 125
　　——-MS法　46
　　——-蛍光法　45, 125
　　——-UV法　45, 125
HPTLC法　37
Aδ線維　129, 132
NF-κB
　　——の阻害　182
　　——の不活性化　188
NK細胞　181
N-神経線維　161
エネルギー代謝促進効果におけるカプシ
　　ノイドとカプサイシンの相違　294
榎実　9
エピネフリン→アドレナリン
ELISA法　46, 144
LC-MS法　46
LC-MS/MS法　46
嚥下反射の亢進　216
塩酸による潰瘍　206
炎症　76, 187
炎症性メディエーター　75, 78, 188
エンドルフィン(β-)　201
　　——の分泌　205

オイキムチ　284
黄色種　93

大八房　9
オータコイド　63
オニオンのフレーバー成分と調理特性
　　257
オールスパイス　245
オルバニル　126, 222, 228
　　——のTRPV1アゴニスト活性　236
オレオイルエタノールアミド　75
オレオイルバニリルアミド→オルバニル
オレオレジン→トウガラシオレオレジン
オレオレジンの酵母・カビに対する生育
　　阻害活性　170
オレガノ　80
温度受容体　73
　　——として機能するTRPチャネル
　　74

カ　行

カイエン　13
　　・ロングスリム　294
潰瘍　206
　　——の抑制　206
　　アスピリンによる——　206
　　インドメタシンによる——　206
　　エタノールによる——　206
　　塩酸による——　206
　　酸性化アスピリンによる——　206
香りの主成分(果実の)　18
化学防御作用　216
化学予防効果　185
カクトキ　284
隔壁　83
褐色脂肪組織　143, 146, 162, 235
カテコールアミン　142
カビに対する香辛料精油と抽出物の抗菌
　　性　171
カフェイン　149
カフェ酸　91, 98, 107
カプサイシノイド　3, 16, 24, 31, 166
　　——含量に関わるQTLの連鎖地図
　　105
　　——生合成経路研究への遊離細胞の利

── 用 97
── のHPLCのクロマトグラム 44
── のHPTLC法によるクロマトグラム 39
── のガスクロマトグラム 41
── の酵素法による合成 238
── の脂肪酸部の分析 40
── の生合成経路 91, 100
── の生合成経路と遺伝子 102
── の生成蓄積 100
── の単離精製 35
── の蓄積 16, 107, 108
── の抽出 32
── の直接分析 42
── の定量法 35
── のバニリルアミン部位への生合成経路 98
── の分析法とその特徴 36
── の融点とマウス耳炎症の阻止率 221
── 分枝鎖脂肪酸残基の生合成経路 99
カプサイシノイド合成酵素 98
── の基質特異性 96
── のコンポーネントスタディ 95
カプサイシノール 24, 166
── の合成 169
カプサイシン(類) 3, 16, 22-24, 55, 70
── 画分の分離 34
── が作用する神経と作用機序 131
── 単回投与によるエネルギー代謝への影響 234
── 注射後の酸素消費の変化 163
── 注射後の直腸温の変化 163
── 注射後の皮膚温度の変化 163
── 添加による減塩効果 154
── 投与による熱放散 162
── 投与によるマウス血中アドレナリンの上昇 174
── 投与によるマウス限界遊泳時間の延長 175
── 投与によるラット副腎髄質からのアドレナリン分泌 142
── とガン原遺伝子発現 186
── と神経機能 128
── と知覚神経 128
── とペルオキシダーゼとの反応 110
── と免疫反応性神経ペプチド 178
── に対する嗜好の形成 203
── によるアポトーシス 181, 186
── による胃粘膜の損傷 209
── によるエネルギー代謝亢進の作用機構 145
── による潰瘍の抑制 206
── による脱感作療法 198
── による知覚神経の感受性亢進 132
── による知覚神経の脱感作 132
── によるTRPV1の活性化 232
── による熱性痛覚過敏の減弱 75
── による脳内からのβ-エンドルフィンの放出 204
── による肥満誘導性炎症応答の改善 188
── によるHeLa細胞増殖抑制作用 192
── の亜急性効果 132
── のアシル基の鎖長, 不飽和度と相対辛味度 59
── のアポトーシス誘導に対するカルシウム阻害剤の影響 196
── のアポトーシス誘導に対する細胞内カルシウムキレート剤BAPTAの影響 195
── のアポトーシス様細胞死の誘導 194
── の胃潰瘍への影響 206
── の胃ガン細胞のアポトーシスに及ぼす影響 186
── の胃ガン発症への影響 185, 210
── の胃酸分泌への影響 207
── の一次知覚ニューロンへの作用様式 199

索引

――の胃の保護効果　209
――の HepG2 に対する効果　194
――の化学構造　58, 219
――の化学防御作用　216
――の辛味と構造　60
――の吸収　112, 114
――の急性効果　130
――のクリアランス　124
――の血液中アルブミンとの結合　112
――の血小板凝集抑制作用　215
――の血清グルコース応答に対する副腎髄質摘出の影響　141
――の血中濃度　125
――の減塩効果　152
――の減塩効果のメカニズム　158
――の抗炎症作用　189
――の抗ガン作用　189
――の抗菌作用　170
――の抗酸化作用　165
――の抗ストレス作用　201
――のコクゾウ忌避活性　217
――の細胞増殖抑制作用に対する細胞内カルシウムキレート剤 BAPTA の効果　193
――の細胞内カルシウムイオン濃度上昇作用　193, 194
――の細胞内カルシウム濃度変化に対するカルシウム阻害剤の影響　196
――の持久力増強作用　173
――の疾病の発症制御　183
――の腫瘍細胞増殖抑制作用　192
――の受容体拮抗物質　174
――の消化管内残存量の経時的変化　113
――の消化管への影響　206
――の神経興奮作用　134
――の神経毒作用　135, 136
――の生合成系　109
――の生合成経路　90, 103
――の性状　22
――の相対辛味強度　23

――のダイエット効果のメカニズム　161
――の代謝(植物体)　107
――の体内吸収　112
――の体内代謝　113
――の体内代謝経路　115, 121
――の体内投与による免疫応答の制御　180
――の体熱産生作用　138
――の体力増強作用　173
――の脱感作用　219
――の知覚神経作用機序　129
――の鎮痛作用　198
――の T リンパ球の増殖に及ぼす影響　180
――の眠りへの影響　213
――の白色脂肪組織低減作用　156
――の発ガン性　185, 216
――の半数致死量(LD_{50})　22
――のヒトの胃への影響　209
――の副腎交感神経遠心性放電活動に及ぼす影響　143
――の変異原性　216
――のポリクローナル抗体応答に及ぼす影響　180, 181
――の免疫細胞の応答制御　187
――のラット体内における代謝経路　115, 121
――のリンパ球の増殖に及ぼす影響　181
――連続投与による体脂肪蓄積への影響　234
カプサイシンアゴニスト　67
カプサイシンアンタゴニスト　67
カプサイシン感受性ニューロン　206
カプサイシンクリーム　199, 214
カプサイシン-β-D-グルコピラノシド　237
カプサイシン結晶の分離方法　34
カプサイシン受容体賦活活性　236
カプサイシン同族体　3, 56
――合成に対するアシル-CoA 混合物

索 引

　　——からの選択性　97
　　——の生合成経路　90
　　——の相対辛味度と副腎アドレナリン分泌　227
　　——の体内吸収　112
　　——の体内代謝　113
　　——のラット体内における代謝経路　115
カプサイシン 2 量体　110
カプサイシン配糖体　237
カプサイシン分解酵素　116, 123
　　——による反応生成物　119, 120
　　——の活性の臓器による違い　117
　　——の活性の動物種による違い　122
　　——の酵素活性の測定　117
　　——の誘導(肝臓中)　118
カプサイシン類縁化合物(類縁体)　4, 229
　　——の化学　20
　　——の活用　289
　　——持久力増強作用　176
カプサイシンレセプター(受容体)　3, 66, 68, 131, 136, 198, 213, 231
　　——の発見　64
　　——のモデル　65
カプサゼピン　66, 72, 174, 177, 193
　　——によるマウス限界遊泳時間の抑制　175
カプサンチン　18, 55, 168, 261
カプシエイト　4, 17, 25, 229, 230, 289
　　——単回投与によるエネルギー代謝への影響　234
　　——投与による血中の遊離脂肪酸濃度の上昇　236
　　——に対するマウスにおける痛覚応答　233
　　——による体温上昇　232
　　——による TRPV1 の活性化　232
　　——の構造式　230
　　——の抗肥満作用　231, 291
　　——の持久力増強作用　176
　　——の脂肪燃焼促進作用　176

　　——の TRPV1 アゴニスト活性　236
　　——の遊泳時間延長効果　176
　　——連続投与による体脂肪蓄積への影響　234
カプシクム属→トウガラシ属
カプシソーム　86, 87, 100
カプシノイド　25, 231, 289
　　——摂取による体脂肪蓄積への影響　292
　　——摂取による体重への影響　292
　　——の化学構造　26
　　——の辛味閾値　290
　　——の酵素法による合成　239
　　——の長期摂取によるエネルギー代謝への影響　293
カプソルビン　18, 168
かゆみの治療　214
辛くないカプサイシン同族体　176
　　——による副腎からのアドレナリンの放出　176
ガラニン　130
辛味　20
　　——とアドレナリン分泌　226
　　——とカレーの粘度　248
　　——と抗炎症作用　221
　　——と脱感作　219
　　——と鎮痛作用　220
　　——に対する嗜好の形成　203
　　——に特徴を持つ香辛料の調理特性　257
　　——に特徴を持つ香辛料のフレーバー成分　257
　　——の化学構造　58
　　——の発現を制御する遺伝子　104
　　——を特徴とする香辛料の調理　256
　　——を持たないカプサイシン類縁体　176, 228, 289
辛味関連物質の物性　21
辛味種　231, 258, 260
辛味食品　184
　　——を摂取する食習慣と発ガンの制御　184

――を摂取する食習慣と免疫状態 184
辛味成分　20, 55
　――含量の評価　56
　――摂取による体熱産生器官の機能増強　143
　――の液体クロマトグラム　56
　――のエネルギー代謝像に及ぼす影響　139
　――の化学　20
　――の脂質代謝への影響　138
　――の生合成の部位　83
　――の副腎からのアドレナリン分泌に及ぼす影響　142
　――の分泌器官の分布　84
　――へのバリンの取り込み　85, 86
　――への Phe の取り込み　85, 86
辛味漬物　274
辛味物質　20
　――の化学構造と辛味強度　61
ガラムマサラ　261, 266
辛八房　83, 85, 91, 93
ガーリックのフレーバー成分と調理特性　257
カリフォルニア・ワンダー　9, 291
カルシウムキレート剤　79, 194
カルシトニン遺伝子関連ペプチド　79, 130, 133, 198, 208
カルシニューリン阻害薬　79
カルダモン　245
カルボキシエステラーゼ　123
カルモジュリン　79
カルモジュリンキナーゼ II　78
カレー
　――におけるトウガラシ　247
　――に見る辛味嗜好の変化　249
　――の各地域における特色　246
　――の粘度と辛味　248
　――用混合スパイス　243
カレー粉　243
　――の原料　244
　――の生産量(日本)　243

　――の製造方法　245
　――の比較(市販品)　246
カレールウ
　――製品の喫食時辛味成分含量　248
　――の甘口・中辛・辛口の構成比率　249
カロテノイド　18, 168, 261
韓国家庭漬のキムチ配合例　283
韓国産と日本産トウガラシの成分比較　265
韓国料理におけるトウガラシ　264
関西風うどんつゆとトウガラシの呈味　271
肝臓グリコーゲン量　141
肝臓中のカプサイシン分解酵素の誘導　118
肝脱脂粉末　238
カンフル　75, 81
甘味種　231, 258, 260

キダチトウガラシ　166, 170
　――の抗酸化性　166
キバナオランダセンニチ　26, 28
キムチ　264, 275, 279
　――の種類とトウガラシ　279
キムチチゲ　280
急性炎症性疼痛発生　75
キュバン　13
筋肉グリコーゲン　174

熊鷹　9
p-クマル酸　91, 98, 107
クミンシード　244
グリコーゲン
　肝臓――量　141
　筋肉――　174
グリセリルノニバミド　229
クリソエリオール　166
クリックケミストリー　81
グルクロン酸抱合体　115, 121, 225
クローブ　244

ケイエン→カイエン
ケイ皮酸　91, 98, 107
血液凝固　215
血液中アルブミンとカプサイシンの結合　112, 114
血液中のカプサイシノイド　33
血管作動性腸管ポリペプチド　130, 133, 178
血管に分布する神経ペプチド含有神経　133
血小板凝集の抑制　215
血清トリグリセリド値に及ぼすカプサイシン濃度の影響　138, 139
血清免疫グロブリンレベルに及ぼす食餌由来カプサイシンの影響　182, 183
血中カプサイシン濃度　125
　　——の半減期　125
血中グルコース濃度(血糖値)　141
血中遊離脂肪酸濃度　141, 236
ケルセチン　169
ゲーン　246
減塩効果　152, 158

抗炎症作用　178, 189, 221, 228
　　——を持つカプサイシン類縁体　228
抗カビ活性　171
交感神経による脂肪分解と熱産生の促進　144
香気成分　256, 260
抗菌作用　170
交雑可能度　8
抗酸化作用　165
抗侵害効果　132
合成カプサイシン　33, 225
　　——の相対辛味強度　24
抗ストレス作用　201
酵素法　238
　　——によるカプサイシノイドの合成　238
　　——によるカプシノイドの合成　239
抗肥満作用　231, 291
酵母に対する香辛料精油と抽出物の抗菌性　171
誤嚥　216
呼吸交換比→呼吸商
呼吸商　139, 149, 174
　　——に及ぼすアドレナリンの影響　140
　　——に及ぼすカプサイシンの影響　139
　　——に及ぼすノルアドレナリンの影響　140
　　——に及ぼすβ-ブロッカーとカプサイシンの影響　140
コクゾウ忌避活性　217
鼓索神経　158
　　——のラット舌への食塩水刺激による興奮　160
五色　9
コショウ　26, 112, 247
　　——の辛味成分の化学構造　60
　　——のフレーバー成分と調理特性　257
　　——より単離されたピペリンとその類縁体　27
コチュジャン　264
コーヒー細胞　237
小八房　9
コリアンダーシード　244
コレシストキニン　178
コロンブス　1, 9, 165
コンカナバリンA　180

サ 行

最大辛味含量(開花後)　89
サイトカイン　64
細胞外シグナル制御プロテインキナーゼ　78
細胞内カルシウムイオン濃度　68
　　——変化に対するカルシウム阻害剤の影響　196
細胞膜レセプターの分類　63
糟海椒(ザオハイジャオ)　264
座止遺伝子　10

索引

札幌太　9
サブスタンス K　64
サブスタンス P　79, 130, 133, 178, 198, 208, 217
サボテンタイゲキ　65
サンショウ　26
　——のフレーバー成分と調理特性　257
サンショオール　26, 28
酸性化アスピリンによる潰瘍　206
酸素消費量　139
　——に及ぼすアドレナリンの影響　140
　——に及ぼすカプサイシンの影響　139
　——に及ぼす CH-19 甘摂取の影響　291
　——に及ぼすノルアドレナリンの影響　140
　——に及ぼす β-ブロッカーとカプサイシンの影響　140
サンバル　247, 267

Shay 潰瘍　206
CH-19 甘　4, 25, 230, 233, 289, 291, 294
5,5′-ジカプサイシン　110
4′-O-5-ジカプサイシンエーテル　110
色素成分　18, 55, 261
Gq 共役型受容体　77
持久力　172
　——の実験動物での測定方法　172
持久力増強作用　172
　カプサイシンの——　173
　カプシエイトの——　176
　C_{18}-VA の——　176
軸索反射　131
GC-MS 法　43
脂質代謝　138, 175
ししとう　9
シシトウガラシ　55, 93
GC 法　38
C 線維　71, 129, 132, 198, 204

自然発症高血圧ラット　152
持続的な痛み　130
七味唐辛子　263
実験動物での持久力の測定方法　173
疾病の発症制御　183
シナモン　80, 245
ジヒドロカプサイシン　16, 22, 23, 55, 114
　——のアルブミンへの結合　114
　——の吸収　114
　——の腸管静脈中への出現　114
ジヒドロカプシエイト　25, 230
1,1-ジフェニル-2-ピクリルヒドラジルラジカル　166
$trans$-o-シメン　256
灼熱痛　130
ジャン(醬)キムチ　284
　——の配合　285
収縮期血圧(ヒト)に対する各種トウガラシ果実摂取の影響　296
十二指腸潰瘍　206, 209
宿存萼　6
腫瘍壊死因子 α　179, 183
腫瘍細胞増殖抑制作用　192
受容体→レセプター
ショウガ　28, 112
　——の辛味成分の化学構造　60
ショウガオール　29
消化管　206
　——の運動　208
硝酸銀　35
初回通過代謝　126
食塩水に対する鼓索神経応答に及ぼす食餌タンパク質レベルの影響　158
食塩摂取量に及ぼす食餌中タンパク質レベルとカプサイシン添加の影響　156
食事誘発性体熱産生　146, 147, 149
食事由来カプサイシンによる選択的免疫応答制御　182
除神経　134, 136
徐波睡眠　214

索　引

自律神経遮断剤　162
侵害受容器　130
侵害受容求心性線維　198
侵害受容神経　72
侵害受容テスト　205
侵害性熱刺激受容　72
神経興奮作用　134
神経細胞膜の陽イオンに対する透過性亢進　134
神経性炎症　200
神経成長因子　136
神経伝達物質　132, 179
神経伝導遮断　135
神経毒作用　134-136
神経毒性　132, 179
神経ペプチド　130
　——を含有する血管周囲神経　133
神経変性　134
ジンゲロール（類）　28, 60
　——の化学構造　30
　——の変換　29
6-——　60
ジンゲロン　28, 112
ジンジャー　244
　——のフレーバー成分と調理特性　257
腎周囲脂肪組織　156
　——重量に及ぼすカプサイシンの影響　138
シンナムアルデヒド　80
深部体温　162
　——に対するCH-19甘摂取の影響　291
　——に対する各種トウガラシ果実摂取の影響　295
辛味（しんみ）　20
　——とアドレナリン分泌　226
　——とカレーの粘度　248
　——と抗炎症作用　221
　——と脱感作　219
　——と鎮痛作用　220
　——に対する嗜好の形成　203

　——に特徴を持つ香辛料の調理特性　257
　——に特徴を持つ香辛料のフレーバー成分　257
　——の化学構造　58
　——を特徴とする香辛料の調理　256
辛味関連物質の物性　21
辛味種　231, 258, 260
辛味食品　184
　——を摂取する食習慣と発ガンの制御　184
　——を摂取する食習慣と免疫状態　184
辛味成分　20, 55
　——含量の評価　56
　——摂取による体熱産生器官の機能増強　143
　——の液体クロマトグラム　56
　——のエネルギー代謝像に及ぼす影響　139
　——の化学　20
　——の脂質代謝への影響　138
　——の生合成の部位　83
　——の副腎からのアドレナリン分泌に及ぼす影響　142
　——の分泌器官の分布　84
　——へのバリンの取り込み　85, 86
　——へのPheの取り込み　85, 86
辛味漬物　274
辛味物質　20
　——の化学構造と辛味強度　61

髄鞘　128
水素炎イオン化検出器　39
睡眠　214
スコービル単位　21, 31, 36, 60, 204
スコービル値→スコービル単位
スコービル変法　291
ステアロイルバニリルアミド　125, 176
　——の持久力増強作用　176
スピラントール　26, 28
スフェロプラスト　97

索引

鋭い痛み　130

生物学的半減期　126
脊髄後根神経節細胞への放射性カルシウムの取り込み　222
舌咽神経　158
セラノ　14

臓器重量に及ぼすカプサイシン添加の影響　157
瘙痒　214
ソース　250
　　──用混合スパイス　250
ソマトスタチン　130

タ 行

ダイエット効果のメカニズム　161
ダイコンキムチ　277
　　──の調味処方　277
胎座　16, 32, 83, 98
体脂肪に対するCH-19甘摂取の影響　292
体重増加に及ぼす食餌中タンパク質レベルとカプサイシン添加の影響　157
体重に対するCH-19甘摂取の影響　292
体熱産生作用　138
タイ料理　267
体力増強作用　173
タカノツメ　55
鷹の爪　9, 15, 91, 93
タキキニン　200
タキキニンファミリー　179
タコス　266
脱感作　79, 132, 135, 198, 219
脱感作療法　198
脱共役タンパク質　144, 235
タバスコ　14, 16
タバスコソース　209
ターメリック　244
だるま　9
タレキムチ　286

単球　179
タンパク質リン酸化酵素　76, 77

チェリー　14
チオウレア　224
チオバルビツール酸法→TBA法
知覚過敏　132
知覚神経　128
　　──の遠心作用　131
　　──の伝導抑制　132
　　──の特異的成分の興奮　198
チゲ　264, 280
中国花椒　26
中国料理におけるトウガラシ　263
抽出法　32
腸炎菌　184
調味漬とトウガラシ　276
調理における辛味の調節　262
超臨界二酸化炭素　21, 33
直腸温　162, 163, 297
チョンガキムチ　284
チリコンカン　266
チリパウダー　265
チリペッパー　1
チーレ・アンチョ　265
チーレ・セラーノ　265
チーレ・ハラペーニョ　265
チーレ・ムラト　265
鎮痛活性　222
鎮痛効果　222
鎮痛作用　198, 220, 228
　　──を持つ無辛味カプサイシン類縁体　225, 228, 229

搾菜（ヅァツァイ）　264
漬物類と辛味　274

tRNATyrのアミノアシル化の阻害　182
TRPAサブファミリー　69, 80
TRPMLサブファミリー　69
TRPMサブファミリー　69

索引

TRPC サブファミリー　69
TRP スーパーファミリー　69
TRPP サブファミリー　69
TRPV1
　――活性化温度閾値　73
　――の機能制御機構　76
　――の内因性活性化刺激　75
　――の膜トポロジーモデル　68
　――様免疫反応　71
TRPV1 阻害薬　78
TRPV サブファミリー　69
TNFα 産生に及ぼす食餌由来カプサイシンの影響　183
TMS 化→トリメチルシリル化
TLC 法　37
低塩味ボケの対策　275
TBA 法　166
呈味成分　260
呈味相互作用　272
T リンパ球の増殖に及ぼすカプサイシンの影響　180, 181
デーツ　252
テンジョウマモリ　55
天鷹　303

トウガラシ　1, 6
　――から単離されたカプサイシン類　24
　――成分の抗酸化性　168
　――摂取による血中アドレナリン濃度の上昇　148
　――摂取による下痢　208
　――摂取による食事の自発摂取量の減少　148
　――摂取による食事誘発性体熱産生　149
　――摂取によるヒトの収縮期血圧への影響　296
　――摂取によるヒトの深部体温への影響　295
　――摂取によるヒトの表面体温への影響　295
　――とカフェインのエネルギー消費に対する併用効果　149
　――に対する嗜好形成　201
　――の一般的呈味成分　269
　――の栄養成分　258
　――のエネルギー消費効果　147
　――の香りの主成分　18
　――の辛味成分　55
　――の辛味成分の化学　20
　――の辛味物質　20
　――の辛味を制御する遺伝子　102
　――の香気成分　256, 260
　――の抗菌成分　171
　――の抗酸化性　165
　――の抗酸化成分　166
　――の栽培・生理　14
　――の色素成分　18, 55, 261
　――の嗜好性成分　260
　――の種の間での交雑可能度　8
　――の種の検索表(栽培種)　7
　――の種類と利用形態　258
　――の常食と胃ガンの発症　185, 210
　――の食品成分　259
　――の植物学的特性　6
　――の生物学　6
　――の成分比較(韓国産と日本産)　265
　――の単糖・二糖類含量　271, 272
　――の調理(料理)　262
　――の調理性　261
　――の調理特性　257
　――の呈味成分　260
　――の天然カプサイシン類の含有量　23
　――の伝播　9
　――の伝播経路　11
　――の発汗作用　212
　――のヒトの胃への影響　209
　――の品種　12
　――の品種間のカプサイシン量比較　23, 281
　――の品種とフラボノイド量　169,

　　　　170
　　──の品種分類(アメリカ)　12
　　──の品種分類(日本)　9
　　──の名称　7
　　──の有機酸含量　270, 271
　　──の遊離アミノ酸含量　269, 270
トウガラシアブソリュート　53
　　──の製法　54
トウガラシエキストラクト　51
　　──の製法　52
トウガラシオレオレジン　21, 52
　　──の製法　53
トウガラシオレオレジン精製物　52
　　──の製法　53
トウガラシ果実　15, 83
　　──の色と遺伝子構成(完熟果)　18
　　──の発育に伴うカプサイシノイド含
　　　量の経時変化　17, 89
トウガラシ属　6, 54
　　──に含まれる成分　167
トウガラシタカノツメ　55
トウガラシ抽出物　49
　　──の原料　55
　　──の工業的利用　50, 51
　　──の定義　55
トウガラシチンキ　50, 51
　　──の製法　52
豆辨辣醤(ドウバンラアジャン)　264
動物組織中のカプサイシノイド　33
栃木三鷹　301
トリプシン　77
トリプターゼ　77
トリメチルシリル化　41
トンチミー　284

　　　　　ナ 行

内視鏡検査　209
ナガミトウガラシ　55
長八房　9
ナツメグ　244
ナムプリック　267

日局「トウガラシ」　55
日光　9
日本のキムチ　286
日本料理におけるトウガラシ　263
入眠　214
ニューバニル　228
ニューロキニン A　130
ニューロペプチド Y　133
尿中のカプサイシノイド　33, 114
熱イオン化検出器　43
熱活性化温度閾値　74
熱刺激　72
熱性痛覚過敏(反応)　77
　　──の減弱　75
熱放散　162
ネパール料理　266
眠りへの影響　213

Neumann の接ぎ木実験　84
濃厚ソース　252
　　──の製造工程　253
脳内エンドルフィンの放出　204
ノザンブロット法　70
ノナノイルバニリルアミド→ノニバミド
ノニバミド　219, 224-226
ノルアドレナリン　235
ノルカプサイシン　23
ノルジヒドロカプサイシン　16, 23
ノルジヒドロカプシエイト　25, 231
ノルノルカプサイシン　23
ノンレム睡眠→徐波睡眠

　　　　　ハ 行

胚珠の発育過程　15
背痛感覚異常　214
泡海椒(パオハイジャオ)　264
白色脂肪組織　156, 161
パーコレーション法　51
バスコ・ダ・ガマ　1
発汗作用　212
発ガン性　185, 216

索　引

発ガン性物質
　　──に対する化学予防効果　185
　　──の活性化　216
発ガンの制御　184
パッチクランプ法　72, 80, 231
葉トウガラシ　263, 277
バニリルアミン　24, 91, 100, 102, 107, 114, 115, 121
　　──部位への生合成経路　98
バニリルアルコール　114, 115, 121, 230
バニリルエーテル類　25
バニリルオクタデカンアミド　125
バニリルオクタンアミド　39, 43
バニリルノナンアミド　25, 33, 43, 219
バニリルブチルエーテル　25
バニリン　100, 102, 107, 114, 115, 121
バニリン酸　114, 115, 121
バニロイドレセプター　66, 68, 131, 136, 193
　　──の(サブ)タイプ1　3, 68, 175, 213
　　──の同定　68
　　──の発見　64
バニロイドレセプターVR1(TRPV1)
　　──の遺伝子クローニング　68, 175
　　──の膜トポロジーモデル　68
バニロトキシン　75
ハバネロ　102
パプリカ　8, 168, 258, 261
ハラペーニョ　13
バリン　85
　　──のカプサイシンのアシル基への取り込み　92
　　──の辛味成分への取り込み　86
半減期(血中カプサイシン濃度)　125
反射　131

尾温　297
PC法　37
比色法　37
微生物リパーゼ　239
非選択性(的)陽イオンチャネル　72, 80

　　──の開放　135
12-ヒドロキシエイコサテトラエン酸　75
ヒドロキシサンショオール　26
N-(4-ヒドロキシ-3-メトキシベンジル)-7-ヒドロキシ-8-メチル-5E-ノネンアミド→カプサイシノール
皮膚温度　162-164
ピペリン　26, 27, 60, 112, 246, 247
肥満　188
ピーマン　7, 10, 12, 258
ピメント　7, 8, 12, 170
表面体温に対する各種トウガラシ果実摂取の影響　295
HeLa細胞　193

フェニルアラニン(Phe)　91, 98
　　──のカプサイシノイドへの取り込み量　86
　　──のカプサイシン分子への取り込み　91
　　──の辛味成分への取り込み　85, 86
フェニルプロパノイド　107
フェニルプロパノイド経路　91
フェヌグリーク　244
フェルラ酸　91, 98, 107
フェンネル　245
副睾丸脂肪組織　157
副腎からのアドレナリン分泌に及ぼす辛味成分の影響　142
副腎交感神経　142
　　──遠心性放電活動に及ぼすカプサイシンの影響　143
副腎髄質摘出マウス　175
副腎髄質摘出(除去)ラット　141, 163
ブーケガルニ　261
伏見甘　9
伏見辛　9
ブータン料理　266
ブラジキニン　77
ブラックペッパー　244
フラボノイド　107, 169

古漬とトウガラシ　276
フレーバー関連物質の物性　21
プロスタグランジン
　——I_2　77
　——E_2　77, 188
プロテイナーゼ活性化受容体2　77
プロトプラスト　97
プロプラノロール　140

ベイリーフ　244
ヘキサメトニウム　162
ペクキムチ　282
β-アドレナリン受容体　146
β-アドレナリン受容体遮断剤→β-ブロッカー
β-ブロッカー　140
　——の前処理の影響　141
ペチュキムチ　265, 280, 282
ベル　10, 12
ペルオキシソーム増殖応答性レセプター　188
ペルオキシダーゼ　108, 110
ベルノーズ　10
ベルペッパー　260
変異原性　216
変異原性物質
　——に対する化学予防効果　185
　——の活性化　216

ホスファチジルイノシトール 3-キナーゼ　78
ホスファチジルイノシトール二リン酸　77
ホスホリパーゼ C　77, 195
ホットプレートテスト　221
ホモカプサイシン　16, 23
ホモジヒドロカプサイシン　16, 23
ホモバニリン酸ドデシルアミド　220
ポリクローナル抗体応答　180
　——に及ぼすカプサイシンの影響　180, 181
ポリモダール受容器　72

本格キムチの配合　287
本鷹　9

マ 行

麻辣豆腐(マアラアドウフ)　264
マイトジェン　180, 185
マウスの筋肉グリコーゲン　174
マクロファージ　179
　——による TNFα 産生に及ぼすカプサイシンの影響　183
　——の炎症応答に対するカプサイシンの阻止効果　187
マサーラ　266
マスタードのフレーバー成分と調理特性　257

三重みどり　9
ミエリン鞘→髄鞘

無辛味カプサイシノイドのクリアランス　125
無辛味カプサイシン類縁体　229
無辛味成分の合成　238
無細胞系　95, 96
無髄線維　129
ムルキムチ　284

メキシコ料理におけるトウガラシ　265
メチル化　42
メチルジンゲロール　29
8-メチルノナ-*trans*-6-エン酸　94, 121
免疫応答の制御　180, 182
免疫反応性神経ペプチド　178
メントール　81

もみじおろし　263

ヤ 行

薬味の挟み込みキムチ　286, 288
ヤツブサ　55
八房　9, 91
ヤンニョム(ヤンニョン)　264, 281

有髄線維　128
遊離細胞　97
遊離脂肪酸濃度　141, 236
UV法　37, 45, 125

ラ 行

辣椒油（ラアジャオイウ）　264
辣醤油（ラアジャンイウ）　264
ラット臓器中のカプサイシン分解酵素活性　117
ラットの舌への食塩水刺激による鼓索神経の興奮　160

リグニン　107
リグニン様化合物　107, 110
　　――の推定生成経路　109
　　――の蓄積　108
リパーゼ　238
リモネン　256
リンパ球の増殖に及ぼすカプサイシンとその代謝産物の影響　181

ルテオリン　169
ルテニウムレッド　72

冷刺激受容　80
冷浸法　51
レシニフェラトキシン　65, 70
レセプター　62
　　――の分類　63
レセルピンによる潰瘍　206
連作　14

ロコット　90
ロダン鉄法　166

ワ 行

ワイピングテスト　64, 66, 219, 222, 226
倭芥子　10
ワサビ漬の配合　288
ワサビのフレーバー成分と調理特性　257

欧文（事項）

A

afferent neuron-induced efferent action　131
allspice　245
allylisothiocyanate　20
American Spice Trade Association→ASTA
anandamide　75
ankyrine repeat　80
AOAC　21
N-arachidonoyl-dopamine→NADA
Association of Official Analytical Chemists of U. S. A. →AOAC
ASTA　21
axon reflex　131

B

BAHD　102
BAPTA　194
bay leaves　244
Bcat　106
black pepper　244
BMI　213, 294
branched-chain amino acid transferase→*Bcat*

C

C_9-VA　225
C_{18}-VA　125, 176
$C_{18:1}$-VA　126
caffeic acid　91
caffeic acid O-methyltransferase→COMT
Ca4H　102
calcitonin gene-related peptide→CGRP
CaM　79
CaMKII　78, 79
camphor　75
capsaicin　3, 22

capsaicinoid 3
capsazepine 193
capsiate 17, 25, 230
capsinoid 25, 231
capsisome 86
cardamom 245
CCK 178
c-erbB-2 186
CGRP 79, 130, 133, 198, 200, 208
chili pepper 1
Christopher Columbus 1
cinnamic acid 4-hydroxylase→*Ca4H*
cinnamon 245
c-jun 187
clove 244
c-myc 186
COMT 102
Con A 180
concanavalin A→Con A
coriander seed 244
p-coumaric acid 91
COX-2 188
cumin seed 244

D

DA-5018 229
degeneration 134
denervation 134
diet-or dietary induced thermogenesis→ DIT
dihydrocapsaicin 23
dihydrocapsiate 25
dissepiment 83
DIT 146, 147
DPPH 166

E

EAT 157
EC_{50} 72, 223
EGTA 195
ELISA 46, 144
EOA 21

ERK 78
epididymal adipose tissue→EAT
Essential Oil Association of U. S. A. → EOA
extracellular signal-regulated protein kinase→ERK

F

fast pain 130
fennel 245
fenugreek 244
ferulic acid 91
FID 39
frame ionization detector→FID
Fura-PE3 193

G

$GABA_A$ 63
galanin 130
GC 38
GC-MS 43
ginger 244

H

HepG2 194
12-HETE 75
hexamethonium 162
homocapsaicin 23
homodihydrocapsaicin 23
HPLC 43, 119
HPLC-EC 45, 125
HPLC-MS 46
HPLC-UV 45
HPTLC 37
$5-HT_{1A}$ 64
12-(S)-hydroxyeicosatetraenoic acid→ 12-HETE
5-hydroxytryptamine→5-HT

I

IgA 185
IgG 185

IL-6　　189
iNOS　　188

K

Kas　　102
β-ketoacyl ACP synthase→*Kas*

L

LC　　35
LC-MS　　46
LD_{50}　　22
loss of vesicle→*lov*
lov　　105

M

MCP-1　　189
N-methyl-*N*′-nitro-*N*-nitrosoguanidine
　　→MNNG
mitogen　　180
MNNG　　187
myelin sheath　　128

N

NADA　　75
NE-19950　　228
NE-21610　　228
nerve growth factor→NGF
Neumann　　84
neurokinin A→NKA
NF-κB　　182, 186, 188
NGF　　136
NKA　　130
NO　　75
norcapsaicin　　23
nordihydrocapsaicin　　23
nordihydrocapsiate　　25
nornorcapsaicin　　23
NPY　　133
nutmeg　　244

O

ODS　　35

oleoylethanolamide　　75
oleoylvanillylamide→olvanil
olvanil　　126

P

p53　　186
PAL　　102
p-AMT　　102
paprica　　8
paprika　　8, 13
PAR2　　77
PAT　　156
PC　　37
perirenal adipose tissue→PAT
PGE_2　　77, 188
PGI_2　　77
Phe　　85, 91
phenylalanine ammonia-lyase→*PAL*
phosphatidylinositol 4,5-bisphosphate→
　　PIP_2
phosphatidylinositol 3-kinase→PI3K
phospholipase C→PLC
pigmentum　　7
PI3K　　78
piment　　7
pimento　　8
pimiento　　8
PIP_2　　77
PKA　　78
PKC　　76
placenta　　83
PLC　　77, 195
polymodal nociceptor　　130
PPARγ　　188
primary afferent neurons　　128
prostagrandin E_2→PGE_2
proteinase-activated receptor 2→PAR2
protein kinase C→PKC
protoplast　　97
Pun1　　102
pun1　　104
putative aminotransferase→*p-AMT*

R

red pepper　　1, 128, 260
reflex　　131
resiniferatoxin　　66
R_f　　4, 38, 230
ruthenium red　　72

S

Scoville unit→SU
sensory neurons　　128
SHR　　152
slow pain　　130
somatostatin　　130
SP　　130, 133, 178, 179
spheroplast　　97
spilanthol　　28
spontaneously hypertensive rat→SHR
SRBC　　180
Src　　78
SU　　31, 36
substance P→SP
SUN-1　　186

T

TEF　　147
thermic effect of food→TEF
thermoionic selective detector→TSD
TLC　　37
TNFα　　179, 183, 188
transient receptor potential→TRP
TRP　　4
TRPA　　69
TRPA1　　80
TRPC　　69
TRPM　　69
TRPML　　69
TRPN　　69
TRPP　　69
TRPV　　69
TRPV1　　4, 69, 136, 175, 188, 193, 195, 198, 213, 231, 236, 297

TSD　　43
turmeric　　244
turnover rate　　159

U

UCP　　144, 235
UCP3　　236
uncoupling protein→UCP
UV　　37, 45, 125

V

vanilloid receptor　　67
vanilloid receptor subtype 1→VR1
vanilloid receptor type 1→VR1, TRPV1
vanillylamine　　91
N-vanillylnonanamide　　33
N-vanillyloctanamide　　39
Vasco da Gama　　1
vasoactive intestinal polypeptide→VIP
VIP　　130, 133, 178
VR1　　3, 68, 193, 213

W

wiping test　　64

欧文（学名・品種名）

A

Anaheim Chili　　13
Ancho　　12

B

Bacillus cereus　　171
Bacillus subtilis　　170, 171
Bell　　12

C

Candida vini　　170
Capsicum annuum(L.)　　2, 6, 7, 16, 55, 89, 104, 165, 258, 260
　　——var. *acuminatum* Fingerb.　　55

索　　引

―― var. *annuum* cv. Karayatsubusa
83, 85, 91, 93
―― var. *annuum* cv. Ohshokusyu
93
―― var. *annuum* cv. Takanotsume
91, 93
―― var. *annuum* cv. Yatsubusa　　91
―― var. *cuneatum*　　261
―― var. *fasciculatum* Irish f. *erectum*
Makino　　55
―― var. *grossum*　　55, 93
―― var. *longum* Sendtner　　55
―― var. *parvo-acuminatum* Makino
55
Capsicum baccatum　　6, 7
Capsicum chacoens Hunz.　　89
Capsicum chinense　　6, 7, 105
Capsicum frutescens(L.)　　6, 7, 14, 16,
55, 89, 91, 100, 104, 107, 166, 260
Capsicum pendulum Willd.　　89
Capsicum pubescens　　6, 7, 89
Cayenne　　13
Cherry　　14
Coffea arabica　　237
Cuban　　13

E

Escherichia coli　　170
Euphorbia resinifera　　65

H

Horgos　　166

J

Jalapeno　　13

M

Mycoplasma agalactiae　　171

P

Paprika　　8, 13
Pimento　　8, 12

S

Saccharomyces cerevisiae　　170
Salmonella enteritidis　　184
Salmonella typhi　　170
Serrano　　14
Spilanthes oleracea　　26
Staphylococcus aureus　　170

T

Tabasco　　14

Z

Zanthoxylum bungeanum　　26
Zanthoxylum piperitum　　26
Zigosaccharomyces　　171

【編者紹介】

岩井和夫（いわい かずお）　農学博士
  1947年　　京都帝国大学農学部農林化学科　卒業
  1954年　　京都大学食糧科学研究所　助教授
  1962年　　同　　上　　　　　　　　教授
 1973－1976年　京都大学食糧科学研究所　所長
  1979年　　京都大学農学部　教授
  1988年　　京都大学名誉教授
  同　年　　神戸女子大学家政学部　教授
  2000年　　神戸女子大学名誉教授
     この間，神戸女子大学家政学部長（1994年3月まで），大学院家政学研究科長（1998年3月まで）を歴任し，現在に至る．

     この他，(社)ビタミン協会　会長，(社)日本栄養・食糧学会　名誉会員，日本ビタミン学会名誉会員，日本香辛料研究会　顧問（前会長）

〈著書（単著，共編著）〉
「マイクロバイオアッセイ」（共立出版　1965年），「Chemistry and Biology of Pteridines」（Internationl Academic Printing Co. 1970年），「ビタミン学Ⅱ」（東京化学同人　1980年），「プテリジン」（講談社サイエンティフィク　1981年），「新栄養化学」（朝倉書店　1987年），「香辛料成分の食品機能」（光生館　1989年）など．

渡辺達夫（わたなべ たつお）　農学博士
  1980年　　東北大学理学部化学科　卒業
 1980－1983年　冨士薬品工業(株)勤務
  1985年　　京都大学大学院農学研究科修士課程　卒業
  1988年　　京都大学大学院農学研究科博士課程修了
  1988年　　静岡県立大学食品栄養科学部　助手
  1989年　　フランスCNRS（マルセイユ），A. Puigserver研究室に留学
  1995年　　静岡県立大学食品栄養科学部　助教授
  2006年　　同　　上　　　　　　　　教授／大学院　教授
     現在に至る．

〈著書（分担執筆）〉
「Obesity : Dietary Factors and Control」（Japan Sci. Soc. Press／Karger）

改訂増補 トウガラシ―辛味の科学

2000年 1月20日　初版第1刷発行
2008年10月10日　改訂増補第1刷発行

編者　岩井和夫
　　　渡辺達夫
発行者　桑野知章
発行所　株式会社 幸書房

〒101-0051　東京都千代田区神田神保町3-17
Tel 03-3512-0165　Fax 03-3512-0166
Printed in Japan　2008 ⓒ　http://www.saiwaishobo.co.jp

㈱平文社

無断転載を禁じます．
万一，乱丁，落丁が，ございましたらご連絡下さい．お取り替えいたします．

ISBN 978-4-7821-0323-4 C 3058

トウガラシ小図鑑

〈およそ8 cm〉

現時点で世界一辛いといわれるトウガラシ Bhut Jolokia
スコービル値：1 001 304
（Photo：copyright©Harald Zoschke）

【凡　例】

1. 種および品種分類は本文 7 頁の表 1.1，12～14 頁を参照．
2. 辛味の評価基準：トウガラシのホールを担当者が喫食し，以下の基準で評価した．
   - 1：辛味なし．
   - 2：辛味をやや感じる．
   - 3：莢は美味しいが，わたは食べられない．
   - 4：莢もかなり辛いが，なんとか口に入る．
   - 5：莢を口に入れ続けることができない．
3. 原産国：下記のインターネットサイトを用いて検索した結果である．
   http://www.thechileman.org/results.php?find=tabasco&heat=Any&origin=Any&genus=Any&chile=
4. 写真：3 頁および 16 頁は矢澤進教授，15 頁の'栃木三鷹'は吉岡食品工業（株），その他はハウス食品（株）の提供による．

栽培種の祖先種
種：*Capsicum annuum* var. *minimum*
辛味：4　　原産国：メキシコ

Tabasco
種：*Capsicum frutescens*　　品種分類：Ⅶ-A
辛味：4　　原産国：コスタリカ

〈栽培編〉

Ancho Ventura F₁
種：*Capsicum annuum*
品種分類：Ⅱ-A-1
辛味：3　　原産国：メキシコ

Condors Beak
種：*Capsicum baccatum* var. *pendulum*
辛味：3　　原産国：不明

Exploding Fire
種：*Capsicum baccatum* var. *baccatum*
辛味：3　　原産国：ペルー

Friar's Hat
種：*Capsicum baccatum* var. *pendulum*
辛味：3　　原産国：ブラジル

Habanero Chocolate
種：*Capsicum chinense*
辛味：5　　原産国：ジャマイカ

Old Mothers
種：*Capsicum baccatum* var. *pendulum*
辛味：3　　原産国：ペルー

鷹の爪
種：*C. annuum* 　　品種分類：Ⅳ-B
辛味：5　　原産国：日本

八　房
種：*C. annuum* 　　品種分類：Ⅳ-B
辛味：4　　原産国：日本

熱風（ヨンプル）
種：*C. annuum* 　　品種分類：Ⅲ-B-1
辛味：4　　原産国：韓国

〈果実編〉

Aji Yellow
種：*Capsicum baccatum* var. *pendulum*
辛味：4　原産国：ペルー

Ancho Ventura F₁
種：*Capsicum annuum*
品種分類：Ⅱ-A-1
辛味：3　原産国：メキシコ

Black Hungarian
種：*Capsicum annuum*
品種分類：Ⅴ-A-2
辛味：4　原産国：ハンガリー

Cherry Bomb F₁
種：*Capsicum annuum*　　品種分類：Ⅴ-A-2
辛味：3　　原産国：アメリカ

Cyklon
種：*Capsicum annuum*　　品種分類：Ⅱ-A-1
辛味：4　　原産国：ポーランド

Friar's Hat
種：*Capsicum baccatum* var. *pendulum*
辛味：3　原産国：ブラジル

Habanero Chocolate
種：*Capsicum chinense*
辛味：5　原産国：ジャマイカ

Habanero Scutaba
種：*Capsicum chinense*
辛味：3　原産国：不明

Hot Pepper Lantern
種：*Capsicum baccatum* var. *pendulum*
辛味：3　原産国：不明

Portugal
種：*Capsicum annuum*　品種分類：Ⅲ-B-1
辛味：4　原産国：アメリカ(?)

Purple Cayenne
種：*Capsicum annuum*
品種分類：Ⅲ-B-1
辛味：2　原産国：不明

Scotch Bonnet Red
種：*Capsicum baccatum*（？）
辛味：5　原産国：不明

Tabasco
種：*Capsicum frutescens*
品種分類：Ⅶ-A
辛味：4　原産国：コスタリカ

White Bullet
種：*Capsicum annuum*　　品種分類：Ⅵ-A-1
辛味：4　　原産国：不明

スピノーザ
種：*Capsicum annuum*　　品種分類：Ⅲ-B-1
辛味：4　　原産国：不明

タイ小
種：*Capsicum annuum*
品種分類：Ⅲ-B-1
辛味：5　原産国：タイ

プリッキーヌ
種：*Capsicum frutescens*
辛味：5　原産国：タイ

湖北3号塔尖
種：*Capsicum annuum*
品種分類：Ⅲ-B-1
辛味：4　原産国：中国

八　房

種：*Capsicum annuum*　　品種分類：Ⅳ-B
辛味：4　　原産国：日本

栃木三鷹（参考）

種：*Capsicum annuum*　　品種分類：Ⅳ-B

***Capsicum pubescens* の着果期の様子と果実**
果実は大変辛味が強い．熱帯の山岳地帯など比較的冷涼な地域で栽培されている．種子の色が他のトウガラシとは異なり黒紫色である．辛味：4